"双高建设"新型一体化教材

环境微生物学
Environmental Microbiology

主　编　王　琳　徐　静
副主编　黄　力　吴文彬
　　　　姚　波　谢磊磊

北　京
冶　金　工　业　出　版　社
2023

内 容 提 要

本书以环境保护与可持续发展为主线，系统阐述环境微生物学的基本知识与原理，包括微生物的形态和结构、代谢、生长、繁殖、遗传、微生物降解污染物机理和微生物生态；微生物在环境保护中的作用与地位，其中涉及微生物在污水、固体有机废弃物、废气处理中的应用；微生物对人类生存环境所产生的有利作用与有害作用。全书分为环境微生物学基础、微生物污染环境、微生物治理环境、微生物实验技术4篇，共计11章。

全书以重大环境与资源问题为中心，着眼于详尽介绍环境微生物学的基本理论和技术方法，充分反映现代环境微生物学的总体面貌。本书可作为职业院校环境保护类专业及相关专业环境微生物学课程的教学用书。

图书在版编目（CIP）数据

环境微生物学/王琳，徐静主编. —北京：冶金工业出版社，2023.2
"双高建设"新型一体化教材
ISBN 978-7-5024-9401-8

Ⅰ.①环… Ⅱ.①王… ②徐… Ⅲ.①环境微生物学—高等职业教育—教材 Ⅳ.①X172

中国国家版本馆 CIP 数据核字（2023）第 023171 号

环境微生物学

出版发行	冶金工业出版社	电　　话	(010)64027926
地　　址	北京市东城区嵩祝院北巷 39 号	邮　　编	100009
网　　址	www.mip1953.com	电子信箱	service@ mip1953.com

责任编辑　杨盈园　美术编辑　彭子赫　版式设计　郑小利
责任校对　王永欣　责任印制　禹　蕊
三河市双峰印刷装订有限公司印刷
2023 年 2 月第 1 版，2023 年 2 月第 1 次印刷
787mm×1092mm　1/16；21 印张；505 千字；321 页
定价 56.00 元

投稿电话　（010）64027932　投稿信箱　tougao@cnmip.com.cn
营销中心电话　（010）64044283
冶金工业出版社天猫旗舰店　yjgycbs.tmall.com
（本书如有印装质量问题，本社营销中心负责退换）

前　言

微生物学学科中分子生物学、分子遗传学以及生态学的发展，促进了环境微生物学的发展，许多微生物应用技术渗透到环境保护领域中，为改善人类的生存环境和消除环境污染起到了重要作用。微生物是自然生态系统中的基本成分，物质循环和能量流动与之紧密相联，它通过分解环境中的各种有机物，其中包括人类活动产生的各类废弃物和有机污染物，微生物在维持自身生长繁殖的同时，也维持了自然生态系统的相对平衡，帮助人类"清洁"环境。

"环境微生物学"是一门涉及环境工程技术、环境监测技术、环境影响评价与咨询服务、分析检验技术等专业多学科且实践性较强的专业基础必修课程，也是水污染治理技术、大气污染治理技术、固体废弃物资源化等专业课程的基础，它为上述课程提供必需的微生物基本理论和实验技能。

为了切实做好环境保护人才队伍培养，编者基于多年的教学经验编写了这本书。本书系统阐述了微生物形态、构造、营养、代谢、生长繁殖及遗传变异等基础知识，主要介绍了环境中微生物的主要类群及它们的生理、生态特性，微生物与环境污染的关系，污染物的微生物降解和转化规律，微生物在环境污染防治中的应用以及环境微生物学实验、研究的基本方法和技能等专业基础知识。

本书编写符合高职高专的教学特点，将环境微生物学分为环境微生物学基础、微生物污染环境、微生物治理环境、微生物实验技术四部分，全书图文并茂，言简意赅，符合学生的学习要求。本书遵照"实际、实用、实践"的原则，统筹考虑和选取教学内容，使理论与实践有机结合，遵照高技能人才培养目标编排。

本书分为4篇，共计11章，由王琳、徐静担任主编，负责本书的统稿与定稿；黄力、吴文彬、姚波、谢磊磊担任副主编，负责统稿和校对。第一章、第六章由吴文彬编写；第二章至第四章由黄力编写；第五章、第十章由徐静和王琳编写；第七章由姚波编写，本章实验由谢磊磊编写；第八章、第九章、第十一章由王琳编写。在本书编写过程中，苏锡南给出了很好的建议和帮助，在此表示衷心的感谢。

由于本书涉及面广、编者水平有限，书中存在疏漏，恳请各位专家、读者批评指正，以便不断地修订完善。

编　者

2022 年 7 月

目　　录

第一篇　环境微生物学基础

第二篇　微生物污染环境

第三篇　微生物治理环境

第四篇　微生物实验技术

第一篇

环境微生物学基础

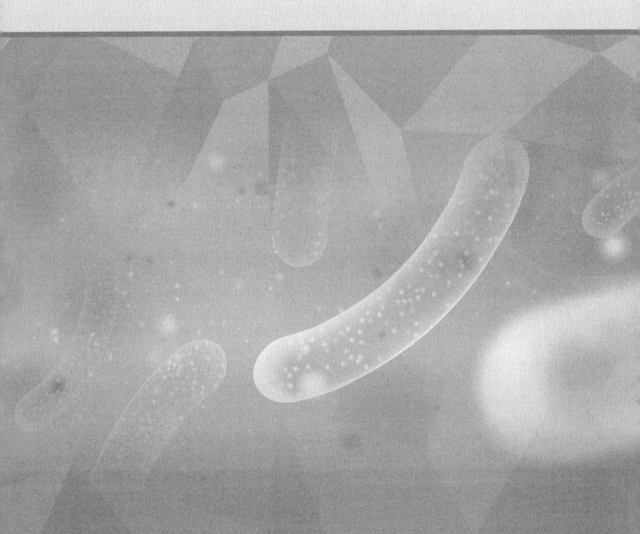

第一章　绪　　论

第一节　生态环境中微生物的作用

一、环境问题

人类是环境发展到一定阶段的产物，环境是人类生存的物质基础。因此，人类的生活、生产等活动都和环境分不开，并且与生态系统的结构和功能状况密切相关。今天，即使是在严冬酷暑时节，人们也可以在温暖如春的办公室里自由自在地工作，而女性们则为了追求曲线美不惜代价地减肥。然而，人们舒适、富裕的生活是建立在消耗资源和能源，同时排出大量废弃物的基础上的。

工业革命使人类的生产能力得到了巨大的发展，大大提高了人类利用和改造环境的能力，同时也带来新的环境问题。工业生产过程中排放的废水、废气和废渣，在环境中难以降解和转化造成了严重的环境污染。与大工业相伴而来的都市化、交通运输以及农业的发展，使人类生存的环境进一步恶化。从 20 世纪 30 年代比利时马斯河谷的大气污染事件开始，震惊世界的环境公害不断发生，大气、水体、土壤及农药、噪声和核辐射等环境污染对人类生存安全构成了严重威胁。1962 年美国女作家莱切尔·卡逊的著作《寂静的春天》出版。当时，以 DDT 为中心的有机氯杀虫剂，因对人畜有害的昆虫具有决定性的杀灭力，被看成是"人类的救世主"。作者在书中大胆地提出警告，指出残留毒性很强的 DDT 无限制地喷洒，将严重污染生态环境以致使野生生物死亡和灭绝，春天到来时，连鸟叫声都听不到的寂静的世界将要来临。该书在美国引起激烈争论，由此美国制定了限制使用 DDT 等农药的法律。1972 年在瑞典的斯德哥尔摩召开了联合国的一次人类环境会议，通过了人类环境宣言，这对推动各国政府和人民为维护和改善人类环境，造福全体人民和后代而共同努力发挥了重要作用。

目前，对人类生存和发展产生严重威胁的环境问题，一类是因人类活动所排放的废弃物而引起的环境污染，如温室效应与气候变暖、臭氧层破坏、酸雨、有毒有害物质污染等；另一类是生态环境的破坏。环境污染产生的原因主要是资源的不合理使用，造成有用的资源过多地变为废物进入到环境中引起危害。生态破坏则是由于人类对自然资源的不合理开发利用而引起的生态系统破坏，造成生态平衡失调，生物多样性锐减和生产量下降，如植被破坏、水土流失、土壤侵蚀、土地沙漠化等。两类环境问题不是相互孤立的，而常常是相互作用、相互影响。

由上所述可看出环境问题的实质是由于人类活动超出了环境的承受能力，对其生存所依赖的自然生态系统的结构和功能产生了破坏作用，导致人与其生存环境的不协调。

二、微生物在生态环境中的作用

生态系统包括非生物环境、生产者、消费者和分解者四个组成成分，它是由生产者、消费者和分解者三个亚系统的生物成员与非生物环境成分间通过能流和物流而形成的高层次生物组织，是一个物种间、生物与环境间协调共生，能维持持续生存和相对稳定的系统（见图1-1）。生态系统是地球上生物与环境、生物与生物长期共同进化的结果。

微生物是生态系统中的重要成员。广泛存在于自然界的异养微生物不仅是生态系统中的消费者，更为重要的是它们是自然界有机物质的积极分解者。在各种微生物的联合作用下，环境中存在的形形色色有机物可被逐步降解与转化，最终形成简单的 CO_2、H_2O、NH_3、SO_4^{2-}、PO_4^{3-} 等而归还于环境，从而完成自然界生态系统中的物质循环。

当污染物大量进入自然环境后，必然引起自然界微生物群落的变动，一些不适应污染环境的微生物种类从环境中消失，原有自然环境中的微生物种群将被新的适应污染环境的微生物种群所取代，种群的组成、数量和结构随之发生变化。同时，进入环境的污染物可以诱导微生物发生变异，从而产生对污染物具有更强的耐受能力和分解能力的微生物新物种或变异菌株。因此，微生物在环境保护和环境治理中，在保持生态平衡等方面，起着举足轻重的作用。随着工业的发展和人口的增加，排放进入环境的各种污染物不断增多，且污染物的性质变化多样，而微生物的种类也随之相应增多，显现出更加丰富的多样性。这使微生物的作用在环境污染治理和环境保护中具有重要意义。

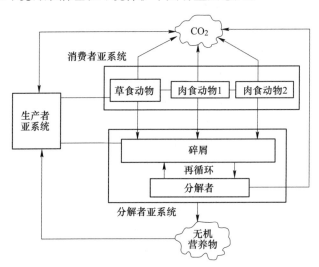

图 1-1　生态系统结构的一般性模型

第二节　微生物概述

微生物不是分类学上的名词。人们把那些形体微小（小于 0.1mm），结构简单，肉眼难以看到，必须借助光学显微镜或电子显微镜才能看清的低等微小生物统称为微生物。根据其有无细胞结构和细胞核结构的差异将之区分为病毒、原核微生物和真核微生物。它们中大多数为单细胞，少数为多细胞，病毒则无细胞结构。

一、微生物的分类与命名

（一）微生物的分类

微生物的类群十分庞杂，它们形态各异，大小不同，生物特性差异极大。为了识别和研究微生物，将各种微生物按其客观存在的生物属性（如个体形态及大小、染色反应、菌落特征、细胞结构、生理生化反应、与氧的关系、血清学反应等）及它们的亲缘关系，有次序地分门别类排列成一个系统，从大到小，按界、门、纲、目、科、属、种等分类。"种"是分类的最小单位，微生物的"种"是一个基本分类单元，它是一大群表型特征高度相似、亲缘关系极其接近、与同属的其他物种有着明显差异的一群菌株的总称。在种内微生物之间的差别很小，有时为了区分细小差别可用"株"表示，但"株"不是分类单位。

各类群微生物有各自的分类系统，如细菌分类系统、酵母分类系统、霉菌分类系统。其中，以集国际学术界的权威学者不间断地集体修订为特色的《伯杰氏系统细菌学手册》被公认为经典佳作，是国际上最为流行的实用版本。该手册最早成书于1923年，第一版名为《伯杰氏鉴定细菌学手册》，到现在它已先后修订出版了11个版本。

（二）微生物在生物界中的地位

在历史上人们只把生物区分为两界，即植物界和动物界，把一些具有细胞壁不能运动的类群如藻类、真菌等归属于植物界，另一些不具细胞壁而能运动的类群如原生动物归属于动物界。但自然界中有许多生物，将它们归属于植物界或动物界均不适宜，因此，1969年魏塔克（Whittaker）首先提出了生物的五界系统，把自然界中有细胞结构的生物分为五界。我国学者王大耜等提出将无细胞结构的病毒看作一界，这样便构成了生物的六界系统（见表1-1）。

从表1-1中可以看出，微生物包括病毒、细菌、放线菌、蓝细菌、支原体、衣原体、立克次氏体、单细胞藻类、原生动物、酵母菌、霉菌等类群，它们中既有原核生物，又有真核生物，还有非细胞结构的生物，在六界系统中占有四界。在环境微生物学中还将微型后生动物也划入研究范畴内。由此可见微生物在自然界中的重要地位。

表 1-1　生物六界系统和微生物

生物界名称	主要结构特征	微生物类群名称
病毒界	无细胞结构，大小为纳米级	病毒、类病毒等
原核生物界	细胞核为原核，无核膜和核仁的分化，大小为微米级	细菌、放线菌、蓝细菌、支原体、衣原体、立克次氏体等
原生生物界	细胞核具有核膜和核仁的分化，为小型真核生物	单细胞藻类、原生动物等
真菌界	单细胞或多细胞，具有核膜和核仁，为小型真核生物	酵母菌、霉菌、蕈菌
动物界	细胞核具有核膜和核仁的分化，为大型能运动真核生物	
植物界	细胞核具有核膜和核仁的分化，为大型非运动真核生物	

[拓展知识]

病毒属于生命体吗?

这是一个长久以来都无法得到确切结果的问题。许多学者认为地球上碳基生物都应该遵循"区分生命与非生命的关键是是否拥有核糖体以及进行翻译的能力"这一标准,从这一角度来看,病毒显而易见不能归纳为生命体。

但是,自 2020 年以来,科学家发现越来越多的大型噬菌体拥有这样的翻译机制(参考文献:Al-Shayeb B, Sachdeva R, Chen L X, et al. Clades of huge phages from across Earth's ecosystems [J] . Nature, 2020, 578 (7795): 425-431.)。这将导致生命与非生命的界限变得重新模糊起来。目前对病毒的分类还停留在初级阶段,绝大部分病毒都没有得到细致的分类。如果将病毒算作生物的话,各种亚病毒因子,包括类病毒、拟病毒、缺损干扰 RNA、朊病毒等不具备完整的复制机构的感染性因子都得囊括在内,而这会导致非细胞生物将远远大于原核生物的物种和个体数量。

(三)微生物的命名

每一种微生物都有一个自己的专用名称。名称分两类,一类是地区性的俗名,具有大众化和简明等特点,但往往涵义不够确切,易重复,如结核杆菌是结核分枝杆菌(*Mycobacterium tuberculosis*)的俗名;另一类是学名,它是某一微生物的科学名称,是按"国际命名法规"命名并受国际学术界公认的正式名称。学名是用拉丁词或拉丁化的词组成的,命名通常采用生物学中的二名法命名,即由属名和种名组成,属名和种名用斜体字表达,属名在前,第一个字母大写,种名在后,第一个字母小写,学名后还要附上命名者的名字和命名的年份,但这些都用正体字表达。如大肠埃希氏杆菌的名称是 *Escherichia coli* Castellani et Chalmers 1919,枯草芽孢杆菌的名称是 *Bacillus subtilis* Cohn 1872。不过在一般情况下使用时,后面的正体字部分可以省略。

如果只将细菌鉴定到属,没鉴定到种,则该细菌的名称只有属名,没有种名。如:芽孢杆菌属的名称是 *Bacillus*,羧状芽孢杆菌属的名称是 *Clostridium*。如果微生物是一个亚种或变种时,学名则需在最后加亚种(subsp.)或变种(var.)及加词,如酿酒酵母椭圆变种(*Saccharomyces cerevisiaevar. ellipsoideus*)。

二、微生物的特点

微生物由于其体形都极其微小,因而导致了一系列与之密切相关的五个重要共性,即体积小,比表面积大;吸收多,转化快;生长旺,繁殖快;适应强,易变异;分布广,种类多。这五大共性不论在理论上还是实践上都极其重要。

(一)比表面积大

任何固定体积的物体,如对其进行切割,则切割的次数越多,其所产生的颗粒数就越多,每个颗粒的体积也就越小。这时如果把所有小颗粒的面积相加,其总数将极其可观。物体的表面积和体积之比称为比表面积。微生物的比表面积非常大,如乳酸乳杆菌(*Lactobacillus lactis*)的比表面积为 12 万,鸡蛋为 1.5,而 90kg 体重的人只有 0.3。

由于微生物突出的小体积，大面积系统，从而赋予它们具有不同于其他生物的特性。认识到这一点，我们就比较容易理解微生物的许多特性了。

（二）吸收多，转化快

微生物由于其比表面积大得惊人，所以与外界环境必然有一个巨大的营养物质吸收面、代谢废物的排泄面和环境信息的交换面，这非常有利于微生物的生长代谢。在适宜条件下，微生物24h所合成的细胞物质相当于原来细胞质量的 $30 \sim 40$ 倍；而一头体重 500kg 的乳牛，一昼夜只能合成蛋白质 0.5kg。

利用微生物的这个特性，可以使大量有机质在短时间内转化为有用的化工、医疗产品或食品，使有害转化为无害，将不能利用的变为可利用的。

（三）生长繁殖快

微生物具有极高的生长繁殖速度，例如，大肠杆菌在合适的生长条件下，细胞分裂1次仅需 $12.5 \sim 20min$。若按平均 20min 分裂1次计，则1h可分裂3次，每昼夜可分裂72次，这时，原初的一个细菌已产生了 4.7×10^{21} 个后代。

事实上，由于营养、空间和代谢产物等条件的限制，微生物的几何级数分裂速度充其量只能维持数小时而已。因而在液体培养中，细菌细胞的浓度一般仅达 $10^8 \sim 10^9$ 个/mL。微生物的这一特性在发酵工业中具有重要的实践意义，主要体现在它的生产效率高、发酵周期短上。例如，用作发面剂的酿酒酵母（*Saccharomyces cerevisiae*）其繁殖速率虽为 2h 分裂1次，但在单罐发酵时，仍可为12h"收获"1次，每年可"收获"数百次，这是其他任何农作物所不可能达到的。

微生物生长繁殖快的特点对生物学基本理论的研究也具有极大的优越性，它使科学研究的周期缩短、空间减少、效率提高、经费降低。然而这一特性对危害人、畜和农作物的病原微生物或会使物品霉腐变质的有害微生物而言，会给人类带来很大的损失或祸害。

（四）适应性强，易变异

微生物具有极其灵活的适应性或代谢调节机制，这是任何高等动、植物所无法比拟的。其主要原因也是因为它们体积小，面积大的特点。微生物对恶劣的"极端环境"，例如高温、高酸、高盐、高辐射、高压、低温、高碱、高毒等的惊人适应力，堪称生物界之最。

微生物的个体一般都是单细胞，简单多细胞甚至是非细胞的，它们通常都是单倍体，加之具有繁殖快，数量多以及与外界环境直接接触等特点，因此即使其变异频率十分低（一般 $10^{-5} \sim 10^{-10}$），也可在短时间内产生出大量变异的后代。正是由于这个特性，有益的变异可为人类创造巨大的经济和社会效益，如产青霉素的菌种 *Penicillium chrysogenum*（产黄青霉），1943年时每毫升发酵液仅分泌约20单位的青霉素，至今早已超过5万单位。

（五）分布广，种类多

微生物因其体积小，质量轻和数量多等原因，可以到处传播以致达到"无孔不入"的地步，只要条件合适，它们就可很好地生长发育。地球上除了火山的中心区域等少数地方外，从土壤圈、水圈、大气圈至岩石圈，到处都有它们的踪迹。因此，微生物被认为是生物圈上下限的开拓者和各项生存纪录的保持者。不论在动、植物体内外，还是土壤、河流、空气、平原、高山、深海、污水、垃圾、海底淤泥、冰川、盐湖、沙漠，甚至油井、酸性矿水和岩层下都有大量与其相适应的各类微生物存在着。

微生物的种类多主要体现在以下几个方面：

（1）物种的多样性。迄今为止，人类已描述过的生物总数约 200 万种，据估计，微生物的总数约在 50 万种至 600 万种之间，其中 1995 年已记载过的仅约 20 万种，包括原核生物 3500 种，病毒 4000 种，真菌 9 万种，原生动物和藻类 10 万种，且这些数字还在急剧增长，例如，在微生物中较易培养和观察的真菌，至今每年还可发现约 1500 个新种。

（2）生理代谢类型的多样性。微生物的生理代谢类型之多，是动、植物所不及的。它们可分解利用地球上的各种天然有机物，甚至有毒物质。另外，微生物有着最多样的产能方式，诸如细菌的光合作用，自养细菌的化能合成作用，以及各种厌氧产能途径等。

（3）代谢产物的多样性。微生物究竟能产生多少种代谢产物，20 世纪 80 年代末曾有人统计为"7890 种"，后来，在 1992 年又有报道仅微生物产生的次生代谢产物就有 16500 种，且每年还在以 500 种新化合物的数目增长着。

（4）遗传基因的多样性。从基因水平看微生物的多样性，内容更为丰富，这是近年来分子微生物学家正在积极探索的热点领域。在全球性的"人类基因组计划"（HGP）的有力推动下，微生物基因组测序工作正在迅速开展，并取得了巨大的成就。

（5）生态类型的多样性。微生物广泛分布于地球表层的生物圈（包括土壤圈、水圈、大气圈、岩石圈和冰雪圈）。对于那些极端微生物而言，则更易生活在极热、极冷、极酸、极碱、极盐、极压和极旱等极端环境中。此外，微生物与微生物或与其他生物间还存在着众多的相互依存关系，如互生、共生、寄生、抗生和捕食等，如此众多的生态系统类型就会产生出各种相应生态型的微生物。

三、微生物对人类的影响

微生物在提高人类健康和造福人类方面起着重要的作用。人们通过对微生物生长规律和活动方式的认识，人为地采取一些相应措施，增加微生物的益处，减少其危害。在这方面现已取得了巨大的成功。

（一）微生物作为疾病媒介

在 20 世纪开始时期，引起人口死亡的主要原因是传染性疾病，随着人们对疾病过程的认识、环境卫生条件的改进以及抗微生物制剂的发现和使用，使得许多传染性疾病得以控制。然而对获得性免疫缺陷综合症（AIDS）的患者，对抗癌药物处理而导致免疫系统破坏的癌症病人来说，微生物对人类的生存仍然构成主要威胁。今天虽然微生物疾病不再是死亡的主要原因，但每年仍然有成百万的人死于传染性疾病。

[拓展知识]

幽门螺杆菌

1981 年澳大利亚病理科医师 Warren 和实习医生 Marshall 在病理标本中发现了一种不明弯曲杆菌，通过抗生素治疗后，发现病人的胃炎症状得到改善。历经 37 次培养后，他们终于在 1982 年从慢性活动性胃炎患者的胃黏膜活检组织中分离出该细菌，但当时主流意见并不认可他们的研究结果。一怒之下，Marshall 饮用了一大杯幽门螺杆菌培养液，并发表了相关论文，但仍然没有受到人们重视。

1986 年 Marshall 移民美国，在媒体报道下，越来越多人关注到该菌并钦佩他的勇敢行为。经历数次更名后，1989 年将其正式命名为幽门螺杆菌（*Helicobacter pylori*）。2005 年 Warren 和 Marshall 两位医师共同分享了诺贝尔生理学或医学奖。

幽门螺杆菌的传染力极强，据统计，我国的幽门螺旋杆菌感染率在 40%~90% 之间，平均为 59%。2017 年世界卫生组织将幽门螺杆菌列为一类致癌物。幽门螺杆菌传染途径主要是通过口-口、粪-口等方式传播。因此，少吃生食和刺激性食物、杜绝口对口喂食、实行分餐制、尽量使用公筷等方式是预防幽门螺杆菌的主要手段。

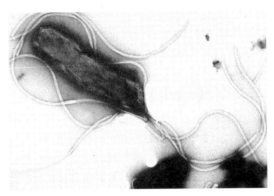

弯曲状的幽门螺杆菌（By Yutaka Tsutsumi，M. D. Professor，
Department of Pathology Fujita Health，University School of Medicine）

（二）微生物与农业

在许多重要方面，农业系统均依靠微生物的活动。例如，许多主要的农作物是豆科植物的成员，它们的生长与根瘤细菌紧密相连。根瘤细菌在豆科植物的根部形成根瘤结构，在根瘤内大气中的分子氮可转变为植物能够用于生长的氮化合物。反刍动物（如牛和羊）的消化过程离不开微生物，这类动物具有专一性消化器官——瘤胃，在瘤胃内微生物进行着消化作用。在植物营养方面，微生物的代谢活动可将碳、氮、磷、硫等营养元素转化成为植物易于利用的形式。

（三）微生物和食品工业

微生物在食品工业中起着重要的作用。首先我们注意到，每年由于食品的变质腐败，浪费了大量的资金。罐头、冷冻食品和干燥食品工业就是为了防止食品不受微生物的影响。但是，不是所有的微生物对食品都有害。奶制品的制造部分就是借助微生物的活动，包括乳酪、酸乳酪和黄油等。泡菜和腌制食品也归功于微生物活动的存在。我们生活中普遍饮用的乙醇饮料，也是基于酵母菌的活动。加到许多软饮料中使之有强烈味道和口感的柠檬酸是利用真菌生产的。

（四）微生物、能源和环境

在推动工业社会发展上，微生物起着重要作用。作为重要燃料的天然气是细菌作用的产物，一些矿物质和能量也是微生物活动的结果。然而原油易被微生物降解利用，故原油的钻探、开采和贮存均要在尽可能减少微生物损害的条件下进行。

地球上的所有资源都是有限的，人类的活动将会导致可开采的矿物燃料完全消耗，因此，我们必须寻找新的途径来满足社会对能源的需求，将来，微生物也许会成为主要的代替能源。光合微生物能捕获光能进行生物量的生产，并在生命有机体内贮存能量。垃圾、谷物杆及动物排泄物等，通过微生物的作用可转变成生物燃料，例如甲烷和乙醇。同时微生物庞大的多样性酿育着巨大的遗传潜力，可用来解决环境污染问题。目前，在这个领域里进行着许多研究，生物技术的发展有助于从遗传学上改变野生型菌种，使之用来消除因人类活动造成的污染。

（五）微生物与未来

微生物学最令人振奋的新领域是生物技术。从广义上讲，使用微生物进行大规模工业化生产需要生物技术，但是，今天通常所指的生物技术是遗传过程的应用，即创造新型的微生物，使它能够合成具有高度价值的专一性产品。例如通过基因操作技术，在微生物中能生产出人类的胰岛素。因此，有太多理由促使我们认识微生物和它们的活动。

第三节　环境微生物学研究的内容和任务

环境微生物学是研究人类生存环境与微生物间的相互关系与作用规律的科学，它着重研究微生物活动对人类环境所产生的有益与有害影响，并阐明微生物、污染物与环境三者间的相互关系与作用规律，为保护环境、造福人类服务。环境微生物学作为环境保护专业的重要课程，其研究的主要内容和任务如下。

（1）自然环境中的微生物学研究。环境微生物学研究微生物所包括的类群及其特征；生理特性和代谢规律；遗传特性及其遗传变异；微生物的生长与环境条件的关系。研究自然环境中的微生物群落、结构、功能与动态；微生物在不同生态系统中的物质转化和能量流动过程中的作用与机理，为保护和开发有益微生物和控制有害微生物提供科学资料，使微生物在生态系统中发挥更好的作用。为人类认识自然、保护自然，防止生态系统失调与破坏，提供微生物学的资料与依据。

（2）污染环境中的微生物生态学研究。在污染日益严重的情况下，通过研究微生物-污染物-环境三者关系，了解各种污染环境对于微生物活动的影响，以及由此而带来的微生物活动对于环境质量变化的影响。随着现代工业的发展，排出的大量工业废液废物严重污染了环境。由于微生物代谢类型的多样性，对于污染物质能较快适应，故可使各有机污染物得到降解转化。所以，只要找到合适的微生物，并给予适当条件，几乎所有的有机化合物均可被微生物降解以至彻底转化成无机物。

（3）微生物处理污染物的原理和方法研究。随着对微生物反应和净化机制的深入研究，以活性污泥法为中心的各种污水生物处理工程，在生产应用中不断改进和完善，相继出现了多种工艺流程，使其应用范围逐渐扩大，处理效果不断提高。

由于分子生物学、分子遗传学以及生态学的发展，推动了环境微生物技术的发展和应用。分离、筛选、培育高效的降解菌株来处理污染物，采用基因工程技术构建环境工程菌，将多种微生物的降解基因组装在一个细胞中，使该菌株集多种微生物的降解性能于一身。利用细胞融合技术获得多质粒"超级细菌"，将多个细胞的优点集中到同一个细胞中，人们从利用微生物发展到改造微生物来为人类服务。

利用微生物实现废物资源化和能源化已经取得明显成就，例如利用废水产乙醇、产甲烷，利用高浓度有机废水生产单细胞蛋白，从而提高了资源的利用率，环境污染得到减轻。

（4）微生物对于环境的污染与破坏研究。人类在生活与生产过程排出的污水废物中可能带有病原微生物，在一定条件下可造成环境污染引起疾病流行。例如，不合理的灌溉会引起环境的污染与疾病的传播。有些微生物代谢过程中会产生有毒有害物质，它们甚至是致癌、致畸、致突变物质，积累于环境中，严重威胁着人体健康。例如，黄曲霉产生的黄曲霉毒素有致癌作用。由于水体富营养化，某些藻类暴发性增殖造成沿海港湾及内陆湖泊发生赤潮和"水华"，当其发生时，水色变异，水味腥臭，溶解氧低，许多鱼类不能生存。因此，研究引起环境质量下降的微生物类型，污染途径和作用规律，采用各种控制技术防止和消除危害也是环境微生物学研究的内容之一。

（5）应用微生物进行环境监测与评价。细菌总数、大肠菌群、粪链球菌等粪便污染指示菌的检测，是水体污染程度监测的常用微生物学监测方法，后来又发展了多种利用微生物快速检测环境致突变物与致癌物的方法。因此，利用微生物技术不仅可以评价与人类活动有关的环境质量的优劣，也可以评价污染物的毒性和生物降解性。

思 考 题

1-1　什么是微生物，微生物有哪些主要类群？

1-2　微生物的特点有哪些？

1-3　简述微生物对人类的影响。

1-4　简述微生物在环境保护中的作用。

第二章　微生物的主要类群

根据微生物的进化水平、细胞或细胞核的构造以及各种性状上的明显差别，可把其分为具有细胞结构的原核微生物（Prokaryotes，包括真细菌 Eubacteria、古菌 Archaea）、真核微生物（Eukaryotic，包括真菌 Fungi、原生动物 Protozoan、显微藻类 Microalgae 等）和不具备细胞结构的非细胞生物（Acellular microorganisms，包括病毒 Virus 和类病毒 Viroid 等）三大类群，如图 2-1 所示。

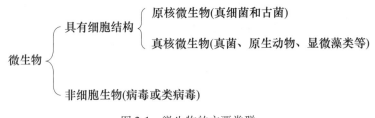

图 2-1　微生物的主要类群

第一节　原核微生物

原核微生物即广义的细菌，是指一大类细胞核无核膜包裹，只有称作核区（Nuclear region）的裸露 DNA 的原始单细胞生物。它包括真细菌（细菌、放线菌、蓝细菌、立克次氏体、衣原体、支原体）和古菌等。从系统发育来看，真细菌和古菌属于两种完全不同的生物类群，但由于两者的细胞结构基本一致，故均归属于原核微生物。从数量上看，目前已发现的原核微生物大多属于真细菌，少数属于古菌。古菌通常为极端微生物，例如极端嗜热菌（*Themophiles*）、极端嗜盐菌（*Extremehalophiles*）、极端嗜酸菌（*Acidophiles*）、极端嗜碱菌（*Alkaliphiles*）和产甲烷菌（*Metnanogens*），在地球早期生命的演化中扮演着极其重要的地位。从结构上来看，原核生物一般为单细胞，结构简单，没有细胞器，个体微小（1~10μm），仅为真核细胞的十分之一至万分之一。

一、细菌

细菌结构简单，种类繁多，是自然界中分布最广、数量最多的一大类群微生物。在自然界中营寄生、腐生或自养生活，与人类关系极为密切。在人们还未认识细菌之前，由病原菌引起的疾病和死亡总是被赋予很多神秘色彩，例如 1347~1353 年间，黑死病席卷整个欧洲，夺走了 2500 万人的生命，直到 1894 年才发现了真正的元凶——鼠疫杆菌（*Yersinia pestis*）。而腐败菌常常引起食物和工、农业产品的变质，据统计，每年因食物腐败造成的经济损失可达上千亿美元。还有一些细菌可引起农作物病害，造成植物减产，甚至死亡，如水稻黄单胞菌（*Xanthomoas oryzae*）侵染水稻造成的白叶枯病是水稻最主要的细菌性病害之一，给农业生产带来了巨大的损失。随着人类对细菌的研究和对它们的认识越来越深入，更多的有益细菌被发掘并应用于工、农、医药、环保和冶金中，给人类带来巨大的经济效益。例如，在工业上，各种氨基酸、核苷酸、酶制剂、丙酮、丁醇、有机酸和抗生素等重要产品的发酵生产；在农业上，杀虫菌剂、细菌肥料的生产和饲料的青贮加工等；在环保领域，沼气发酵、污水处理等；在医药上，各种菌苗、类毒素、代血浆微生物制剂和医用酶类的生产等；在冶金领域，细菌浸矿、探矿、金属富集均与细菌的活动密不可分。细菌是微生物学和环境微生物学的主要研究对象，对其细胞结构、代谢等研究得也较为深入，在原核生物中极具代表性。

（一）细菌的形态和大小

1. 细菌的形态

细菌细胞形态千差万别，并且在不同的生长时期形态也不一样，但其基本形态可大致分为球状、杆状和螺旋状（见图 2-2），分别将其称为球菌、杆菌和螺旋菌，此外还有柄细菌和鞘细菌。

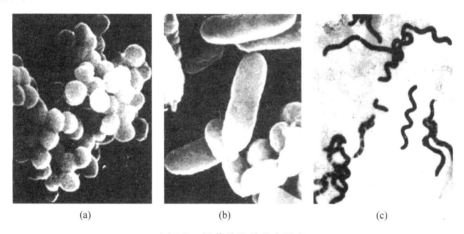

(a)　　　　　　　　　　　(b)　　　　　　　　　　　(c)

图 2-2　细菌的几种基本形态

（a）球菌；（b）杆菌；（c）螺旋菌

A　球菌

细胞呈球状或椭圆状，称为球菌。球菌在分裂后产生的子代细胞常常保持一定的空间排序方式，根据排列方式不同和细胞分裂面的数目又可分为 6 种主要类型（见表 2-1），即单球菌、双球菌、链球菌、四联球菌、八叠球菌和葡萄球菌。

表 2-1　球菌的种类

名称	特　征	形态	代表菌株
单球菌	细胞沿一个平面分裂，子细胞分散独立存在		尿素微球菌 *Micrococcus ureae*
双球菌	细胞沿一个平面分裂，新细胞成双排列		肺炎双球菌 *Diplococcus pneumoniae*

名称	特　征	形态	代表菌株
链球菌	细胞沿一个平面分裂，新细胞连成链状，有的 2~3 个细胞形成一串，有的形成长链		溶血链球菌 *Streptococcus hemolyticus*
四联微球菌	细胞分裂沿两个互相垂直的平面进行，分裂后产生的四个新细胞连在一起呈"田"字形		四联微球菌 *Micrococcus tetragenus*
八叠球菌	细胞按三个相互垂直的平面分裂，子细胞呈立方体形		尿素八叠球菌 *Sarcina ureae*
葡萄球菌	细胞无定向分裂，多个新细胞形成一个不规则的群集，像一串葡萄		金黄色葡萄球菌 *Staphylococcus aureus*

B　杆状

细胞呈杆状或圆柱状，称为杆菌。其形态相较于球菌较为复杂且各种杆菌间长短、粗细、弯曲程度差异较大。按照其外形通常可将其分为短杆状、棒杆状、梭状、梭杆状、分枝状、螺杆状、竹节状和弯月状等；按照排列方式将其分为链状、栅状、"八"字状（白喉杆菌 *Corynebacterium diphtheriae*）以及鞘衣包裹在一起形成的丝状等；按照端部形态可将其分为半圆、钝圆状（大部分杆菌）、平截状（炭疽芽孢杆菌 *Bacillus anthracis*）、尖状（鼠疫杆菌 *Yersinia pestis*）等形态。

[拓展知识]

生物农药——苏云金芽孢杆菌

　　20 世纪早期，在德国苏云金的一个面包加工厂中平时泛滥的地中海粉螟幼虫突然大量死亡，引起了生物学家贝尔林（Berliner）的兴趣。1911 年，他从死亡的幼虫体内分离出了一种杆状细菌，他将这种菌涂在叶片上，粉螟幼虫吃完两天后纷纷死亡。进一步研究发现，这种细菌在芽孢形成不久后会生成一些正方形或菱形的晶体，称为伴孢晶体。1956 年生物学家汉纳（Hannay）证明了伴孢晶体才是苏云金芽孢杆菌杀死粉螟幼虫的真正原因。由于伴孢晶体只能在碱性环境下被激活，而人和其他动物的肠道内呈酸性，因此其对人体无害。目前苏云金芽孢杆菌已应用于鳞翅目、膜翅目和直翅目等 130 余种害虫的防治中。

C　螺旋菌

细胞呈弧状或螺旋状的细菌统称为螺旋菌。细胞壁坚韧，菌体较硬，常以单细胞分散存在。不同的螺旋菌在长度、螺旋数目和螺距等方面存在明显的区别，按照其弯曲程度将其大致分为弧菌和螺菌，其中弧菌只有一个弯曲，呈 C 状，如霍乱弧菌（*Vibrio cholerae*）。而螺菌通常具有多个弯曲，如亨氏产甲烷螺菌（*Methanospirillum hungatii*）。区分弧菌和螺菌的另外一个重要的特征为弧菌往往是偏端单生鞭毛或丛生鞭毛，而螺菌两端都有鞭毛。

在自然界所存在的细菌中，杆菌最为常见，其次是球菌，而螺旋菌最少。工农业生产中用到的细菌大多是杆菌。环境工程中最常见的四种杆菌分别是硝化杆菌（*Nitrobacteriaceae*）、大肠杆菌（*Escherichia coli*）、棒状杆菌（*Corynebacterium*）和枯草芽孢杆菌（*Bacillus subtilis*）。

细菌的形态明显受环境条件的影响，如培养温度、培养时间、培养基中物质的组成与浓度、pH 等发生改变均可能引起细菌形态的改变。即使在同一培养基中，细胞也常出现不同大小的球体、环状、长短不一的丝状、杆状及不规则的多边形态，如放线菌、黏细菌等。一般来说处于幼龄及生长条件适宜时，细菌形态正常、整齐，可表现其特定的形态。而培养时间较长（营养物缺乏和代谢物聚集）或处于逆境中，细菌细胞常出现非正常形态，可以分为畸形和衰颓形。特别是杆菌，有的细胞膨大，有的呈现梨形，有的产生分枝状，有时菌体会伸长并呈现丝状等。若将异常形态的细菌转移到合适的新鲜培养基中又恢复原来形态。

2. 细菌的大小

细菌细胞个体很小，需要借助显微镜才能看到，单位一般用 μm（微米）来表示。但是由于细菌的形状和大小受培养基和培养条件的影响，因此在测量细菌大小时一般以在适宜培养条件下培养 14~18h 的细菌为准。不同形态的细菌的大小不同，其表示方式也不一样。球菌的大小以其直径来表示，大多数球菌直径为 0.5~2μm；杆菌以其宽度×长度来表示，小型杆菌一般为 $(0.2 \sim 0.4)\mu m \times (0.7 \sim 1.5)\mu m$，中型杆菌大小为 $(0.5 \sim 1)\mu m \times (2 \sim 3)\mu m$，而大型杆菌的长度为 $(1 \sim 1.25)\mu m \times (3 \sim 8)\mu m$；螺旋菌的长度是菌体两端点之间的距离，并不是其真正的长度，其长度应按照螺旋的直径和圈数来计算。不同种类的细菌大小差别很大，以细菌的典型代表大肠杆菌（*Escherichia coli*）为例，它的平均长度约 2μm，宽度约 0.5μm。若把 1500 个细胞首尾长径相连，仅等于一颗芝麻的长度（3mm）；若把 120 个细胞"肩并肩"横向紧挨在一起，其总宽度才抵得上一根人发的粗细（60μm）；细菌的质量更是微乎其微，10 亿个大肠杆菌的总质量也只有 1mg。表 2-2 列举了部分细菌的大小。

［拓展知识］

体积最大的细菌——巨大嗜硫珠菌

细菌个体微小，结构简单已成为人类的共识，因为此前的报道中，体积最大的细菌是由 1994 年在非洲西南的纳米比亚海岸的海床沉积物中发现的纳米比亚硫黄珍珠菌（*Thiomargarita namibiensis*），其平均直径为 0.1~0.3mm，最长可达 0.75mm。然而，2022 年 6 月《Science》杂志报道了在加勒比海格兰德特雷红树林中发现的一种迄今为止体积最大、肉眼可见的细菌——巨大嗜硫珠菌（*Candidatus*（*Ca.*）Thiomargarita magnifica），它呈白色丝状，平均细胞长度大于 0.9cm，最长可达 2cm。值得注意的是，与其他细菌的基因组自由漂浮在细胞内不同，这种细菌拥有的超大型基因组和真核生物类似——遗传物质被膜结构包裹。这一发现颠覆了人们对细菌的固有认知，模糊了原核生物和真核生物之间的界限。这种巨型细菌或正处于原核生物与真核生物之间的演化界限上。该发现也说明了大型和更复杂的细菌可能隐藏在明显的视线中。

表 2-2　部分细菌的大小

菌 种 名 称	直径(宽)×长度/μm×μm
纳米比亚硫黄珍珠菌（*Thiomargarita namibiensis*）	320~1000
最大八叠球菌（*Sarcina lutea*）	4~4.5
金色微球菌（*Micrococcus candidus*）	0.8~1
金黄色葡萄球菌（*Staphylococcus aureus*）	0.8~1
乳酸链球菌（*Streptococcus lactis*）	0.5~1
霍乱弧菌（*Vibrio cholerae*）	(1~3)×(0.3~0.6)
炭疽芽孢杆菌（*Bacillus authracis*）	(1~1.5)×(4~8)
枯草芽孢杆菌（*Bacillus subtilis*）	(0.8~1.2)×(1.2~3)
伤寒沙门氏杆菌（*Salmonella typhi*）	(0.6~0.7)×(2~3)
迂回螺菌（*Spirillum volutans*）	(0.5~2)×(10~20)
普通变形杆菌（*Proteus vulgayis*）	(0.5~1)×(1~3)
大肠杆菌（*Escherichia coli*）	0.5×(1~3)
铜绿假单胞菌（*Pseudomonas aeruginosa*）	(0.5~0.6)×(1.5~3.0)
德氏乳酸杆菌（*Lactobacterium delbrllckii*）	(0.4~0.7)×(2.8~7)

（二）细菌的细胞结构

细菌的细胞是典型的原核细胞，其结构分为基本结构和特殊结构。基本结构指一般细菌都具有的结构，例如细胞壁、细胞膜、细胞质、核区、核糖体和内含物等；特殊结构指部分细菌中具有或在特殊环境条件下才形成的构造，例如芽孢、鞭毛、荚膜、菌毛和性菌毛等，如图 2-3 所示。

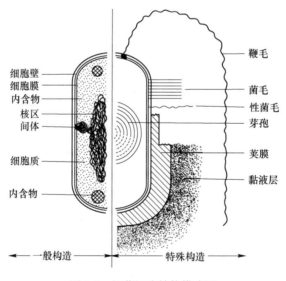

图 2-3　细菌细胞结构模式图

1. 细胞壁

细胞壁是指细菌细胞的外壁，位于细胞最外层，厚实、坚韧、无色透明且具有弹性，内侧紧贴细胞膜，占细胞干重 10%~25%。

细胞壁的主要功能为：（1）保护作用，细胞壁具有固定细胞外形，保护细胞免受机械性或渗透压的破坏；（2）提供运动支点，为鞭毛运动所必需，有鞭毛的细菌失去细胞壁后，虽然鞭毛依旧存在，但不能运动；（3）屏障作用，阻拦大分子物质（相对分子质量大于800）进入细胞；（4）免疫原性，赋予细菌特有的抗原性、致病性、对抗生素和噬菌体的敏感性。

由于细菌细胞微小且透明，一般先要经过染色后才能在显微镜下观察。其中以1884年丹麦医生Hans Christian Gram创立的革兰氏染色法最为重要，通过革兰氏染色可将细菌分为革兰氏阳性细菌和革兰氏阴性细菌两大类。

染色的基本步骤为：草酸铵结晶紫初染—碘液媒染—95%乙醇脱色—番红（沙黄、石炭酸或其他红色染料）复染。经乙醇处理不褪色，保持初染时深紫色，并在最终复染后依然呈紫色的菌体称为革兰氏阳性菌（G⁺）；另一类经乙醇处理迅速脱去原色，并且在复染后呈红色的菌体称为革兰氏阴性菌（G⁻）（见图2-4）。由于这两大类细菌在细胞结构、成分、形态、生理生化、遗传、免疫、生态和药物敏感性方面都呈现出明显的差异，因此革兰氏染色在细菌菌种分类鉴定和生物学特性挖掘中具有十分重要的意义。

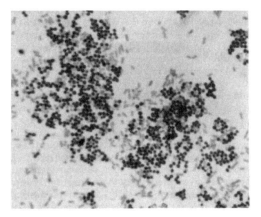
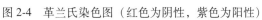

图2-4　革兰氏染色图（红色为阴性，紫色为阳性）　　　　扫一扫看更清楚

通过革兰氏染色出现不同反应的原因是革兰氏阳性细菌和革兰氏阴性细菌的细胞壁化学组成（见表2-3）和结构不同（见图2-5和图2-6）。革兰氏阳性细菌细胞壁的特点是厚度大（20~80nm），化学组分和结构简单。革兰氏阴性细菌细胞壁的特点是较薄，厚度为10nm，层次多，成分和结构较复杂。

表2-3　细胞壁结构与革兰氏染色的关系

项目		革兰氏阳性细菌（G⁺）	革兰氏阴性细菌（G⁻）
细胞壁厚度		厚（20~80nm）	薄（2~3nm）
占细胞壁干重的百分比	肽聚糖含量	高（40%~90%）	低（5%~20%）
	肽聚糖结构	多层，75%亚单位交联，网格紧密坚固	单层，30%亚单位交联，网格较疏松
	磷壁酸	多数含有且含量较高（小于30%）	无
	脂多糖	一般无（小于2%）	在外壁层，11%~22%

续表 2-3

项目	革兰氏阳性细菌（G⁺）	革兰氏阴性细菌（G⁻）
脂蛋白	无或少量	一般有，且含量较高
乙醇作用	脱水作用，孔径缩小，结构更紧密，大分子复合物滞留	脂溶作用，孔径增大，结构变疏松，大分子复合物溶出
染色结果	紫色	红色
对青霉素、溶菌酶	敏感	不够敏感
代表菌种	金黄色葡萄球菌	大肠杆菌

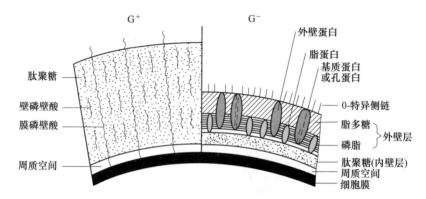

图 2-5　革兰氏阳性细菌和革兰氏阴性细菌细胞壁构造的比较

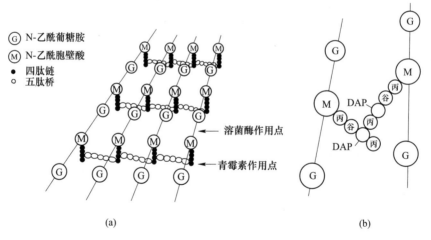

图 2-6　革兰氏阳性和阴性细菌肽聚糖的结构

（a）金黄色葡萄球菌细胞壁肽聚糖结构示意图；（b）大肠杆菌细胞壁肽聚糖结构示意图

革兰氏染色的机制：通过初染和媒染，细菌细胞染上不溶于水的结晶紫与碘的大分子复合物。革兰氏阳性菌由于细胞壁较厚、肽聚糖含量较高和其分子交联度较紧密，故使用乙醇（或丙酮）洗脱时，肽聚糖网孔会因脱水而收缩，再加上 G⁺ 菌的细胞壁基本上不含类脂，因此用乙醇处理不能在细胞壁上溶出缝隙，通透性降低，结晶紫−碘复合物牢牢地被阻留在细胞壁内，而呈现紫色。反之，革兰氏阴性细菌因细胞壁薄、外层类脂质含量高、肽聚糖层薄和交联松散，遇脂溶剂乙醇后，类脂质迅速被溶解，这时薄而松散的肽聚糖网不能阻挡结晶紫-碘复合物的溶出，细胞壁的通透性增大。因此，通过乙醇脱色后细胞被褪为无色。此时再用番红等红色染料复染，就使革兰氏阴性细菌呈现红色。

　　革兰氏阳性菌经一定的方法（如溶菌酶）处理可以完全除去细胞壁，剩下的部分称为原生质体，而革兰氏阴性菌的细胞壁与细胞质膜结合紧密，用同样的方法处理后仍会有部分细胞壁成分残留在细胞质膜表面，此时剩下的部分称为原生质体或球形体。所有细胞形态（球状、杆状或螺旋状）的菌体所制成的原生质体均为球状。在合适的再生培养基中，原生质体可以回复，长出细胞壁。

　　2. 细胞膜

　　细胞膜又称细胞质膜或质膜，是紧靠细胞壁内侧，包裹细胞质的一层半透性薄膜，柔软而富有弹性，厚约 7~8nm，由脂类（20%~30%）和蛋白质（50%~70%）及少量的糖蛋白和糖脂（约2%）所组成，质量约占菌体总重的10%，可用中性或碱性染料染色。细菌细胞膜的脂类主要为甘油磷脂，磷脂分子在水溶液中很容易形成具有高度定向性的双分子层，相互平行排列，亲水性的极性头部朝外，疏水性的非极性尾部朝内，在电子显微镜下，细胞膜呈明显的双层结构，在上下两暗色层间夹着一层浅色的中间层。极性头朝向膜的内外两个表面，呈亲水性；而非极性的疏水尾部则埋藏在膜的内层，从而形成一个磷脂双分子层（见图2-7）。根据蛋白质在细胞膜中存在的位置，将其分为三大类：（1）结合在细胞膜表面，称为外周蛋白；（2）有些蛋白可以从外伸至膜内部，或不对称地分布在膜的一侧，或埋藏在磷脂双分子层内，称为镶嵌蛋白；（3）有的蛋白质可从膜一侧穿到另一侧，跨越全膜，称为跨膜蛋白。关于细胞膜的结构许多学者提出多种模型，而目前认可度比较高的是1972年由辛格（Singer）和尼克尔森（Nicolson）提出的细胞膜液体镶嵌模型：磷脂双分子层在常温下呈液态，膜中的脂和蛋白质都能自由流动，不同的内嵌蛋白和外周蛋白可在磷脂双分子层液体中作侧向运动，犹如漂浮在海洋中的冰山，又称"冰山理论"。

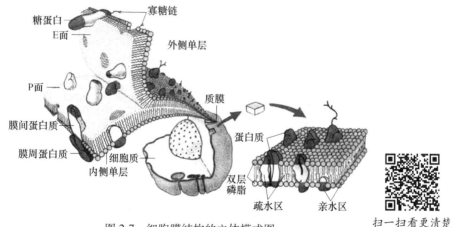

图 2-7　细胞膜结构的立体模式图

扫一扫看更清楚

　　对细胞型生物而言，细胞膜是一个极其重要的结构，例如支原体可以在无细胞壁的状态下生存，但是一旦细胞膜受损就会导致其死亡。细胞膜的生理功能有：（1）选择性地控制细胞内外营养物质和代谢产物的运送与交换；（2）是维持细胞内正常渗透压的结构屏障；（3）是合成细胞壁和荚膜有关成分的重要基地；（4）膜上含有氧化磷酸化或光合磷酸化等能量代谢的酶系，是细菌细胞能量代谢的场所；（5）是鞭毛基体的着生点和运动能量的来源。

3. 细胞质及其内含物

细胞质是细胞膜包围的除核区以外的一切半透明、胶状、颗粒状物质的总称。原核微生物的细胞质是不流动的，其主要成分为水、蛋白质、核酸、脂类以及少量的糖、无机盐。细胞质中的主要结构为核糖体，此外，还有气泡和一些颗粒状内含物。

A　核糖体

由 RNA 和蛋白质构成，呈颗粒状亚显微结构。常以游离态分布于细菌细胞中，数量可达上万个。核糖体中的 RNA 一般占 60%，蛋白质占 40%。原核生物核糖体的直径约20nm，沉降系数为 70S，由 50S 与 30S 两个亚基组成。而真核微生物核糖体沉降系数为80S，由 60S 与 40S 两个亚基组成。在真核微生物中的线粒体、叶绿体和细胞核也有各自的核糖体，其沉降系数均为 70S。在生长旺盛的细胞中，核糖体常成串排列，靠 mRNA 链接，称多聚核糖体，如图 2-8 所示。

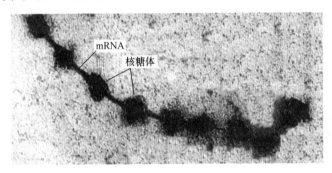

图 2-8　核糖体亚基连在 mRNA 上构成的多聚核糖体

核糖体是蛋白质的合成场所，其数量的多少与蛋白质合成直接相关，往往随着细菌生长速率而改变，细菌在快速繁殖时，核糖体数量明显增多，可达 $1 \times 10^4 \sim 7 \times 10^4$ 个/个菌，而在缓慢增殖的菌体中，核糖体明显减少，约 2000 个左右，原核微生物细胞中平均含有15000 个核糖体，而真核细胞中约含 $10^6 \sim 10^7$ 个核糖体。

B　气泡

某些光合细菌和水生细菌的细胞质中含有几个甚至上百个充满气体的圆柱形和纺锤形气泡。气泡膜和真正的细胞质膜不同之处在于，气泡膜只含有蛋白质而无磷脂。膜的表面亲水而内侧绝对疏水，这种特殊的结构决定了气泡只能透气而不能透过水和溶质。气泡的生理功能目前有待进一步研究，有证据表明，许多飘浮于湖水和海水中的光合或非光合性细菌以及蓝细菌等都有气泡，使之具有浮力。也有人认为气泡能吸收空气中的氧可被细菌利用，如嗜盐细菌的气泡比较显著，它们是专性好氧菌，可生活在含氧极低的浓盐水中。也有人推测气泡只是使细菌漂在水面，保证菌体更接近空气。

C　颗粒状内含物

细菌的细胞质中常含有各种颗粒，大多为细胞的储藏物，如糖原和淀粉、聚-β-羟基丁酸（PHB）、异染颗粒、硫粒、藻青素等，内含物的多少随菌龄和培养条件的不同而发生较大的变化，往往某些营养物质过剩时，细菌便将其聚合成各种储藏颗粒；当营养缺乏时，这些颗粒状内含物又被当作营养物分解利用。

（1）糖原和淀粉：是细菌细胞内主要的碳源和能源贮存物质，糖原一般均匀地分布在胞内。与碘液作用时，糖原呈红褐色而淀粉呈蓝色。肠道细菌常积累糖原，而多数其他细菌和蓝细菌则以淀粉为贮存物质。

（2）聚-β-羟基丁酸（PHB）：为细菌所特有的一种碳源和能源性储藏物。1925 年由法国巴斯德研究所 Lemoigne 从巨大芽孢杆菌（*Bacillus megateriucm*）细胞中发现并分离提取 PHB。PHB 是 D-3-羟基丁酸的直链聚合物，易被脂溶性染料（如苏丹黑）着色，而不易被普通碱性染料染色（见图 2-9）。在细胞内羟基丁酸呈酸性，而聚合成大分子后就显中性，这样就能保持细胞内的中性环境，避免菌体内酸性增高。很多细菌在富含碳源而贫氮源的条件下生长时有 PHB 颗粒积累，当生长条件逆转时，PHB 颗粒便降解。例如当巨大芽孢杆菌在含乙酸或丁酸的培养基中生长时，细胞内储存的 PHB 可达自身干重的 60%。因 PHB 具有良好的相容性，作为可降解生物塑料被广泛地应用于生物医药、农用材料及食品包装材料中。

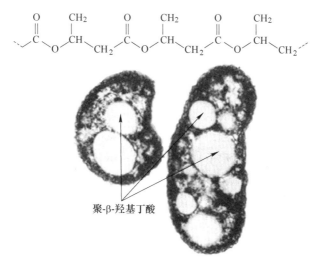

图 2-9 红色螺菌的电子显微镜图片（→表示胞内的 PHB 颗粒）

（3）异染颗粒。异染颗粒主要成分是多聚偏磷酸盐，可能还含有 RNA、蛋白质、脂类和 Mg^{2+}，功能是储藏磷和能量。因其嗜碱性较强，用蓝色染料如甲苯胺蓝或甲烯蓝染色后不呈蓝色而呈紫红色，因此称其为异染颗粒（见图 2-10）。异染颗粒随菌龄增长而变大，在细菌大量同化营养物的后期数量最多。当环境中缺乏磷时，异染颗粒可作为补充剂。同时异染颗粒还具有降低细胞渗透压的功能，在菌种鉴定中具有一定的作用，如白喉杆菌（*Corynebacterium diphtheriae*）和鼠疫杆菌（*Yersinia pestis*）都具有特征性的异染颗粒。

（4）硫粒：是细菌的硫源和能源性储藏物。贝氏硫细菌属（*Beggiatoa*）和丝状硫细菌属（*Thiothrix*）等硫细菌在富含 H_2S 的环境中，胞内常含有硫粒，是硫素的储藏物质。硫粒在不同的细菌细胞中所处的位置不同，有的在胞内，有的在胞外。当环境中的 H_2S 耗尽时，硫粒便转化为硫酸，在转化的过程中细菌可获得能量。因此，硫粒也是某些化能自养型硫细菌储存的能源物质。

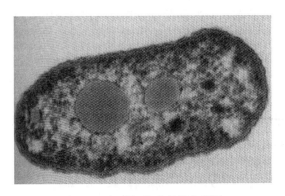

图 2-10　细菌细胞中的异染颗粒

　　不同微生物中储存内含物的种类也不同，如芽孢杆菌只含多聚-β-羟基丁酸，大肠杆菌、产气杆菌只贮存糖原，而有些光合细菌则糖原和淀粉两者均有。内含物的形成一般对微生物有利，但往往也和氮素缺乏有关。当环境中缺乏氮源，而碳源、能源丰富时，细胞内可贮存大量的内含物，有的可达到细胞干重的 50%。如将这样的细菌移至有氮源的培养基中，则这些贮藏物将被酶分解而作为碳源与能源用于合成反应。此外，这些贮藏物以多聚物的形式储藏还有利于维持细胞内渗透压的平衡。

　　4. 原核与质粒

　　A　原核

　　原核又称拟核、核区。与真核生物最大的不同点在于，细菌没有完整的细胞核结构，其形态相较于真核生物更简单、原始，称之为拟核或原核。拟核是携带细菌遗传信息的主要物质基础，是细菌生长发育、新陈代谢和遗传变异的控制中心。采用富尔根染色法可见到呈紫色、形态不定的核区（见图 2-11）。核区的化学组成是一个大型的环状双链 DNA 分子，一般不含蛋白质，长度为 0.25～3.00mm。每个细胞所含的核区的数目与该细菌生长速度密切相关，一般为 1～4 个，在快速生长的细菌中，核区 DNA 可占细胞总体积的 20%。除了在染色体复制时呈双倍体外，核区一般均为单倍体。

图 2-11　根癌土壤杆菌电子显微镜
图片（原核呈丝状结构）

　　B　质粒

　　质粒是独立于细菌染色体以外的小型共价闭合环状双链 DNA 分子，能独立复制（见图 2-12）。质粒比细菌染色体小，只有约 1% 拟核的长度，含有几个到上百个基因。每个菌体内含有一个或者几个，甚至很多个质粒。质粒携带着某些细菌染色体上所没有的基因，使细菌等原核生物被赋予某些对生存并非必需的特殊功能。许多次级代谢产物如抗生素、色素等的产生，甚至芽孢的形成都与质粒有关。质粒可以从菌体中自行或用物理化学的手段使其消失或抑制，无质粒的细菌也可通过接合、转化或转导等方式从有质粒的细菌中获得，但质粒无法自行产生。失去质粒的细菌也可以正常生活，说明质粒对细菌的生存不是必需的。质粒不仅对微生物本身具有重要意义，而且在遗传工程研究中是外源基因的重要载体，许多天然或经人工改造的质粒已成为基因克隆、转化、转移及表达的重要工具。

5. 芽孢

某些细菌生长到一定阶段，可在细胞内形成一个圆形、壁厚、质浓、折光性强，对不良环境具有较强抗性的休眠体，称为芽孢。细菌芽孢的形成都在细胞内，又称内生孢子（Endospore）。芽孢含水量低，约为40%，而普通营养细胞含水约80%。此外，芽孢壁厚且致密，通透性较低，因此芽孢具有极强的抗热、抗辐射、抗化学药物等能力。

成熟的芽孢具有多层结构（见图2-13），由外向内依次为芽孢外壁、芽孢衣、皮层与核心，芽孢外壁的主要成分为脂蛋白，透性较差；芽孢衣非常致密，主要含疏水性角蛋白、酶、化学物质和多价阳离子难以透入，通透性也较差。皮层很厚，体积约占芽孢总体积的一半，主要成分为吡啶-2,6-二羧酸钙盐（DPA-Ca）和芽孢肽聚糖，赋予其极强的抗热性；核心由芽胞壁、芽胞膜、芽孢质和核区等部分构成，含水率极低。

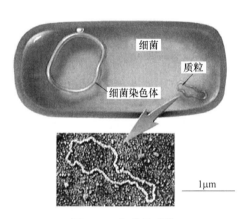

图 2-12　细菌的质粒

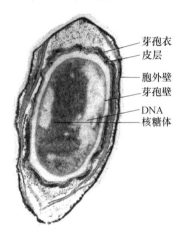

图 2-13　细菌芽孢构造模式图

能够产生芽孢的细菌在一定的环境条件下，细胞质、核质逐渐脱水浓缩、凝聚，在菌体内形成圆形或椭圆形的芽孢。芽孢在菌体内成熟后，菌体崩溃，芽孢游离出来（见图2-14）。释放出来的芽孢遇到适宜的环境条件，又可吸水膨胀，萌发形成新的菌体。一个芽孢只能生成一个菌体，因此芽孢不是细菌的繁殖方式。

能否形成芽孢是细菌"种"的特征，能产生芽孢的杆菌主要有两个属：好氧性的芽孢杆菌属（*Bacillus*）和厌氧性的梭状芽孢杆菌属（*Clostridium*）；球菌只有生孢八叠球菌属（*Sporosarcina*）能够产生芽孢；螺菌、弧菌只有极少数种能产生芽孢。

由于芽孢具有高度的耐热性，因此，能否消灭一些代表菌的芽孢就成为衡量各种消毒灭菌手段的重要指标。例如，嗜热脂肪芽孢杆菌的孢子在121℃下维持12min才能被杀死，这也是为什么湿热灭菌条件至少要在121℃下保证维持15min以上的原因。而如果采用热空气干热灭菌，芽孢则表现出更高的耐热性。因此，干热灭菌条件需要在150~160℃维持1~2h。芽孢的抗热机制至今仍不清楚，普遍认可的是渗透调节皮层膨胀学说，即芽孢衣对多价阳离子和水分的透性较差，皮层离子强度高，从而皮层有极高的渗透压，能够夺取

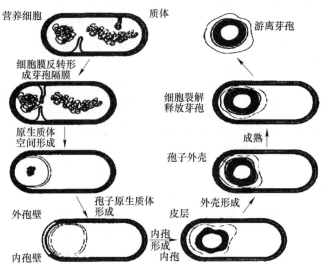

图 2-14　芽孢的形成过程

核心部分的水分，引起皮层膨胀。总的来讲，芽孢含水量不比营养细胞低多少，只是核心部分处于高度失水状态，因此芽孢具有极强的抗热性。

芽孢的研究意义：

（1）芽孢的有无、在细胞中的着生位置、形状及大小等是细菌分类和鉴定中的重要依据（见图 2-15）。

（2）芽孢的存在可提高芽孢产生菌的筛选效率。

（3）有利于微生物的控制和菌种保藏。

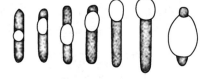

图 2-15　细菌芽孢的各种类型

6. 荚膜

某些细菌生活在一定的营养条件下时，在细胞壁表面形成一层厚度不定的透明胶状物质，称为荚膜或糖被。采用负染色法可在显微镜下观察到暗色背景和染色的菌体之间形成一透明区，即为荚膜，如图 2-16 所示。

荚膜的化学组成因菌种而异，水分约占荚膜总重的 90% 以上，其余主要是多糖、多肽、蛋白质、脂及它们组成的复合物——脂多糖、脂蛋白等。产荚膜的细菌菌落通常光滑透明，称为光滑型（S 型）菌落；不产荚膜的细菌菌落表面粗糙，称为粗糙型（R 型）菌落。

根据荚膜在细胞表面存在的状况不同，可以将其分为四种类型：（1）荚膜或大荚膜，厚度为 200nm，相对稳定地附着在细胞壁外并具有一定的外形，与细胞的结合力较弱，通过液体振荡或离心便可得到；（2）微荚膜，厚度在 200nm 以下，较薄，与细胞表面结合较紧，易被胰蛋白酶消化；（3）黏液层，没有明显的边缘，比较疏松，而且可扩散到周围环境中，使培养基的黏度增加；（4）菌胶团，某些细菌的荚膜物质相互融合，连在一起，组成了共同的荚膜。菌胶团内常包含有多个菌体。

是否产生荚膜是微生物的遗传特性之一，但荚膜并非细菌的必要结构，若用稀酸、稀碱或酶来处理，就可除去细菌的荚膜，而此时的细菌可以正常生活。

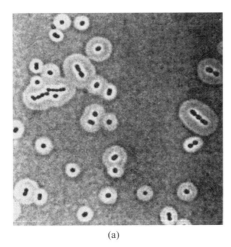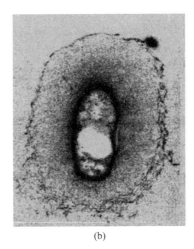

(a)   (b)

图 2-16 细菌的荚膜

（a）细菌负染后相差显微镜图片；（b）细菌电子显微镜图片

荚膜的有无、厚薄不仅与菌种特性相关，与环境条件也密切相关。如肠膜明串珠菌在高糖低氮的培养基中才可产生荚膜；而在 CO_2 分压较高时，炭疽杆菌才会形成荚膜；而大肠杆菌荚膜的形成和高碳水化合物低温有关。此外，产荚膜的行为并非一直贯穿在产荚膜细菌的整个生活周期，例如有些链球菌可在早期形成荚膜，而在生长后期消失。

荚膜的主要作用有：（1）保护细菌免受干燥损伤。（2）增强某些病原菌的致病能力，抵抗宿主的吞噬，例如具有荚膜的 S 型肺炎球菌可引起肺炎，但如果失去荚膜，成为 R 型细菌，其致病力就下降。大多数具有荚膜的病原菌并不是荚膜有毒，而是荚膜有利于菌体在人体内大量繁殖所致。当然也有些细菌的荚膜本身具有毒性，如流感嗜血杆菌（*Haemophilus influenzae*）、肺炎克氏杆菌（*Klebsiella pneumoniae*）等。（3）作为细胞外碳源和能源性储藏物质。（4）使菌体易于附着于适当的物体表面。例如，引起龋齿的唾液链球菌和变异链球菌等分泌一种己糖基转移酶，使蔗糖变成果聚糖，使细菌更易黏附于牙齿表面，引起龋齿。（5）作为透性屏障或离子交换系统，保护细菌免受重金属离子的毒害。（6）细菌间的信息识别作用，如根瘤菌属（*Rhizobium*）。（7）堆积代谢废物。

7. 鞭毛

某些细菌的表面着生有从胞内伸出的细长、波浪弯曲的丝状物，称为鞭毛，数量由一至数十根不等，具有运动功能。鞭毛的化学组成主要为蛋白质、少量的多糖、脂类和核酸等。鞭毛的长度一般为 $15\sim20\mu m$，最长可达 $70\mu m$，直径为 $0.01\sim0.02\mu m$。因此，只能采用电子显微镜对鞭毛进行观察。用特殊的染色法可使染料沉积在鞭毛上，加粗后的鞭毛也可在光学显微镜下清楚地观察到。在半固体培养基中（含 $0.3\%\sim0.4\%$ 琼脂）用穿刺接种法接种细菌，经培养后，如果在其穿刺线周围存在呈混浊的扩散区，说明该菌具有运动能力，即可推测其存在着鞭毛，反之则无鞭毛（见图 2-20）。在固体培养基上也可从细菌菌落形态来判断鞭毛的存在与否。一般来说，若菌落形状较大、薄且不规则，边缘极不平整，说明该菌具备运动能力，反之则无鞭毛。

在各类细菌中，螺旋菌和弧菌一般都有鞭毛；杆菌有的生鞭毛，有的不具鞭毛；而除了尿素八叠球菌外，大多数球菌均无鞭毛。鞭毛着生的位置和数目是"种"的特征，具有分类鉴定的意义，根据鞭毛数目与着生位置，可把具鞭毛菌分为以下几种类型，如图 2-17 所示。

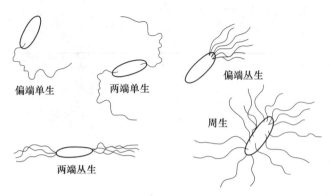

图 2-17　细菌的鞭毛类型

鞭毛菌运动速度极快，一般每秒可移动 $20 \sim 80 \mu m$，最高时可达 $100 \mu m$。鞭毛的运动机制不明，目前普遍认可的是"旋转论"。虽然鞭毛是细菌的"运动器官"，但并不是生命活动所必需的。鞭毛极易脱落，也会因遗传变异而丧失。此外，鞭毛菌对其环境中的不同物理、化学或生物因子作有方向性的应答时，往往有一定的趋性，以实现其趋利避害的目的。趋性又可细分为趋化性、趋光性、趋氧性和趋磁性等多种方式。

[拓展知识]

科 赫 法 则

科赫法则如下：

（1）一种病原微生物一定存在于患病动物体内，但不应该出现在健康动物体内；

（2）这种病原微生物可从患病动物分离得到纯培养物；

（3）将分离出的纯培养物人工接种敏感动物时，一定出现这种疾病所特有的症状；

（4）从人工接种的动物可以再次分离出性状与原有病原微生物相同的纯培养物。

根据科赫法则，从 19 世纪 70 年代开始相继发现了白喉杆菌（1883 年）、伤寒杆菌（1884 年）、鼠疫杆菌（1894 年）、痢疾杆菌（1897 年）等，为人类的健康做出了不可磨灭的贡献。

（三）细菌的繁殖

裂殖是细菌最普遍、最主要的繁殖方式。经电镜研究得知细菌分裂分三步进行。（1）核分裂：核 DNA 先复制为两个双链 DNA，然后分开形成两个核区。（2）形成横隔壁：在两个核区间产生新的双层质膜与壁，将细胞分隔为两个，并各含 1 个与亲代相同的核 DNA。（3）子细胞分离：有些细菌细胞在横隔壁形成后不久便相互分离，呈单个游离状态（见图 2-18），而有的细菌细胞在横隔壁形成后暂时不发生分离，呈双球菌、双杆菌、链状菌等。一些球菌，因分裂面的变化，成为四联球菌、八叠球菌等。球菌的分裂方式与其细胞排列密切相关，而杆菌和螺旋菌在分裂前先延长菌体，然后垂直于长轴分裂。分裂后的子细胞根据大小又可分为同型分裂和异型分裂两种类型。少数细菌可以进行芽殖，还有些细菌在特性环境中也可以通过性菌毛进行有性接合。

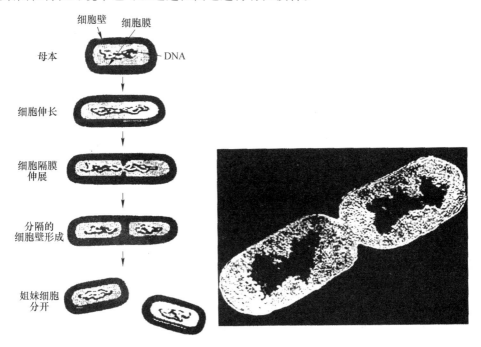

图 2-18　细菌的细胞分裂过程

[拓展知识]

细菌的有性繁殖

1946 年，爱德华·塔特姆（Edward Tatum）和约书亚·莱德伯格（Joshua Lederberg）首先发现，细菌之间也存在基因的交换。塔特姆和莱德伯格通过化学物质诱导，获得了大肠杆菌（*Escherichia coli*）K12 菌株的两种突变体。这两种突变体都不能合成某些必需的营养物质，因此无法在自然环境中生存，只能在提供了相应营养物质的实验室环境中生长。不过，它们不能合成的营养物质并不相同。但是将两种突变体一起培养一段时间后，一些大肠杆菌的后代居然重新获得了合成这些营养物质的能力。最终通过一系列实验证明了大肠杆菌可以将遗传物质传递给其他细菌，莱德伯格将这个过程称为"接合"（conjugation）。这项发现使得莱德伯格分享了 1958 年的诺贝尔生理学或医学奖。

现代研究表明：细菌表面存在一类像管子一样的特殊的菌毛，现在称其为性菌毛。它会用这种菌毛，将自己附着在另一个细菌上，并且射出一份"打包好"的 DNA——质粒。这样一来，不同细菌，甚至是不同物种的细菌就能"共享"遗传物质。

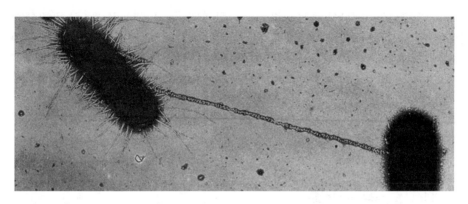

通过性菌毛连接的两个细菌（图片来源：UCR（University of California, Riverside））

（四）细菌的菌落

菌落就是指单个细胞在有限的空间中发展成肉眼可见的细胞堆。菌落相互连接成一片则称菌苔。菌落可以在固体培养基的表面、固体、半固体培养基的深层即液体培养基中生长。

在一定的培养条件下，各种细菌形成的菌落具有一定的特征，如菌落大小、形态（圆形、假根状、不规则等）、隆起（扩展、台状、低凸、凸面、乳头状等）、边缘（整齐、波形、裂叶状、锯齿形等）、表面状况（光滑、皱褶、颗粒状、同心环状等）、质地（油脂状、膜状、黏、脆等）、颜色、透明度等（见图 2-19）。菌落特征和细胞特征、邻近菌落及外部环境相关。如肺炎双球菌有荚膜菌株的菌落是光滑型（S）的，而无荚膜的突变菌株菌落是粗糙型（R）的；菌落间若靠得太近，则会因营养物的争夺及有害代谢产物的积累导致菌落生长受限；菌落内各个细胞因所处的空间位置不同，营养物摄取、代谢产物的积累及氧气的供给等条件都不尽相同，可见同一菌落内个体的生理、形态也会出现差异。

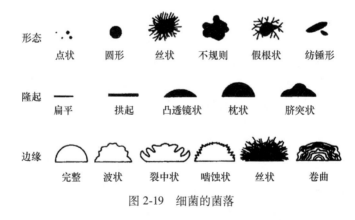

图 2-19　细菌的菌落

菌落的特征对细菌的分类、鉴定有重要意义。在含 0.3%～0.5% 琼脂半固体培养基中用接种针穿刺将菌种接入培养基的深层进行培养，可以鉴定细菌的运动特征。不能运动的，即无鞭毛的菌株，只能沿穿刺方向生长，而能运动的菌株会向四周扩散，且各种细菌运动扩散的形状相差较大，如图 2-20 所示。若以明胶代替琼脂作为培养基的凝固剂，则通过上述方法可鉴定菌株产蛋白酶的性能。菌落周围的溶解区越大，说明该菌产蛋白酶的能力越强。因此，该种方法也可以用于菌种的鉴定。此外，液体培养基中的菌落特征在菌种分类鉴定中也具有一定的意义。例如将菌株接种到液体培养基中培养 1~3 天，菌体的生长会引起培养基浑浊，或在液体表面形成菌环或菌膜。

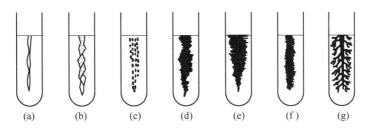

图 2-20　细菌在琼脂培养基中穿刺培养的生长特征

（a）丝状；（b）有小刺；（c）念珠状；（d）绒毛状；（e）假根状；（f）根须状；（g）树状

二、放线菌

放线菌是一类介于细菌与真菌之间，具有菌丝、以孢子进行繁殖、革兰氏染色阳性的原核微生物。一方面，放线菌具有分枝状菌丝，又以孢子形式繁殖，与霉菌相似；另一方面，放线菌的细胞构造和细胞壁化学组成与细菌相似，所以与细菌同属原核生物。可以说，放线菌是一类具有丝状分支的细菌。放线菌菌落中的菌丝常从一个中心向四周辐射状生长（见图 2-21），并因此而得名。

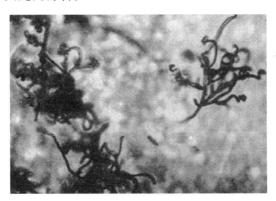

图 2-21　放线菌菌丝体光学显微镜图片

放线菌在自然界中分布很广，以土壤中最多，每克土壤中的放线菌孢子数量一般可达 10^7 个。放线菌适宜生长在排水较好、有机物丰富、中性或微碱性的土壤环境中。土壤特有的"泥腥味"主要就是由放线菌所产生的"土腥素"引起。此外，也有少量的放线菌存在于水体和大气中。

放线菌与人类的关系极为密切，绝大多数是有益菌。放线菌的代谢产物多样，其中最为突出的就是抗生素。到目前为止，在医药、农业上使用的抗生素 70% 是由放线菌生产的，例如，链霉素、土霉素、金霉素、庆大霉素、庆丰霉素、卡那霉素等。有些放线菌还可用来产生酶（如葡萄糖异构酶、蛋白酶等）和维生素（如维生素 B_{12}）。放线菌在污染控制工程中也发挥着极其重要的作用。如放线菌是生物除磷工艺活性污泥系统中的优势菌群，其在甾体转化、石油脱蜡、提高土壤肥力等方面也有着广泛的应用。只有少数寄生型放线菌可引起人和动植物病害，如人畜的皮肤病、脑膜炎和肺炎等，以及植物病害马铃薯疮痂病等。

1. 放线菌的形态构造

大部分放线菌由分枝状菌丝组成。菌丝大多无隔膜，直径与杆状细菌相似，约为 $1\mu m$ 左右，属单细胞。细胞结构和细菌基本相同，细胞壁含胞壁酸、二氨基庚二酸，不含几丁质或纤维素。多数放线菌为革兰氏阳性，极少数为阴性。放线菌的菌丝根据形态、功能的不同可分为基内菌丝、气生菌丝和孢子丝，如图 2-22 所示。

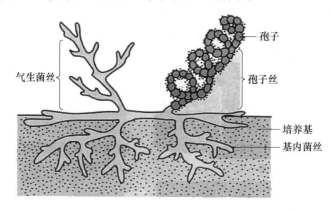

图 2-22　放线菌的一般形态和构造

A　基内菌丝

基内菌丝又称初级菌丝体或营养菌丝。它生长在培养基内，其主要功能是吸收水分和营养物质。一般无横隔膜（诺卡氏菌除外），直径通常为 $0.5\sim1\mu m$，而长度差别很大。无色或产生水溶性或脂溶性色素而呈现黄、绿、橙、红、紫、蓝、褐、黑等各种颜色。因此，色素是鉴定放线菌菌种的重要依据。

B　气生菌丝

气生菌丝又称二级菌丝体。它是基内菌丝生长到一定时期，长出培养基外并伸向空间的菌丝。较基内菌丝粗，为 $1\sim1.4\mu m$，长度相差悬殊，直形或弯曲状，有分枝，有的产生色素。功能是分化形成孢子丝。

C　孢子丝

孢子丝又称繁殖菌丝或产孢丝。当生长发育到一定阶段，气生菌丝上分化出可形成孢子的菌丝。孢子丝因种类不同而形态各异，有直形、波浪弯曲形或螺旋状，着生方式有交替生、丛生、轮生，如图 2-23 所示。因此，孢子丝的形态及着生方式也是鉴定放线菌菌种的依据。

孢子丝形成的孢子形态极为多样，有球状、椭圆状、杆状、圆柱状、梭状和瓜子状等。但是由于同一孢子丝上分化出的孢子的形状、大小有时也不一致，因此不能将其作为菌种鉴定的依据。孢子的表面结构与孢子丝的形态有一定关系，一般孢子丝直形或波浪弯曲形，其孢子表面光滑；孢子丝为螺旋形者，其孢子表面则因种而异，有的光滑，有的刺

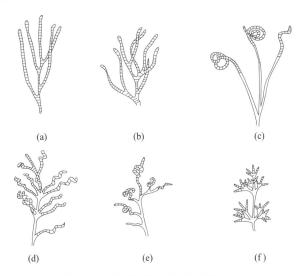

图 2-23　放线菌的各种孢子丝形态

（a）互生；（b）丛生波曲；（c）顶端大螺旋；（d）松螺旋一级轮生；（e）紧螺旋；（f）短而直二级轮生

状，有的毛发状（见图 2-24）。因此，孢子表面结构也是鉴定放线菌菌种的依据。放线菌的孢子常带有色素，呈白、灰、黄、橙黄、红、蓝、绿色等，成熟孢子的颜色在一定的条件下较稳定。孢子的颜色与孢子的结构也具有一定的相关性。一般颜色为白、黄、淡绿、灰黄、淡紫色的孢子表面呈光滑；孢子颜色为粉红色的极少数表面为刺状；黑色的孢子则绝大多数都呈刺状或毛发状。因此，孢子的颜色也可作为菌种鉴定的依据。

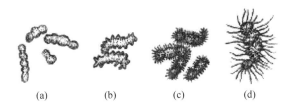

图 2-24　链霉菌的孢子表面图

（a）平滑；（b）疣状；（c）刺状；（d）毛发状

2. 放线菌的繁殖

放线菌的繁殖方式主要有三种：分生孢子，孢子囊孢子和菌丝断片繁殖。分生孢子和孢子囊孢子均为无性孢子，某些放线菌偶尔也会产生厚壁孢子进行繁殖。

（1）分生孢子。放线菌最主要的繁殖方式。气生菌丝生长到一定阶段，菌丝顶端先波曲成为孢子丝，然后形成横隔，细胞壁加厚并收缩，分别成为一个一个的细胞（见图 2-25），成熟的细胞即为分生孢子。如链霉菌属（*Streptomyces*）等。

（2）孢子囊孢子。有的放线菌由菌丝盘卷形成孢子囊，其间产生横隔，形成孢子。成熟的孢子即为孢子囊孢子。

图 2-25　放线菌分子孢子繁殖时横隔壁的形成过程

如孢囊链霉菌属（*Streptosporangium*）、游动放线菌属（*Actinoplanes*）等。

（3）菌丝断片。放线菌也可靠菌丝断裂的断片，形成新的菌丝体，这种现象常见于液体培养。如果静置培养，液体表面往往会形成菌膜，膜上也可产生孢子。如诺卡氏菌属（*Nocardia*）等。

3. 放线菌的菌落特征

在固体培养基上的放线菌菌落由菌丝体组成，而菌丝体是由菌丝相互交错缠绕形成。菌落质地致密、表面呈丝绒状或有皱褶、干燥、不透明、上覆不同颜色的干粉（孢子）。菌落特征介于细菌和霉菌之间。幼龄的菌落中气生菌丝尚未分化成孢子丝，其菌落表面与细菌难以区分。当菌落成熟后，孢子丝形成并分化出大量孢子遍布菌落表面时，就表现出典型的放线菌菌落特征。基内菌丝和孢子产生不同的色素导致菌落正面、背面的颜色常常不一致。菌落因基内菌丝伸入培养基中而与培养基紧密连在一起，故不易挑取。链霉菌（a）和诺卡氏菌菌落（b）如图 2-26 所示。

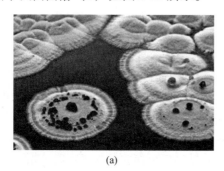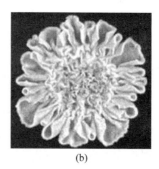

(a)　　　　　　　　　　　(b)

图 2-26　链霉菌（a）和诺卡氏菌菌落（b）

若将放线菌接种于液体培养基内静止培养，能在瓶壁液面处形成斑状或膜状菌落，或沉降于瓶底而不会使培养基浑浊；如采用振荡培养，常形成由短的菌丝体所构成的球形颗粒。

4. 放线菌、细菌和真菌的对比

放线菌具有明显分枝的菌丝，有分生孢子，在液体、固体培养基中生长状态如真菌。过去放线菌曾被划为真菌，但它在许多方面更像细菌，见表 2-4。

表 2-4　放线菌、细菌和真菌的对比

比较项目	放线菌	细菌	真菌
细胞大小	直径<1μm	直径<2μm	直径>2μm
细胞壁主要成分	胞壁酸，二氨基庚二酸，不含几丁质，纤维素	肽聚糖	几丁质、纤维素
pH 值	中性或微偏碱	中性或微偏碱	一般偏酸性
对多烯类抗生素敏感	否	否	是
对溶菌酶敏感	是	是	否

总之，放线菌是一类介于细菌和真菌之间，而更接近于细菌的原核生物。有人称其为形态丝状的细菌，分类上归为细菌。

三、蓝细菌

蓝细菌是一类较古老的原核生物，大约在 21 亿~17 亿年前形成，被认为是地球上生命进化过程中第一个产氧的光合生物，对地球上从无氧到有氧的转变、真核生物的进化起着里程碑式的作用。

蓝细菌含有叶绿素 a，能够进行产氧型光合作用。由于它与高等绿色植物和高等藻类一样可以进行光合作用，过去一度被归为藻类，称其为蓝藻或蓝绿藻。但是与真核生物不同点在于，蓝细菌的细胞核无核膜和核仁，细胞中无叶绿体，不能进行有丝分裂，核糖体为70S。细胞壁结构与细菌的相似，由肽聚糖构成，含二氨基庚二酸，革兰氏染色阴性，对青霉素和溶菌酶敏感。因此，将其归属于原核生物。

蓝细菌广泛地分布在各种水体、土壤中和部分生物体内外，对不良环境具有较强的抵抗力和普遍的固氮能力。在 80℃以上的热温泉、含盐量高的湖泊等极端环境中均有蓝细菌的活动。

蓝细菌具有较大的经济价值。例如，盘状螺旋蓝细菌（*Silurian platensis*）、最大螺旋蓝细菌（*Silurian maxima*）的细胞中含有丰富的蛋白质、维生素和矿物质，已开发成具有一定经济价值的保健品"螺旋藻"。此外，蓝细菌在污水处理、水体净化中也起积极作用。但如果水体中氮、磷丰富，则迅速生长繁殖，导致"水华"或"赤潮"，造成水体严重恶化。因此，蓝细菌也可作为水体富营养化的指示生物。

1. 蓝细菌的形态与结构

蓝细菌大小和形态差异较大，细胞的直径一般在 $(0.5 \sim 1) \sim 60 \mu m$ 不等，大多数细胞的直径在 $3 \sim 10 \mu m$；细胞形态有球状、杆状和丝状，如图 2-27 所示。当许多个体聚集在一起，可形成肉眼可见群体。蓝细菌生长旺盛时，使水体呈蓝绿色，形成水华，如铜绿微囊藻（*Microcystis aeruginosa*）。

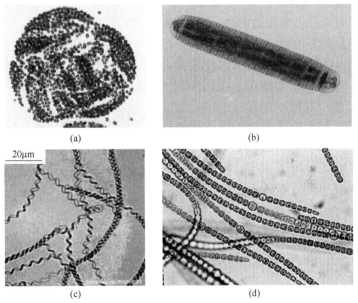

(a)　　　　　　　　　　(b)

20μm

(c)　　　　　　　　　　(d)

图 2-27　几类蓝细菌的典型形态

（a）微囊藻属；（b）颤蓝细菌；（c）螺旋蓝细菌；（d）鱼腥藻属

　　蓝细菌的细胞构造与革兰氏阴性细菌极为相似。细胞壁为双层，外层为脂多糖，内层为肽聚糖。有些水生种类的蓝细菌在细胞壁外可形成类似细菌荚膜的胶黏物质或鞘，将单细胞结合在一起，无鞭毛的蓝细菌还可以依靠该结构进行滑行运动；细胞进行光合作用的部位是内囊体，由多层膜片相叠而成，以平行或者卷曲的形式分布在细胞膜附近（见图2-28）。内囊体膜上含有叶绿素a、类胡萝卜素和藻胆蛋白等光合色素。藻胆蛋白是蓝细菌所特有的光合辅助色素，着生在内囊体膜的外表面，是光能捕获色素，含藻蓝素、异藻蓝素和藻红素三种色素，其中以藻蓝素居多，和其他色素一起呈现特殊的蓝色，这也是蓝细菌名称的由来原因。内囊体所含的色素不仅能进行光合作用，而且色素的多少可随环境条件变化而变化，从而使蓝细菌颜色也随之改变。

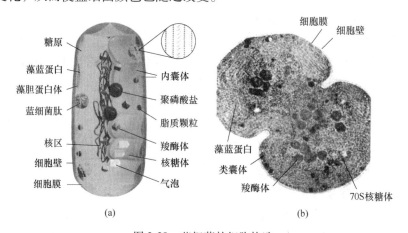

图 2-28　蓝细菌的细胞构造

（a）蓝细菌营养细胞结构；（b）集胞蓝藻 *Synechccystis sp.* 在分裂过程中的切片图

　　蓝细菌具有以下一些特殊结构或成分：（1）蓝细菌的细胞膜为单层，很少有间体；（2）细胞内有能固定 CO_2 的羧酶体，可作碳源的糖原、PHB，可作氮源的蓝细菌肽和贮存磷的聚磷酸盐等，常有气泡构造；（3）蓝细菌的脂肪酸较为特殊，含有两至多个双键不饱和脂肪酸，而其他原核微生物通常只含饱和脂肪酸以及单个双键不饱和脂肪酸；（4）部分丝状蓝细菌中有特化细胞——异形胞。异形胞形大、壁厚，分布在丝状体中间或末端，是有异形胞蓝细菌固氮的唯一场所，如念珠蓝细菌属（*Nostocalean*），如图2-29所示。

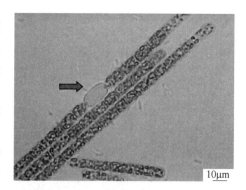

图 2-29　鱼腥蓝细菌的异形胞（箭头处）

［拓展知识］

生物可降解塑料——PHB

　　1925 年法国巴斯德研究所 Lemoigne 首次从巨大芽孢杆菌（*Bacillus megateriucm*）细胞中发现并提取了 PHB。PHB 是一种可降解塑料，具有化学合成材料所不具有的特性，如密度大、透氧性低、抗紫外线辐射、良好的生物组织相容性及抗凝血性等优点。PHB 的主要生产菌有产碱杆菌属、假单胞菌属和固氮菌属。PHB 目前已在生物医药中得到应用，例如作为外科手术缝合线和作为延缓药效的药物的载体。在农用材料中，PHB 也大放异彩，例如地膜、农药的包覆材料、苗钵、保湿基材等避免了白色污染。

2. 蓝细菌的繁殖

蓝细菌主要以二分裂或多重分裂方式进行繁殖。少数丝状蓝细菌可形成静息孢子，如念珠蓝细菌属（*Nostocalean*）和鱼腥藻属（*Anabaena*）。静息孢子为壁厚、色深的休眠细胞，能抵御不良环境。少数种类能在细胞内形成许多球形或三角形的具有繁殖作用的内孢子，如管孢蓝细菌属（*Chamaesiphon*）。丝状蓝细菌还可通过丝状体断裂为片段进行繁殖，断裂的片段称为链丝段。

四、古细菌

1977 年，Carl Woese 和 George Fox 提出了古细菌这一概念，并导致了三域学说的诞生。古细菌的发现是建立在分子生物学发展，特别是 16S rRNA 的序列分析方法完善的基础之上的。形态结构和生理生化功能分析表明，古细菌虽然具有原核微生物和真核生物的一些基本特征，但是在某些细胞结构的化学组成及生化特性上均不同于一般的细菌，当然也不同于真核生物，16S rRNA 系统发育树的分析也证实了这一点。因此，将它们单独划分出来，并称之为古细菌、古生菌或古菌。

古细菌是一类很特殊的细菌，主要生活在极端的生态环境中。和原核微生物类似，古细菌无核膜及内膜系统，同时其具备真核微生物的一些特征：以甲硫氨酸起始的蛋白质的合成；核糖体对氯霉素不敏感；RNA 聚合酶和真核细胞的相似；DNA 具有内含子并结合组蛋白等。此外，古细菌也具备既不同于原核也不同于真核微生物特征：细胞壁不含肽聚糖，有的以蛋白质为主，有的含杂多糖，有的类似于肽聚糖，但都不含胞壁酸、D 型氨基酸和二氨基庚二酸。

1. 古细菌的形态与结构

单个古细菌细胞直径在 0.1~15μm 不等，有些古细菌是多细胞集合体形成细胞团簇或者类似丝状，长度可达 200μm。古细菌细胞形态和真菌类似，有球状、杆状、螺旋状、叶片状、八叠球状、盘状、块状、丝状和不规则状等（见图 2-30）。云南腾冲地区 80~90℃ 的热泉中生活的腾冲嗜酸两面菌（*Acidianus tengchongensis*）形状和人耳类似。

除少数古细菌（如热原体 *Thermoplasma volcanium*）外，大多数都有细胞壁。与真细菌

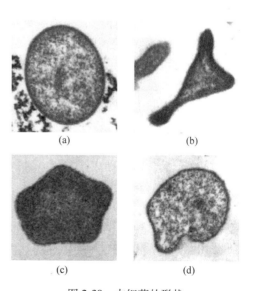

图 2-30　古细菌的形状
（a）椭圆形；（b）近三角形；
（c）五角形；（d）不规则形

不同的是，古细菌的细胞壁中无肽聚糖。此外，古细菌的细胞膜中含有磷脂和糖脂等极性脂类以及非极性、中性脂类，这些脂类通过不同方式结合产生不同刚性和厚度的膜。

2. 古细菌的代谢

古细菌代谢类型多样，包括自养型、异养型和光能自养型。因其细胞内缺乏 6-磷酸果糖激酶，因此无法通过 EMP 途径（糖酵解途径）分解利用葡萄糖。有些古细菌如极端嗜盐古细菌和极端嗜热古细菌可采用 ED 途径（2-酮-3-脱氧-6-磷酸葡糖酸途径）的变型完成对葡萄糖的利用。古细菌的主要呼吸类型为严格厌氧型，绝大多数都生活在极端环境中，如高温、高盐及缺氧环境中，古细菌的这种特性与其独特的结构和代谢途径密不可分。

3. 古细菌的繁殖

古细菌的繁殖方式有二分裂、出芽生殖、断片繁殖等方式，其繁殖速度较慢，进化速度也比细菌慢。

五、其他原核微生物

1. 立克次氏体（Rickettsia）

立克次氏体是一类介于细菌与病毒之间，较接近于细菌的、专性活细胞内寄生的原核细胞型微生物。立克次氏体的细胞结构与细菌相似，具有细胞壁和细胞膜，革兰氏阴性，形态有球状、杆状和丝状，不运动，不形成芽孢，以二等分裂方式进行繁殖。立克次氏体对磺胺和抗生素敏感，对干扰素不敏感。有的立克次氏体不致病，大约十余种对人类具有致病作用，而发现并研究此微生物的美国医生立克次（T. Ricketts）即是感染此类微生物而不幸献出生命的。

2. 支原体（Mycoplasma）

支原体是介于细菌与立克次氏体之间的原核生物，有些性状又介于立克次氏体与病毒之间。由于能够形成有分支的长丝，故称支原体。支原体是目前已知的最小的能够独立生长和生活的最简单的生命形式，细胞呈球形，直径一般为 $0.1 \sim 0.3 \mu m$，能通过一般的细菌滤器。支原体的特点是没有细胞壁，因此细胞柔软，形态多变，革兰氏阴性。支原体的繁殖方式为裂殖，有时也可以进行出芽繁殖。支原体生长不受抑制细胞壁合成的抗生素的作用，但是对干扰蛋白质合成的抗生素敏感，对干扰素、溶菌酶等不敏感。腐生的支原体广泛存在于污水、土壤和堆肥中。

3. 衣原体（Chlamydia）

衣原体是介于立克次氏体与病毒之间，可通过细菌滤器，专性活细胞寄生的原核微生物。衣原体个体较小，直径 $0.2 \sim 0.3 \mu m$，曾经一度被认为是大型病毒。衣原体具有细胞壁，其中含有胞壁酸和二氨基庚二酸，革兰氏阴性，细胞结构与细菌相似。衣原体含有 RNA 和 DNA 两种类型的核酸，具有核糖体和一些代谢酶，能进行一定的独立的代谢活动，但缺乏能量代谢系统，必须依赖宿主获得 ATP，这是区别于立克次氏体的最显著的特征。衣原体以二分裂方式繁殖，在宿主细胞内的生活周期独特，存在原体和始体两种细胞形态。对磺胺类药物和四环素、青霉素、红霉素、氯霉素等抗生素敏感，对干扰素不敏感。

立克次氏体、支原体和衣原体都是介于细菌和病毒之间的原核微生物，它们之间在某些形态、大小和特征方面均表现出较高的相似性，因此表 2-5 对这几种微生物及细菌、病毒进行比较。

表 2-5　细菌、立克次氏体、支原体和衣原体与细菌、病毒的比较

项目	细菌	立克次氏体	支原体	衣原体	病毒
直径/μm	0.5～2.0	0.2～0.5	0.2～0.25	0.2～0.3	<0.25
细菌滤器通过性	否	否	是	是	是
革兰氏染色	阳性或阴性	阴性	阴性	阴性	无
细胞壁	坚韧	与细菌类似	无	与细菌类似	无
繁殖方式	裂殖	裂殖	裂殖	裂殖	宿主细胞复制
核酸种类	DNA 和 RNA	DNA 和 RNA	DNA 和 RNA	DNA 和 RNA	DNA 或 RNA
对抗生素	敏感	敏感	敏感（除青霉素）	敏感	不敏感
对干扰素	有的敏感	有的敏感	不敏感	有的敏感	敏感

4. 光合细菌（Photosynthetic bacteria）

光合细菌是地球上出现最早、自然界中普遍存在、具有原始光能合成体系的原核生物，是在厌氧条件下进行不放氧光合作用的细菌的总称。光合细菌的细胞直径为 0.3～0.6μm，形态和颜色多样，大多具端生鞭毛，能运动。由于某些光合细菌具有在光照厌氧条件下进行不产氧光合作用，并在黑暗好氧条件下分解有机物进行代谢的能力，因此，可将其应用于高浓度有机污水的降解，如紫色非硫细菌（见图 2-31）。目前广泛应用于环境保护中的为红螺菌科的光合细菌。此外，有些光合细菌胞内蛋白质、维生素等营养物质含量较高，显示出巨大的商业应用价值。

5. 鞘细菌（Sheathe bacteria）

鞘细菌为多个单细胞在一个共同的鞘体内呈线状排列形成的丝状体，丝状体不分枝或假分枝。鞘细菌的直径和长度种间差别很大，细胞主要成分为蛋白质、多糖和类脂等，鞘外包围的有含多糖的黏质层或荚膜。鞘细菌主要分布在被污染的河流、池塘、活性污泥等有机物丰富的流动淡水中，对污水净化具有重要的作用。目前应用于环境工程中的鞘细菌主要有积累氢氧化铁的丝状细菌和氧化硫化物的丝状细菌两种，其中具有代表性的为球衣菌属（Sphaerotilus）。其分解有机物的能力较强，在好氧及微氧环境中均能很好地生长。球衣菌是活性污泥曝气池中的常见菌种，常穿插缠绕于活性污泥团块中，成为活性污泥的网架。若控制不当，球衣细菌（见图 2-32）大量繁殖引起污泥膨胀，使得污泥无法正常沉降，影响出水水质。

图 2-31　紫色非硫细菌

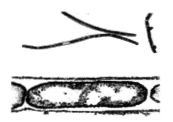

图 2-32　球衣细菌

第二节　真核微生物

凡是细胞核具有核膜，能进行有丝分裂，细胞质中存在线粒体、叶绿体等细胞器的微小生物，称为真核微生物。真核微生物无论是大小还是细胞结构与原核微生物都有很大的不同，两者之间的对比见表 2-6。

表 2-6　真核微生物与原核微生物的比较

比较项目		真核微生物	原核微生物
细胞大小		较大（通常直径>2μm）	较小（通常直径<2μm）
若有壁，其主要成分		纤维素、几丁质等	多数是肽聚糖
细胞膜中甾醇		有	无（仅支原体有）
细胞膜含呼吸或光合组分		无	有
细胞器		有	无
鞭毛结构		如有，则粗而复杂（9+2 型）	如有，则细而简单
细胞质	线粒体	有	无
	溶酶体	有	无
	叶绿体	光合自养生物中有	无
	真液泡	部分有	无
	高尔基体	有	无
	微管系统	有	无
	流动性	有	无
	核糖体	80S	70S
	间体	无	部分有
	贮藏物	淀粉、糖原	PHB（聚-β-羟基丁酸）
细胞核	核膜	有	无
	DNA 含量	低（≤5%）	高（≤10%）
	组蛋白	有	少
	核仁	有	无
	染色体数	一般大于1	一般为1
	有丝分裂	有	无
	减数分裂	有	无
生理特性	氧化磷酸化部位	线粒体	细胞膜
	光合作用部位	叶绿体	细胞膜
	生物固碳能力	无	部分有
	专性厌氧生活	罕见	常见
	化能合成作用	无	部分有
鞭毛运动方式		挥鞭式	旋转马达式
遗传重组方式		有性生殖、准性生殖等	转化、转导、接合等
繁殖方式		有性、无性等多种	一般为无性（二等分裂）

真核微生物包括真菌、显微藻类、原生动物和微型后生动物，具体如图 2-33 所示。

真核生物的细胞与原核生物的细胞相比，其形态更大、结构更为复杂、细胞器的功能更为专一。真核生物已发展出许多由膜包围着的细胞器，如内质网、高尔基体、溶酶体、微体、线粒体和叶绿体等，更重要的是真核细胞已进化出有核膜包裹着的完整的细胞核，其中存在着构造极其精巧的染色体，它的双链 DNA 长链与组蛋白及其他蛋白密切结合，更完善地执行生物的遗传功能。典型真核细胞的结构如图 2-34 所示。

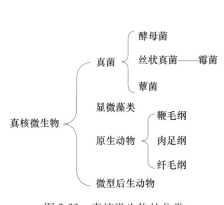

图 2-33 真核微生物的分类

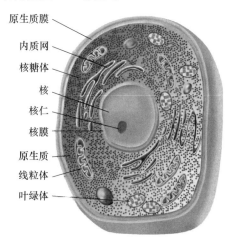

图 2-34 典型真核细胞构造的模式图

一、原生动物

原生动物是动物界中最原始、最低等、结构最简单的一类单细胞真核生物。原生动物个体微小，需要借助光学显微镜才能看到。原生动物广泛地分布于海水、淡水和潮湿的土壤中。水体中的原生动物是重要的浮游生物。它们与各种动植物在不同组织水平上形成共生体，从而对宿主产生影响，有些原生动物可引起人类疾病。在处理生活污水的活性污泥中，原生动物和部分微型后生动物质量可占污泥中生物量的 5%~10%，有些甚至可吞噬废水中细小的有机物颗粒或游离细菌，因此起到了净化废水的作用。

（一）原生动物的细胞形态和结构

原生动物的形态和大小差别很大，如有孔虫类（*Foraminifera* sp.）的体长可达 7cm，原生动物的代表草履虫（*Paramoecium* sp.）的体长约 150~300μm，最小的利什曼原虫（*Leishmania* sp.）体长只有 2~3μm。原生动物多为单细胞，缺少真正的细胞壁，由细胞膜、细胞质和细胞核构成。此外，还有一些具特殊功能的结构。原生动物特有的功能结构包括：胞口、胞咽、食物泡、吸管、收集管、伸缩泡、胞肛等，可执行摄食、营养、呼吸、排泄、生长、繁殖、运动，以及对刺激的反应等。有些原生动物具有眼点，是感觉细胞器。有的细胞器执行多种功能，如伪足、鞭毛、纤毛、刚毛等，兼具运动和摄食功能，甚至还有一定的感觉功能。

（二）原生动物的营养类型

原生动物的营养方式包含了生物界的全部营养类型，主要有三种：（1）全动性营养。吞食其他生物（细菌、放线菌、酵母菌、霉菌、藻类，比自身小的原生动物等）和有机颗粒，大多数原生动物都为全动性营养型。（2）植物性营养。有色素的原生动物如绿眼虫（*Euglena viridis*）、衣滴虫（*Chlamydomonas* sp.）等，可利用光能进行光合作用以满足自身营养需要。（3）腐生性营养。无色鞭毛虫和寄生的原生动物，吸收环境和寄主中的可溶性有机物为食。

（三）原生动物的繁殖

原生动物有无性繁殖和有性繁殖两种方式。

1. 无性繁殖

无性繁殖是原生动物共有的繁殖方式，并且是某些原生动物唯一的繁殖方式，主要有以下几种不同方式：（1）裂殖，这是原生动物最普遍的繁殖方式。细胞分裂时，细胞核先一分为二，染色体均匀地分配到两个子核中，随后细胞质分别包围两个细胞核，形成两个大小、形状相等的子细胞。大多数为横分裂（草履虫），也有纵裂（鞭毛虫类）和斜裂（角藻 *Ceratium* sp.）。（2）出芽生殖，本质上也是裂殖，只是形成的两个子细胞大小不等，大的称为母细胞，小的称为芽体。（3）多分裂法，细胞分裂时，细胞核先分裂多次，形成许多核之后细胞质再分裂，最后形成许多单核的子细胞。如寄生的孢子虫。（4）质裂，主要出现在多核原生动物中。核先不分裂，由细胞质在分裂时直接包围部分细胞核形成几个多核的子细胞，子细胞再恢复成多核的新虫体。典型的原生动物的几种繁殖方式如图 2-35 所示。

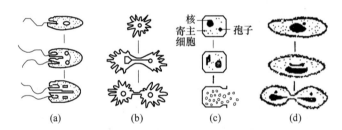

图 2-35　原生动物的繁殖方式

（a）鞭毛虫；（b）变形虫；（c）孢子虫；（d）纤毛虫

2. 有性繁殖

环境条件不良时原生动物会出现有性繁殖，有些原生动物需要交替进行无性繁殖和有性繁殖以增强其活力。有性繁殖有以下几种方式：（1）配子生殖，这是大多数原生动物采取的有性生殖方法，是指经过两个配子的融合或受精形成一个新个体的生殖方式，可分为同型配子和异型配子两种类型。（2）接合生殖，两个细胞相互靠拢形成接合部位，然后原生质融合生成接合子，接合子发育成新的个体，如草履虫细胞内含有一个大核和一个小核，交配时两个草履虫前端接触融合，小核减数分裂成单倍体，两个草履虫互换一个小核分开后，使每个草履虫含有一对性别不同的小核；两个核融合形成双倍体核，最后，母细胞分裂成 4 个子细胞，形成 4 个草履虫（见图 2-36）。（3）孢囊的形成。遇到不良的环境条件时，有些原生动物会出现孢囊，孢囊能够抵抗干旱、高温及冰冻等恶劣的环境条件，能够在干燥环境中存活几个月甚至数年。

（四）原生动物的分类及简介

原生动物一般可分为鞭毛纲、肉足纲、纤毛纲和孢子纲等四个纲。其中，鞭毛纲、肉

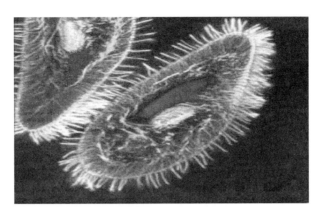

图 2-36　草履虫的有性繁殖

足纲、纤毛纲的原生动物一般生活在水体中。孢子纲中的孢子虫寄生在人和动物体内营寄生生活，随粪便进入水体中，造成水体污染。

1. 鞭毛纲（Mastigophora）

鞭毛纲中的原生动物称为鞭毛虫，如图 2-37 所示。鞭毛纲主要代表为眼虫、油滴虫、杆囊虫、绿眼虫、内管虫、波多虫、屋滴虫（个体）、屋滴虫（群体）、粗袋鞭毛虫等。鞭毛虫为单细胞，通常有 1~4 根鞭毛，少数鞭毛较多。鞭毛兼具运动和收集食物的功能，少数有伪足。鞭毛纲的营养类型随种类不同而异，主要有三种类型，即植物性营养、腐生性营养及动物性营养。有的鞭毛虫可跟随环境条件的改变而切换其营养类型。鞭毛虫的无性繁殖一般为纵二分裂，有性繁殖为配子生殖或接合生殖，环境条件不良时可形成孢囊。

在自然水体中，鞭毛虫喜在有机质丰富的多污带和 α-中污带营异养生活。在污水生物处理系统中，活性污泥培养初期或在处理效果差时鞭毛虫大量出现，可作为污水处理的指示生物。环境工程中常见的鞭毛虫有眼虫（*Euglena* sp.）、钟罩虫（*Dinobryon* sp.）、尾窝虫（*Uroglena* sp.）及合尾滴虫（*Synura* sp.）。

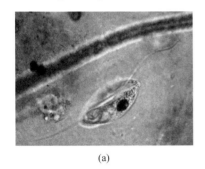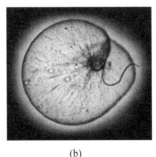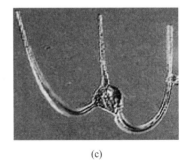

(a)　　　　　　　　　　　　(b)　　　　　　　　　　　　(c)

图 2-37　鞭毛纲的原生动物主要代表
（a）鞭毛虫；（b）夜光虫；（c）角鞭毛虫

2. 肉足纲（Sarcodina）

肉足纲的原生动物称肉足虫，如图 2-38 所示。伪足是肉足虫的运动和摄食器官。所谓"伪足"是指虫体的细胞质不定方向的流动引起的细胞表面产生指状、叶状或针状的突起。大部分肉足虫的表面仅有细胞质形成的一层薄膜，没有胞口和胞咽等结构。它们形体小、无色透明，大多数没有固定形态。少数肉足虫呈球形，也有伪足。肉足纲分为两个亚纲：（1）根足亚纲，这一亚纲的肉足虫可改变形态，故称变形虫（*Amoeba*）；（2）辐足亚纲，这一亚纲肉足虫的伪足呈针状，虫体不变呈球形，有太阳虫（*Heliozoa*）和辐球虫（*Actinosphaerium*）。肉足纲大多数营单体自由生活，少数种类群体生活，也有寄生，如痢疾阿米巴（*Entamoeba histolytica*）。

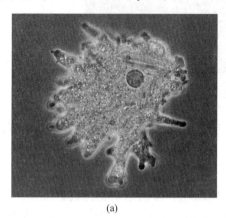
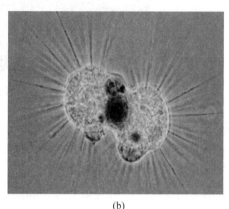

(a)　　　　　　　　　　　　　　　　　(b)

图 2-38　肉足纲的原生动物主要代表
（a）变形虫；（b）太阳虫

环境工程中常见的肉足虫类原生动物有大变形虫（*Amoeba proteus*）、辐射变形虫（*A. radiosa*）、无恒变形虫（*A. limax*）和蝙蝠变形虫（*A. vespertilis*）等。变形虫喜在 α-中污带或 β-中污带的自然水体中生活。在污水生物处理系统中，则在污水处理效果较差或活性污泥培养中期出现。

3. 纤毛纲（Ciliata）

纤毛纲的原生动物叫纤毛虫。纤毛虫是原生动物中结构最复杂、分化程度最高的类群。这类原生动物的特点是周身或局部着生纤毛。纤毛的主要功能是运动和摄取食物。纤毛虫的细胞质分化为多种细胞器，如胞口、胞咽、胞肛及刺丝泡等。主要以细菌或其他有机颗粒为食。纤毛虫的无性生殖为横二分裂，有性生殖为接合生殖。纤毛虫是环境工程中最为常见的指示微生物。在活性污泥培养初期，先是游离细菌与鞭毛虫出现，然后是纤毛虫大量出现。根据其结构特点，可将纤毛虫分为三大类。

A　游泳型纤毛虫

游泳型纤毛虫属全毛目（Holotricho），特点是周身长纤毛。纤毛的主要作用是运动和摄取食物。游泳型纤毛虫主要有四膜虫属、豆形虫属、肾形虫属、草履虫属、漫游虫属、裂口虫属、膜袋虫属、棘尾虫属等，如图 2-39 所示。在废水好氧处理中常见的游泳型纤毛虫有草履虫（*Paramecium* sp.）、肾形虫（*Colpoda cucullatus*）、漫游虫（*Lionotus* sp.）、豆形虫（*Colpidium* sp.）、裂口虫（*Amphileptus* sp.）等。该类群中具有代表性的草履虫抗污性高，可吞噬细菌和单细胞藻类，不仅可以净化污水，而且可作为水体污染治理和毒性检测中的指示微生物。

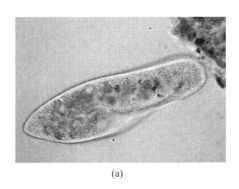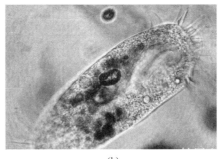

(a)　　　　　　　　　　　　　　(b)

图 2-39　纤毛纲中的游泳型纤毛虫主要代表
(a) 草履虫；(b) 棘尾虫

　　B　固着型纤毛虫

　　固着型纤毛虫属缘毛目（Peritricha），因其外形类似一口倒挂的钟，也称其为钟虫。其特点是前端由一个纤毛组成的纤毛带，由外向内成螺旋状，可通过沉渣方式进行摄食。钟虫的后端有柄，可协助虫体固着在基质上。其类型有多种，有以单个生活的，如钟虫属（见图 2-40），也有以群体生活的，如独缩虫属、聚缩虫属、累枝虫属、盖纤虫属等。在活性污泥中，固着型纤毛虫是数量最多、最为常见的一类微型动物。钟虫能加速活性污泥的絮凝，捕食大量的游离细菌，对水质净化起到重要的作用。同时，也可以根据钟虫的数量判断出水的水质，因此，钟虫也是指示型微生物。

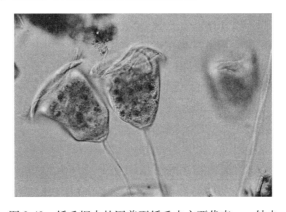

图 2-40　纤毛纲中的固着型纤毛虫主要代表——钟虫

　　C　吸管虫

　　幼体有纤毛，可自由游泳，成虫纤毛消失，取而代之的是长短不一的吸管，一般靠柄固着生活，其吸管可捕捉食物（见图 2-41）。吸管虫的繁殖方式大多以裂殖为主，在一定的条件下，也可以以内出芽或外出芽方式产生幼体。纤毛纲中的游泳型纤毛虫多数是在 α-中污带和 β-中污带，少数在寡污带中。污水生物处理中，在活性污泥培养中期或在处理效果较差时出现。扭头虫、草履虫等可在缺氧或厌氧环境中生活，它们耐污力极强，钟虫类在 β-中污带中也能生活。如累枝虫耐污力较强。它们是水体自净程度高、污水生物处理好的指示生物。吸管虫多数在 β-中污带，有的也能耐 α-中污带和多污带，如图 2-42 所示。

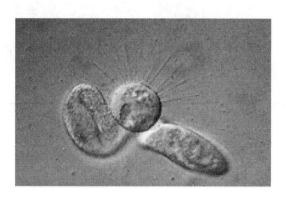

图 2-41　吸管虫

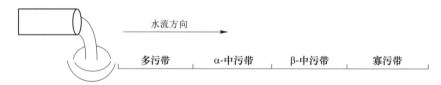

图 2-42　根据指示生物的种群、数量以及水质划分的连续污化带示意图

二、微型后生动物

原生动物以外的多细胞动物叫后生动物。因有些后生动物形体微小，要借助光学显微镜方可看得清楚，故叫微型后生动物。如轮虫、线虫、寡毛虫、浮游甲壳动物等。上述微型动物在天然水体、潮湿土壤、水体底泥和污水生物处理构筑物中均有存在。

（一）轮虫（Rotifera）

轮虫是多细胞动物中比较简单的一种微型后生动物，属于担轮动物门轮虫纲。轮虫形体微小，长度约 $500\mu m$ 左右，因其头部由两个纤毛环组成，头冠（又称轮盘）摆动起来和旋转的车轮类似而称其为轮虫。纤毛环兼具运动和捕食的功能，当其摆动时，可将细菌和有机颗粒引入口部，实现捕食功能。除了猪吻轮虫（*Dicranophorus grandis*）为肉食性生物以外，大部分轮虫为杂食性动物，通常以细菌、霉菌、藻类、原生动物及有机颗粒为食。轮虫雌雄异体而且异形，雄体小，雌体大，通常以孤雌生殖繁殖后代，仅在不良环境下进行有性生殖。雄性出现的时间很短暂，有些种类的雄性至今尚未发现。它们大多生活在淡水中，分布很广且种类繁多，目前观察到的轮虫已达 252 种，常见的有：旋轮属、猪吻轮属、腔轮属和水轮属等。轮虫如图 2-43 所示。

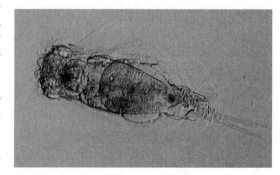

图 2-43　轮虫

轮虫在自然环境中分布很广，栖息地也多种多样，但多数栖息在沼泽、池塘、浅水湖

泊和深水湖泊的沿岸带。轮虫是大多数经济水生动物幼体的开口饵料，在渔业经济中具有较高的应用价值。此外，轮虫生活需要较高的溶解氧量，因此，轮虫是水体寡污带和污水生物处理效果好的指示生物。但是若活性污泥中轮虫数量过多，则会破坏污泥结构，引起污泥松散而上浮，从而影响出水水质。

（二）寡毛类动物

寡毛类动物属于环节动物门（Annelida）的寡毛纲（Oligochaeta）。有陆生生活的（如蚯蚓），也有营水生生活的（如颤体虫、颤蚓、水丝蚓等），另外还有一些为半水生或两栖性。

微型后生动物中寡毛类动物包括颤体虫、颤蚓、水丝蚓为水栖寡毛类，长度约1~30mm，身体为蠕虫形或圆柱形，柔软细长并分节，全身可分头部和躯干两部分，头部仅有一节，身体每节的两侧有刚毛，靠刚毛爬行活动。颤体虫是污泥中体型较大，分化程度较高的一种常见的多细胞动物，如图 2-44 所示。它的前叶腹面有纤毛，是捕食器官。此虫为杂食性，主要食物为污泥中的有机碎片和细菌。颤体虫一般在出水水质较好的时候才会出现。颤蚓和水丝蚓中有些是厌氧生活的，多生活

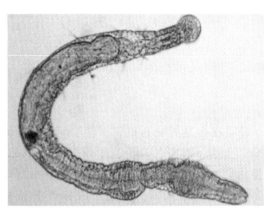

图 2-44　寡毛纲红斑颤体虫

在河流、湖泊等淡水中，尤其适宜生活在被有机物严重污染的小沟、小水潭、池塘或小河边缘等地方，所以颤蚓和水丝蚓为河流、湖泊底泥污染的指示生物。

（三）浮游甲壳动物

浮游甲壳动物属于节肢动物门（Arthropoda）的甲壳纲（Grustacea），为水生生物，营浮游生活。在浮游生物中占重要地位，数量大，种类多，是鱼类的基本食料，因此，甲壳动物的数量对鱼类影响很大。它们广泛分布于河流、湖泊和水塘等淡水水体和海洋中，尤其以淡水为最多。

常见的甲壳动物有剑水蚤和水蚤（见图 2-45），水蚤的体长一般为 0.2~3mm；剑水蚤体长不超过 3mm。

水蚤的血液中含有血红素，血红素的含量随环境中溶解氧的高低而变化，水体中溶解氧高，水蚤的血红素含量低，颜色变浅；当水中溶解氧缺乏时，水蚤的血红素含量增高，红色加深，如图 2-46 所示。由于污水中含氧量低，清水中含氧量高，因此，可以利用水蚤的这个特点来指示水体的清洁程度。

三、显微藻类

藻类是一类含有叶绿素，能进行光合自养的低等真核生物。大型藻类有红藻门的紫菜和石花菜（主要用来提取琼脂），更大的如马尾藻、巨藻可长达几米、几十米至上百米。但是大多数藻类还是需用显微镜才能观察到，因此也将其归入微生物。本节内容只注重形体较小的显微藻类。

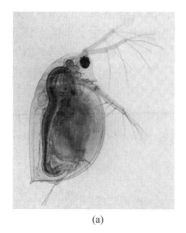
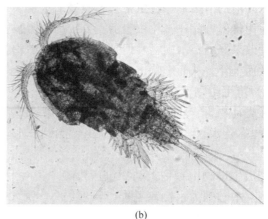

(a)　　　　　　　　　　　　　　　　(b)

图 2-45　浮游甲壳动物

（a）水蚤；（b）剑水蚤

　　藻类在自然界分布很广，江、河、湖、海、温泉、土壤、岩石、树干、冰原等环境中都有藻类活动，大部分藻类主要生活在水中。单细胞藻类多浮游于水体的上层，故称浮游植物，是鱼、虾、贝类直接或间接的食物。在自然界水生生态系统中，藻类是重要的初级生产者，对物质循环和氧含量的平衡起着极为重要的作用。绿藻门中的小球藻（*Chlorella* sp.）蛋白质含量高达 50% 以上；有些藻可在胞内积累大量油脂，最高可占自身干重的 80% 左右；雨生红球藻（*Haematococcus pluvialis*）的虾青素含量可

图 2-46　因含氧量低导致水蚤血红素
升高使得水体呈现红色

达 3% 左右，这些藻已成为极具开发价值的生物资源。但是，当水体中含有过量的氮、磷时，常常会引起藻类异常增殖，造成水体富营养化。在污染生物监测中，藻类可作为水体污染的指示微生物。

（一）藻类的形态和结构

　　藻类形态多样，单细胞个体形态有圆球状、长杆状、弯曲状、星状和梭状等。除了单细胞外，藻类还可以集合体形式出现，例如细胞排列为球状、丝状、片状、盘状、不规则团状等，如图 2-47 所示。最小的藻小单孢藻（*Micromonas* sp.）大小为 $1\mu m \times 1.5\mu m$，与细菌大小相似。藻类细胞通常有 1 条、2 条或 4 条鞭毛，因此许多藻类能运动。

　　除裸藻外，大多藻类均具有细胞壁。藻类的细胞壁主要由纤维素和其他多糖（如木聚糖和甘露聚糖）所组成。硅藻的细胞壁成分较特殊，主要由硅酸盐和少量几丁质组成。因此，当硅藻死亡后有机质被分解，但硅酸盐能抵抗腐烂，因此其结构仍能长期保留。据资料记载，大约 20 亿年前硅藻已经在地球上出现，大量的硅藻死亡后形成硅质沉积岩——硅藻土。我国硅藻土储量 3.2 亿吨，远景储量达 20 多亿吨。目前，硅藻土已被广泛地应用于工业过滤介质、家装涂料和吸附剂上，具有较好的市场前景。

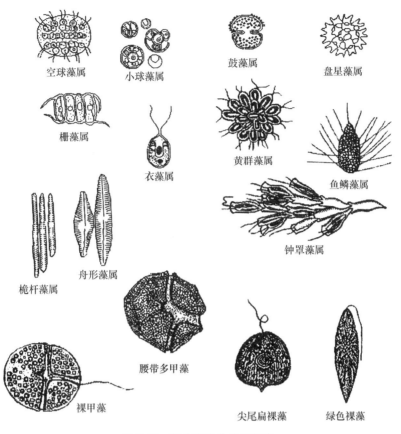

图 2-47　部分藻类的典型形态

　　藻类细胞中具有叶绿体，叶绿体中都含有叶绿素 a，有些还含有叶绿素 b、c、e、d，胡萝卜素、叶黄素、叶黄质和藻胆素等光合色素。藻类借助这些光合色素进行光合作用，同时也由于所含光合色素的不同而使藻类呈现诸如绿、红、黄、金黄和褐色等不同颜色。许多藻体中含有一种与淀粉形成有关的细胞器——造粉核。此外，藻类的胞内储存物还有多糖和脂肪滴等。

　　根据藻类光合色素的种类、个体的形态、细胞结构、繁殖方式等将藻类分为绿藻门、裸藻门、金藻门、硅藻门、黄藻门、甲藻门、褐藻门、红藻门及轮藻门。藻类主要类群的特征见表 2-7。

表 2-7　藻类主要类群的特征

藻类类群	名称	形态	色素	代表种	可贮藏的碳源物质	细胞壁	主要栖息地
绿藻门（Chlorophyta）	绿藻	单细胞到多叶状	叶绿素 a、叶绿素 b	衣藻	淀粉 α-1,4 葡聚糖	纤维素	淡水、土壤、少数海洋
眼虫藻门（Euglenophyta）	眼虫藻类	具鞭毛的单细胞	叶绿素 a、叶绿素 b	眼虫	裸藻淀粉（β-1,3 葡聚糖）	无细胞壁	淡水、少数海洋

续表 2-7

藻类类群	名称	形态	色素	代表种	可贮藏的碳源物质	细胞壁	主要栖息地
金藻门 (Chrysophyta)	金褐藻、硅藻	单细胞	叶绿素 a、叶绿素 b、叶绿素 e	硅藻	类脂	由两片硅质壳盖合	淡水、海水、土壤
褐藻门 (Phaeophyta)	褐藻	丝状体到多叶状，偶有块状	叶绿素 a、叶绿素 c、叶黄素	海带	昆布多糖（β-1,3 葡聚糖）、甘露醇	纤维素	海洋
甲藻门 (Rrophyta)	甲藻	具鞭毛单细胞	叶绿素 a、叶绿素 c	膝沟藻	淀粉（α-1,4 葡聚糖）	纤维素	淡水、海洋
红藻门 (Rhodophyta)	红藻	单细胞，丝状到多叶状	叶绿素 a、叶绿素 d、藻胆蛋白、藻红蛋白	多管藻	红藻淀粉（α-1,4 和 α-1,6 葡聚糖）、佛罗里多苷（甘油-半乳糖苷）	纤维素	海洋

（二）藻类的繁殖与生活史

1. 藻类的繁殖

藻类的繁殖包括无性繁殖、有性繁殖和营养繁殖三种方式。藻类可以通过产生不同类型的孢子进行无性繁殖。产生孢子的母细胞叫孢子囊，孢子囊孢子为单细胞，一个孢子发育成一个新个体。有性生殖为配子生殖，配子有同型配子和异型配子，同型或异型配子结合形成合子（见图 2-48）。有些藻类为卵配生殖，形成卵孢子。单细胞藻类和多细胞藻类的营养繁殖不同。单细胞藻类靠细胞分裂进行增殖，多细胞体可由藻体上脱离下来的一部分长成新个体。

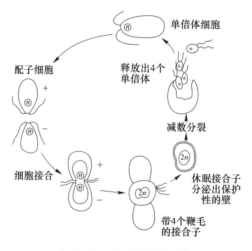

图 2-48　衣藻的有性繁殖

2. 藻类的生活史

藻类的生活史与真菌类似，有无性繁殖阶段和有性繁殖阶段。无性繁殖阶段为单细胞藻种生长至一定大小时细胞分裂或形成孢子。有性繁殖是由无性繁殖至某一时期分化出配子，配子再结合产生合子，由合子萌发生成孢子（见图2-49）。不同藻类的生活周期也不一样。

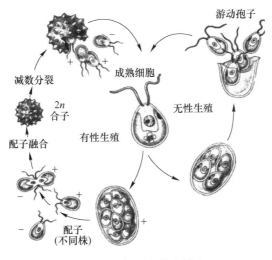

图 2-49　硅/衣藻的生活史

四、真菌

真菌是一类分布广阔、类群庞大而多样的生物，估计约有 150 多万种，但被人类认识的还不到 7 万种。真菌是最重要的真核微生物，具有以下特点：（1）不含叶绿素，无法进行光合作用；（2）一般具有发达的菌丝体；（3）均具有细胞壁，细胞壁多数含有几丁质；（4）营养方式为异养吸收型；（5）以无性或有性孢子的方式进行繁殖；（6）陆生性较强。真菌是人类最早认识并利用的一类真核微生物，与人类的生产、生活关系密切。但是有些真菌对人类可造成极大的危害，如引起人、畜疾病，有些可寄生于植物造成作物减产。

目前真菌的分类是以形态特征和有性生活史作为分类的指征，各类群的主要特征见表2-8。为研究方便通常将其区为分 3 类菌，即酵母菌、霉菌和蕈菌，它们归属于不同的类群。

表 2-8　真菌的类群和主要特征

类群	名称	菌丝	代表种	有性孢子类型	栖息地	病害
子囊菌纲（Ascomycetes）	子囊真菌	有隔	脉胞菌、酵母菌、羊肚菌	子囊孢子	土壤，腐烂的植物残体	栗树枯萎麦角
担子菌纲（Basidiomycetes）	蕈菌	有隔	鹅膏菌（有毒蕈菌）、伞菌（可食蕈菌）	担孢子	土壤，腐烂的植物残体	小麦锈病，玉米黑穗病
接合菌纲（Zygomycetes）	霉菌	多核	毛霉、根霉	接合孢子	土壤，腐烂的植物残体	食物腐败，包括少数寄生的病害

续表 2-8

类群	名称	菌丝	代表种	有性孢子类型	栖息地	病害
卵菌纲 （Oomycetes）	水生霉菌	多核	异水霉属	卵孢子	水中	马铃薯枯萎病、某些鱼病
半知菌纲 （Deuteromycetes）	半知真菌	有隔	青霉、曲霉、假丝酵母	无	土壤，腐烂的植物残体，动物体表	植物枯萎，动物感染，如癣、足癣和其他半知菌病，表面和组织感染（假丝酵母）

（一）酵母菌

酵母菌是单细胞真菌的统称，在真菌分类上属于子囊菌纲、担子菌纲或半知菌纲。一般认为酵母菌具有以下几个特征：（1）个体一般以单细胞状态存在；（2）多数以出芽方式繁殖，有的也可以裂殖或子囊孢子方式繁殖；（3）可通过发酵产能；（4）细胞壁一般含有甘露聚糖；（5）在含糖高、偏酸性的水生环境中生长较好。酵母菌种类多、分布广，与人类关系密切，被认为是人类的"第一家养微生物"。多数酵母对人类有益并被应用于酒精饮料、面包、甘油、饲用、药用、食用单细胞蛋白（Single Cell Protein，SCP）、生化药物等的生产。此外，酵母菌因其耐高糖、高碳、高渗透压环境的特性，在高浓度有机废水处理，特别是食品加工、制糖、制油、造纸、酿造废水或石油行业废水等具有较大的潜力。只有少数酵母菌引起人或其他动物的疾病，如白色念珠菌（*Candida albicans*）、新型隐球菌（*Crytococcus neofonmans*）等。

1. 酵母菌的形状与大小

大多数酵母菌以单细胞状态存在，形态多样，通常有球形、卵圆形、椭圆形或圆柱形。在一定的培养条件下，有些酵母菌子细胞与母细胞连在一起形成藕节状，称其为假丝酵母。酵母菌的细胞大小约为细菌的数十倍，约 $(1\sim5)\,\mu m \times (5\sim30)\,\mu m$，其长度最长可达 $100\,\mu m$ 以上。酵母菌的大小与菌龄和环境相关，一般幼龄的细胞小于成熟的酵母菌细胞。

2. 酵母菌的细胞结构

酵母菌的细胞结构具有典型的真核生物的特征，具有完整的细胞核、细胞壁、细胞膜、一个或多个液泡、核糖体、微体、微丝及内含物，还具备线粒体、内质网等高级细胞器（见图 2-50），但没有高等生物中普遍存在的高尔基体。有的酵母菌在细胞表面还有出芽痕等。

酵母菌的细胞核具有完整的核结构，包括核膜、核仁、核基质和染色体等，这是区别于原核生物的主要特征。核膜是一种双层单位膜，其表面具有大量孔径为 40~70nm 的核孔，主要功能是增大核内外物质的交换。核仁的主要功能是进行核糖体 RNA（rRNA）的合成。核基质是充满于细胞核空间由蛋白

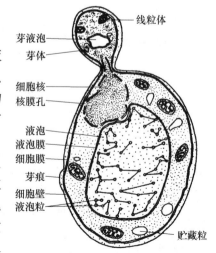

图 2-50　酵母菌细胞示意图

纤维组成的网状结构，具有支撑细胞核和提供染色质附着点的功能。染色体和染色质是同一物质在细胞所处的不同时期的不同表现形态，主要由 DNA 和蛋白质组成。不同酵母菌染色体数目不同，但同种酵母菌染色体数目稳定。

酵母菌的细胞壁厚约 25nm，有 3 层，质量约占细胞干重的 25% 左右，主要由外层甘露聚糖、内层葡聚糖和中间的蛋白质组成，此外还有少量几丁质、脂类和无机盐等，比较坚韧。不同种、属的酵母菌的细胞壁成分差异很大，例如点滴酵母（*Saccharomyces guttulatus*）的细胞壁主要是葡聚糖，而甘露聚糖的成分很少；而一些裂殖酵母（*Schizosaccharomyces* spp.）中无甘露聚糖，而几丁质的含量相对较多。

酵母菌细胞膜和细菌的细胞膜基本相同，但是有的酵母菌如酿酒酵母（*Saccharomyces cerevisiae*）的细胞膜中含有丰富的甾醇，尤其以麦角甾醇居多，经紫外线照射后可转化为维生素 D，这种成分也是真核和原核微生物的主要区别之一。酵母菌的细胞膜主要功能包括三种：（1）具有选择透过性，起调节胞内外物质运输的重要功能；（2）作为细胞壁等大分子成分的生物合成和装配基地；（3）是部分酶的合成和作用场所。

与原核生物在细胞膜上进行氧化磷酸化作用不同，酵母菌的生物氧化过程集中在线粒体上。线粒体是由双层膜组成的一种位于细胞质内的粒状或棒状的细胞器，是进行氧化磷酸化、产生 ATP（三磷酸腺苷）的场所。

与真核生物一样，酵母菌的细胞质中存在一种由双层膜构成的、连接核膜和细胞质膜的结构——内质网。内质网具有两种类型：（1）膜外附着有 80S 核糖体的粗糙型内质网，是蛋白质的合成场所；（2）无核糖体附着的光滑型内质网，与脂类代谢和钙代谢密切相关，主要存在于某些动物细胞中。

成熟的酵母菌细胞中有一个大的液泡，液泡中含水解酶、聚磷酸、类脂中间代谢物和金属离子等，具有贮藏水解酶、提供营养物质、调节渗透压的作用。此外，酵母细胞内还含有大量的内含物，主要有以下几种：（1）脂类颗粒，多数酵母细胞中均含有，有的酵母细胞在氮源缺乏的培养基中可大量积累脂肪物质，甚至可达自身细胞干重的 50% ~ 60%；（2）聚磷酸盐，作为高能磷酸盐储藏；（3）肝糖和海藻糖，是酵母储存碳水化合物的两种主要形式。

3. 酵母菌的繁殖和生活史

酵母菌的繁殖方式可分为无性和有性繁殖两种类型，具体如图 2-51 所示。

图 2-51　酵母菌的繁殖方式

A　无性繁殖

芽殖是酵母菌最常见的繁殖方式，如图 2-52 所示。在良好的营养和生长条件下，酵母菌生长迅速，其芽殖形成的子细胞尚未与母细胞分离，便又在子细胞上长出新芽，从而形成藕节状或竹节状的细胞串，成为发达分枝或不分枝的假菌丝，称为假菌丝，这些酵母又称为假丝酵母，如图 2-53 所示。母细胞与子细胞脱离后，母细胞上留下了出芽痕，子细胞相应位置为诞生痕。酵母菌的裂殖和细菌类似，为二分裂繁殖。裂殖的酵母菌种类较少，例如八孢裂殖酵母（*Schizosaccharomyces octosporus*）。有些酵母菌属还可通过产生无性孢子进行繁殖，例如掷孢酵母（*Sporobolomyces roseus*）可产生掷孢子，白假丝酵母（*Candida albicans*）可产生厚垣孢子。

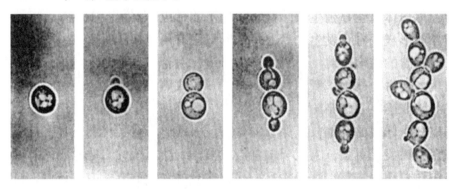

图 2-52　酵母菌的芽殖

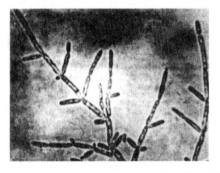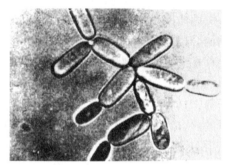

图 2-53　酵母菌的假菌丝

B　有性繁殖

酵母菌以形成子囊和子囊孢子的方式进行有性繁殖。酵母菌生长发育到一定阶段，分化出不同性别的单倍体细胞，两个细胞通过质配、核配形成二倍体的融合细胞，称为接合子。一定条件下，双倍体的接合子形成子囊，通过减数分裂最终形成子囊孢子，一般一个子囊只形成 4 个子囊孢子。成熟的子囊孢子释放，并萌发成单倍体酵母细胞。

C　酵母菌的生活史

生活史是指生物在一生中经历的发育和繁殖阶段的全过程。酵母菌的生活史具有以下几个特征：（1）一般情况下酵母菌以营养体状态进行出芽繁殖；（2）营养体既能以单倍体形式存在，也能以二倍体形式存在，如酿酒酵母（*Saccharomyces cerevisiae*）；（3）有性繁殖在特定的条件下才进行。

如图 2-54 所示，酵母菌的生活史包括以下几个过程：（1）子囊孢子在合适的条件下发芽产生单倍体营养细胞；（2）单倍体营养细胞不断进行出芽繁殖；（3）两个性别不同的营养细胞彼此结合，在质配后即发生核配，形成二倍体营养细胞；（4）二倍体营养细胞并不立即进行核分裂，而是不断进行出芽繁殖；（5）在特定条件下，二倍体影响细胞转变成子囊，细胞核进行减数分裂，并形成4个子囊孢子；子囊经自然破壁或人工破壁后释放出单倍体的子囊孢子。

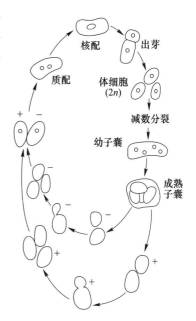

图 2-54　酿酒酵母的生活史

　　D　酵母菌的培养特征

　　在固体培养基上酵母菌的菌落形态特征与细菌相似，但比细菌大且厚，表面光滑，湿润，黏稠，通常呈乳白色或红色，易被挑起，质地均匀，正、反面及中央与边缘的颜色一致。不产生假菌丝的酵母菌，菌落更隆起，边缘十分圆整；形成大量假菌丝的酵母，菌落较平坦，表面和边缘粗糙。在液体培养过程中，不同种的酵母菌表现不一样，有的酵母菌在液体表面上生长并形成菌膜，有的在液体中均匀生长，有的长在液体底部并形成沉淀，可作为分类鉴定的依据。

[拓展知识]

发酵工业中常用的酵母菌

　　（1）酿酒酵母。酿酒酵母是与人类关系最密切的一种酵母菌，不仅用于面包和馒头的制作，也用于酿酒等食品行业，此外，还可用于制作配置培养基酵母浸出液的主要原料。酿酒酵母是第一个完成基因组测序的真核生物，在分子生物学和细胞生物学中常用作模式生物。

　　（2）红酵母。红酵母具有明显的红色或黄色色素，大部分因形成荚膜而使菌落呈黏质状，没有酒精发酵能力，但其可以发酵生产丙氨酸、谷氨酸、蛋氨酸等多种氨基酸。目前在发酵工业中应用得比较多的是利用黏红酵母生产胡萝卜素，以红发夫酵母生产虾青素等。

　　（3）假丝酵母。假丝酵母是能形成假菌丝、不产生子囊孢子的酵母。工业中应用比较广泛的为产朊假丝酵母和热带假丝酵母。其中，产朊假丝酵母的蛋白质和B族维生素含量显著高于啤酒酵母，可利用废水生产人畜可食的蛋白质；而热带假丝酵母则具有强大的氧化烃类的能力，也可用在农副产品和工业废水中生产饲料。

（二）霉菌

　　霉菌是丝状真菌的总称，通俗来说就是"发霉的真菌"。凡在营养基质上形成绒毛状、棉絮状或网状菌丝体的小型真菌，统称为霉菌。霉菌广泛分布于土壤、空气、水体和生物体内外，与人类关系极为密切。例如人们利用霉菌制酱、制曲、生产酒精、有机酸（如柠檬酸、葡萄糖酸等）、酶制剂（如淀粉酶、蛋白酶和纤维素酶等）、抗菌素（如青霉素和头孢霉素等）、植物生长刺激素（赤霉素）、维生素、杀虫农药（白僵菌剂）、甾体激素等。霉菌也是有机污染物的重要降解菌，它不仅能够分解一些小分子有机物，对大分子有机物的分解也具有较强的分解能力，特别是一些人工合成的难降解的有机化合物。如镰刀霉菌（*Fusarium* sp.）对废水中氰化物的去除率可达 90% 以上。因此，有些霉菌在污染控制工程中发挥着重要作用。但是霉菌也会引起食物、工农业产品的霉变和动植物的真菌病害，给人类带来极大的危害，如马铃薯晚疫病、小麦锈病、稻瘟病和皮肤癣症等。

[拓展知识]

青霉素与耐药菌

青霉素的发现有效控制了临床细菌感染性疾病，并使人类的平均寿命延长了 15~20 年。随着青霉素的大量使用，临床上出现了耐药菌，且耐药速度越来越快，耐药程度和频率也越来越高。据统计，青霉素的使用单位从 20 世纪 50~60 年代的 2 万~3 万迅速增加到几十万~几百万单位。1944 年，研究人员从耐青霉素金黄色葡萄球菌中找到了导致产生耐药性的元凶——青霉素酶（也称为 β-内酰胺酶）。为了解决细菌对天然的青霉素耐药问题，研究人员开发了青霉素酶不能水解的半合成青霉素甲氧西林，但是不久就出现了耐甲氧西林金黄色葡萄球菌（MRSA）。然后又开发出了糖肽类抗生素万古霉素，但是 2002 年 7 月在美国密歇根州的一位患者身上发现了世界上第一例耐万古霉素金黄色葡萄球菌（VRSA），也就是现在常说的"超级细菌"。到目前为止，临床上对"超级细菌"依然束手无策。

1. 霉菌的形态与构造

霉菌的营养体由分枝或不分枝的菌丝构成，菌丝相互交错在一起形成菌丝体。菌丝直径一般为 2~10μm，与酵母细胞类似，但比细菌或放线菌的细胞粗约 10 倍。霉菌的菌丝分为两类：（1）无横隔菌丝，整个菌丝体就是一个单细胞，内含多个细胞核，如根霉（*Rhizopus*）、毛霉（*Mucor*）和绵霉（*Achlya*）等；（2）有横隔菌丝，由隔膜将菌丝体分隔成多细胞，每个细胞内含一个或多个核，隔膜中央以小孔连通，细胞质、细胞核与养料可以自由流通，如青霉（*Penicillium*）、曲霉（*Asoergillus*）、镰刀霉（*Fusarium*）、木霉（*Trichoderma*）等。霉菌的营养菌丝如图 2-55 所示。

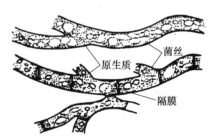

图 2-55 霉菌的营养菌丝

霉菌的菌丝体的构成与放线菌相同，分为基内（营养）菌丝、气生菌丝和繁殖菌丝。有些霉菌的菌丝会聚集成团，构成一种坚硬的休眠体，称为菌核，其对不良环境具有较强的抵抗力，当外界环境条件适宜时又可重新萌发成新的菌丝，其结构如图 2-56 所示。

霉菌菌丝细胞由细胞壁、细胞膜、细胞核、细胞质及内含物等组成。霉菌菌丝的细胞壁厚约 0.1~0.3μm。除了少数水生低等霉菌的细胞壁含纤维素外，大部分霉菌的细胞壁主要由几丁质组成。霉菌的细胞膜、细胞核等结构与其他真核微生物（如酵母）基本相同。

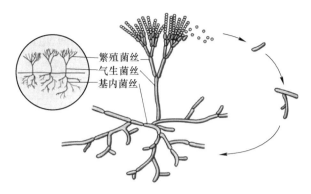

图 2-56　霉菌的菌丝体

2. 霉菌的繁殖方式

霉菌的繁殖方式有三种类型：（1）无性繁殖；（2）有性繁殖；（3）菌丝体断裂。前两种为霉菌繁殖的最主要方式。无性繁殖是菌丝生长到一定阶段直接形成无性孢子，主要有分生孢子、节孢子、厚垣孢子、孢囊孢子等（见图 2-57），有的霉菌还能以芽生孢子进行繁殖。霉菌的无性孢子及其特征见表 2-9。霉菌的有性繁殖是通过质配、核配和减数分裂形成的有性孢子，主要有卵孢子、接合孢子和子囊孢子等，见表 2-10。大多数霉菌的有

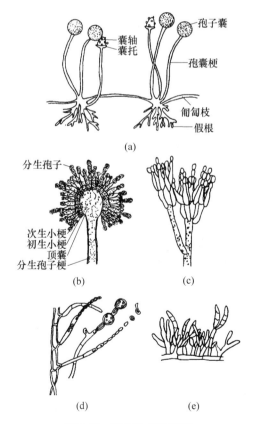

图 2-57　霉菌的无性繁殖

（a）霉菌丝及孢囊孢子；（b）曲霉分生孢子；（c）青霉分生孢子；（d）地霉厚垣孢子；（e）赤霉节孢子

性孢子是单倍体。霉菌孢子具有小、轻、干、多以及形态色泽各异，休眠期长等特点，对不良环境有较强的抗逆性。孢子的这些特点有助于霉菌在自然界中的传播和生存。

表 2-9　霉菌的无性孢子及其特征

孢子名称	孢子形态	内生或外生	形成特征	代表菌
分生孢子	极多样	外生	分生孢子梗顶端细胞特化而成，少数为多细胞	曲霉、青霉
厚垣孢子	近圆形	外生	在菌丝顶或中间形成	总状毛霉
节孢子	柱形	外生	菌丝断裂而成，各孢子同时形成	白地霉
孢囊孢子	近圆形	内生	形成于孢子囊内，水生型有鞭毛	根霉、毛霉
游动孢子	圆、梨、肾形等	内生	有鞭毛能游动的孢囊孢子	壶菌

表 2-10　霉菌的有性孢子及其特征

孢子名称	孢子形态	内生或外生	有性结构及形成特征	代表菌
卵孢子	近圆形	内生	由两个大小不同的配子囊接合后发育而成，小配子囊称雄器，大配子囊称藏卵器	德氏腐霉 同丝水霉
接合孢子	近圆形	内生	两个配子囊接合后发育而成，有两种类型：（1）异宗配合，两种不同质的菌才能结合；（2）同宗配合，同一菌体的菌丝可自身结合	根霉 毛霉
子囊孢子	多样	内生	在子囊中形成，有两种形式：（1）两个营养细胞直接交配而成，其外面无菌丝包裹；（2）从一个特殊的、来自产囊丝的结构上产生子囊，多个子囊外面被菌丝包围形成子实体，称为子囊果	粗糙脉胞霉 麦类白粉菌 牛粪盘菌
担孢子	近圆形	外生	长在特有的担子上，由双核菌丝的顶端细胞膨大后形成	蘑菇 香菇

3. 霉菌的菌落特征

霉菌的菌落与放线菌菌落类似，但质地一般比放线菌疏松，呈圆形、蛛网状、绒毛状或棉絮状，菌落普遍较大，干燥，不透明，易挑起。在固体培养基上，其菌丝在培养基表面蔓延，菌落无固定大小。由于不同霉菌的孢子有不同形状、结构和颜色，因而使各种霉菌菌落呈现不同结构和色泽，如图 2-58 所示。

此外，菌落正反面的颜色以及边缘与中心的颜色常不一致。有的霉菌可产生水溶性色素而使菌落背面及培养基变色。同一种霉菌在不同成分的培养基上形成的菌落特征可能会有所变化，但各种霉菌在一定培养基上形成菌落的大小、形状、颜色等却相对稳定。所以，菌落特征也是霉菌分类鉴定的重要依据之一。在液体培养基中霉菌的培养包括两种：（1）静止培养时，菌丝往往在液体表面生长，液面上形成一层菌膜；（2）振荡培养时霉菌菌丝相互缠绕，可形成絮片状或菌丝球。菌丝球对重金属及染料等污染物具有良好的吸附效果，可用于对含重金属废水或印染废水的处理。

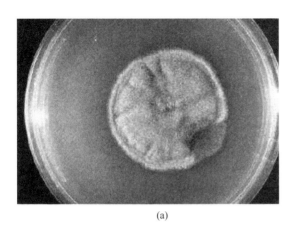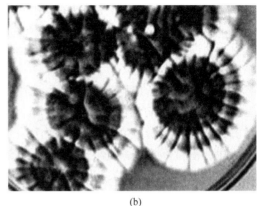

(a)　　　　　　　　　　　　　　　(b)

图 2-58　弯孢霉属（a）和点青霉（b）的菌落特征

第三节　非细胞型微生物——病毒

一、病毒的定义和特点

病毒是一类形态极小、没有细胞结构，专性活细胞寄生，只能在电子显微镜下才能看到的微生物。病毒的发现可追溯到 1892 年，俄国学者伊万诺夫斯基首次发现烟草花叶病的感染因子可以通过细菌滤器；1898 年荷兰生物学家贝哲林克证实了该病原体是比细菌小的"病毒"，而且无法用培养基培养；1935 年美国生物化学家斯坦莱从烟草花叶病叶中提取出病毒结晶，且证明了其中含有核酸和蛋白质两种成分，而只有核酸具备感染和复制的能力，如图 2-59 所示。这些发现不仅为病毒学的研究奠定了基础，而且为分子生物学的发展做出了重大的贡献。

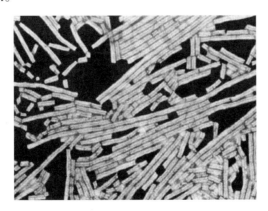

图 2-59　烟草花叶病毒结晶

病毒有以下几个特点：（1）细胞极小，大小以纳米（nm）表示，能通过细菌过滤器，需借助电子显微镜观察；（2）病毒没有细胞结构，主要成分是核酸和蛋白质，故又称分子生物；（3）每一种病毒只含有一种核酸，DNA 或是 RNA；（4）严格的活细胞内寄生，没有独立的代谢活动，只能在特定的活着的寄主细胞中繁殖；（5）在离体条件下，以无生命的化学大分子状态存在，不能进行任何形式的代谢活动，但仍保留感染宿主的潜在能力，一旦重新进入活的宿主细胞内又具有生命特征；（6）对一般抗生素不敏感，但对干扰素敏感。

病毒是专性活细胞寄生生物，凡在有细胞的生物生存之处，都有与之相对应的病毒存在，这使得病毒的种类多种多样。至今从人类、脊椎动物、无脊椎动物、植物以及真菌、细菌、放线菌等各种生物中，都发现有各种相应的病毒存在。人类的 DNA 片段中，有 8% 源于病毒。病毒对人类的健康造成了极大的危害，在人类的传染病中约 80% 是由病毒引起的，近年来引起全球性人类传染性疾病暴发的 SARS 病毒（非典型肺炎病毒）、MERS 病毒（中东呼吸综合征冠状病毒）和 COVID-19 病毒（新型冠状病毒）造成了严重的经济损失；发酵工业中噬菌体的出现会严重危及生产的正常进行；许多侵染有害生物的病毒可制成生物防治及用于生产实践，例如可以利用噬藻体防治由蓝藻暴发引发的水华；此外，病毒还是生物学基础研究和基因工程中的重要材料和工具。

二、病毒的形态和构造

（一）病毒的形态和大小

病毒种类多、形态各异，有球形（如流感病毒、新冠病毒（见图 2-60））、椭圆形（如阔口罐病毒）、砖形（如牛痘病毒）、杆状（如烟草花叶病毒）、丝状和蝌蚪状等（如某些噬菌体）。图 2-61 中各种病毒大小差异较大，最大的病毒类如痘病毒，其大小为 300nm×250nm×100nm，普通光学显微镜下勉强可见。目前发现的最大的病毒为巨大病毒，其直径可达 0.5μm，长度可达 1.5μm，如西伯利亚阔口罐病毒（*Pithovirus sibericum*）。最小的病毒直径仅有 9~11nm，如口蹄疫病毒（Foot and Mouth Disease Virus，FMDV）和菜豆畸矮病毒（Bean Distortion Dwarf Virus，BDDV），直径约为 10nm。大多数病毒直径约 10~300nm。因此，绝大多数病毒必须通过电子显微镜才能看到。

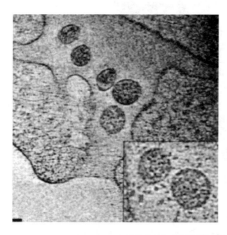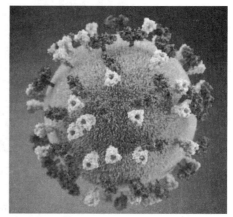

图 2-60　COVID-19 病毒的电镜及渲染图

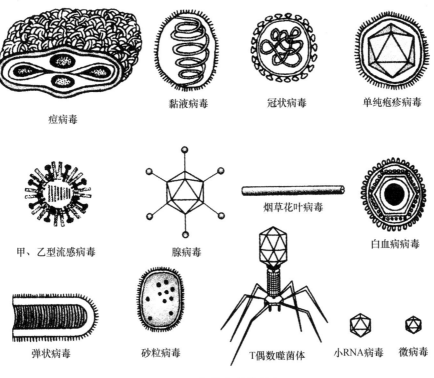

图 2-61 部分病毒的形态

（二）病毒的化学组成与结构

大多数病毒粒子的组成成分只有核酸和蛋白质，但有的病毒还含有类脂类、多糖等其他组分。

1. 病毒的核酸

核酸是病毒粒子中最重要的成分，是病毒遗传信息的载体和传递体。一种病毒只含有一种类型的核酸，而病毒核酸的类型呈多样性，有单链 DNA（ssDNA）和双链 DNA（dsDNA），单链 RNA（ssRNA）和双链 RNA（dsRNA）。一般说来，动物病毒以线状 dsDNA 和 ssRNA 为多，植物病毒以 ssRNA 为主，噬菌体以线状 dsDNA 居多，而至今发现的真菌病毒都是 dsRNA，藻类病毒则都是 dsDNA。最大的病毒（如痘病毒）含有数百个基因，最小的细小病毒仅有 3 或 4 个基因。

2. 病毒的蛋白质

蛋白质是病毒的主要组成成分，存在于衣壳与包膜中，占病毒总质量的 70% 左右，包括结构蛋白和非结构蛋白两种类型。少部分简单的病毒仅含一种蛋白质，如烟草花叶病毒。大部分病毒含有多种蛋白质，如流感病毒含 8 种蛋白质，T4 噬菌体含 30 余种蛋白质。病毒蛋白质由常见的 20 种氨基酸组成，但半胱氨酸和组氨酸在病毒蛋白中较少见。病毒蛋白质的作用包括：（1）构成病毒的衣壳，保护病毒核酸；（2）决定病毒感染的特异性，使病毒与敏感细胞表面特定部位有特异亲和力，从而使病毒可牢固的附着在敏感细胞上；（3）具有致病性、毒力和抗原性。

[拓展知识]

朊 病 毒

　　朊病毒能够引起人和动物的致死性中枢神经系统疾病，主要成分为蛋白质，迄今为止未能证明其含有核酸，主要为羊瘙痒症及疯牛病。从羊瘙痒症因子实验分离到的这种蛋白质经纯化后具有传染性，且感染性可被中和抗体中和，因此将这种蛋白质称为朊病毒蛋白。朊病毒不仅存在于哺乳动物中，还存在于啤酒酵母和柄孢壳淀菌中。

3. 病毒的脂类、多糖及其他组分

　　许多病毒体内存在磷脂形式的脂类化合物，其含量因种而异，差异较大。脂质主要集中在病毒的包膜内，构成脂双层，称为病毒包膜的骨架。绝大多数具有包膜的病毒含有少量的多糖，主要以寡糖侧链或黏多糖形式存在于病毒糖蛋白和糖脂中。多糖在病毒中的主要功能包括：（1）影响病毒对宿主的感染能力；（2）保护病毒免受核酸酶的降解；（3）参与凝集反应，对病毒的血凝活性具有重要的作用。有些病毒的体内还具有多胺类有机阳离子化合物（如丁二胺、亚精胺、精胺）和无机阳离子（Fe、Ca、Mg、Cu、Al 等金属离子），对核酸的构型产生一定的影响。

（三）病毒的结构

　　病毒没有完整的细胞结构，整个病毒体由蛋白质外壳（衣壳）和核酸（核髓）组成。核髓和衣壳共同组成核衣壳。有的病毒的核衣壳裸露，称为裸病毒，如脊髓灰质炎病毒、腺病毒等；有的病毒的核衣壳外被膜（包被）包围，称包被病毒，如单纯疱疹病毒、黏病毒等，如图 2-62 所示。完整的、具有感染力的病毒体叫病毒粒子或病毒颗粒。

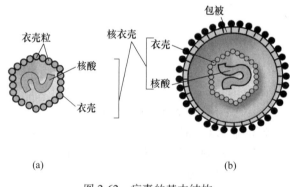

图 2-62　病毒的基本结构
（a）裸病毒；（b）包被病毒

　　病毒的蛋白质衣壳是由一定数量的衣壳粒（由一种或几种肽链形成的蛋白质亚单位）按一定的排列组合方式而构成的，是病毒体的主要抗原成分，可刺激机体产生免疫应答。按照衣壳粒的排列组合方式不同，可以表现出以下几种不同的构型和形状，如图 2-63 所示。

1. 螺旋对称型

　　这种病毒呈杆状或丝状，衣壳粒有规律地沿着中心轴呈螺旋对称排列，核酸位于壳体

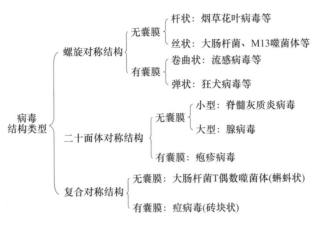

图 2-63　根据结构类型不同对病毒的分类

内侧的螺旋状沟中，多为单链 RNA。如烟草花叶病毒（见图 2-64）、狂犬病毒、流感病毒等。在螺旋对称衣壳中，病毒核酸与蛋白质亚基以多个弱键结合，不仅可以控制螺旋排列的形式及衣壳长度，而且核酸与衣壳的结合还增加了衣壳结构的稳定性。采用碱或去垢剂可使烟草花叶病毒降解为蛋白质和核酸两部分。在一定的条件下，降解的衣壳粒可以自发地重新组装成不含核酸的棒状衣壳，此时由于没有核酸的存在，因此无感染能力。但是如果衣壳粒重新装配时有核酸的存在，则可组装成完整的病毒粒子，引起烟草花叶病。

2. 二十面体对称型

衣壳粒沿着三个互相垂直的轴对称排列，形成二十面体，每个面是等边三角形。如腺病毒、疱疹病毒、脊髓灰质炎病毒等（见图 2-65），具有二十面体壳体的病毒一般均为裸病毒。核酸的存在对于壳体的形成并非必需，但可以增强壳体的稳定性。不同的二十面体病毒的棱上的衣壳粒数各不相同，总衣壳粒数也不相同。

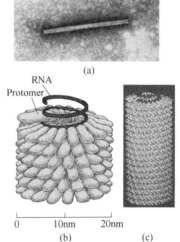

图 2-64　烟草花叶病毒的形态构造
（a）烟草花叶病毒电镜图；
（b）烟草花叶病毒结构放大；
（c）烟草花叶病毒结构表观

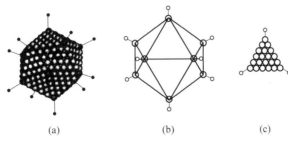

图 2-65　病毒二十面体结构
（a）腺病毒的形态；（b）二十面体的形态；（c）单个等边三角形

3. 复合对称型

少数病毒的衣壳为复合对称结构。衣壳既有螺旋对称结构，又有二十面体对称结构。如大肠杆菌 T4 噬菌体，它由二十面体对称型的头部和螺旋对称型的尾部组成，如图 2-66 所示。头部的蛋白质外壳内含有双链 DNA，而尾部主要由尾鞘、尾管、基板、刺突和尾丝五部分组成。尾鞘可收缩，中间为一个中空结构，称为尾髓。

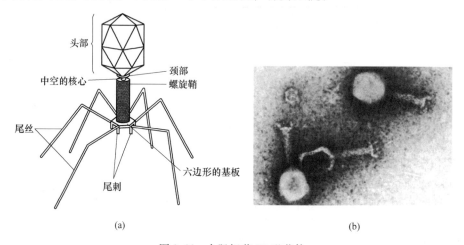

(a) 　　　　　　　　　　　　　　　　　　　(b)

图 2-66　大肠杆菌 T4 噬菌体

（a）大肠杆菌 T4 噬菌体结构；（b）向宿主细胞注入 DNA 之前的噬菌体显微图

三、病毒的增殖

（一）病毒的繁殖过程

病毒侵入寄主细胞后，利用宿主细胞的生物合成机构，在病毒核酸的控制下合成病毒的蛋白质和核酸，然后装配为成熟的、具感染性的病毒粒子，再以各种方式释放至宿主细胞外。这一过程称为增殖或复制。所有的病毒的增殖过程基本相同，以大肠杆菌 T 系噬菌体为例，其繁殖过程包括吸附、侵入、复制、装配与释放等 5 个步骤，如图 2-67 所示。

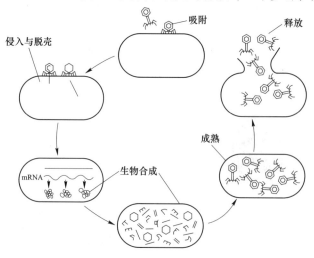

图 2-67　病毒的繁殖过程

1. 吸附

吸附是病毒以某种方式附着于宿主细胞表面的一种现象。病毒对宿主细胞的吸附具有高度的特异性，一种噬菌体只能吸附于特定宿主细胞的特定部位，这一部位称为受体。当噬菌体吸附位点与细胞表面的受体特异性吸附后，病毒粒子与细胞表面形成不可逆的牢固的化学结合，且病毒粒子本身结构也发生巨大改变。当受体发生突变或结构改变时，病毒就失去了吸附能力，宿主细胞也就获得了对该病毒侵染的抗性。如大肠杆菌 T 系噬菌体的吸附过程大致分为两步：（1）尾丝（吸附器）触及宿主细胞表面；（2）用尾钉（刺突）固定，如图 2-68 所示。

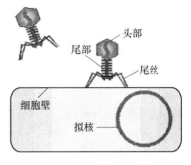

图 2-68　病毒的吸附

2. 侵入与脱壳

不同的病毒侵入宿主细胞的方式不同。动物病毒通过吞噬或胞饮进入细胞，而植物病毒则通过表面伤口或借助昆虫口器进入植物细胞内部。噬菌体的侵入方式最复杂，以大肠杆菌 T 系噬菌体为例，其侵入过程大致可分为以下三步：（1）当其尾部吸附到宿主细胞表面后，依靠尾部释放的溶菌酶水解细胞壁的肽聚糖形成小孔；（2）尾鞘收缩，将尾髓压入宿主细胞内；（3）尾髓将头部的 DNA 注入宿主细胞内，蛋白质外壳留在宿主细胞外，如图 2-69 所示。如果大量噬菌体短时间内侵入同一细胞，将使细胞壁产生许多小孔，在尚未进行噬菌体增殖时就可能引起细胞立即裂解，这种现象叫自外裂解（见图 2-69）。尾鞘并非噬菌体侵入宿主细胞所必须的结构，但可以加快噬菌体的侵入速度。

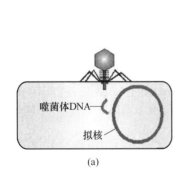
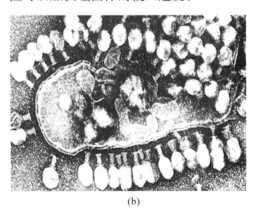

（a）　　　　　　　　　　　　　　　　（b）

图 2-69　病毒对宿主细胞的侵入过程

（a）病毒的侵入与脱壳；（b）噬菌体侵染大肠杆菌导致自外裂解

3. 复制

病毒的复制包括核酸复制和蛋白质复制两部分。当病毒侵入宿主细胞后，引起宿主细胞的代谢发生改变，宿主细胞内的生物合成将不再由细胞本身支配，而受病毒核酸携带的遗传信息所控制。病毒利用宿主细胞的合成机制和机构（核糖体、tRNA、mRNA、ATP 和酶等），指导病毒核酸的复制和蛋白质的合成，如图 2-70 所示。

4. 装配

合成的病毒核酸和蛋白质在宿主细胞内按照一定的方式装配为成熟病毒粒子。多数 DNA 病毒的装配在细胞核中进行，而 RNA 病毒则在细胞质中完成。大肠杆菌噬菌体 T4 的装配先从含 DNA 的头部开始，然后再组装尾部的尾鞘、刺突、尾丝，并逐个加上去就完成了噬菌体的装配，如图 2-71 所示。

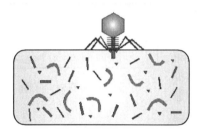

图 2-70　病毒的复制

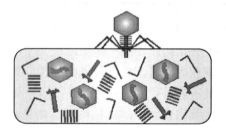

图 2-71　病毒的装配

5. 释放

成熟的病毒粒子离开宿主细胞的过程称为病毒的释放。病毒的释放包括两种类型：（1）无被膜的病毒粒子。大多数噬菌体在装配后合成水解酶溶解宿主细胞壁使宿主细胞裂解，子代噬菌体一起被释放出来。（2）有被膜的病毒粒子。以"出芽"的方式释放。病毒核衣壳从宿主的细胞膜上获得被膜，如疱疹病毒（见图 2-72），经释放出的病毒粒子重新成为具有侵染能力的病毒。

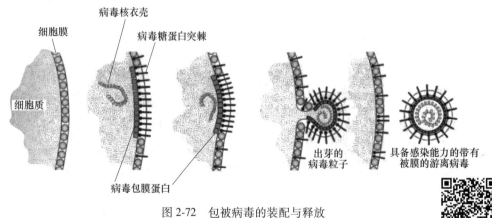

图 2-72　包被病毒的装配与释放

（二）病毒的溶原性

病毒的溶原性

根据噬菌体进入宿主细胞后的行为可将其分为烈性噬菌体和温和噬菌体。感染宿主细胞后引起宿主细胞裂解的噬菌体称为烈性噬菌体。侵染宿主细胞后，宿主细胞不仅不裂解，而且能继续生长繁殖，这种噬菌体称为温和噬菌体（又称溶源性噬菌体）。温和噬菌体进入宿主细胞后，将其核酸附着并整合在宿主细胞的染色体上，和宿主细胞的核酸同步复制，随宿主细胞的繁殖而传给每个子细胞，如图 2-73 所示。这种整合于宿主细胞染色体上的温和噬菌体称为原噬菌体，含有原噬菌体的宿主细胞被称作溶源细胞，宿主细胞含有原噬菌体的状态称为溶源性。

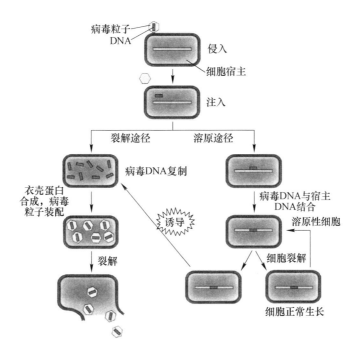

图 2-73　温和性噬菌体的生活周期

原噬菌体不同于营养态的噬菌体，它没有感染性，但它赋予溶源细胞以下特征：

（1）具有遗传、产生原噬菌体的能力。在某些情况下，一小部分（$10^{-6} \sim 10^{-3}$）溶源细胞中的原噬菌体脱离整合状态并不断增殖产生大量的子噬菌体使得宿主细胞裂解。自然情况下溶源细胞的裂解称为自发裂解；经紫外线、X 射线、氮芥等理化因子处理引起的高频率裂解称为诱发裂解，如图 2-73 所示。

（2）具有抗原噬菌体感染的"免疫性"。即溶源细胞对赋予其溶源性的噬菌体及其相关的噬菌体不敏感，这些噬菌体不能导致溶源细胞的裂解。

（3）溶源细胞的复愈。溶源细胞在核酸复制时可能会丢失原噬菌体，又成为非溶源细胞，此过程称为溶源细胞的非溶源化。复愈的细胞丧失了产生噬菌体的能力。

（4）获得新的生理特性。如原来不产生毒素的白喉棒杆菌被 β 棒杆菌温和噬菌体感染后变为产白喉毒素的致病菌。

[拓展知识]

冠 状 病 毒

冠状病毒是一个大型病毒家族，例如 2003 年出现的引起非典型肺炎的严重急性呼吸综合征（SARS）、2012 年引起与 SARS 临床症状相似的中东呼吸综合征（MERS）以及 2019 年造成全球五亿多人感染，几百万人死亡的新型冠状病毒（2019-nCoV），其可以引起呼吸道症状、发热、咳嗽、气促和呼吸困难等，是近代以来对人类社会造成影响最严重的病毒之一。

思 考 题

2-1　细菌有哪几种形态，各举一种代表性细菌。

2-2　绘出细菌细胞的一般构造和特殊构造，它们各有哪些生理功能？

2-3　图示革兰氏阳性菌和阴性菌细胞壁构造，并简要说明其特点及成分。

2-4　试述革兰氏染色的机制与步骤。

2-5　什么是芽孢，结构如何，有何生理功能？

2-6　什么是荚膜，其化学成分如何？有何生理功能？

2-7　什么是菌落，细胞的菌落有何特点，其特点有何实践意义？

2-8　放线菌的菌落有何特点？

2-9　蓝细菌是一类什么微生物，它与人类的关系怎样？

2-10　真核与原核生物的主要区别有哪些？

2-11　什么是原生动物，它有哪些细胞器和营养方式？

2-12　原生动物分几纲，在废水生物处理中有几纲？

2-13　原生动物和微型后生动物在污水生物处理中如何起指示作用？

2-14　常见的浮游甲壳动物有哪些，如何利用浮游甲壳动物判断水体的清洁程度？

2-15　藻类的分类依据是什么，它分为几门？

2-16　绿藻在人类生活、科学研究和水体自净中起什么作用？

2-17　硅藻和甲藻是什么样的藻类，水体富营养化与哪些藻类有关？

2-18　真菌包括哪些微生物，它们在废水生物处理中各起什么作用？

2-19　酵母菌有哪些细胞结构？

2-20　试述霉菌形态与构造。

2-21　细菌与酵母菌、放线菌与霉菌在细胞结构及菌落形态上有何差异？

2-22　什么是病毒，它有何特点？

2-23　试述病毒的形态与构造。

2-24　试述大肠杆菌 T 系噬菌体的繁殖过程。

2-25　何为烈性噬菌体和温和噬菌体？

2-26　什么叫溶源细胞，什么叫原噬菌体？

第三章　微生物生理

第一节　微生物酶

　　新陈代谢是细胞内发生各种化学反应的总称，而新陈代谢过程的每一步生化反应都是在生物酶的催化作用下进行的。酶是由活细胞产生的，在细胞内外对其特异性底物起高效催化作用的生物催化剂，其化学本质是蛋白质。微生物的自我调节作用都是通过协调控制酶来实现的，酶的活性、酶促反应速率都直接或间接影响微生物的新陈代谢，影响微生物的生命活动、行为以及与环境之间的关系。因此，掌握酶的催化特征、酶促反应的影响因素和特点对认识微生物并利用微生物至关重要。

一、酶的分类及组成

（一）酶的分类

　　根据酶促反应的性质，可将酶分为六大类：氧化还原酶类、转移酶类、水解酶类、裂解酶类、异构酶类和合成酶类，见表3-1。

表 3-1　酶的国际系统分类

类别	酶促反应性质	反应通式	代表
氧化还原酶类	催化底物进行氧化还原反应	$AH_2+B \rightleftharpoons A+BH_2$	乳酸脱氢酶、细胞色素氧化酶、过氧化酶
转移酶类	催化底物间进行基团转移或交换	$AR+B \rightleftharpoons A+BR$	氨基转移酶、己糖激酶、磷酸化酶
水解酶类	催化底物发生水解反应	$AB+H_2O \rightleftharpoons AOH+BH$	淀粉酶、蛋白酶、脂肪酶
裂解酶	催化从底物上脱去某种基团而形成双键的反应	$AB \rightleftharpoons A+B$	醛缩酶、碳酸酐酶、柠檬酸合成酶
异构酶类	催化同分异构体的相互转化	$A \rightleftharpoons A'$	磷酸丙糖异构酶、磷酸己糖异构酶
合成酶类	催化两分子作用物合成一分子产物并伴有高能磷酸键水解的反应	$A+B+ATP \rightleftharpoons AB+ADP+Pi$ 或 $A+B+ATP \rightleftharpoons AB+AMP+PPi$ （无机焦磷酸）	谷氨酰胺合成酶、谷胱甘肽合成酶

　　根据酶在细胞的不同部位，可将其分为胞外酶、胞内酶和表面酶。
　　根据酶作用底物的不同，可将其分为淀粉酶、蛋白酶、脂肪酶、纤维素酶、核糖核酸酶等。
　　根据组成成分可将酶分为单纯酶和结合酶两类。（1）单纯酶的基本组成单位只有氨基酸，其催化活性取决于它的蛋白质结构，如胃蛋白酶、脲酶、脂肪酶等均属于此类。（2）结合酶（又称全酶）由蛋白质部分和非蛋白质部分组成。蛋白质部分称为酶蛋白，在酶促反应中起着决定反应特异性的作用；非蛋白质部分称为辅助因子，主要参与电子、原子和基团的传递。全酶＝酶蛋白+辅助因子。只有全酶才具有催化活性。

（二）酶的组成

1. 酶蛋白的组成和结构

酶有两大类，蛋白酶和核酶，核酶的数量很少，主要与核酸有关，这里主要是指蛋白酶。氨基酸是蛋白质的结构单体。从细菌到人类，所有各种蛋白质均由 20 种氨基酸构成。蛋白质是由 α-氨基酸按一定顺序结合形成一条多肽链，再由一条或一条以上的多肽链按照其特定方式结合而成的高分子化合物。肽键是一分子氨基酸的 α-羧基和一分子氨基酸的 α-氨基脱水缩合形成的酰胺键，即—CO—NH—，因缩合产物称为肽，故名肽键，如图 3-1 所示。肽链是由多个氨基酸脱水缩合形成肽键（化学键）连接而成。由十个以下氨基酸组成的称寡肽（或称小分子肽），超过十个就称为多肽，超过五十个就称为蛋白质。每一条肽链存在其特定的氨基酸序列，并在蛋白质中具有特定的三维空间结构（构象）。有的蛋白质由一条以上的多肽链组成，每条肽链是蛋白质分子的亚单位。

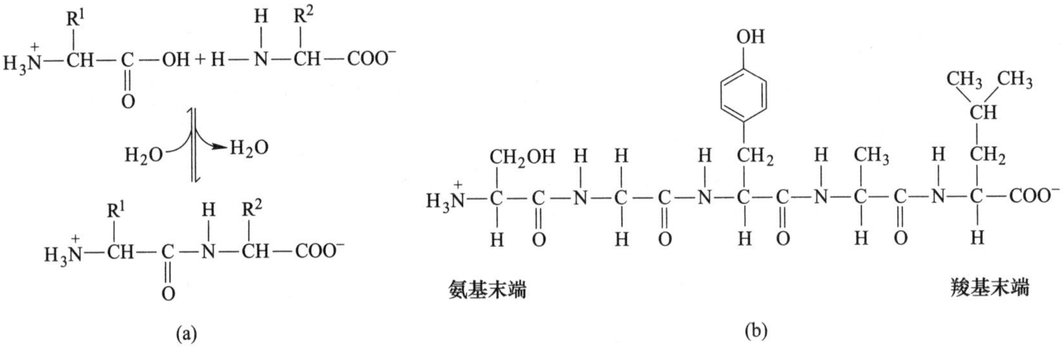

图 3-1 肽键的形成与水解（a）和肽链的氨末端和羧末端（b）

蛋白质是具有特定构象的大分子，可将蛋白质结构分为四个结构水平：一级结构、二级结构、三级结构和四级结构，每一级结构决定了更高一级的结构特点，如图 3-2 所示。

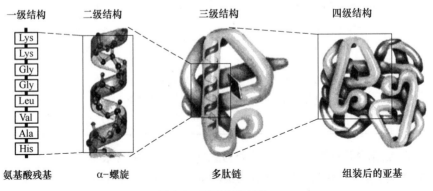

图 3-2 酶蛋白的结构

蛋白质的一级结构又称初级结构，是指形成肽链的氨基酸序列，即指蛋白质分子中氨基酸残基的顺序，包括肽链中氨基酸的数目、种类和顺序；二级结构是指多肽链区段的规则折叠，其类型有 α-螺旋和 β-折叠两种，两种构象均由氢键维持；三级结构是多肽链在二级结构的基础上进一步盘绕或折叠形成的三维空间形态；四级结构就是两条或两条以上的具有独立的三级结构的多肽链通过非共价键相互连接而成的聚合体结构。每一个肽链就是一个亚单位（或亚基），缺少一个亚基或亚基单独存在的蛋白质都不具有活性。

2. 辅助因子的类型及作用

辅助因子一般是小分子有机化合物或金属离子，按照与酶蛋白结合的紧密程度不同可将其分为辅酶和辅基。辅酶与酶蛋白结合疏松，通过透析和超滤方法可以将其除去。辅基则与酶蛋白结合紧密，不能通过透析或超滤方法将其除去。小分子有机化合物有的属辅酶（如 NAD^+、$NADP^+$等），有的属辅基（如 FAD、FMN、生物素等），而金属离子一般是酶的辅基。

辅助因子本身无催化作用，但参与氧化还原或基团转运作用，见表 3-2。因此，辅助因子决定反应的种类与性质。

表 3-2 部分重要的辅酶或辅基及其在催化过程中的作用

辅助因子	种 类	转移的基团
辅酶	辅酶Ⅰ（尼克酰胺腺嘌呤二核苷酸，NAD^+）	氢原子、电子
	辅酶Ⅱ（尼克酰胺腺嘌呤二核苷酸磷酸，$NADP^+$）	氢原子、电子
	辅酶 Q（CoQ）	氢原子
	脱羧酸辅酶（焦磷酸硫胺素 TPP）	羧基
	辅酶 A（CoA-SH）	酰基
	辅酶 M（CoM）	甲基
	四氢叶酸（FH_4）	甲基、甲酰基及甲酰甲氨基
	磷酸吡哆醛和磷酸吡哆胺	氨基
辅基	硫辛酸	酰基
	黄素单核苷酸（FMN）	氢原子
	黄素腺嘌呤二核苷酸（FAD）	氢原子
	羧化酶辅基（生物素）	羧基

二、酶的必需基团与活性中心

组成酶分子的氨基酸中存在着各种化学基团，如—NH_2、—COOH、—SH、—OH 等，但这些基团并不都与酶的活性有关。与酶活性密切相关的基团称为酶的必需基团。必需基团在一级结构上可能相距很远，但在空间结构上又彼此靠近，形成的一个能与底物特异性结合并发挥其催化作用的特定空间区域，称为酶的活性中心。对结合酶来说，其辅酶或辅基也参与酶活性中心的组成。

酶活性中心内的必需基团有两种：（1）结合基团，其作用是与底物相结合并影响底物中某些化学键的稳定性；（2）催化基团，其作用是催化底物发生化学变化转化为产物。还有一些必需基团位于酶的活性中心以外，虽然不参与酶的活性中心的组成，但却为维持酶活性中心的空间构象所必需，这些基团称为酶活性中心以外的必需基团，如图3-3所示。

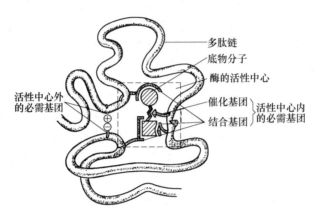

图 3-3　酶的活性中心示意图

三、酶的命名

迄今为止已发现约 4000 多种酶，在生物体中的酶远远大于这个数量。为了研究和使用的方便，需要对已知的酶加以分类，并给以科学名称。传统的习惯命名法缺乏系统性，无法满足数量如此之多的酶的分类和研究。1961 年国际生物化学学会酶学委员会推荐了一套新的系统命名方案及分类方法。根据酶学委员会的命名规则，国际系统命名法要求能确切表明底物的化学本质及酶的性质，包括两部分，即底物名称及反应类型。并且每一个酶都有一个国际编号，这样酶与酶之间就不会出现混乱。酶的系统命名以酶学委员会（Enzyme Commission）英文的头一个字母 EC 开始，后面跟随着四组数字，第一个数字表示酶的大类，第二和第三个数字代表所催化的反应，第四个数字用于根据所催化的底物区分具有类似功能的酶。如乳酸脱氢酶，其系统命名为 L-乳酸：NAD^+ 氧化还原酶；其国际编号为：EC. 1. 1. 1. 27，编号的具体含义如图 3-4 所示。

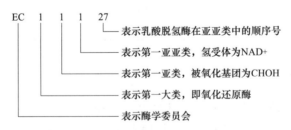

图 3-4　乳酸脱氢酶的国际编号及含义

四、酶的催化特性

作为生物催化剂，酶具有一般催化剂的共性，例如降低反应的活化能；加快反应速度；不改变化学反应的平衡点；反应前后酶的性质和数量不变等。但是酶作为生物大分子，具有与一般催化剂不同的几个特点：

（1）高效性。酶的催化效率比一般化学催化剂高几千至百亿倍。例如 1mol 的过氧化氢酶可在 1s 内催化 10^5 mol H_2O_2 的分解，而 Fe^{3+} 在相同的条件下，只能催化 10^{-5} mol H_2O_2 的分解；以蛋白酶作为催化剂，在 37℃ 条件下 2~3h 即可完全催化蛋白质分解为氨基酸，而 HCl 催化蛋白质完全分解为氨基酸需要在 6mol 催化剂和 120℃ 的条件下催化 24~72h。酶的催化效率极高的原因在于酶可以降低反应所需的活化能（反应物分子达到活化分子所需的最小能量），因此提高了催化效率。

（2）专一性。酶对催化的底物具有高度的选择性，一种酶只作用于一种或一类化合物，或催化一种或一类化学反应，并生成一定的产物。酶的专一性分为：1）绝对专一性，一种酶只作用于一种底物；2）相对专一性，一种酶催化一类具有相同化学键或基团的物质；3）立体异构专一性，某种酶只能对某一种含有不对称碳原子的异构体起催化作用，而不能催化它的另一种异构体。例如：脲酶只能催化尿素水解，而不能催化甲基尿素水解；蛋白酶能水解含肽键的蛋白类物质；L-乳酸脱氢酶只能催化 L 型乳酸，而不是 D-乳酸。

（3）温和性。由于酶的本质是蛋白质，其催化作用一般是在温和条件下进行，如常温、常压以及接近中性的 pH 值等。但是酶的催化活性很容易受外界因素的影响，如强酸、强碱、紫外线、高温、重金属等，这些因素均可使酶的结构发生改变，从而导致酶的活性降低或丧失。一般的化学催化剂则需要在强酸、高温等极端条件下才能进行催化反应。

（4）可调节性。酶的活性受代谢系统的调节和控制，调控的方式很多，包括共价修饰调节、抑制剂调节、反馈调节、酶原激活、酶的合成与分解等。

五、影响酶促反应速度的因素

（一）酶浓度对反应速度的影响

在一定条件下（即一定的温度、pH 值、无抑制剂等），当底物浓度大大超过酶的浓度时，酶促反应速度与酶浓度成正比，如图 3-5 所示。但是在某些情况下，酶的浓度很高时，并不能促进酶促反应的速率的提高，可能是高浓度的酶分子影响了其扩散性，进而导致活性中心无法与底物有效结合。

（二）底物浓度对反应速度的影响

在酶浓度和其他条件不变的情况下，底物浓度的变化与酶促反应速率之间呈矩形双曲线关系。当

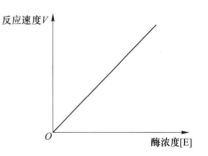

图 3-5　酶浓度对反应速度的影响

底物浓度较低时，酶的量远大于底物，此时多余的酶可以确保其与底物的结合，底物浓度与反应速度呈正比关系，表现为一级反应。随着底物浓度的升高，形成的酶-底物的复合物的浓度也不断升高，反应速率也不断加快，但不再与底物浓度成正比，反应为混合级反应。如果继续增大底物浓度，底物的量远大于酶的量，此时酶都被底物饱和，这时反应速度逐渐趋近极限值，反应速度与底物浓度无关，表现为零级反应，如图 3-6 所示。

对于反应速度与底物浓度之间的这种关系的解释，有科学家于 20 世纪初提出了酶-底物复合物的形成和过滤的概念，即中间产物学说。该学说认为：酶（E）的活性中心与底

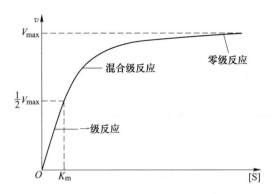

图 3-6　酶反应速度与底物浓度的关系

物（S）定向结合生成复合物（ES），而中间产物不稳定，易分解生成产物（P）和游离态酶（E），如图 3-7 所示。因此，当酶被底物所饱和，酶促反应的速度也就不能增加了。后来，该学说已被实验所证实并分离到若干种 ES 复合物的结晶。

$$E+S \underset{k_2}{\overset{k_1}{\rightleftharpoons}} ES \overset{k_3}{\longrightarrow} E+P$$

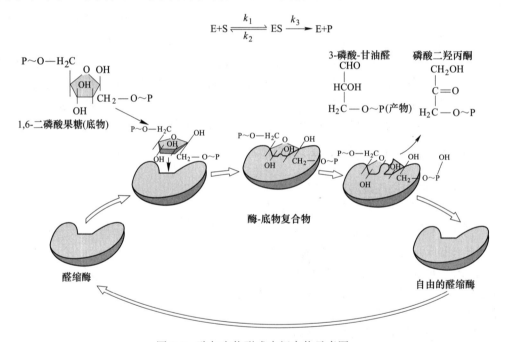

图 3-7　酶与底物形成中间产物示意图

　　酶和底物的定向结合方式目前存在两种理论模型对其进行解释，即锁钥模型和诱导契合模型。锁钥模型认为，酶和底物或底物分子的一部分结构之间的关系犹如钥匙和锁一样，能够专一性地结合；诱导契合模型认为，酶和底物相互接近时，其结构相互诱导、相互变形并相互适应，进而相互结合，如图 3-8 所示。

　　1913 年 Michaelis 和 Menten 根据中间产物模型，对酶促反应进行了动力学分析，推导出酶促反应速度与底物之间关系的基本公式，称为米曼氏方程（Michaelis-Menten Equation），该方程定量地描述了酶促反应速率和底物浓度之间的关系：

$$V = \frac{V_{\max}[\text{S}]}{K_{\text{m}} + [\text{S}]}$$

式中，$V_{\max}$ 为最大反应速率；[S] 为底物浓度；K_{m} 称为米氏常数；V 为不同 [S] 时的反应速率。

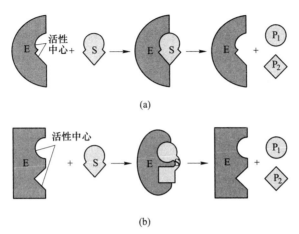

图 3-8　锁钥模型和诱导契合模型

（a）锁钥模型；（b）诱导契合模型

K_{m} 值是酶学研究中的一个重要常数，其意义有：

（1）当酶促反应速度为最大反应速度的一半时，即 $V = 1/2 V_{\max}$ 的特殊情况时：

$$\frac{V_{\max}}{2} = \frac{V_{\max}[\text{S}]}{K_{\text{m}} + [\text{S}]}$$

进一步整理可得 $K_{\text{m}} = [\text{S}]$。由此看出，$K_{\text{m}}$ 值等于酶促反应速度为最大反应速度一半时的底物浓度，其单位为 mol/L，与底物浓度一致。

（2）K_{m} 值可以近似地表示酶与底物的亲和力，K_{m} 越大，表示酶与底物的亲和力越小，反之则大。

（3）K_{m} 值是酶的特征性常数之一，不同的酶，其 K_{m} 值也不一样，即使是同功酶（指生物体内催化相同反应而分子结构不同的酶）K_{m} 值也不同。K_{m} 值由酶的性质决定，与酶的浓度无关。

（4）已知 K_{m} 值，针对所要求的反应速度（应达 $V_{\max}$ 的百分数（图3-6）），可求出应加入底物的合理浓度。但在实际中即使用很大的底物浓度，也只能得到趋近于 $V_{\max}$ 的反应速度，而测不到准确的 K_{m} 值。此时可以将米氏方程的形式加以改变，并采用双倒数作图法（Lineweaver-Burk）求出 $V_{\max}$ 和 K_{m}。

$$\frac{1}{V} = \frac{1}{V_{\max}} + \frac{K_{\text{m}}}{V_{\max}} \times \frac{1}{[\text{S}]}$$

选择不同的 [S] 测定相对应的 V，以 $1/V$ 对 $1/[\text{S}]$ 作图（见图3-9），在 y 轴上截距等于 $1/V_{\max}$，x 轴上截距等于 $-1/K_{\text{m}}$。

（三）温度对反应速度的影响

酶促反应速度和温度之间的关系可以以一条钟罩形曲线来表示，如图 3-10 所示。由图可知，温度对酶促反应的影响有两种：（1）在一定的条件下，温度和酶促反应速度呈正比，即温度升高，酶促反应速度加快；（2）酶的本质是蛋白质，温度的进一步升高会使得酶蛋白逐渐变性失活，反应速度反而随温度的上升而降低。曲线的最高点为酶促反应速度最快时的温度，所对应的温度称为酶促反应的最适温度。在高温条件下，酶的变性是不可逆的，其催化作用完全丧失；低温虽然使酶活性降低，但酶的结构并未被破坏，当温度回升时，酶促反应速度也会回升。

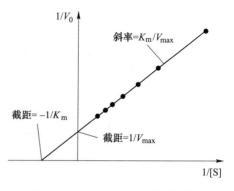

图 3-9　Lineweaver-Burk 双倒数作图

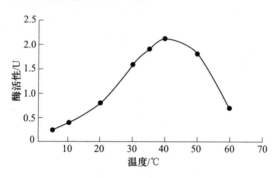

图 3-10　温度对酶活性的影响

每一种酶都有其对应的最适的反应温度，大部分微生物酶的最适温度在 $25 \sim 60 ℃$ 之间，但也有例外，如巨大芽孢杆菌、短乳酸杆菌、产气杆菌等体内的葡萄糖异构酶的最适温度为 $80 ℃$；枯草芽孢杆菌的液化型淀粉酶的最适温度为 $85 \sim 94 ℃$。温度对酶促反应速率的影响在水处理中也具有指导性的意义。

（四）pH 值对酶促反应速度的影响

环境中的 pH 值对酶促反应速率影响很大，酶只能在特性的 pH 值范围内才能发挥其催化作用，超出该 pH 值范围，酶即失活，如图 3-11 所示。酶促反应速率最快时所对应的 pH 值称为酶的最适 pH 值。低于或高于最适 pH 值都会引起酶的催化活性下降，且离最适 pH 值越远，酶的活性越低，直至超过该 pH 值范围。pH 值对酶活性的影响表现为：（1）改变底物和酶的带电状态，从而影响酶与底物的结合；（2）影响酶的稳定性，进而使酶被破坏。

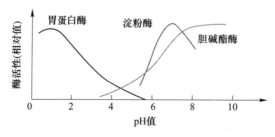

图 3-11　pH 值对某些酶活性的影响

各种酶的最适 pH 值是不一样的。一般酶的最适 pH 值在 4.0~8.0 之间，植物和微生物体内的酶最适 pH 值多在 4.5~6.5，而动物体内酶的最适 pH 值多在 6.5~8.0，多在 6.8 左右，但少数例外；如胃蛋白酶的最适 pH 值在 1.5 ~ 2.0 之间。用酶促反应速度对 pH 值作图，一般都可以得到一个曲线。一些典型微生物的生长 pH 值及其最适生长 pH 值见表 3-3。

表 3-3　一些典型微生物的生长 pH 值及其最适生长 pH 值

微生物种类	最低 pH 值	最适 pH 值	最高 pH 值
大肠杆菌	4.3	6.0~8.0	9.5
枯草芽孢杆菌	4.5	6.0~7.5	8.5
金黄色葡萄球菌	4.2	7.0~7.5	9.3
黑曲霉	1.5	5.0~6.0	9.0
一般放线菌	5.0	7.0~8.0	10
一般酵母菌	3.0	5.0~6.0	8.0

（五）激活剂对酶促反应速度的影响

凡能提高酶活性，加速酶促反应进行的物质都称为激活剂。激活剂大部分是无机离子或小分子有机化合物，作为激活剂起作用的无机离子有：K^+、Na^+、Mg^{2+}、Mn^{2+}、Fe^{2+}、Zn^{2+}、Ca^{2+}、Cl^-、Br^- 等。例如，Mg^{2+} 是多种酶和合成酶的激活剂，Cl^- 是淀粉酶的激活剂，Mn^{2+} 是醛缩酶的激活剂等。有机小分子化合物激活剂主要有维生素 C、半胱氨酸、巯基等。有些激活剂对酶促反应不可缺少，称为必需激活剂，如大多数金属离子激活剂均属该类型（必不可少）；有些激活剂不存在时，酶仍具有一定活性，这类激活剂称为非必需激活剂（可有可无）。

激活剂可能提高酶活性的机理一般有三种类型：（1）激活剂参与了酶活性中心的构造；（2）激活剂可能与酶、底物结合形成复合物；（3）激活剂可作为底物（或辅酶）与酶蛋白之间联系的桥梁。

（六）抑制剂对酶促反应速度的影响

使酶催化活性下降但不引起酶蛋白变性的物质称为酶的抑制剂。抑制剂虽然能够使酶失活，但是它并不明显改变酶的结构。强酸、强碱、乙醇和加热等都可引起酶的活性丧失，但同时还会引起酶蛋白变性，因此不属于抑制剂，而叫变性剂。常见的酶的抑制剂有重金属离子、一氧化氮、硫化氢、氢氰酸、生物碱、染料和表面活性剂等。

根据抑制剂与酶结合的方式和作用特点不同，通常将对酶的抑制作用分为可逆性抑制与不可逆抑制两大类。

1. 不可逆抑制作用

抑制剂通常以共价键与酶的必需基团结合，不能用透析、超滤等物理方法解除的抑制作用称为不可逆抑制作用。抑制强度取决于抑制剂浓度、酶与抑制剂的接触时间。虽然物理方法无法解除抑制作用，但可以用解毒剂来解毒，从而恢复酶的活性。例如：某些重金属离子（Hg^{2+}、Ag^+ 等）可与酶分子上的巯基结合使酶失活，但可用二巯基丙醇来解毒，如图 3-12 所示。

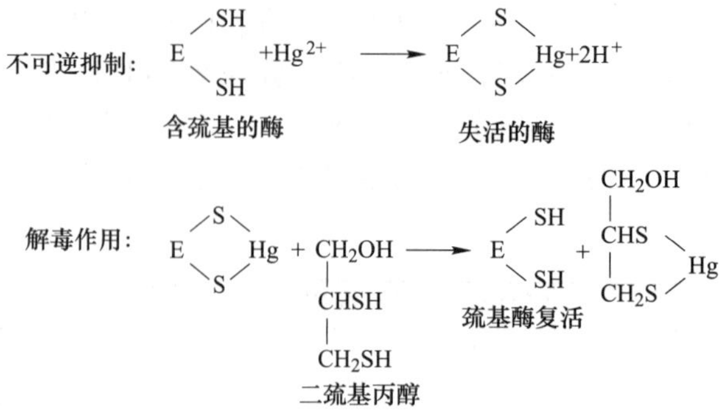

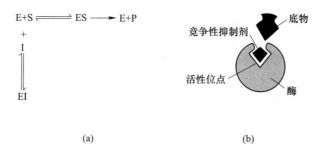

图 3-12　酶的不可逆抑制与解毒作用

2. 可逆性抑制作用

可逆性抑制剂与酶蛋白以非共价键疏松地进行可逆结合，用透析、分子筛过滤等物理方法除去抑制剂后酶活性可恢复的抑制作用称为可逆性抑制作用。根据抑制剂与底物的关系，可逆性抑制作用又可分为竞争性抑制、非竞争性抑制和反竞争性抑制等。

A　竞争性抑制作用

竞争性抑制剂是指抑制剂与酶作用的底物结构相似，可与酶的活性中心结合，使一部分酶的活性中心被抑制剂占据而不能再与底物结合，降低了酶与底物的结合效率，从而使酶促反应的速度下降，如图 3-13 所示。

图 3-13　酶的竞争性抑制作用

（a）酶的竞争性抑制作用机理；（b）酶的竞争性抑制作用图解

E—酶；S—底物；ES—中间产物；P—产物；I—抑制剂

竞争性抑制作用的特点为：（1）抑制剂结构与底物相似；（2）抑制剂结合的部位是酶的活性中心；（3）抑制作用的大小取决于抑制剂与底物的相对浓度，在抑制剂浓度不变时，通过增加底物浓度可以减弱甚至解除竞争性抑制作用；（4）V_{max} 不变，K_m 增大。

B　非竞争性抑制

非竞争性抑制剂是指抑制剂可与酶活性中心以外的必需基团结合，但是并不影响底物与酶活性中心结合，酶和底物的结合也不影响与抑制剂的结合，从而形成酶-底物-抑制剂复合物（ESI）。ESI 不能进一步转化成产物从而使得酶失活，如图 3-14 所示。

非竞争性抑制作用的特点为：（1）抑制剂与底物结构不相似；（2）抑制剂结合的部位在酶活性中心外；（3）抑制作用的强弱取决于抑制剂的浓度，此种抑制不能通过增加底物浓度而减弱或消除；（4）V_{max} 下降，K_m 不变。

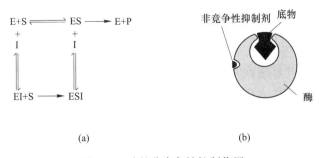

图 3-14　酶的非竞争性抑制作用

（a）酶的非竞争性抑制作用机理；（b）酶的非竞争性抑制作用图解

C　反竞争性抑制

反竞争性抑制剂是指抑制剂不直接与酶结合，而是与酶和底物形成的中间产物（ES）结合，结合的 ESI 不能分解成产物，从而使中间产物（ES）的量降低，从而导致酶促反应速度降低。此时 V_{max} 和 K_m 均下降，如图 3-15 所示。

竞争性、非竞争性和反竞争性抑制对比见表 3-4。

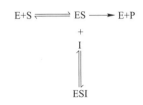

图 3-15　酶的反竞争性抑制作用

表 3-4　竞争性、非竞争性和反竞争性抑制对比

项目	竞争性	非竞争性	反竞争性
图解			
抑制机理及说明	E+S ⇌ ES ⟶ E+P + I ‖ EI	E+S ⇌ ES ⟶ E+P +　　　　+ I　　　　I ‖　　　　‖ EI+S ⟶ ESI	E+S ⇌ ES ⟶ E+P + I ‖ ESI
	I 只与自由的 E 结合，与 S 竞争；S 增加可克服 I 的抑制	I 可与自由的 E 或已占据有 S 的 ES 结合	I 只能与 ES 结合，S 增加反而有利于 I 的抑制

第二节　微生物的营养

新陈代谢是生命的基本特征之一，同其他生物一样，微生物需要与外界环境进行物质和能量的交换，通过新陈代谢将其转化成自身的细胞物质或能量，满足其自身生命活动所需，这些物质称为营养物质。微生物摄取和利用营养物质的过程称为营养。营养是生命的

起点，它为一切生命活动提供必需的物质基础。有了营养，微生物才能进一步进行代谢、生长和繁殖，并为人类提供各种有益的代谢产物和特殊服务。

微生物细胞由水、蛋白质、核酸、多糖、脂质、无机盐、维生素等多种物质组成（见图3-16）。水是微生物营养细胞的重要组分之一，不同类型的微生物含水量存在明显的差异，例如细菌为75%～85%，霉菌为85%～90%，酵母菌为70%～80%。总体看来，微生物细胞的含水量一般为70%～90%，其余10%～30%是干物质。干物质主要由蛋白质、核酸、多糖、脂质和无机盐等构成。其中，蛋白质主要为细胞的主要结构成分及酶的组成成分；核酸是微生物遗传变异的物质基础；多糖既是细胞的结构成分又是主要的能量来源；脂类不仅是细胞的结构成分而且可作为细胞的储藏物质；无机盐虽然含量较低，但其与细胞的生理代谢活动密不可分。各种成分随微生物的种类、培养条件及生理特性的不同呈现较大差异。

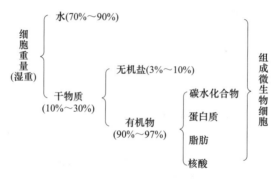

图 3-16　微生物细胞的组成

和其他生命体一样，微生物细胞主要由碳、氢、氧、氮、磷、硫、钾、钙、镁、铁等化学元素构成。其中，碳约占细胞干重的50%，氢、氧、氮、磷、硫等五种元素约占一般细菌细胞干重的47%。微生物不断地从外界摄取含有这些化学元素的物质，通过合成代谢进一步将其转化成微生物自身细胞的结构和组分。

一、微生物的营养物质及其功能

微生物生命活动的正常进行需要从外界获得营养物质，而这些营养物质应满足微生物细胞以下要求：（1）形成结构——参与细胞组成；（2）提供能量——提供机体进行各种活动所需的能量；（3）调节作用——构成酶的活性成分和物质运输系统。能够被微生物所利用的营养物质包括有机和无机化合物以及少量的分子态的气体物质。根据营养物质在微生物细胞中生理功能的不同，可将它们分为碳源、氮源、能源、生长因子、矿质元素和水六大类。

（一）碳源

能提供微生物营养所需碳素的营养物质称为碳源。碳是微生物细胞需要量最大的元素，占细胞干重的50%，主要用于：（1）构成微生物自身的细胞物质（如糖类、蛋白质和脂类）；（2）合成代谢产物（如抗生素、氨基酸等）；（3）为机体提供能量。能被微生物利用的碳源有简单的无机碳化合物（CO_2、碳酸盐等）、复杂的有机物（烃类、醇、羧酸、脂肪酸、糖及其衍生物、杂环化合物、氨基酸和核苷酸等）、复杂的有机大分子（蛋白质、脂质和核酸等），乃至复杂的天然含碳物质（牛肉膏、蛋白胨、花生饼粉、糖蜜、石油等）都可以被不同的微生物利用。甚至一些有毒物质如二甲苯、酚、氰化物、农药等都可以被少数微生物用作碳源，见表 3-5。例如，某些霉菌和诺卡氏菌可以利用氰化物，热带假丝酵母可以用于分解塑料，某些梭状芽孢杆菌可以分解农药。因此，根据微生物对碳源利用的特性，可将其用作"三废处理"以达到环境治理的目的。

表 3-5　微生物可利用的碳源种类

种类	碳源物质	备　注
糖	葡萄糖、果糖、麦芽糖、蔗糖、淀粉、半乳糖、乳糖、甘露糖、纤维二糖、纤维素、半纤维素、甲壳素、木质素等	单糖优于双糖，己糖优于戊糖，淀粉优于纤维素，纯多糖优于杂多糖
有机酸	糖酸、乳酸、柠檬酸、延胡索酸、低级脂肪酸、高级脂肪酸、氨基酸等	与糖类比效果较差，有机酸较难进入细胞，进入细胞后会导致 pH 值下降。当环境中缺乏碳源物质时，氨基酸可被微生物作为碳源利用
醇	乙醇	在低浓度条件下被某些酵母菌和醋酸菌利用
脂	脂肪、磷脂	主要利用脂肪，在特定条件下将磷脂分解为甘油和脂肪酸而加以利用
烃	天然气、石油、石油馏分、石蜡油等	利用烃的微生物细胞表面有一种由糖脂组成的特殊吸收系统，可将难溶的烃充分乳化后吸收利用
CO_2	CO_2	自养微生物可利用
碳酸盐	$NaHCO_3$、$CaCO_3$、白垩等	
其他	芳香族化合物、氰化物、蛋白质、肽、核酸等	能利用这些物质的微生物在环境保护方面有重要作用。当环境中缺乏碳源物质时，可被微生物作为碳源而降解利用

微生物对碳源的利用具有一定的选择性。糖类是多数微生物较容易利用的碳源，微生物对不同糖类的利用也有差别，单糖优于双糖、己糖优于戊糖、淀粉优于纤维素、纯多糖优于杂多糖和其他聚合物等。其他微生物或是利用 CO_2 或碳酸盐作为唯一的或主要的碳源，或是利用 CO_2 及简单有机物作为主要碳源。不同种类的微生物利用碳源物质的能力也有较大差别。例如，洋葱伯克霍尔德氏菌（*Burkholderia cepacia*）可利用 90 多种不同类型的有机物作为碳源。有些微生物只能利用少数几种物质作为碳源，例如一些甲基营养型微生物只能利用甲醇或甲烷等一碳化合物作为碳源。从环保角度来看，糖蜜废水、啤酒废水等含有丰富的单糖和多糖，这些物质均可以被异养微生物所利用；腈纶废水中的丙烯腈可被某些诺卡氏菌作为碳源所利用。因此，可将一些微生物用于工业污水的处理中。

碳源除了提供碳素以外，还是异养微生物的能量来源。对于异养微生物而言，碳源通过机体内一系列复杂的化学反应，最终转化成构成细胞物质和为机体生理活动提供能量。自养菌以 CO_2、碳酸盐等无机物作为其主要的碳源来源，但是在 CO_2 转化成细胞组分的过程中需要消耗大量能量，因此，这类微生物往往需要通过从光能和其他无机氧化物氧化过程中获得能量，其碳源和能源分别属于不同的物质。

（二）能源

能源是指为微生物生命活动提供最初能量来源的物质。能源主要包括化学物质和辐射能两种形式。绝大多数微生物的能源物质是化学物质（有机物和无机物），只有光合细菌利用辐射能作为能源。对于异养微生物而言，碳源兼具碳素来源和能量两种功能，而化能自养微生物（硝化细菌、硫化细菌、硫细菌、氢细菌和铁细菌等）的能源物质都是一些还原态的无机物，如 NH_4^+、NO_2^-、S、H_2S、H_2 和 Fe^{2+} 等。微生物利用能源的方式可分为三类：单功能、双功能和三功能营养物。例如，辐射能是单功能；还原态无机物（如 NH_4^+）通常具有氮源和能源双功能；有机物通常是一些异养微生物的能源、碳源和氮源三功能营养物。

（三）氮源

氮源是微生物生长过程中为微生物提供所需氮素的营养物质。在细胞干物质中氮素含量仅次于碳和氧，约为 12%~15%。氮是构成蛋白质和核酸的主要元素，在微生物的生长发育过程中起着极其重要的作用。除了少数自养微生物（如硝化细菌）和一些厌氧微生物可以利用一些氮源作为能源物质外，绝大多数微生物都不能将氮源作为能源使用。可作为微生物氮源的物质种类较广泛，根据氮素的来源不同，可将其大致分为有机氮源（尿素、氨基酸、嘌呤和嘧啶等）和无机氮源（分子态氮、氨、铵盐和硝酸盐等）。大多数微生物可以利用无机氮源，如铵态氮和硝态氮等；寄生性微生物和部分腐生性微生物一般以有机氮源为必需的氮素来源；一些具有固氮能力的微生物（如固氮菌、根瘤菌和蓝细菌等）可直接利用空气中的分子态氮。

微生物对不同氮源吸收利用能力不同。NH_4^+ 可被大多数微生物直接利用，微生物对铵盐的吸收利用能力比硝酸盐强，像这样的铵盐可称为"速效氮源"。而蛋白质无法直接被微生物所吸收利用，必须通过微生物分泌的胞外蛋白水解酶水解后方能吸收利用，因此，含蛋白质的氮源称为"迟效性氮源"。实验室中常用的氮源有牛肉膏、蛋白胨和酵母膏等，工业中常用的氮源有鱼粉、玉米浆、饼粉（黄豆饼粉和花生饼粉）和蚕蛹粉等。

（四）无机盐

无机盐是微生物生长不可缺少的另一类营养物。磷、硫、镁、钙、钾、钠等盐类可参与细胞结构组成，参与能量转移及细胞透性调节，微生物对它们的需求量比较大，浓度约 10^{-4}~10^{-3}mol/L，称为宏量元素；铁、锌、钴、钼、铜、锰、镍和钨等盐类一般是酶的辅助因子，微生物对它们的需求量不大，浓度约 10^{-8}~10^{-6}mol/L，称为微量元素。微生物对无机盐的需求因种而异。

无机盐为微生物生长提供除碳、氮以外的各种必需的养分，虽然它们的需要量很少，但是对维持微生物正常的生命活动意义重大。它们的生理功能包括：（1）构成细胞的组分；（2）与酶的组成和活力有关；（3）调节和维持微生物的渗透压、pH 值和氧化还原电位等；（4）作为某些化能自养细菌的能源物质；（5）作为呼吸链末端的氢受体。各种无机元素的存在形式及生理作用见表 3-6。

表 3-6 无机元素的存在形式及生理作用

元素	无机盐形式	生 理 作 用
P	HPO_4^{2-}	核酸、磷脂和辅酶的成分；重要的 pH 值缓冲剂
S	SO_4^{2-}、HS^-、$S_2O_3^{2-}$、有机硫	含硫氨基酸、硫胺素、生物素、CoA、铁硫蛋白、硫辛酸的组分成分；某些自养菌的能源

元素	无机盐形式	生 理 作 用
K	K^+	某些酶的辅助因子或激活剂；维持细胞渗透压
Ca	Ca^{2+}	某些酶的辅助因子或激活剂；形成芽孢所需；调节酸碱度和细胞透性
Mg	Mg^{2+}	某些酶的辅助因子或激活剂（固氮酶）；叶绿素的组分；稳定核糖体、细胞膜和核酸
Na	Na^+	维持渗透压；协助细胞内外物质运输；维持某些酶的稳定性
Fe	Fe^{2+}、Fe^{3+}	细胞色素、铁硫蛋白、铁氧还原蛋白等的组分；铁细菌的能源；合成叶绿素、白喉毒素所需
Cu	Cu^{2+}	某些酶的辅助因子（氧化酶、酪氨酸酶）
Mn	Mn^{2+}	调节细胞膜透性；某些酶的辅助因子（超氧化物歧化酶、氨肽酶和柠檬酸合成酶）或激活剂（羧化酶）
Zn	Zn^{2+}	某些酶的辅助因子（乙醇脱氢酶、乳酸脱氢酶、肽酶和脱羧酶）
Co	Co^{2+}	维生素 B_{12} 的组分；肽酶的辅助因子
Mo	Mo^{2+}	某些酶的组分（固氮酶、硝酸盐还原酶和甲酸脱氢酶）
Se	SeO_3^{2-}	某些酶的辅助因子（甘氨酸还原酶和甲酸脱氢酶）
Ni	Ni^{2+}	存在于脲酶中；氢细菌生长所必需；某些酶的组分（产甲烷菌 F_{430} 和一氧化碳脱氢酶）

（五）生长因子

生长因子是微生物生长必不可少的微量有机物。缺少生长因子将导致微生物生长受到严重影响，特别是胞内各种酶的活性。这些微生物正常生长不可或缺、且自身不能合成，需要从外界获取的微量的有机物质称为生长因子。生长因子主要包括维生素、氨基酸、碱基、卟啉及其衍生物等。生长因子的主要功能是提供微生物细胞重要化学物质（蛋白质、核酸和脂质）、辅助因子（辅酶和辅基）的组分和参与代谢（见表 3-7）。生长因子可从天然物质如酵母膏、蛋白胨、麦芽汁、玉米浆、动植物组织或细胞浸液以及微生物生长环境的提取液等当中获得。

表 3-7　一些重要的维生素及其生理功能

维生素种类	生 理 功 能
硫胺素（B_1）	是焦磷酸硫胺素（TPP）的前体；是某些酶的辅酶（脱羧酶、转醛酶、转酮酶）；与糖代谢相关
核黄素（B_2）	是 FMN 和 FAD 的组分，参与氧化还原反应
泛酸（B_3）	是 CoA 的前体，参与糖和脂肪代谢；活化对乙酰基和其他酰基衍生物
烟酸（B_5）	是烟酰胺的前体；通过烟酰胺氧化还原进行电子转移
吡哆素（B_6）	是某些酶的辅酶；参与氨基转移；参与氨基酸代谢
叶酸（B_{11}）	是一碳基载体，参与一碳代谢和甲基转移
生物素（H）	羧化酶的辅基；参与脂肪酸合成；β-脱羧作用；CO_2 固定和氢原子的载体
B_{12}	参与蛋白质、丝氨酸、胸腺嘧啶和一些嘌呤基的合成
硫辛酸	是一些酶的辅基（丙氨酸脱氢酶）
维生素 K	电子传递的载体

不同类群的微生物对生长因子的需要具有明显差异。多数真菌、放线菌和部分细菌具有自身合成其所需的全部生长因子的能力，因此这些微生物可以在只含有碳源、氮源和无机盐的培养基中正常生长；而有的微生物需要从环境中获取多种生长因子才能维持正常生长，如乳酸细菌、支原体和原生动物等；少数微生物可自身合成并分泌大量的维生素，可作为维生素生产菌。微生物对生长因子的需求也与环境条件相关，如培养基中的前体物质、通气条件、pH 值和温度等。

（六）水

水是微生物细胞的重要组成部分，不仅作为某些代谢活动的反应介质，并且其本身还直接参与某些重要的生化反应。水在细胞中的主要生理功能有：（1）起到溶剂和运输介质的作用，营养物质的吸收与代谢产物的分泌都必须通过水而进出细胞；（2）参与细胞内一系列的生化反应；（3）维持生物大分子结构的稳定性；（4）维持和调节一定的温度，水的比热高，可有效地吸收代谢过程中产生的热量并将热迅速散发出体外，保证细胞内的温度可控；（5）维持细胞正常形态。

水在细胞中存在的形式有两种：结合水和游离水。游离水可直接被微生物所利用，而结合水常与溶质和其他分子结合在一起，很难加以利用。对于微生物营养细胞而言，缺水比饥饿更容易导致细胞死亡。

二、微生物的营养类型

由于微生物种类繁多，其营养类型比较复杂。根据所需碳源的性质，可分为自养型和异养型；根据氢供体的性质，微生物又可分为无机营养型和有机营养型；根据所需能量的来源不同，又可分为光能微生物和化能微生物。因此，综合以上的划分标准和角度，可将微生物的营养类型划分为光能自养型、光能异养型、化能自养型以及化能异养型四种，见表 3-8。

表 3-8　微生物的营养类型

类型		能源	氢供体	碳源	实例
自养型	光能自养型	光能	无机物	CO_2	蓝细菌、紫硫细菌、绿硫细菌、藻类
	化能自养型	无机物氧化	无机物	CO_2	硝化细菌、硫细菌、铁细菌、氢细菌等
异养型	光能异养型	光能	CO_2 和有机物	有机物	红螺菌科的细菌（即紫色非硫细菌）、藻类
	化能异养型	有机物氧化	有机物	有机物	绝大多数细菌和全部真核微生物

（一）光能自养型

光能自养型微生物以 CO_2 为唯一碳源，以光能作为其能源，以还原态无机化合物（H_2O、H_2S 或 $Na_2S_2O_3$ 等）作为氢供体进行生长。藻类、蓝细菌和光合细菌属于这种类型。这些微生物都含叶绿素或菌绿素等光合色素，因此能将光能转变为化学能供机体利用。

和高等植物一样，藻类和蓝细菌细胞内含叶绿素，利用水作为氢供体，在光存在下同化 CO_2，并释放出 O_2 进行产氧光合作用。

$$CO_2 + H_2O \xrightarrow[\text{叶绿素}]{\text{光能}} [CH_2O] + O_2$$

光合细菌细胞内含菌绿素，光合作用过程中以 H_2S 和 $Na_2S_2O_3$ 等还原态硫化物作为氢供体，还原 CO_2 的同时析出 S 或 H_2SO_4，进行不产氧光合作用。

$$CO_2 + 2H_2S \xrightarrow[\text{菌绿素}]{\text{光能}} [CH_2O] + H_2O + 2S$$

（二）光能异养型

光能异养型微生物含有光合色素，同时以 CO_2 和简单有机物作为氢供体，利用光能将 CO_2 还原成细胞物质。例如红螺菌科（Rhodospirillum）的微生物在光照缺氧的条件下，利用异丙醇作为氢供体，还原 CO_2 并积累丙酮。

$$CO_2 + 2CH_3CHOHCH_3 \xrightarrow[\text{光合色素}]{\text{光能}} [CH_2O] + 2CH_3COCH_3 + H_2O$$

光能异养型微生物与光能自养型微生物的主要区别在于氢供体和电子供体的来源不同。这些微生物虽然也能利用 CO_2，但培养基中必须同时存在有机物才能保证其生长。此外，需注意的是，光能异养微生物在培养的过程中往往需要外源添加生长因子。

（三）化能自养型

化能自养型微生物以 CO_2 或碳酸盐为唯一或主要碳源、以 H_2、H_2S、NH_4^+、Fe^{2+} 或 NO_2^- 等无机化合物为电子供体还原 CO_2 进行生长。主要类群有硫细菌、硝化细菌、铁细菌、氢细菌等。此类微生物一般生活在无机养料丰富、黑暗的环境中。例如，硫细菌可从 H_2S、S、$S_2O_3^{2-}$ 等还原态无机硫化合物的氧化作用中获得将 CO_2 合成细胞物质所需的能量与还原力，其反应式为：

$$H_2S + 2O_2 \longrightarrow SO_4^{2-} + 2H^+$$

$$S + H_2O + \frac{3}{2}O_2 \longrightarrow SO_4^{2-} + 2H^+$$

$$S_2O_3^{2-} + H_2O + 2O_2 \longrightarrow 2SO_4^{2-} + 2H^+$$

产甲烷菌大多数能自养生活，属厌氧化能自养细菌，它们以 H_2 作为能源和氢供体，以 CO_2 作为碳源生长，其反应式为：

$$CO_2 + 4H_2 \longrightarrow CH_4 + 2H_2O$$

（四）化能异养型

化能异养型微生物以有机物作为碳源，利用有机物氧化磷酸化过程中产生的 ATP 为能源进行生长，此时的有机物兼具碳源和能源两种功能。目前已知的大多数细菌、真菌和原生动物属于化能异养型微生物，所有的致病微生物都属于该营养类型。化能异养型微生物又可分为寄生、腐生、兼性寄生和兼性腐生四种类型。其中，腐生和兼性腐生的微生物可利用无生命的有机物（如动植物的尸体）作为碳源，有的可使食品、药品和工业品等变质，危害人类健康；寄生和兼性寄生微生物往往都是有害微生物，可直接引起人、畜和农作物的病害。

上述微生物营养类型的划分是相对的，很多时候微生物的营养类型可根据生长环境进行自由切换，因此，许多微生物是兼性营养类型。例如，红螺细菌在光照和厌氧的条件下为光能营养型，而在黑暗与有氧的条件下依靠有机物产生的化学能生长，称为化能异养型；紫色非硫细菌在缺乏有机物的情况下可以同化 CO_2，为自养型微生物，但是当环境中存在有机物时又优先利用有机物进行生长，为异养型微生物。因此，微生物在自养型和异养型，光能和化学能之间存在着一些过渡类型，这些营养类型的可变性提高了微生物对环境条件变化的适应能力。

三、培养基

培养基是人工配制的适合微生物生长繁殖或产生代谢产物的营养基质。配制合适的培养基是一项最基本的工作，它是微生物学研究和应用的基础。虽然目前微生物的培养基配方种类繁多，但任何一种培养基都应具备微生物生长所需要的六大营养要素，并且比例适宜。培养基的组成应具备以下一些特征：（1）单位体积的培养基应能以最高产率生产所需的产物；（2）能以最高的速率合成所需产物；（3）培养基的原料应廉价易得；（4）培养基的组成和状态有利于调节和控制。因此，在设计和选用培养基时，应遵循基本原则和相应的方法。

（一）制备培养基的基本原则

1. 目的明确——根据不同微生物的营养需要配制

从培养的目的来看，培养什么样的微生物，是为了获得菌体本身还是为了获得代谢产物，培养基是用于实验研究还是工业化生产等，应该是首先需要明确的问题。

从要培养的微生物的种类来看，不同营养类型的微生物对营养的需求具有明显差异。例如，自养微生物有较强的生物合成能力，所以自养微生物的培养基完全由无机盐组成；异养微生物的生物合成能力较弱，所以培养基中至少要有一种有机物，通常是葡萄糖；专性寄生微生物不能在人工合成的培养基上生长，而须用鸡胚培养、细胞培养和动物培养等方法培养。针对四大类微生物，一般可以采用现成配方的培养基，如细菌采用牛肉膏蛋白胨培养基，放线菌采用高氏一号培养基，霉菌采用查氏合成培养基，酵母菌采用麦芽汁培养基。

从要获得的目标类型来看，如果为了获得菌体本身，培养基中的含氮量应该高一些，这样有利于菌体蛋白的合成；如果为了获得代谢产物，则应考虑微生物的生理和遗传特性及代谢产物的组成，一般来说含氮量应该低一些，使微生物生长不致过旺而有利于代谢产物的积累。有些代谢产物的生产中还要加入作为它们组成部分的元素或前体物质，如生产维生素 B_{12} 时要加入钴盐，在金霉素生产中要加氯化物。

从培养基的用途来看，若用于精细的代谢或遗传等研究时，必须用合成培养基；如果实验室中用于一般培养时，常用营养丰富的天然培养基；若用作发酵生产，则应在考虑满足菌种营养的同时，尽可能选择廉价的原料，以节约生产成本。

2. 营养协调——调整营养物质适宜的浓度与配比

培养基的营养物如果浓度较高，则会强烈抑制微生物的生长，而浓度过低，又无法满足菌体生长的需要。例如，糖是绝大多数异养微生物必需的碳素和能量来源，但是环境中糖的浓度过高会造成菌体渗透压发生改变，使细胞失水而死。因此微生物所需的各种营养物质中的浓度和配比也要适宜，即要营养协调。大多数化能异养微生物配置的培养基中，它们所需各种营养要素的占比顺序大体是：水>碳源>氮源>P>S>K>Mg>生长因子，以上各营养大体上存在着 10 倍序列的递减趋势。在考察培养基的组成时，常采用 C/N 比作为重要的指标。不同种类的微生物 C/N 比也不一样。一般来说，真菌生长所需的 C/N 比比较高，约为 10∶1，而细菌，尤其是动物病原菌所需 C/N 比相对较低，约 5∶1。从生产或发酵产物的类型来看，如为获得微生物细胞或制备种子培养基，通常用较低的 C/N 比；如所要代谢产物中含碳量较高，则 C/N 比要高些；如所要代谢产物中含氮量较高，C/N 比要低些。一般培养基的 C/N 比通常为 100∶（0.5~2），但是谷氨酸生产菌发酵中比较特殊，当 C/N 比为 4∶1 时可使菌体大量繁殖，C/N 比为 3∶1 时菌体繁殖受到抑制，此时谷氨酸大量积累。

从环境工程角度看，污水生物处理中好氧微生物群体要求的 C/N/P 比为 100∶5∶1，而厌氧微生物群体要求的 C/N/P 比为 100∶6∶1，有机固体废物、堆肥发酵要求的 C/N 比为 30∶1，C/P 比为（75~100）∶1。城市生活污水能满足活性污泥的营养要求，一般不会出现营养不足的问题。但有的工业废水会缺少某种营养物，需要人为供给或补充。

值得注意的是，在设计营养物配比时，还需考虑到培养基中各成分之间的相互作用问题。例如蛋白胨、酵母膏中含有磷酸盐，在加热时会与培养基中 Ca^{2+} 和 Mg^{2+} 产生沉淀；在高温下，还原糖和蛋白质或氨基酸也会相互作用产生褐色物质。

3. 条件适宜——调节适宜的物化因素

微生物的生长繁殖和代谢产物积累除了取决于营养物质外，还受 pH 值、渗透压、水活度、氧气、氧化还原电势等物理化学因素的影响，而微生物对营养物质的利用以及代谢产物的产生反过来又可影响环境条件。因此应按照微生物对环境条件的具体要求创造出适宜的、有利于生长繁殖或代谢产物积累的条件才能实现培养的目标。

A　pH 值

不同类群微生物生长繁殖或产生代谢产物的最适 pH 值也不相同。一般来说，细菌生长的最适 pH 值在 7.0~8.0 之间，放线菌在 7.5~8.5 之间，酵母菌在 3.8~6.0 之间，霉菌在 4.0~5.8 之间，一些专性嗜碱菌的生长 pH 值在 11 甚至 12 以上，嗜酸菌如氧化硫硫杆菌（*Thiobacillus thiooxidans*）的生长 pH 值范围为 0.9~4.5。培养基按照配方进行配置后，往往初始 pH 值或灭菌后的 pH 值与菌体要求的 pH 值也不一样。因此，为保证微生物能良好地生长繁殖或积累代谢产物必须调节培养基的 pH 值。

此外，由于微生物在生长和代谢过程中营养物质的分解利用以及代谢产物的积累也会使 pH 值发生波动。例如，微生物生长时产生有机酸会使培养基 pH 值下降；微生物分解蛋白质与氨基酸时产生的氨会使培养基 pH 值上升。传统的酸碱调节剂 NaOH 或 HCl 直接的添加会导致 pH 值急剧变化从而引起菌体生长受到抑制或直接死亡，因此，在培养基设计时就应考虑到培养基 pH 值的调节能力。一般加入磷酸盐缓冲液或 $CaCO_3$，保证培养基的 pH 值稳定。

B　其他

其他一些物化指标也会影响微生物的培养。大多数微生物适合在等渗环境中生长，但有些细菌如金黄色葡萄球菌（*Staphylococcus aureus*）则能在 3mol/L 的 NaCl 的高渗溶液中生长。不同的微生物对氧气的需求也不一样，如培养好氧微生物时必须提供足够的氧气，培养严格厌氧微生物时要把培养基和周围环境中氧气驱除掉。空气中 CO_2 的容积仅占 0.038%，无法满足一些自养微生物如紫硫细菌（*Chromatium*）等厌氧光合细菌的需要，因此可在密闭容器的培养基中加入 $NaHCO_3$ 作为 CO_2 的来源。培养好氧的，特别是产酸的自养细菌，如亚硝化单胞菌属（*Nitrosomonas*）时可向培养基中加入 $CaCO_3$，不仅可以提供 CO_2，而且是很好的 pH 值缓冲剂。

4. 经济节约——根据培养目的选择原料及来源

在设计培养基尤其是大规模生产用的培养基时，保证微生物生长与积累代谢产物需要的前提下，应该重视培养基中各种成分的来源和价格，实现经济节约以降低生产成本。经济节约原则大致有：以粗代精、以野代家、以废代好、以简代繁、以烃代粮、以纤代糖、以氮代朊和以国产代进口等。将经济节约原则和环保理念进行结合已是当下的一种发展趋势。例如，糖蜜废醪液、乳清废液、豆制品废液、纸浆废液、各种发酵废液（酒糟、酱渣）等发酵废弃物，还有大量的农业加工废弃物如麸皮、米糠、玉米浆、豆饼、花生粉饼等都可以作为培养基的良好原料。这样既实现了经济节约的目的，又能够将引起环境污染的废弃物进行资源化利用，可谓一举多得。

（二）培养基的种类及其应用

培养基种类繁多，可达上万种，因此需要对培养基进行分类。根据培养基的组成、物理状态和功能等可将培养基分成多种类型，如图 3-17 所示。

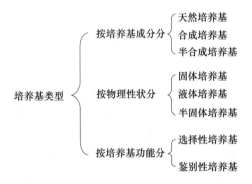

图 3-17 培养基的类型分类

1. 根据培养基组成分类

根据培养基组成物质不同可分为天然培养基、合成培养基和半合成培养基三大类。

（1）天然培养基是由化学成分不清楚或化学成分不恒定的动植物组织或微生物细胞及其提取物配制而成的，也称非化学限定培养基。例如培养细菌的牛肉膏、蛋白胨培养基、培养酵母菌的麦芽汁培养基、培养真菌的马铃薯培养基等都属于此类型。常见天然培养基的成分有：牛肉膏、蛋白胨、酵母膏、麦芽汁、玉米粉、马铃薯、牛奶和血清等。天然培养基的优点是所用物质取材容易，营养丰富，配制方便，价格低廉；缺点是所用物质的成分不清楚、不稳定，因而培养基的营养成分难以控制，实验结果的重复性差。

（2）合成培养基是使用成分确切知道的准确称量的高纯化学制剂与蒸馏水配制而成的培养基，又称为组合培养基。如高氏一号培养基和查氏培养基就属于此类型。合成培养基的优点是化学成分确定并精确定量，实验的可重复性高；缺点是配制麻烦，成本较高，培养的微生物生长缓慢。合成培养基一般适用于在实验室中用来进行微生物的营养、代谢、遗传育种、鉴定和生物测定等定量要求较高的研究。

（3）半合成培养基是在天然培养基的基础上适当加入已知成分的无机盐类，或在合成培养基的基础上添加某些天然成分，使之更充分满足微生物对营养的要求。如培养真菌用的马铃薯蔗糖培养基就属于此类型。半合成培养基具有适合多数微生物生长，配制方便，成本低廉等优点，因此在实验或生产过程中多采用此类培养基。

2. 根据培养基的物理状态区分

根据培养基的物理状态可分为液体培养基、固体培养基和半固体培养基三种类型。

（1）液体培养基是未加任何凝固剂，呈液态的培养基。液体培养基广泛应用于大规模工业化生产以及实验室中微生物生理代谢研究。液体培养基的优点是组分均匀，微生物可充分与基质接触，原料利用率高，发酵率高，操作方便。

（2）固体培养基是在液体培养基中加入一定量的凝固剂，使其外观呈固体状态的培养基。常用的固体培养基是在液体培养基中加入琼脂（约2%）或明胶（5%～12%），加热融化，然后再冷却凝固的培养基。明胶是最早用来作为凝固剂的物质，由胶原蛋白制备得到，但是凝固点太低，易被微生物分解液化，因此现在很少用来作为培养基的凝固剂。目前常用的凝固剂是琼脂，其主要成分为硫酸半乳聚糖，是从藻类（海产石花菜）中提取的一种高度分支的复杂多糖。固态琼脂的融解温度约96℃，凝固温度约40℃，透明、黏着力强，经过高压灭菌也不被破坏。这些优良特性，使琼脂成为制备固体培养基时常用的凝固剂。多数微生物在琼脂培养基表面能很好地生长，尤其是生长在琼脂平板上的微生物常形成可见的菌落，所以琼脂平板在微生物中应用极广。固体培养基在研究和生产中具有广泛的用途，例如菌种分离、鉴定、选育、保藏、杂菌检测等。

一些直接用某些天然固体状物质制成的培养基也属于固体培养基，如培养真菌用的麸皮、大米、玉米粉和马薯块培养基，在发酵工业上（酒曲）和农业中（棉籽壳麸皮培养基生产食用菌）等也有广泛应用。

（3）半固体培养基介于液体和固体培养基中间，是在液体培养基中加少量（不超过0.5%）的琼脂配制而成的固态培养基。它在小型容器中倒置不会流出，但是在剧烈震荡后呈破散状态。半固体培养基主要用于细菌运动能力的鉴定、趋化性研究、菌种保藏、微好氧或厌氧细菌的培养、分离和计数等。

3. 根据培养基的功能区分

根据培养基的功能可分为选择性培养基、加富培养基和鉴别性培养基。

（1）选择性培养基是根据某种或某类微生物的特殊营养要求，通过加入不妨碍目的微生物生长而抑制非目的微生物生长的物质，将某种或某类微生物从混杂的微生物群体中分离出来的培养基。选择性培养的方法有两种：一是根据某些微生物对碳源、氮源等营养物的需求而设计，例如富集纤维素分解菌选用纤维素；富集石油分解菌选用石蜡油；富集酵母菌选用高糖液。二是根据某些微生物的物理和化学抗性设计，例如分离真菌用的马丁培养基中加有抑制细菌生长的孟加拉红、链霉素和金霉素。选择性培养基广泛用于菌种筛选等领域，例如用于将混合样品中数量很少的目标微生物分离出来或者将处于劣势的菌变成优势菌。

（2）加富培养基是通过向培养基中加入某些营养丰富的物质，选择性富集某种或某类微生物或培养对营养要求比较苛刻的异养型微生物的一种培养基。广泛地来说，加富培养基也属于选择性培养基。用于加富的营养物质通常是被富集对象需要的碳源和能源。温度、氧、pH值以及盐度等理化因素，也可用来选择某些特殊类型的微生物，如嗜热和嗜冷微生物、好氧和厌氧微生物、嗜酸和嗜碱微生物以及嗜盐微生物等。

（3）鉴别性培养基是在培养基中添加某种特殊的化学物质（指示剂或抑制剂）而将目标微生物与其他微生物菌落区别开来。原理是利用了微生物的代谢产物与培养基中特殊的化学物质发生特定的化学反应，产生明显的特征变化，由此将不同的微生物加以区别。例如，大肠埃希氏菌在伊红美蓝培养基（EMB）上呈紫黑色金属光泽的菌落。鉴定培养基主要用于微生物的快速分类鉴定及分离和筛选产生某种代谢产物的菌种。

四、物质进出微生物细胞

物质进出微生物
细胞的方式

环境中的营养物质必须进入微生物体内才能完成代谢和转化，同时微生物的代谢产物也要及时排出胞外，避免胞内有害代谢产物积累对微生物产生毒害作用。但是绝大多数微生物都没有进化出专门的摄食和排泄器官，只能通过细胞表面的渗透屏障进行物质交换。渗透屏障从外到内主要由黏液层和荚膜、细胞壁和细胞膜等组成。黏液层和荚膜结构较疏松，对营养物质的进出影响较小；而细胞壁对营养物质的吸收有一定影响，能够阻挡大分子溶质的进入，但是对绝大多数的营养物质进出作用不大；与细胞壁相比，细胞膜具有高度选择透性，因此成为控制营养物质进入和代谢产物排出的主要屏障，在物质进出细胞的过程中起到极其重要的作用。一般来说，水溶性和脂溶性的小分子物质可被微生物直接吸收利用；而大分子营养物质如多糖、蛋白质、核酸和脂肪等，在进入细胞之前必须经相应的酶水解成小分子物质后才能被细胞所利用。

根据物质运送过程中是否需要消耗能量、有无载体参与、被运输物质是否发生化学变化等特点，物质的跨膜运输可分为单纯扩散、促进扩散、主动运输和基团转位四种类型。

（一）单纯扩散

单纯扩散又称被动转运或自由扩散，是一种最简单的物质跨膜运输方式，也是纯粹的物理扩散作用，如图3-18所示。单纯扩散是物质非特异地从浓度较高一侧被动或自由地透过膜向浓度较低一侧扩散的过程，其驱动力是细胞膜两侧的物质浓度梯度（浓度差），当细胞膜两侧的物质浓度梯度消失（即细胞膜两侧的物质浓度相等），单纯扩散就停止。由于进入细胞的营养物质不断被消耗，使胞内始终保持较低的浓度，故胞外物质能源源不断地通过单纯扩散进入细胞。单纯扩散具有以下特

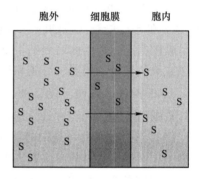

图 3-18　单纯扩散

点：（1）单纯扩散是非特异性的营养物质吸收方式，细胞膜上的含水小孔的大小和形状对被运输物质的分子大小有一定的选择性；（2）在扩散过程中营养物质的结构不发生变化；（3）物质运输的速率较慢，与膜内外物质的浓度差成正比；（4）不消耗能量，不需要载体参与，扩散的动力来自物质在膜内外的浓度差，无法逆浓度梯度运输；（5）可运送的养料有限，仅限于吸收小分子物质，如水、某些气体（如 N_2、CO_2、O_2 等）、小的极性分子（如尿素、乙醇、甘油、脂肪酸和苯等）、某些氨基酸和盐等少数几种物质。

（二）促进扩散

促进扩散又称协助扩散，是一种被动的物质跨膜运输方式，常见于真核生物中。促进扩散是指糖和氨基酸等物质借助于细胞膜上底物特异性载体蛋白，从浓度高的一侧透过膜向浓度低的一侧扩散（见图3-19）。促进扩散与单纯扩散一样，驱动力也是浓度梯度，因此也不需要能量。但是它为有特异性或选择性的扩散，通常在微生物处于高营养物质的浓度情况下发生。载体蛋白的特性与酶极为相似，其通过构象变化及所伴随亲和力的改变进行协助扩散。载体蛋白在运输前后，其本身不会发生变化，它的存在可加快运输过程。促

进扩散具有以下特点：（1）运输过程中不消耗能量，因此不能进行逆浓度运输；（2）运输的速率与膜内外该物质的浓度差成正比；（3）需要细胞膜上高度特异性的载体蛋白参与物质运输；（4）营养物质本身在分子结构上也不会发生变化；（5）养料浓度过高时，与载体蛋白出现饱和效应。

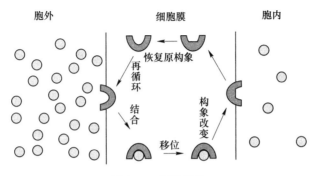

图 3-19　促进扩散

（三）主动运输

正常情况下，环境中的盐或其他营养物质的浓度都低于细胞质中的浓度，因此细胞必须逆浓度梯度将这些物质"抽吸"到细胞内。这种需要消耗能量，由载体蛋白参与的将营养物质逆浓度梯度从胞外运输到胞内，并在胞内富集的方式称为主动运输（见图 3-20）。主动运输是微生物吸收营养物质的主要方式。与促进扩散一样，主动运输过程中同样需要载体蛋白，区别在于主动运输过程中的载体蛋白构象变化需要消耗能量。能量的来源主要有以下几种方式：好氧微生物和兼性厌氧微生物直接利用呼吸能，厌氧微生物利用化学能，光合微生物则利用光能。通过主动运输转运的物质有无机离子（如 K^+、SO_4^{2-}、PO_4^{3-} 等）、糖类（如乳糖、葡萄糖、果糖等）、氨基酸和有机酸等。主动运输具有以下几种特点：（1）可以进行逆浓度运输；（2）需要载体蛋白的参与，物质运输过程中需要消耗能量；（3）对被运输的物质有高度的立体专一性；（4）被运输的物质在转移的过程中不发生任何化学变化。

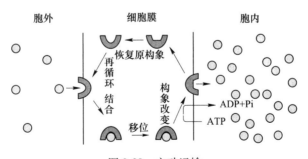

图 3-20　主动运输

（四）基团转位

基团转位是一种特殊的主动运输方式，与主动运输相比，营养物质在运输过程中发生了变化。被运输的底物分子在膜内经过共价修饰改变后进入细胞内的运输过程称为基团转位。和主动运输一样，基团转位也需要特异性载体蛋白和能量的参与，区别在于：基团转位的能量来源于胞内的磷酸烯醇式丙酮酸（PEP），因此也将基团转位称为磷酸烯醇式丙酮酸-磷酸糖转移酶运输系统（PTS）。大肠杆菌即是采用该系统将葡萄糖摄入胞内的：该系统由酶1、酶2（E_1、E_2）、一种热稳定蛋白（HPr）等几种不同的蛋白质组成，其中HPr为一种相对低分子量的可溶性蛋白，它起着高能磷酸载体的作用。在运输过程中，PEP上的磷酸基团逐步通过 E_1、HPr 的磷酸化和去磷酸化作用（式(3-1)），最终在 E_2 的作用下转移到了糖并生成磷酸糖进入细胞质中（式(3-2)），如图 3-21 所示。通过基团转位运输的物质除了葡萄糖、甘露糖、乳糖、果糖、N-乙酰葡糖胺和 β-乳糖苷等及其衍生物外，还有嘌呤、嘧啶和脂肪酸等。

$$PEP + HPr \xrightarrow{E_1} P\text{-}HPr + 丙酮酸 \tag{3-1}$$

$$P\text{-}HPr + 葡萄糖 \xrightarrow{E_2} 6\text{-磷酸葡萄糖} + HPr \tag{3-2}$$

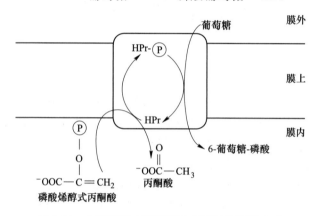

图 3-21　大肠杆菌中葡萄糖的基团转位运输方式

基团转位具有以下几个特点：（1）通过膜上的特异性载体蛋白逆浓度梯度将溶质运输到胞内；（2）物质运输过程中需要消耗能量；（3）被运输的物质具有高度特异性，主要用于运送各种糖类、核苷酸、丁酸和腺嘌呤等；（4）物质在运送的过程与膜上的分子发生反应，本身的结构发生变化。

不同微生物运输物质的方式不同，例如，半乳糖在大肠杆菌中靠促进扩散运输，而在金黄色葡萄球菌中则是通过基因转位来运送。即使对同一种物质，不同微生物的摄取方式也不一样。以葡萄糖为例，大肠杆菌采用的是磷酸转移酶系统（PTS），铜绿假单胞菌采用主动运输方式，酵母菌则采用促进扩散方式。

以上四种物质跨膜运输方式比较见表 3-9。

表 3-9　四种物质运输方式比较

运输方式	是否消耗能量	是否需要载体蛋白	溶质运输速度	运输前后溶质分子是否发生化学变化
单纯扩散	否	否	慢	否
促进扩散	否	是	快	否
主动运输	是	是	快	否
基团转位	是	是	快	是

第三节　微生物的产能代谢

微生物的生长繁殖以及维持其生命活动需要能量，能量的来源产生于机体的产能代谢。产能代谢是在体温和近中性 pH 值及有水环境中，在一系列酶、辅酶和中间传递体的作用下逐步进行的连续的氧化还原反应，并逐步分解释放能量的过程，也可称为生物氧化。产能代谢过程中释放的能量有三种消耗途径：（1）直接被生物体所利用；（2）通过能量转换储存在高能化合物中（一般以三磷酸腺苷即 ATP 形式存在）；（3）以辐射的方式释放到环境中。微生物产能代谢的方式极为多样化，异养微生物利用有机物通过氧化磷酸化和底物水平磷酸化获得能量，而自养微生物则利用无机物通过光合磷酸化将光能转变为化学能并储存。

根据微生物的能量来源可分为光能型和化能型两大类，无论哪种类型的能量转变都通过一个共同物（ATP）进行连接。ATP 存在于所有的细胞中，它含有两个高能磷酸键，每个磷酸键断裂后可释放 31.4kJ 的能量。当这种高能磷酸键形成时，又可将反应过程中产生的能量储存起来，因此 ATP 起着能量储存和能量载体的作用。

$$ATP \Longleftrightarrow ADP + H_3PO_4 + 31.4kJ$$
$$ADP \Longleftrightarrow AMP + H_3PO_4 + 31.4kJ$$

生物氧化的过程可分为脱氢（或电子）、递氢（或电子）和受氢（或电子）三个阶段；生物氧化的功能有产能（ATP）、产还原力［H］和产小分子物质三种；生物氧化类型可分为发酵和呼吸，呼吸又可分为有氧呼吸和无氧呼吸。发酵和呼吸的根本区别在于：发酵过程中电子载体直接将电子交给了最终的电子受体——高氧化还原电位的中间代谢产物，而呼吸过程中的电子载体将电子交给了电子传递链，逐步释放出能量后再交给最终电子受体。下面就以大多数异养微生物通常利用的生物氧化基质——葡萄糖为例进行介绍。

一、发酵

广义的发酵是指利用微生物生产有用代谢产物的一种生产方式。狭义的发酵是指将有机物氧化释放的电子直接交给底物未完全氧化的某种中间产物，同时释放能量并产生各种不同代谢产物的过程。由于发酵对有机物的氧化不彻底，因此，释放出的能量较少。

发酵的底物种类很多，有糖类、有机酸、氨基酸等，其中葡萄糖和果糖是化能异养微生物的主要碳源和能源，糖以外的其他有机化合物的代谢也是经过转化后进入葡萄糖降解途径的。因此，化能异养型微生物进行分解代谢的最基本的途径就是葡萄糖降解途径。

（一）发酵途径

微生物细胞内的葡萄糖在厌氧条件下经过 EMP 途径（糖酵解途径或二磷酸己糖途径）、HMP 途径（磷酸戊糖途径）、ED 途径（2-酮-3-脱氧-6-磷酸葡萄糖裂解途径）或 PK 途径（磷酸酮解酶途径）形成重要的中间产物丙酮酸。其中，EMP 途径是大多数微生物共有的基本代谢途径，对于有的微生物来说甚至是唯一的产能途径。以下以 EMP 途径为例，重点介绍葡萄糖的代谢过程。

EMP 是以 1 分子葡萄糖为底物，经过 10 步反应产生 2 分子丙酮酸、2 分子 ATP 和 2 分子 NADH + H⁺的过程。在此过程中，为微生物的生命活动提供了 ATP 和 NADH，产生的中间产物可成为微生物细胞的碳骨架。EMP 途径可分为两大阶段：（1）耗能阶段，该阶段不涉及氧化还原反应及能量释放，只是消耗 2 分子的 ATP 并生成 2 分子的中间代谢产物：甘油醛-3-磷酸；（2）产能阶段，发生氧化还原反应，产生 4 分子 ATP 和 2 分子丙酮酸。

第一阶段共有 5 步：（1）葡萄糖在消耗 ATP 的情况下被磷酸化，形成葡糖-6-磷酸，初始的磷酸化能增加分子的反应活性；（2）葡糖-6-磷酸再转化为果糖-6-磷酸；（3）果糖-6-磷酸再次被磷酸化，形成果糖-1,6-二磷酸；（4）在醛缩酶催化下果糖-1,6-二磷酸裂解成两个重要的三碳化合物：甘油醛-3-磷酸及磷酸二羟丙酮；（5）磷酸二羟丙酮在异构酶的作用下可转化为甘油醛-3-磷酸。至此，在第一阶段还未发生氧化还原反应，所有的反应均不涉及电子转移。

第二阶段也可分为 5 步：（1）甘油醛-3-磷酸接受无机磷酸被磷酸化形成 1,3-二磷酸甘油酸，该过程是氧化反应，辅酶 NAD^+ 接受氢原子形成 $NADH + H^+$；（2）1,3-二磷酸甘油酸转变成 3-磷酸甘油酸，1,3-二磷酸甘油酸中含有高能磷酸键，反应过程中生成 ATP；（3）在磷酸甘油酸变位酶的催化下，3-磷酸甘油酸转变成 2-磷酸甘油酸；（4）2-磷酸甘油酸在烯醇化酶的作用下脱水生成磷酸烯醇式丙酮酸（PEP），烯醇化酶需要 Mg^{2+} 作为激活剂；（5）磷酸烯醇式丙酮酸转变成丙酮酸，PEP 含有高能磷酸键，在其转变成丙酮酸的反应过程中生成 ATP。

在糖酵解过程中，从能量的得失来看，第一阶段消耗 2 分子的 ATP 用于糖的磷酸化，第二阶段生成 4 分子的 ATP，由于磷酸二羟丙酮可转化成甘油醛-3-磷酸，因此若转化率按 100% 来算的话，此时生成 2 分子甘油醛-3-磷酸，最终生成 2 分子的丙酮酸，因此总共应生成 4 分子 ATP。因此，1 个分子的葡萄糖通过 EMP 途径可净得 2 分子 ATP，如图 3-22 所示。

EMP 途径的总反应式为：

$$C_6H_{12}O_6 + 2NAD^+ + 2Pi + 2ADP \longrightarrow 2CH_3COCOOH + 2NADH + 2H^+ + 2ATP + 2H_2O$$

EMP 途径虽然产能效率低下，但其生理功能极其重要：（1）是厌氧微生物获得能量的唯一方式，对于绝大多数微生物而言，EMP 可提供 ATP 和 $NADH+H^+$ 还原力；（2）是连接 TCA 循环、HMP 和 ED 途径等重要代谢途径的桥梁；（3）为生物合成提供中间代谢产物；（4）通过逆向反应可合成糖类。

EMP 途径不需要有氧的参与，它可以在无氧或有氧的条件下发生。在有氧条件下，该途径与 TCA 循环相连，将丙酮酸彻底氧化成 CO_2 和 H_2O，$NADH + H^+$ 经电子传递链交给分子氧并释放出大量的能量；在无氧条件下，丙酮酸及其代谢产物受氢还原成各种还原产物，如酒精、乳酸等。

（二）发酵类型

由于细胞内存在的酶系和环境不同，使得最终的电子受体各种各样，于是就产生了各种各样的发酵产物。根据发酵产物的类型不同可分为乙醇发酵、乳酸发酵、混合酸发酵、丁二醇发酵、乙酸发酵、丙酸发酵等。

1. 乙醇发酵

乙醇发酵是研究最早了解最清楚的一类发酵，多种微生物都可以发酵葡萄糖产生乙醇，主要包括酵母菌、部分细菌、根霉和曲霉。根据乙醇发酵的类型又可分为酵母型乙醇

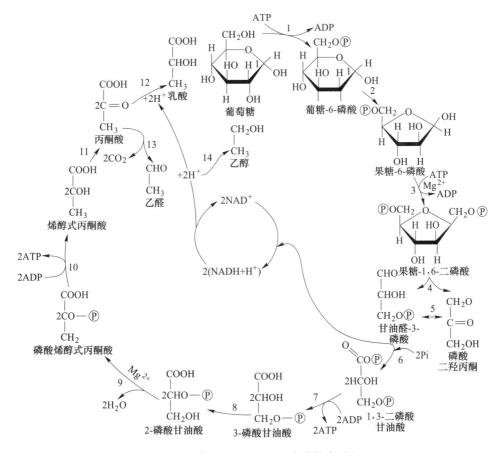

图 3-22 糖酵解（EMP）和发酵的全过程

1—己糖激酶或葡萄糖激酶；2—磷酸葡萄糖异构酶；3—磷酸果糖激酶；4—醛缩酶；5—磷酸丙糖异构酶；
6—磷酸甘油醛脱氢酶；7—磷酸甘油酸激酶；8—磷酸甘油酸变位酶；9—烯醇化酶；10—丙酮酸激酶；
11—非酶促反应；12—乳酸脱氢酶；13—丙酮酸脱羧酶；14—乙醇脱氢酶

发酵和细菌型乙醇发酵。

A 酵母型乙醇发酵

酵母型乙醇发酵是酵母菌（如酿酒酵母 Saccharomyces cerevisiae）和少数细菌（胃八叠球菌 Sarcina ventriculi、解淀粉欧文菌 Eruinia amylovora 等）在厌氧和偏酸性（pH 值为 3.5~4.5）条件下，通过 EMP 途径将葡萄糖降解为 2 分子丙酮酸，丙酮酸在丙酮酸脱羧酶的催化下脱羧生成乙醛，乙醛作为氢受体接受来自 NADH + H⁺ 的氢生成乙醇（见图 3-22）。其总反应式为：

$$C_6H_{12}O_6 + 2ADP + 2H_3PO_4 \longrightarrow 2CH_3CH_2OH + 2CO_2 + 2ATP$$

如果在发酵过程中加入 $NaHSO_3$，它与乙醛反应生成难溶的磺化羟基乙醛。此时乙醛无法作为 NADH + H⁺ 的氢受体，所以不能形成乙醇。但是磷酸二羟丙酮可代替乙醛作为氢受体生成 α-磷酸甘油，α-磷酸甘油经水解脱磷酸生成甘油，使乙醇发酵变成甘油发酵。

乙醛不能作为氢受体还有另一种情况，即在弱碱性（pH 值大于 7.5）条件下，2 分子乙醛之间发生歧化反应，生成 1 分子乙酸和 1 分子乙醇：

$$CH_3CHO + H_2O + NAD^+ \longrightarrow CH_3COOH + NADH + H^+$$
$$CH_3CHO + NADH + H^+ \longrightarrow CH_3CH_2OH + NAD^+$$

此时的 H^+ 交给磷酸二羟丙酮生成 α-磷酸甘油，此时的发酵产物有甘油、乙醇和乙酸。需要注意的是，在酵母菌进行甘油发酵时，并没有 ATP 的生成，此时菌体生长所需能量仍要由乙醇发酵来提供（2ATP），因此添加的亚硫酸盐必须控制在 3% 的适量水平。此外，在进行生产规模的甘油发酵时，往往通过回补新鲜旺盛的菌种以维持生产的正常进行。

通过以上分析可见，发酵产物可随着发酵条件的改变而改变。

B　细菌型乙醇发酵

细菌型乙醇发酵是运动发酵单胞菌（*Zymomonas mobilis*）和厌氧发酵单胞菌（*Zymomonas anaerobia*）等少数细菌利用 ED 途径将葡萄糖降解为 2 分子的丙酮酸，然后转化成 2 分子乙醇，但只有 1 分子 ATP 的生成，如图 3-23 所示。

2. 乳酸发酵

许多细菌能将葡萄糖分解产生的丙酮酸还原成乳酸，这类细菌称为乳酸菌。根据乳酸发酵产物的类型不同可分为同型乳酸发酵和异型乳酸发酵。

A　同型乳酸发酵

同型乳酸发酵是葡萄糖经 EMP 途径降解为丙酮酸，丙酮酸在乳酸脱氢酶的作用下被 $NADH + H^+$ 还原为乳酸（见图 3-22）。同型乳酸发酵的产物只有乳酸，此时 1 分子葡萄糖生成 2 分子乳酸、2 分子 ATP。能进行同型乳酸发酵的微生物有乳链球菌（*Streptococcus lactis*）、乳酸乳杆菌（*Lactobacillus lactis*）等。

B　异型乳酸发酵

异型乳酸发酵是某些细菌，如肠膜状明串珠菌（*Leuconostoc mesenteroides*）或真菌（根霉 Rhizopus）通过 PK 途径将葡萄糖分解为 5-磷酸核酮糖，经异构酶的作用转化为 5-磷酸木酮糖，然后在裂解酶的催化下裂解成甘油醛-3-磷酸和乙酰磷酸，其中乙酰磷酸经两次还原变为乙醇，甘油醛-3-磷酸经丙酮酸转化为乳酸的过程。异型乳酸发酵生成的产物中除乳酸外还有乙酸（或乙醇）、CO_2 和 H_2 等，整个过程净得 1 分子 ATP，如图 3-24 所示。

双歧发酵是发酵途径和产物不同的另一种异型乳酸发酵。两歧双歧杆菌（*Bifidobacterium bifidum*）通过双歧发酵途径将 1 分子葡萄糖最终降解成 1.5 分子乙酸、1 分子乳酸和 2.5 分子 ATP。

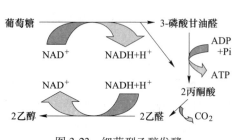

图 3-23　细菌型乙醇发酵

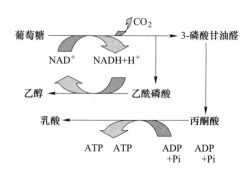

图 3-24　肠膜状明串珠菌的异型乳酸发酵

3. 混合酸发酵

许多细菌如埃希氏菌属（*Escherichia*）、沙门氏菌属（*Salmonella*）和志贺氏菌属（*Shigella*）中的一些细菌可通过 EMP 途径将葡萄糖转化为丙酮酸，进一步发酵成乳酸、乙酸、甲酸、琥珀酸、乙醇、CO_2 和 H_2 等产物，由于产物中含多种有机酸，所以称为混合酸发酵。

在大肠埃希氏菌中存在着一种在厌氧条件下合成的甲酸氢解酶，在酸性条件下可催化甲酸裂解生成 CO_2 和 H_2，所以大肠埃希氏菌发酵葡萄糖既可产酸又可产气（见图 3-25），而志贺氏菌缺少甲酸氢解酶，故发酵葡萄糖可产酸但不产气。因此，可以通过葡萄糖发酵实验将大肠埃希氏菌和志贺氏菌区分开。

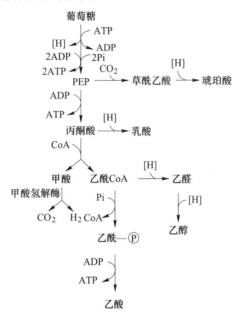

图 3-25　大肠埃希氏菌混合酸发酵

[拓展知识]

聚 乳 酸

聚乳酸（PLA）是以乳酸为主要原料聚合得到的聚酯类聚合物。其制备方法是利用淀粉为原料，在乳酸菌的作用下发酵生产出乳酸，然后再通过化学合成方法合成一定分子量的聚乳酸。聚乳酸是一种真正意义上的可再生的生物可降解塑料。因其具有良好的热稳定性、可降解性、生物相容性，可用于制作各种塑料制品、食品包装和免拆型手术缝合线等，在工农业、医药和食品包装市场中有着较好的发展前景。

二、呼吸

微生物在降解底物的过程中，将脱下的电子（氢）交给 NAD（P）+、FAD 或 FMN 等载体，通过电子传递系统最终传给外源电子受体（分子氧或其他氧化型化合物）并释放出能量的过程称为呼吸。根据电子受体的不同,呼吸作用又可分为有氧呼吸和无氧呼吸两大类。以分子氧作为最终电子受体的呼吸称为有氧呼吸,以氧以外的其他氧化型化合物作为最终电子受体的呼吸称为无氧呼吸。呼吸是多数微生物产能的重要方式。

(一)有氧呼吸

有氧呼吸是微生物中最普遍、最重要的生物氧化方式和主要的产能方式。葡萄糖的有氧呼吸过程可分为三个部分:(1)底物脱氢,即微生物在葡萄糖降解的过程中,利用胞内的酶系沿 EMP、HMP、ED、PK、HK 和 TCA 循环等途径完成底物的脱氢,其中 EMP、HMP 和 ED 途径在有氧和无氧的条件下都能发生,PK 途径只能在无氧条件下进行,而 TCA 循环及葡萄糖直接氧化只能在有氧条件下进行;(2)递氢和受氢,底物脱氢后形成的还原力 NADH+H$^+$、FADH$_2$ 经过电子传递链交给分子氧生成 H$_2$O;(3)产能,1 分子葡萄糖通过有氧呼吸彻底氧化为 CO$_2$ 和 H$_2$O,可产生 38 个分子的 ATP。与发酵相比,葡萄糖通过有氧呼吸产生的能量要更多。因此,兼性厌氧微生物在有氧环境中终止厌氧发酵转为有氧呼吸,这种呼吸抑制发酵的现象称为巴斯德效应。

原核微生物的有氧呼吸与真核微生物的有氧呼吸不同之处在于:(1)丙酮酸氧化脱羧、脱氢并与辅酶 A 结合生成乙酰-CoA 和 NADH+H$^+$ 的过程中,原核微生物是在细胞质中进行,而真核微生物是在线粒体基质中进行;(2)真核微生物的三羧酸循环酶系位于线粒体基质中,而原核微生物则多数在细胞质中,只有琥珀酸脱氢酶是在细胞膜上;(3)真核微生物的电子传递链位于线粒体的膜上,而原核微生物的电子传递链位于细胞膜上。

1. 三羧酸循环(TCA 循环)

三羧酸循环是指丙酮酸氧化脱羧生成的乙酰-CoA 进行彻底氧化并产生 ATP、CO$_2$、NADH 和 FADH$_2$ 的过程,也称为柠檬酸循环。以丙酮酸为起点,在丙酮酸脱氢酶复合物的催化下经过脱羧、脱氢反应形成乙酰-CoA,乙酰-CoA 和草酰乙酸由柠檬酸合成酶催化缩合形成柠檬酸,反应由此进入 TCA 循环,如图 3-26 所示。

在三羧酸循环过程中,丙酮酸完全氧化为 3 个分子的 CO$_2$(乙酰-CoA 形成过程中产生;异柠檬酸脱羧时产生;α-酮戊二酸的脱羧过程中产生),同时产生 4 分子 NADH + H$^+$ 和 1 分子 FADH$_2$。NADH + H$^+$ 经电子传递系统可生成 3 分子 ATP,FADH$_2$ 经电子传递系统可生成 2 分子 ATP。另外,琥珀酰辅酶 A 在氧化成延胡索酸时伴随着 1 分子 GTP 的生成,随后 GTP 转化成 ATP。这样丙酮酸经三羧酸循环可生成 15 分子 ATP。此外,在 EMP 途径中产生的 2 分子 NADH + H$^+$ 可经电子传递系统重新被氧化,产生 6 分子 ATP。在葡萄糖转变为 2 分子丙酮酸时还可借底物水平磷酸化生成 2 分子的 ATP。因此,好氧微生物通过有氧呼吸完全氧化 1 分子葡萄糖后总共可得到 38 分子的 ATP,约占葡萄糖所含化学能的43%,其余的能量以热的形式散失。

与发酵不同的是,呼吸过程通过 EMP 途径产生的 2 分子的 NADH + H$^+$ 不是传递给中间产物(如丙酮酸),而是通过电子传递系统再次被氧化,产生 4(或 6)分子的 ATP。因此,在真核微生物中,1mol 的葡萄糖彻底被氧化生成 CO$_2$ 和水可生成 36 分子的 ATP,而原核微生物可生成 38 分子的 ATP。

三羧酸循环具有重要的生理意义:(1)是微生物利用糖类和其他物质氧化而获得能量的最有效方式;(2)是有氧代谢的枢纽,既是联系糖、蛋白质和脂质代谢的桥梁,又可为许多重要物质的合成代谢提供原料。例如，草酰乙酸和 α-酮戊二酸是天冬氨酸和谷氨酸的合成原料；乙酰-CoA 是脂肪酸的合成原料；琥珀酸是卟啉、类卟啉、细胞色素和叶绿素的原料。

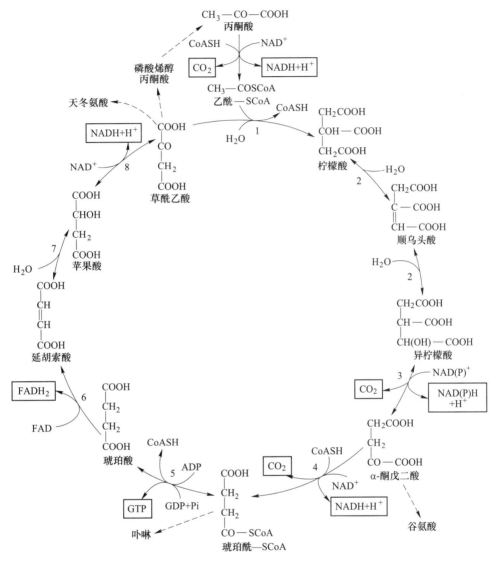

图 3-26　三羧酸循环

1—柠檬酸合成酶；2—乌头酸酶；3—异柠檬酸脱氢酶；4—α-酮戊二酸脱氢酶复合体；

5—琥珀酰-CoA 合成酶；6—琥珀酸脱氢酶；7—延胡索酸酶；8—苹果酸脱氢酶

2. 电子传递链（呼吸链）

电子传递链是指从葡萄糖或其他化合物上脱下来的电子（氢），经过一系列按氧化还原式由低到高顺序排列的电子（氢）载体，定向有序的传递系统。它是由包括 NADH 脱氢酶、黄素蛋白、铁硫蛋白、细胞色素、醌及其他化合物组成的多酶氧化还原体系。这种体系具有两方面的功能：(1) 从电子供体接受电子并将电子传递给电子受体；(2) 通过合成 ATP 把在电子传递过程中释放的一部分能量保存起来。例如，葡萄糖通过 EMP 途径和三羧酸循环氧化分解所产生的能量少部分直接形成 ATP，这些能量大部分保留在 NADH+H^+ 和 $FADH_2$ 中。此外，呼吸链中高能电子在传递的过程中能量水平逐步下降，此时释放出的能量通过磷酸化也保存到 ATP 分子中。

　　原核微生物和真核微生物虽然电子传递链所处的位置不同，但主要组分相似，包括 3 个大的蛋白质复合体，分别为 NADH 脱氢酶、细胞色素 bc_1 复合体和细胞色素氧化酶，它们之间由 2 个小的电子载体连接起来，如图 3-27 所示。

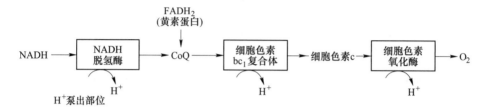

图 3-27　电子传递链简略示意图

　　每个复合体都含有几个电子载体，电子载体从上游的相邻电子载体接受电子后呈还原态，当它把电子再传递给下游的相邻电子载体时，它又转变为氧化态。分子氧是呼吸链中最后的电子受体，当电子最终传递到分子氧（$1/2O_2$）时，它便结合周围的 2 个 H^+ 形成 H_2O。2 个电子从 NADH + H^+ 经呼吸链传递到分子氧，释放出的能量可形成 3 分子 ATP，2 个电子从 $FADH_2$ 经呼吸链传递到分子氧可形成 2 分子 ATP，如图 3-28 所示。

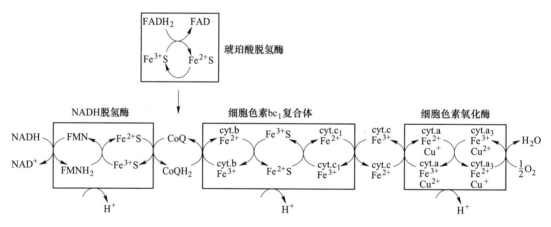

图 3-28　电子传递链的详细示意图

（二）无氧呼吸

　　无氧呼吸是指以外源无机氧化物代替分子氧作为最终电子受体的生物氧化过程，常见于细菌中。外源无机氧化物主要有 NO_3^-、NO_2^-、SO_4^-、$S_2O_3^{2-}$、CO_2、Fe^{3+} 等，有机物很少见，有延胡索酸、甘氨酸等。无氧呼吸也需要细胞色素等电子传递系统，并在能量分级释放过程中伴随磷酸化作用，产生能量供机体进行生命活动。此外，由于电子受体的氧化还原电势低于分子氧，因最终受体的不同导致释放出的能量也不相同，所以在无氧呼吸中所产生的 ATP 数目随菌种和代谢途径的不同而变化。无氧呼吸的产能效率介于有氧呼吸和发酵之间，但与发酵相比却大得多。根据最终电子受体的不同，可把无氧呼吸分为硝酸盐呼吸、硫酸盐呼吸、碳酸盐呼吸等多种类型，如图 3-29 所示。

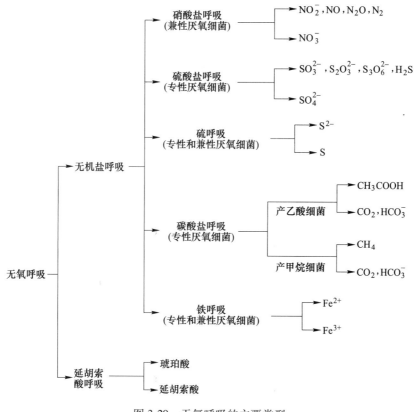

图 3-29　无氧呼吸的主要类型

1. 硝酸盐呼吸

以 NO_3^- 为最终电子受体的无氧呼吸称为硝酸盐呼吸，又称反硝化作用。反硝化细菌将 NO_3^- 首先还原为 NO_2^-，然后再逐步还原为 NO、N_2O 和 N_2。典型的反硝化细菌有地衣芽孢杆菌（*Bacillus licheniformis*）、脱氮副球菌（*Paracoccus denitrificans*）、脱氮硫杆菌（*Thiobacillus denitrificans*）、铜绿假单胞菌（*Pseudomonas aeruginosa*）等兼性厌氧微生物。专性厌氧微生物无法进行硝酸盐呼吸。值得注意的是，当环境中存在分子氧时，会阻遏反硝化细菌中与硝酸盐还原反应相关酶的合成，因此，反硝化作用必须在无氧条件下进行。大肠杆菌也是一种反硝化细菌，但它只能将 NO_3^- 还原成 NO_2^-。

反硝化作用发生在有硝酸盐存在的土壤、水体、淤泥和废物处理系统中。在有机质含量丰富的环境中，由于好氧微生物的呼吸作用，氧被消耗，造成缺氧环境，从而引起反硝化细菌的硝酸盐还原作用。但是如果反硝化作用过于强烈，会造成土壤中氮素的损失，对农业生产造成不利。反硝化作用对促进氮素循环和环境保护有重要意义，通过反硝化作用可以降低水体中的硝酸盐和亚硝酸盐的含量，从而减少水体的污染和富营养化。

2. 硫酸盐呼吸

以 SO_4^{2-} 为最终电子受体并将硫酸盐还原为 H_2S 的无氧呼吸称为硫酸盐呼吸，又称硫酸盐还原。能够进行硫酸盐呼吸的微生物在厌氧条件下，利用电子呼吸链的电子传递磷酸化获得能量。从 SO_4^{2-} 到 H_2S 的还原过程经过一系列的中间态，其中有 8 个电子被还原。

$$SO_4^{2-} + 8e + 8H^+ \longrightarrow S^{2-} + 4H_2O$$

进行硫酸盐呼吸的细菌称为硫酸盐还原细菌，它们都是严格厌氧细菌，如普通脱硫弧菌（*Desulfovibrio vulgaris*）、巨大脱硫弧菌等。硫酸盐还原细菌的电子供体有 H_2、乳酸、丙酮酸、延胡索酸、苹果酸、乙酸、乙醇等有机物，其中 H_2、乳酸、丙酮酸可被多种硫酸盐还原细菌利用。除 SO_4^{2-} 外，可作为电子受体的还有亚硫酸盐（SO_3^{2-}）、硫代硫酸盐（$S_2O_3^{2-}$）或其他氧化态硫化物。

相对于 O_2 或 NO^{3-} 来说，硫酸盐是一种较难利用的电子受体，它须经激活后才能被利用，然而当能产生 $NADH + H^+$ 和 $FADH_2$ 的电子供体被利用是能释放足够多的能量用于合成 ATP。由于利用 SO_4^{2-} 产生的能量少，所以微生物在 SO_4^{2-} 上生长的速率较在 O_2 或 NO^{3-} 上生长得慢。

硫酸盐还原主要发生在富含硫酸盐的厌氧环境中，如土壤、海水、污水、温泉、油井、天然气井、硫矿、淤泥、牛羊瘤胃及人肠道中。硫酸盐呼吸的最终还原产物是 H_2S，不仅会造成水体和大气的污染，而且还能引起土壤或水体中金属管道的腐蚀。此外，水田中的 H_2S 积累过多会造成作物烂根现象，对农业生产不利。但硫酸盐还原参与了自然界的硫素循环，在生态学上具有特殊意义。

3. 碳酸盐呼吸

碳酸盐呼吸是以 CO_2 或 HCO_3^- 为呼吸链末端电子受体的无氧呼吸。某些产甲烷菌也可利用甲醇、甲酸和乙酸生长并产生甲烷。根据厌氧呼吸产物的不同，碳酸盐还原细菌有两个主要类群。一类是产甲烷菌利用 H_2 作为电子供体，以 CO_2 或 HCO_3^- 作为末端电子受体，产物为甲烷（CH_4）（式(3-3)）。另一类为产乙酸菌利用 H_2 或 CO_2 进行无氧呼吸，产物为乙酸（式（3-4））。

$$4H_2 + H^+ + HCO_3^- \longrightarrow CH_4 + 3H_2O - 142.1 kJ/mol \tag{3-3}$$

$$4H_2 + 2H^+ + 2HCO_3^- \longrightarrow CH_3COOH + 4H_2O - 112.9 kJ/mol \tag{3-4}$$

碳酸盐还原菌都是专性厌氧细菌，如产甲烷菌。它在自然界中分布很广，包括沼泽地、河底、湖底和海底的淤泥中、粪池和某些动物的胃中都有它们的存在。产甲烷菌在沼气形成以及环境保护中扮演着重要的角色。

［拓展知识］

"鬼火"现象与磷化氢

"鬼火"实际上是磷化氢燃烧后产生的火焰。磷化氢是一种无色、带有乙炔味或者大蒜味或者腐鱼味的气体，燃点很低，在常温下与空气接触便会燃烧起来。磷化氢主要出现在有机质含量比较丰富的地区，如埋葬人和动物尸体的地方。在无氧的条件下，某些厌氧菌能够以磷酸盐作为最终电子受体生成磷化氢。此外，磷化氢也可由闪电、火山爆发、陨石撞击而产生。

科学家通过研究发现，金星的大气中的磷化氢的量和地球高度相似，推测金星上可能存在和地球上一样的产生磷化氢的机制，即金星上很可能存在着生命。

三、能量转换

能量是所有生命活动的基础，在细胞核、细胞质和线粒体中均有 ATP 的存在。大多数微生物通过底物水平磷酸化和氧化磷酸化将氧化过程中产生的能量储存于 ATP 中，而光合微生物则可通过光合磷酸化将光能转变为化学能储存于 ATP 中。

（一）底物水平磷酸化

某些化合物在氧化过程中生成一些含有高能磷酸键的化合物，这些高能化合物可在酶的催化下直接偶联 ATP 的合成，这种生成 ATP 的方式称为底物水平磷酸化。底物水平磷酸化既存在于发酵过程中，也存在于呼吸作用过程中。例如，在 EMP 途径中（见图 3-22）的代谢产物 1,3-二磷酸甘油酸转变为 3-磷酸甘油酸，磷酸烯醇式丙酮酸转变为丙酮酸的过程中都分别偶联着 ATP 的形成。底物磷酸化生成 ATP 不需要经过呼吸链的传递过程，也不需要消耗氧气，生成 ATP 的速率较快但量较少。这种方式是生物体在缺氧或无氧的条件下生成 ATP 的简便又快捷的一种方式。图 3-30 为在酶的催化下磷酸烯醇式丙酮酸转变为丙酮酸，并合成 ATP 的过程。

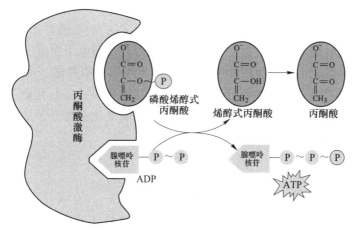

图 3-30　底物水平磷酸化

（二）氧化磷酸化

生物氧化过程中形成的 $NADH + H^+$ 和 $FADH_2$ 通过电子传递系统将电子最终传递给氧或其他氧化型物质，在这个过程中，线粒体内膜上（真核生物）或细胞膜上（原核生物）将氧化释放的能量传给 ADP 生成 ATP 的过程称为氧化磷酸化。氧化磷酸化是生物体产生 ATP 的主要方式。氧化磷酸化机制可用化学渗透学说来解释。其要点是当呼吸链进行电子传递时，从 $NADH + H^+$ 或 $FADH_2$ 脱下的 H^+ 穿过膜被泵出膜外，结果造成 H^+ 跨膜在膜两侧的不均衡分布，产生质子动力（H^+ 的化学梯度和膜电势的总和）。当 H^+ 从膜的外侧返回到膜的内侧时，能量被释放出来，并推动 ATP 的合成。这一过程是由 ATP 合成酶催化完成，如图 3-31 所示。

（三）光合磷酸化

光合磷酸化是指通过光合作用色素系统中的电子传递将光能转变为化学能的过程。光能自养微生物具有叶绿素、菌绿素（细菌叶绿素）、类胡萝卜素和藻胆素等光合色素，是

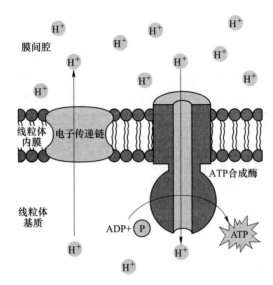

图 3-31　氧化磷酸化机制

将光能转化为化学能的关键性成分。以叶绿素为例，当一个叶绿素分子吸收了光量子时，叶绿素即被激活，导致其释放一个电子而被氧化，释放出的电子在电子传递的过程中逐步释放能量。光合磷酸化主要分为两种类型：（1）循环光合磷酸化，还原力来自 H_2S 等无机供氢体；（2）非循环光合磷酸化，还原力来自 $NADH+H^+$，并且在此过程中释放出 O_2。与线粒体中氧化磷酸化的区别在于：氧化磷酸化是由高能化合物分子氧化驱动的，光合磷酸化是由光子驱动的。

[拓展知识]

微藻与未来能源

　　微藻通常是指含有叶绿素 a 并能进行光合作用的微生物的总称。某些微藻可以利用光能转变成化学能，吸收 CO_2 并将其转化成蛋白质、脂质和碳水化合物储存在细胞内。有些微藻体内可积累 70% 左右的油脂或高达 45% 碳水化合物或 40% 以上的蛋白质，结合微藻生长繁殖快、可在污水中培养、不占耕地、可再生的优势，如将这些组分提取并转化成生物质能源，或可在未来成为人类解决能源短缺及环境污染的重要突破口。

思 考 题

3-1　什么是酶，酶的催化特性有哪些？

3-2　什么是辅酶，什么是辅基，有哪些物质可作为辅酶或辅基？

3-3　什么是酶的活性中心，酶的活性中心有哪些特点？

3-4　什么是酶的专一性，有哪几种类型？

3-5　试述影响酶活性的因素及它们如何影响酶的催化活性？

3-6　试述微生物营养中 6 大要素物质及其生理功能。

3-7　异养微生物与自养微生物的能源物质是否相同，什么原因造成的？

3-8　什么是生长因子，它包括哪些物质，是否任何微生物都需要生长因子？

3-9　什么是单功能营养物、双功能营养物和多功能营养物？试各举一例。

3-10　微生物有几大营养类型，划分它们的依据是什么？试各举例。

3-11　利用葡萄糖作为唯一碳源和能源的微生物应属于哪一营养类型，利用元素硫作为能源的微生物属于哪一营养类型，如果后一种微生物利用 CO_2 作为唯一碳源生长，又如何称呼？

3-12　物质进出微生物细胞的方式主要有几种？试比较它们的异同。

3-13　什么是培养基，制备培养基的基本原则是什么？

3-14　什么是选择性培养基和鉴别性培养基，它们在微生物学工作中有何重要性？

3-15　什么是发酵？举例说明在人们的生活及生产活动中是如何利用发酵的。

3-16　在有氧条件下，1 分子葡萄糖如何被氧化分解为 CO_2 与 H_2O，最终可形成多少个 ATP？

3-17　三羧酸循环的生物学意义？

3-18　"氧化磷酸化"是如何得名的，氧化磷酸化的具体过程是怎样的？

3-19　比较微生物发酵和有氧呼吸的异同。

3-20　什么是无氧呼吸，无氧呼吸的最终电子受体有哪些？

第四章　微生物的生长和遗传变异

第一节　微生物的生长及其控制

一、微生物的生长

微生物在适宜环境条件下，不断地吸收营养物质进行新陈代谢活动，当同化作用超过异化作用时，细胞质量不断增加，个体质量和体积不断增大，称为生长。当细胞增长到一定程度时，开始分裂形成子代细胞，这种细胞个体数目的增多称为繁殖。生长与繁殖始终交替进行，生长是繁殖的基础，繁殖则是生长的结果。由生长到繁殖是由量变到质变的发展过程，这一过程就是发育。

对于微生物而言，由于细胞个体微小，一旦长大了细胞即开始繁殖，而生长与繁殖紧密联系很难区分。单细胞的微生物在生长到一定程度时会引起其数量上的增加，从而发展成一个群体。随着群体中个体的进一步生长繁殖，整个群体的大小也发生变化，这就是群体的生长。微生物群体生长的实质就是微生物的"个体生长与繁殖两个过程持续交替所导致的结果"。因此对于微生物的生长，一般指的是群体生长。在实际的微生物生产、废弃物处理转化中，只有以群体生长的形式才能发挥其巨大的分解转化能力，因此，研究微生物群体生长具有重要的意义。

（一）微生物纯培养及分离

在自然环境中，微生物通常混杂地生活在一起，当我们需要研究或利用某一种微生物时，就必须将混杂的微生物类群分离开来，以获得目标微生物。微生物学中将在实验条件下把一个单细胞繁殖得到的后代称为纯培养。纯培养的分离是研究和利用微生物的第一步，也是微生物工作中最重要的环节之一。

微生物纯培养的分离常用以下几种方法。

1. 稀释倒平板法

利用无菌水将待分离的样品按照梯度进行稀释（如 1：10、1：100、1：1000、1：10000），然后分别吸取少量不同稀释度的样品悬液，与灭菌后并冷却至 50℃ 左右的琼脂培养基混匀后倒入无菌培养皿中，待其凝固后置于一定的温度下培养，如图 4-1 所示。在合适的稀释倍数下，平板表面或内部就长出分散的单个菌落，挑取单菌落，然后重复以上操作数次即可获得纯培养物。

2. 涂布平板法

上述稀释倒平板法可能会造成某些热敏感菌的死亡或限制严格好氧菌的生长，因此可采用涂布平板法进行纯种分离。具体操作方法是将灭菌的琼脂培养基倒入无菌培养皿中，待其冷却凝固后在培养皿表面滴加一定量（通常 100~200μL）的稀释后的样品悬液，用

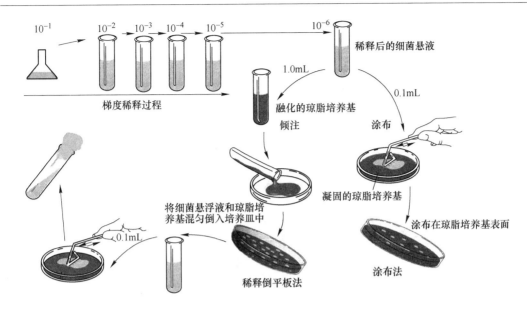

图 4-1　稀释后用平板分离细菌单菌落

无菌涂布棒将液体均匀涂布于整个平板表面，经一定温度培养后出现单菌落，挑去后即得纯培养微生物，如图 4-2 所示。

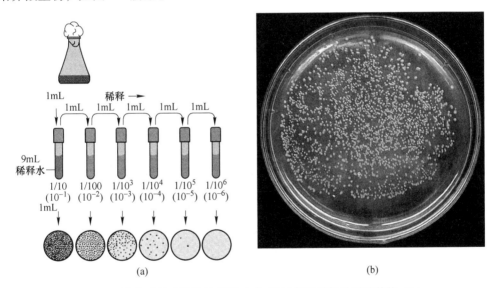

图 4-2　涂布平板法操作示意图（a）及培养后获得的纯培养物（b）

3. 平板划线分离法

在无菌状态下用接种环挑取少量待分离的样品并在无菌平板表面进行划线（主要有分区划线法和连续划线法两种）（见图 4-3），通过划线将微生物集体稀释分散得到较多独立分布的单个细胞，经培养后生长繁殖成单菌落。

4. 稀释摇管法

稀释摇管法主要适用于对氧气敏感的厌氧性微生物。具体操作方法是将装有琼脂培养

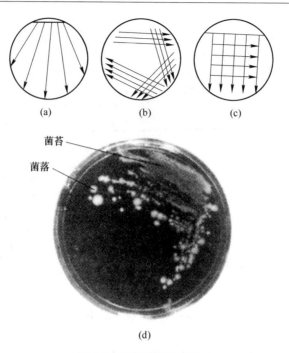

图 4-3　平板划线分离法

（a）扇形划线；（b）连续划线；（c）方格划线；（d）划线分离培养后平板上显示的菌落照片

基的试管灭菌后冷却至50℃左右，利用这些试管将待分离样品进行梯度稀释并迅速摇匀，待其冷却凝固后，在琼脂柱表面加入一定量的无菌液体石蜡和固体石蜡的混合物以隔绝空气。培养一段时间后，在琼脂柱的中间形成厌氧微生物的菌落（见图4-4）。挑取和移植单菌落时，需先在无菌状态下将液体石蜡-石蜡盖取出，然后在琼脂和管壁间插入一只毛细管，向试管中吹入无菌无氧气体的同时将琼脂柱吸出，置放在灭菌后的培养皿中，用无菌刀将琼脂柱切成薄片再进行菌落的移植。

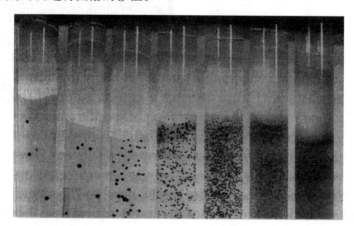

图 4-4　利用稀释摇管法在琼脂柱中形成的菌落（从右到左不断提高稀释倍数）

5. 单细胞（单孢子）分离法

对于混杂群体中的一些少量微生物的分离可采用单细胞分离法。单细胞（单孢子）分离法是指利用显微镜从混杂群体中直接分离单个细胞或单个个体进行培养以获得纯培养。单细胞分离法的难度与细胞或个体的大小成反比。对于较大的微生物，一般在低倍显微镜下采用毛细管提取单个个体；而个体相对较小的微生物则需在显微操作仪下用毛细管或显微针、钩、环等挑取单个微生物细胞或孢子以获得纯培养。在微生物纯培养方法中单细胞分离法效率最高，但这种方法对设备要求高，操作难度大，因此一般仅在高度专业化的科学研究中才会采用。

6. 选择培养基分离法

微生物因种类、生理状态不同对营养物质、pH 值、温度等环境要求也不尽相同。此外各种微生物对于化学试剂，例如消毒剂、染料、抗菌素以及其他物质等具有不同抵抗能力。因此，可根据某种（类）微生物特殊的营养要求或对某些特殊化学、物理因素的抗性而设计培养基从而将这种（类）微生物从复杂的群体中选择性区分开来，这样的培养基也称为选择性培养基。进一步地，将在选择性培养基上生长出来的菌落挑去并进一步分离即可得到纯培养物。

（二）微生物生长的测定方法

测量微生物的生长往往不是测定其细胞大小，而是以群体的增长量来表示。对于单细胞微生物而言，既可取细胞数，也可选取细胞质量作为生长指标；对于多细胞，常以菌丝生长的长度或菌丝质量作为生长指标。对微生物生长的测定可以客观地反映出微生物的生长规律、评价培养条件和营养物质对微生物生长的影响、评价抗菌物质对微生物的抑制率或致死率等，在理论上和实践上具有重要的意义。

1. 直接计数法

（1）涂片染色法。将已知容积的细菌悬液（例如 0.1mL），均匀地涂布于 $1cm^2$ 的载玻片上。经固定、染色后，在显微镜下进行计数。根据公式：每毫升原菌液总菌数＝视野中平均菌数×涂布面积/视野面积×100 ×稀释倍数，计算出原菌液中菌体总数。该种方法主要适用于土壤、牛奶等含有较多不同种类微生物的计数。

（2）计数器测定法。采用细菌计数器或血球计数板（适用于真菌孢子或酵母等）进行计数。将细菌悬液加到固定体积的计数室间，然后在显微镜下观察得到细胞数，计算出细菌悬液中的含菌浓度。该方法被广泛地应用于单细胞微生物的测定，但无法区分活菌和死菌，需要用特殊染料染色后才能进行鉴别。

（3）比例计数法。将待测细菌悬液与等体积浓度已知的红细胞或霉菌孢子混合后涂片，然后镜检待测细菌和红细胞的数目。由于红血细胞的浓度已知，因此可根据细菌数与红血细胞的比例求得每毫升样品中的细菌数。

2. 间接计数法

间接计数法又称活菌计数法，是基于活菌在液体培养基使其变浑浊或在固体培养基中形成菌落的原理而设计的。采用间接计数法所得数值通常比直接计数法测定数值小。

A　平皿菌落计数法

平皿菌落计数法是将稀释后的一定量菌样通过浇注琼脂培养基或在琼脂平板上涂布，从而将微生物的细胞均匀地铺散在琼脂平板上方或内部，经过一段时间培养后，获得菌落形成单位（Colony Formation Unit，CFU）的数量，根据每个平板上的菌落数乘以稀释度则得到原样品中的菌的数量。

平皿菌落计数法是最常用的一种活菌计数法之一，但操作繁琐且对操作者技术要求较高。需要注意的是，应该将样品中的菌的浓度控制在 9cm 的平板中 50~500 个 CFU 为佳，太高或太低会使得计量误差增大。该法适合细菌和酵母菌等单细胞微生物的计数，不适用于霉菌等多细胞微生物。

B　薄膜过滤计数法

水或空气通过微孔薄膜（如硝化纤维素薄膜）过滤后，将膜取下并置于固体培养基表面进行培养，根据形成的菌落数计算样品中的含菌量，如图 4-5 所示。此法适用于测定量大、含菌浓度低的流体样品。采用薄膜过滤计数法结合鉴别培养基可用来检测水中大肠菌群总数。

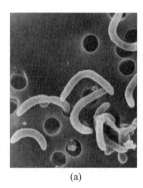

　　　　　　　　(a)　　　　　　　　　　　　　　(b)

图 4-5　薄膜过滤计数法中滤膜表面的微生物（a）及培养基表面的菌落（b）

3. 微生物生长量和生理指标的测定方法

（1）细胞湿重。将单位体积的微生物培养液离心或过滤，收集细胞沉淀物，反复洗涤后称重。

（2）细胞干重。按照上述测定细胞湿重的方法获得湿菌体，将样品置于 100~105℃ 的烘箱中干燥或 40~80℃ 下真空干燥以去除水分，然后精确称重即可计算出菌体的总生物量。该法只适用于只含菌体且浓度较高的样品。

（3）比浊法。在一定的浓度范围内，菌悬液的微生物细胞浓度与液体的光密度成正比，与透光度成反比。一般采用浊度计、光电比色计等来测定细菌悬液浓度。需要注意的是，细胞浓度只在一定范围之内与光密度呈直线关系，因此菌悬液的浓度不宜过高或过低。此外，培养基的颜色以及液体中其他颗粒也会影响吸光度，若颜色较深或有固体颗粒则不能采用比浊法。比浊法具有简便、快速、不干扰和不破坏等优点，但灵敏度相对较差。

（4）总氮量测定法。蛋白质是细胞的主要组分之一，而氮又是蛋白质的重要组成元素。微生物细胞的蛋白质的含量通常保持相对稳定，已知酵母菌细胞干重的含氮量一般为 12%~15%，酵母菌为 7.5%，霉菌为 6.0%，因此可用细胞的含氮量大致推算出细胞的生物量。取一定体积的培养物分离菌体，充分洗涤以除去培养基中含氮杂质，然后采用凯氏定氮法或考马斯亮蓝法测定总氮含量。此法适用于菌体浓度高的固体或液体样品，但操作过程较繁琐，一般很少采用。

（三）微生物的生长规律

1. 单细胞微生物的生长

单细胞微生物主要包括细菌、酵母菌及原生动物等，通常以群体生长作为单细胞微生物生长的生长指标。以细菌为例，当少量细菌接种到一定体积的液体培养基后，在适宜的环境条件下，菌体进行生长繁殖，此时定时取样测定菌体的数量。在保持整个培养液体积及培养条件不变的条件下，以培养时间为横坐标，以细胞数目为纵坐标，绘制出一条在一定时间内菌体数量变化规律的曲线，称为生长曲线。生长曲线可反映出微生物在特定的环境条件下从生长繁殖至衰老死亡的动态变化，可分为延迟期、对数生长期、稳定期和衰亡期四个生长时期，如图 4-6 所示。

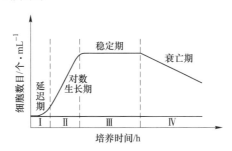

图 4-6　细菌生长曲线

Ⅰ—延迟期；Ⅱ—对数生长期；Ⅲ—稳定期；Ⅳ—衰亡期

A　延迟期

延迟期又称迟缓期、迟滞期、滞后期或停滞期。接种到新鲜培养基后的细菌往往需要一段时间进行调整以适应新环境，一般在此期间不会立即进行繁殖，细菌的数量基本维持恒定，甚至稍有减少，这段时间被称为延迟期。这一时期的特点主要有：（1）生长速率常数为 0，细胞形态或体积变大；（2）细胞内 RNA、蛋白质等物质含量增加，原生质嗜碱性强；（3）细胞代谢活力强（核糖体、酶类、ATP 合成加快），易产生诱导酶；（4）对不良环境条件较敏感（如氯化钠浓度、温度、抗生素等化学药物）。

延迟期的出现可能是由于微生物缺乏催化分解新的培养基中底物所需的酶，或缺少某些中间代谢产物，需要一段时间来进行适应并合成相关物质，由此便出现了延迟期。延迟期的长短与菌种遗传性、菌龄、接种量及移种前后所处的环境条件是否相同等因素有关。例如：（1）繁殖速度较快的菌种的延迟期一般较短；（2）若采用对数期的菌种，则子代延迟期短；（3）增大接种量可大大缩短甚至消除延迟期；（4）接种到和之前同样组成或营养丰富的培养基中比接种到营养不同或单一的培养基中时的延迟期要短。

延迟期的存在会延长微生物的正常生长周期，对实际生产不利。缩短或消除延迟期可通过加大接种量；选择与之前组成成分相似的培养基；选用最适菌龄（即用处于对数期的菌种）的健壮菌种进行接种。由于延迟期的菌种对外界理化因素敏感，因此从食品保藏角度来看，应尽量选择此时期进行消毒和灭菌。

B　对数生长期

对数生长期又称指数生长期。当延迟期后期时，细菌已适应了新的环境，为细胞的生长繁殖做好了充分的准备，此时细胞开始以几何级数开始分裂，这一时期称为对数生长期，又称指数期。对数生长期的特点主要有：（1）生长速率常数最大，增代时间最短；（2）菌体大小、形态、生理特征等比较一致；（3）细胞代谢旺盛，酶系活跃；（4）处于对数生长期前期的细胞对理化因素仍然较敏感。

影响对数生长期的微生物分裂下一代所需的时间的因素有很多：（1）菌种，不同细菌其对数期的代时差异极大，例如大肠杆菌的代时约为 12.5~17min，而结核分歧杆菌的代时可达 792~932min。（2）营养成分，在营养丰富的培养基上，微生物的代时要比营养匮乏的培养基代时短。（3）营养物浓度，在营养物浓度较低时，微生物的生长速度和菌体产量与营养物质浓度呈正比，随着营养物质浓度进一步提高，生长速度不受影响但影响菌体最终的生长量，当营养浓度足够大时，生长速度和产量均不受影响。（4）培养温度，许多微生物处于对数生长期时生长速率受培养温度影响比较大，例如大肠杆菌在 10℃的时代时约为 860min，而在 40℃时代时最短，为 17.5min。

处于对数生长期的微生物对发酵、食品工业及科学研究有着重要的意义：（1）此时期的菌种比较健壮，是生产上用作接种的最佳菌龄，也是增殖噬菌体的最适菌龄；（2）发酵工业上尽量延长该期，以获得较高的菌体密度；（3）食品工业上尽量使有害微生物不能进入此阶段；（4）此时期的微生物细胞化学组成及形态、生理特征比较一致，是用作代谢、生理和酶学等研究的良好实验材料。

C 稳定期

当营养物消耗、有害代谢产物积累以及其他环境条件（如 pH 值、氧化还原电位等）等对细菌生长不利增加导致细菌的生长速率和死亡速率趋于平衡，菌体的数量保持恒定，这一时期称为稳定期，也称恒定期或最高生长期。处于稳定期的微生物具有以下几个特征：（1）生长速率处于动态平衡，新生数与死亡数大致相等，细胞数目达到最高值；（2）细胞分裂速度下降，开始积累内含物，产芽孢的细菌开始产芽孢，以适应不利的环境条件；（3）开始合成次生代谢产物，对于发酵生产来说，一般在稳定期的后期产物积累达到高峰，是最佳的收获时期；（4）该时期的长短与菌种和培养条件相关，在发酵生产中应尽可能延长此时期。

稳定期的出现与以下几个因素有关：（1）培养基中的营养物质尤其是生长限制因子消耗殆尽；（2）营养物的比例失调，如碳氮比不合适；（3）有害代谢废物的积累（酸、醇、毒素等）；（4）物化条件（pH 值、氧化还原势等）不合适。在发酵工业中为了获得更多的菌体或代谢产物，可以通过补料，调节 pH 值、温度或通气量等措施以延长稳定期。对于稳定期的特性及产生原因的研究，能够促进连续培养原理、工艺及技术的升级。

D 衰亡期

微生物细胞在稳定期后，由于环境条件进一步恶化，使得死亡速率远大于生长速率，总活菌数明显下降，这一时期称之为衰亡期。处于衰亡期的菌种具有以下几个特征：（1）菌体死亡速率超过生长速率，出现"负生长"；（2）细胞内颗粒更明显，细胞出现多形态、畸形或衰退形，芽孢开始释放；（3）菌体代谢活性降低，并产生一些溶菌酶或一些次级代谢产物，细胞死亡伴随着自溶；（4）衰亡期较其他各期时间更长，时间长短取决于菌种和环境条件。

衰亡期产生的原因主要是：（1）环境条件对细胞生长越来越不利，如营养物质的匮乏及失衡；（2）细胞内分解代谢超过合成代谢；（3）有些菌体产生的一些代谢产物（如抗生素）浓度越来越高，导致菌体死亡。

细菌生长曲线中的4个不同时期反映的是它们在有限的营养液中的群体生长规律，正确地认识和掌握微生物的生长特点和规律有重要的研究和实践意义。例如，实验室中常用浅层液体培养和摇瓶震荡培养，而发酵生产中常用深层液体通气搅拌培养；以生产菌体细胞为目的的生产中（如食品酵母）要尽可能缩短延迟期，延长对数生长期，以便在最短的时间内获得最大的菌体数量；而在以代谢产物为目的的生产中（如酒精生产），则要尽可能延长稳定期，并在稳定期后期收获目标产物，以达到产量的最大化。

2. 微生物的连续培养

培养基一次性加入，直至培养结束不再更换，这种培养方式称为分批培养。上述提到的细菌的四个生长时期的对应的生长规律是在分批培养下获得的生长曲线。然而，在分批培养中，培养基为一次性加入，随着细菌的生长繁殖，培养基中营养物质被逐渐消耗，同时代谢产物逐渐积累对菌体产生毒害作用，最终会造成微生物生长速率下降甚至停止生长。但是如果在培养过程中不断地补充新鲜的培养基，同时排出含菌体和代谢产物的发酵液，则可能消除营养物质缺乏或代谢产物积累所导致的抑制作用，从而长期维持细胞处于对数生长期。连续培养就是在一个恒定容积的流动系统中培养微生物，一方面以一定速率不断加入新的培养基，另一方面又以同样的速率流出培养物（菌体或代谢产物），以使培养系统中的细胞数量和营养状态保持恒定。与分批培养相比，连续培养有许多优点：（1）高效，简化了工艺流程，提高了设备利用率；（2）自控能力强；（3）产品质量稳定；（4）节约人力物力，降低能耗。在实际的污水处理系统中，大多数工艺按照恒化连续培养的原理进行。连续培养的缺点在于：（1）菌种易退化；（2）营养利用率一般低于分批培养。

根据控制方式可将连续培养分为恒浊连续培养和恒化连续培养两种：

（1）恒浊连续培养是指通过控制流速使培养基浊度保持恒定的连续培养方法。该培养系统是通过光电系统来实现的，即当培养基的流速低于微生物生长速率时，菌体密度升高，通过光电系统的调节作用，培养基流速加快，以实现菌液浊度保持恒定的目的，反之亦然。这种连续培养方式适用于发酵工业中以获得更多的菌体和有经济价值的代谢产物，提高设备的利用率。

（2）恒化连续培养是指保持培养基的流速恒定，使微生物生长速率始终低于其最高生长速率条件下进行生长繁殖的一种连续培养方式。作为恒化连续培养法的生长限制因子的物质有很多，例如作为氮源的氨、氨基酸，作为碳源的葡萄糖、麦芽糖和乳酸，生长因子和无机盐等。恒化连续培养常用于科学研究中，尤其适用于与生长速率相关的各种理论研究中。恒浊连续培养与恒化连续培养方式的比较见表4-1。

在连续培养中，微生物的生长状态和规律与分批培养中的不同。它们往往处于相当分批培养中生长曲线的某一个生长阶段，如图4-7所示。

表 4-1　恒浊连续培养与恒化连续培养方式的比较

培养方式	控制对象	生长限制因子	培养基流速	生长速率	产物	适用对象
恒浊法	菌体密度	无	不恒定	最高速率	大量菌体或与菌体相平行的代谢产物	发酵工业
恒化法	培养基浓度	有	恒定	低于最高速率	不同生长速率的菌体	科学研究

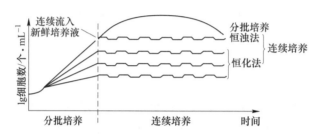

图 4-7　分批培养和连续培养、恒浊法和恒化法之间的关系

在环境工程中，除了序批式间歇曝气器法（SBR）外，其余的污水生物处理法均采用恒化连续培养。不同的废水生物工艺处理法中，所用的活性污泥微生物的生长状态也不同，或处于稳定期，或处于对数生长期，或处于衰亡期。根据废水的水质情况（主要是有机物浓度），可利用不同生长阶段的微生物处理废水。如常规活性污泥法利用生长下降阶段的微生物，包括对数生长期的后期或稳定期的微生物；高负荷活性污泥法利用生长上升阶段（对数期）和生长下降阶段（稳定期）的微生物。采用稳定期而非对数期的微生物用于常规活性污泥法的原因在于：（1）要求进水有机物浓度高，出水水质不易达到排放标准；（2）不易凝聚成菌胶团，沉淀性能差，致使出水水质差。此外，厌氧生物处理装置（厌氧接触消化池、升流式厌氧污泥床反应器、厌氧生物滤池、厌氧流化床等）的工作原理大都是按照连续培养的生物原理进行设计的。

二、环境因素对微生物生长的影响

影响微生物生长的外界因素有很多，除了必要的营养外，还需要适宜的环境条件。了解环境因素对微生物的作用原理和规律，有利于通过环境条件的调控实现微生物的大量增殖或代谢产物的积累。影响微生物生长的因素包括温度、pH 值、氧、辐射和渗透压等。

（一）温度

温度是影响微生物生长繁殖的最重要的因素之一。温度对微生物生长的影响具体表现在三个方面：（1）酶活，微生物的生命活动都是由一系列代谢活动完成的，而大多数的代谢都需要特定酶的参与，每一种酶都有其对应的最适温度，温度的变化可影响酶促反应速率，最终影响营养物质的消耗及细胞内组分的合成。（2）细胞膜的流动性，温度升高，细胞质膜流动性加快，有利于细胞内外物质的运输，反之亦然。因此，温度变化可影响营养物质的吸收以及代谢产物的分泌。（3）物质的溶解度，营养物质只有溶解于水才能被机体吸收并加以利用，除气体外，温度上升会导致营养物质的溶解度增大，反之亦然。因此，物质的溶解度影响微生物对营养物质的有效利用并最终影响微生物的生命活动。

在一定的温度范围内，微生物的代谢活动和生长繁殖与温度呈正比，但是，随着温度进一步上升，开始对微生物的生长产生不利影响，若继续提高温度，微生物细胞的各项生理功能急骤下降甚至直接死亡。大部分微生物的可生长温度范围在$-10 \sim 95℃$之间，某些极端微生物的温度下限为$-30℃$，上限可达$105 \sim 300℃$。$50 \sim 65℃$下维持$10min$可杀死多数细菌、酵母菌、霉菌的营养细胞和病毒；梅毒螺旋体的致死条件为$43℃$下$10min$。

大多数微生物在低温条件下虽然可以存活，但代谢能力显著降低，生长繁殖缓慢或停滞，因此可采用低温进行菌种保藏。常见的微生物如细菌、酵母菌、霉菌可在$4℃$冰箱固体斜面保藏，一些细菌和病毒的保藏温度可达$-70 \sim -26℃$。温度更低的液氮（$-196℃$）可用于病毒、哺乳动物的组织、细胞的长期保存。

需要注意的是，菌种保藏温度若低于$0℃$，可导致某些微生物死亡。冰点以下的低温导致微生物死亡的原因可能有：（1）细胞内水分转变成冰晶，引起细胞脱水而死；（2）细胞内形成的冰晶可对细胞质膜产生物理损伤从而导致细胞结构被破坏。因此，在菌种的低温保藏中常常加入保护剂，减少冰冻对细胞的伤害。常用的低温保护剂有甘油、血清蛋白和葡聚糖等。

有些微生物抗热能力很强，其中以能产生芽孢的微生物为主，例如嗜热脂肪芽孢杆菌（*Bacillus stearothermophilus*）的营养细胞$80℃$以下都可正常生长，其芽孢的致死温度可达$120℃$。微生物的耐热性还与菌种本身的特性有关：（1）菌龄，一般来说，同一菌种下幼龄要比老龄对热更为敏感；（2）原核微生物的耐热能力比真核微生物强；（3）非光合微生物比光合微生物耐热性强；（4）构造简单的比构造复杂的耐热性强。

每一种微生物都有其特定的生长温度三基点：最适生长温度，最高生长温度与最低生长温度。在最低生长温度至最适生长温度范围内，微生物的增长速率和温度呈正比。从环保角度来看，此时对污染物的处理效果最好。一般来说，在此范围内温度每升高$10℃$，酶促反应速率提高$1 \sim 2$倍，与此同时微生物的代谢和生长速率也会相应提高。当温度超过或低于生长温度范围时，微生物的代谢作用就会受到严重的影响，甚至导致机体死亡（见图4-8）。需要注意的是，对于同一种微生物而言，最适生长温度并非是其一切生理过程的最适温度。

根据微生物的最适温度范围不同，可将其分为嗜冷微生物、嗜温微生物、嗜热微生物各类型微生物的生长温度范围见表4-2。

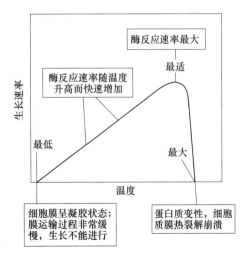

图4-8　温度对微生物生长的影响

表 4-2　各类型微生物的生长温度范围

微生物类型	生长温度范围/℃	最适生长温度/℃	分布区域
嗜冷微生物	−10~30	10~20	南北极、海洋深处、冷藏室
嗜温微生物	10~45	25~40	腐生或寄生环境
嗜热微生物	25~80	50~55	温泉、火山口、堆肥

1. 嗜冷微生物

能在 0℃下生长的微生物称为嗜冷微生物，又称低温微生物，常出现在极地地区的水域和土壤中、海洋深处、冷泉以及冰箱冷藏室中。这类微生物往往与冰箱中食物腐败有关，如假单胞菌（*Pseudomonas*）、葡萄球菌（*Staphylococcus*）和芽孢杆菌（*Bacillus*）等。嗜冷微生物又可以分为专性嗜冷型和兼性嗜冷型微生物。专性嗜冷微生物的最适生长温度为 15℃或以下，最高生长温度为 20℃，可在 0℃以下甚至在−12℃左右生长，在受热环境下极易死亡。兼性嗜冷微生物的最适生长温度为 25~30℃，最高生长温度为 35℃或更高。在 0℃时耐冷微生物可生长，但生长速度很慢。一般来说能够在冰箱冷藏条件下生长的微生物都属于兼性嗜冷型。

嗜冷微生物在低温条件下生长的机理目前还不清楚，一般认为和以下几个因素相关：（1）酶，嗜冷微生物体内的酶在低温下可能仍然保持催化活力，保证代谢的正常进行；（2）细胞质膜中不饱和脂肪酸含量高，嗜冷微生物的细胞质膜可在低温下保持半流体状态，从而保证细胞内外物质的交换。

2. 嗜温微生物

绝大多数微生物都属于这一类型。嗜温微生物的最适生长温度为 25~40℃，最低生长温度为 10~20℃。嗜温微生物包括室温型微生物与体温型微生物两种类型。其中室温型微生物为腐生型或植物寄生型，最适生长温度为 20~25℃；体温型微生物多为动物寄生型，最适生长温度为 30~50℃，与宿主体温相近。

3. 嗜热微生物

嗜热微生物可在 45~50℃以上的温度环境中生长，最适生长温度为 50~60℃。常见的嗜热微生物有芽孢杆菌（*Bacillus*）、梭状芽孢杆菌（*Clostridium*）、高温放线菌（*Thermoactinomyces*）、产甲烷杆菌（*Methanobacterium*）等。有些微生物如古细菌最适生长温度可达 80~100℃以上，称为嗜高热微生物。这些微生物广泛分布于温泉、堆肥及火山口旁。

嗜热微生物的耐热性可能与以下一些特点有关：（1）酶，这类微生物细胞内的酶具有较强的抗热性能；（2）核糖体，作为蛋白质合成的重要结构，核糖体具有较强的抗热性；（3）核酸，G-C 含量较高，赋予了核酸较强的热稳定性；（4）细胞质膜中饱和脂肪酸或直链脂肪酸含量高，细胞膜在高温条件下依然能够保持流动的稳定性；（5）代谢，高温条件下，细胞的合成代谢加快，弥补高温造成的损伤。

嗜热微生物对于发酵生产具有重要的意义，如高温发酵周期短、效率高，同时有利于非气体物质在发酵液中的扩散和溶解，并可防止杂菌的污染。此外，嗜热微生物也是高温废水处理、高温厌氧消化生物处理中的重要的微生物类群。

（二）pH 值

pH 值对微生物生长影响很大，主要原因包括：（1）影响环境中营养物质的解离状态和所带电荷的性质，从而影响营养物的可利用性；（2）导致菌体细胞膜电荷的改变，进一步影响细胞膜的稳定性和膜对物质的选择透过性；（3）影响酶的活性，pH 值的改变导致酶活性降低，从而影响微生物的正常代谢。不同的微生物对 pH 值的要求具有很大的差异。大部分微生物的 pH 值适应范围为 4~9 之间，大多数细菌的最适生长 pH 值为中性或偏碱性（pH 值为 7.0~8.0）；大多数酵母与霉菌要求在微酸性环境中生长（pH 值为 5.0~6.0）。少数种类的微生物的最适生长 pH 值为偏酸性，称为嗜酸性微生物；嗜酸性微生物中不能在中性环境中生长的称为专性嗜酸微生物，如氧化硫杆菌（Thiobacillus thiooxidans）最高生长 pH 值为 4.0~6.0，最适生长 pH 值为 2.0~2.8；有些微生物既能适应酸性，也能在中性环境中生长，称为兼性嗜酸菌，如乳杆菌（Lactobacillus）和假单胞菌（Pseudomonas）；最适生长 pH 值若为碱性的称为嗜碱性微生物，如链霉菌（Streptomyces）。

微生物在生命活动过程中，通过代谢的作用也能影响环境中的 pH 值。例如，微生物对糖类（葡萄糖）的分解会造成 pH 值的下降；对含氮有机物（尿素、蛋白质等）的分解会使得 pH 值上升；乳酸菌分解葡萄糖产生乳酸使得 pH 值呈酸性。因此，为了保证微生物的正常生长需要维持培养基中 pH 值的稳定。pH 值调节的措施可分为"治标"和"治本"两种类型。"治标"对 pH 值的调节直接、快速但不持久，而"治本"相对间接、缓效但持久，如图 4-9 所示。

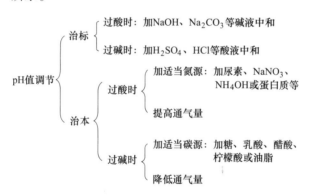

图 4-9　培养基的 pH 值调节的"治标"和"治本"

在污水厌氧处理过程中，为了保持厌氧工艺中产酸菌和产甲烷菌良好的生物活性，需要适当地调节 pH 值。若污水中蛋白质、氨类含量较低，为了防止 pH 值偏低，则需要在系统运行前加入 $NaHCO_3$ 和 $CaCO_3$ 等缓冲剂；在好氧生物处理（活性污泥法）中，pH 值需要保持在 6.5~8.0，这样有利于细菌和原生动物的生长繁殖，从而促进菌胶团的形成，若 pH 值偏低则会引起霉菌等丝状真菌的大量繁殖，造成污泥上浮，影响出水水质。

环境中 pH 值超过某种微生物可耐受的最高或最低 pH 值时，就会影响该微生物的生存，因此强酸与强碱可用于微生物的消杀。无机酸如硫酸、盐酸等杀菌力强，但由于腐蚀性大，不宜用作消毒剂；某些有机酸如苯甲酸可用作防腐剂；在面包及食品中加入丙酸可防霉；酸菜、饲料青储则是利用乳酸菌发酵产生的乳酸抑制腐败性微生物的生长，使之得以长久储存。强碱可用作杀菌剂，但由于毒性太大，一般用于排泄物及仓库、棚舍等环境的消毒。

（三）氧

微生物的代谢活动常常需要消耗氧气，并产生维生素 C、硫化氢、含巯基化合物等还原性物质。通常向培养基中直接通入空气或氧气，形成溶解氧后被菌体利用。根据微生物和氧的关系可将其分为好氧微生物、兼性好氧微生物和厌氧微生物。

1. 好氧微生物

好氧微生物又可分为专性好氧微生物和微好氧微生物两大类。专性好氧微生物必须要有氧存在时才能生长，以分子氧作为最终的电子受体。若分子氧供应不足，则降解过程会因为失去氢受体而中止。自然界中绝大多数微生物都属于这一类型。微好氧微生物只能在较低的氧分压下生活，这是由于它们含有对氧敏感的酶，从而限制了对氧的吸收。一些菌种如霍乱弧菌、氢单胞菌属和发酵单胞菌属均属于该类型。在好氧微生物处理的反应器（曝气池、生物转盘、生物滤池等）中，往往需要从外部供给氧气。

2. 兼性好氧微生物

兼性好氧微生物在有氧或无氧条件下都能生长，不同之处在于，环境中存在氧时，微生物利用呼吸进行能量代谢；环境中无氧气存在时，微生物进行发酵或无氧呼吸产能。兼性好氧微生物的这种特性得益于它具备两套酶系统，一套能利用氧作为电子受体，另一套在缺氧时能利用其他物质作为电子受体。有氧条件下产生的能量要远高于无氧时，因此，兼性好氧微生物在有氧时生长更加旺盛。该类型的微生物包括酵母菌、肠道细菌、硝酸盐还原菌等。兼性厌氧菌在供氧不足时可对有机物进行不彻底的氧化，将大分子的有机物质（如糖类、蛋白质、脂肪）分解成小分子的有机物质（如有机酸、醇类化合物），因此在污水处理过程中具有积极的作用。

3. 厌氧微生物

厌氧微生物又可分为耐氧性微生物和严格厌氧微生物两大类。耐氧性微生物尽管不需要氧，但氧气存在对它无毒害作用。多数乳酸菌属于这种类型，这类微生物缺乏呼吸链，只能通过酵解获得能量；严格厌氧微生物对氧敏感，氧气的存在对其具有强烈的毒害作用，即使短时接触空气也会抑制其生长甚至致死。这是由于在氧气存在时，专性厌氧微生物代谢过程中产生过量的超氧阴离子自由基（$\cdot O_2^-$），这种物质性质不稳定，反应性极强，可破坏胞内各种生物大分子和细胞质膜，对生物体伤害极大，而专性厌氧微生物胞内又缺乏清除超氧阴离子自由基（$\cdot O_2^-$）的酶——超氧化物歧化酶（SOD），由此造成 $\cdot O_2^-$ 过量积累对细胞产生毒害作用。专性厌氧微生物在自然界中分布广泛，且种类很多，如产甲烷菌、梭状芽孢杆菌、丙酮丁醇梭菌、破伤风杆菌、脱硫弧菌等。

根据微生物对氧气的需求不同，可通过其在深层半固体琼脂培养基中的生长状态对微生物的类型进行鉴定，如图 4-10 所示。

（四）辐射

辐射是能量通过空间传递的一种物理现象，包括电磁辐射和电离辐射。与微生物有关的辐射主要有可见光、紫外线和电离辐射。波长为 397~800nm 的电磁辐射称为可见光。可见光的作用为：（1）是光能自养和光能异养型微生物的唯一或主要能源来源；（2）可

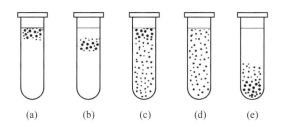

图 4-10　与氧关系不同的五类微生物在半固体琼脂培养基中的生长状态
（a）严格好氧微生物；（b）微好氧微生物；（c）兼性好氧微生物；（d）耐氧性微生物；（e）专性厌氧微生物

见光可刺激担子菌子实体形成；（3）有氧条件下，可见光被细胞内色素吸收，使酶或其他敏感成分失活引起微生物死亡，也称为光氧化作用；（4）在可见光的作用下，受到紫外线照射而导致 DNA 损伤的微生物可被重新修复，称为光复活作用。正常情况下，可见光对大多数微生物影响不大，但太强或长时照射也会对微生物产生一定的伤害。紫外线的波长范围是 100~400nm，其中以 260~280nm 时杀菌能力最强。紫外线的杀菌机理为：（1）蛋白质的吸收峰为 280nm，辐射可影响蛋白质或酶的合成，从而影响菌体的代谢；（2）核酸的吸收峰为 260nm，紫外线可引起 DNA 形成胸腺嘧啶二聚体，使得 DNA 无法正常复制，引起菌体发生变异或死亡；（3）紫外线可使空气中的分子氧转变为臭氧，臭氧经分解产生的原子 O 具有杀菌作用。虽然紫外线杀菌能力很强，但是其穿透力很弱，因此只能用作物品表面消毒或空气消毒。此外，低剂量的紫外线照射也可用于诱变育种。不同种类、不同生长阶段及不同状态的微生物对紫外线的抵抗力也不同。例如革兰氏阴性菌比革兰氏阳性菌敏感；带色菌比不带色菌抗性强；多倍体比单倍体抗性强；孢子和芽孢较营养细胞抗性强；干细胞比湿细胞抗性强。

电离辐射包括 X 射线、γ 射线、α 射线和 β 射线等，这些辐射的特点是波长短、能量大。电力辐射的杀菌机理是通过射线引起环境或细胞中的水吸收能量产生自由基，而自由基的过量积累导致胞内生物大分子失活，从而导致菌体死亡。电离辐射在低剂量（小于500 伦琴，1 伦琴 = 2.58×10^{-4}c/kg）时可促进微生物生长、诱发变异，在高剂量（大于100000 伦琴）时引起微生物死亡。电离辐射具有杀菌强、无残留等优点，可用于粮食、果蔬、畜禽产品、饮料以及卫生材料杀菌处理，如图 4-11 所示。

（五）渗透压

水或其他溶剂在渗透时溶剂通过半透膜的压力称为渗透压。微生物对渗透压有一定的适应能力，突然改变渗透压会使细菌失活，若逐渐改变渗透压，则菌体通常能够适应这种改变。微生物在不同渗透压的环境中表现如下：（1）低渗溶液，微生物在低渗溶液中，水分子向胞内转移，此时细胞膨胀甚至破裂；（2）等渗溶液，微生物在等渗溶液中保持原有形态，不收缩也不膨胀，常说的 0.9% 生理盐水即为等渗溶液；（3）高渗溶液，微生物在高渗溶液中，水分向胞外转移，此时菌体原生质收缩，造成质壁分离，微生物代谢停止或死亡。日常生活中用高浓度盐或糖保存食物（腌渍蔬菜及肉类、蜜饯等）就是利用高渗溶液导致菌体死亡的原理。

根据微生物对高渗透压耐性的不同，将其分为以下三类：（1）嗜盐细菌，又包括高度嗜盐细菌（20%~30%食盐溶液中生长）、中度嗜盐细菌（5%~18%食盐溶液中生长）和

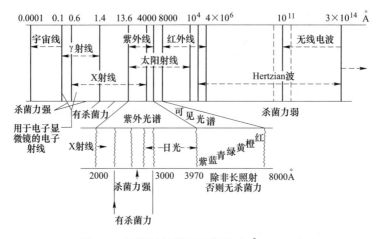

图 4-11　不同波长的辐射作用（1Å＝0.1nm）

低嗜盐细菌（2%~5%食盐溶液中生长）；（2）耐盐细菌，可在 10% 以下的食盐溶液中生长；（3）耐糖细菌，可在 60% 以下的含糖高渗溶液中生长。大多数微生物都适宜在 0.85%~0.9% 的食盐溶液中生长，而嗜盐细菌必须在高渗环境中生长，在淡水内无法生存，常见于死海和盐含量高的海水中。经过严格的筛选和驯化的嗜盐细菌可应用于含盐量高的废水生物处理中。

三、微生物生长的控制

环境中存在着各种各样的微生物，在日常生活中，对人有害的微生物若不加以控制往往会造成食物腐败、动植物病害等；在实验室中，其他微生物的入侵会造成动植物组织或细胞纯培养物的污染，培养基、生化试剂、生物药品或药物的染菌和变质等问题；在发酵工业中，杂菌的污染会导致：（1）与生产菌竞争营养物质，造成生产水平下降；（2）产生代谢产物，影响目标产物的提取；（3）产生对生产菌有毒害的代谢产物或分解目标代谢产物；（4）若是噬菌体污染，则会造成生产菌的死亡；（5）当杂菌的生长速度超过生产菌时，就会取而代之。因此，必须采取有效措施实现对有害微生物的抑制或杀灭。

（一）基本概念

1. 灭菌

采用强烈的理化因素使物体内外的所有微生物永远丧失其生长繁殖能力的措施称为灭菌，例如高温灭菌、辐射灭菌等。灭菌还可以分为杀菌和溶菌两种类型，其中杀菌是指菌体虽然死亡，但形体尚存；溶菌是指菌体被杀死后，细胞发生自溶、裂解等消失的现象。

2. 消毒

采用较为温和的理化因素仅杀死物体表面或内部一部分对人或动、植物有害的病原微生物，而对被消毒的对象基本无害的措施称为消毒。例如对皮肤、水果、饮用水采用药剂消毒；对啤酒、酸奶和果汁等采用的巴氏消毒法等。

3. 防腐

利用某种理化因素完全抑制微生物的生长繁殖，防止食品、生物制品等发生霉变腐败的措施称为防腐。例如，方便面中的果蔬包采用的是干燥的原理；腌制的食品采用的是高渗环境原理；冰箱中食物的贮藏采用低温原理；膨化食品采用的是隔绝氧气的原理等。以上都是实现抑制微生物生长繁殖的防腐手段。

4. 化疗

利用对病原微生物具有高度毒力而对寄主基本无毒的化学物质来抑制寄主体内病原微生物的生长繁殖，以达到治疗该寄主传染病的措施称为化疗。例如磺胺类药物、抗生素、生物药物素等。

需要注意的是，抑菌和杀菌之间没有明显的界限。理化因子的强度或浓度不同，其作用效果也不同。例如低剂量/低浓度的理化因素可能只有抑菌作用，而高剂量/高浓度的理化因子则具有杀菌作用。即使是同一浓度，作用的时间长短不一样，其效果也不相同。此外，微生物的种类和其所处的生长阶段对理化因子作用的敏感性也不同。

（二）控制微生物的化学方法

许多化学药剂对微生物都可以起到抑制和杀灭的作用，因而常用于微生物生长的控制。化学药剂主要包括表面消毒剂、抗代谢物和抗生素三大类。评价某化学药剂药效强弱的指标经常采用以下 3 种指标：（1）最低抑制浓度，指在一定条件下，某化学药剂抑制特定微生物的最低浓度；（2）半致死剂量，指在一定条件下，某化学药剂能杀死 50% 试验微生物时的剂量；（3）最低致死剂量：指在一定条件下，某化学药物能引起试验微生物群体 100% 死亡率的最低剂量。

1. 表面消毒剂

表面消毒剂是指对一切活细胞、病毒粒子或生物大分子都有毒性，但不能用作活细胞或机体内治疗用的化学药剂。表面消毒剂的种类有很多，杀菌机制和应用场景也各不相同，见表 4-3。表面消毒剂广泛用于被消毒物品不能加热杀菌的情况时，如医院中的热敏感材料温度计、镜检设备、聚乙烯的试管和导管等的处理，食品工业中的地表、墙面、设备表面等的处理。一般来说，表面消毒剂在低浓度的时候可能会刺激微生物的生命活动，随着浓度的增加，则对微生物起到抑制或杀灭的作用。

表4-3　常用的表面消毒剂及其应用

类型	名称及使用方法	作用原理	应　　用
醇类	70%~75%乙醇	脱水、蛋白质变性	皮肤、器皿
醛类	0.5%~10%甲醛 2%戊二醛（pH 值为 8）	蛋白质变性	房间、物品消毒（不适合食品厂）
酚类	3%~5%石炭酸 2%来苏儿	破坏细胞膜、蛋白质变性	地面、器具、皮肤
氧化剂	0.1%高锰酸钾 3%过氧化氢 0.2%~0.5%过氧乙酸	氧化蛋白质活性基团，酶失活	皮肤、水果、蔬菜、物品表面、塑料等
重金属盐类	0.05%~0.1%升汞	蛋白质变性、酶失活	非金属器皿、皮肤、黏膜
	2%红汞	变性、沉淀蛋白	伤口皮肤、新生儿眼睛
	0.1%~1%硝酸银 0.1%~0.5%硫酸铜	蛋白质变性、酶失活	防治植物病害

　　为比较各种表面消毒剂的相对杀菌强度，学术界常采用在临床上最早使用的一种消毒剂石炭酸作为比较的标准，并提出石碳酸系数这一指标，即在一定时间内，被试药剂能杀死全部供试菌的最高稀释度与达到同效的石炭酸的最高稀释度之比。一般规定处理的时间为 10min，供试菌为伤寒沙门氏菌、金黄色葡萄球菌或铜绿假单胞菌。如某药剂以 1∶300 的稀释度在 10min 内杀死所有的供试菌，而达到同效的石炭酸的最高稀释度为 1∶100，则该药剂的石炭酸系数等于 3。

　　2. 抗代谢物

　　抗代谢物是指一类在化学结构上与细胞内必要代谢产物的结构相似，可以和特定的酶结合并可阻碍酶的正常功能，干扰正常代谢活动的化学物质。抗代谢物一般是有机合成药物，如磺胺类（叶酸对抗物）、异烟肼（吡哆醇对抗物）、6-巯基嘌呤（嘌呤对抗物）和5-甲基色氨酸（色氨酸对抗物）等。抗代谢物主要有三种作用：（1）与正常的代谢物竞争酶的活性中心，导致正常的代谢中所需的重要物质无法正常合成。以磺胺类药物为例，它是细菌叶酸组成部分——对氨基苯甲酸（PABA）的结构类似物（见图4-12），磺胺类药物被微生物吸收后取代 PABA，阻断二氢叶酸的前体物质——二氢蝶酸的合成，导致代谢的紊乱，从而抑制细菌生长。（2）"假冒"正常代谢

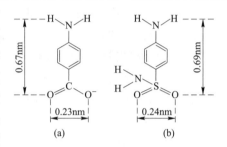

图 4-12　PABA 与磺胺结构的比较
(a) PABA(正常代谢物)；
(b) 磺胺（代谢拮抗物）

物，使微生物合成出物正常生理活性的假产物。以 8-重氮鸟嘌呤为例，在核苷酸的合成中，8-重氮鸟嘌呤可取代鸟嘌呤产生无正常功能的 RNA。（3）某些抗代谢物与某一生化合成途径的终产物的结构类似，可通过反馈调节破坏正常的代谢调节机制，如 6-巯基嘌呤可抑制腺嘌呤核苷酸的合成。

　　抗代谢药中以磺胺药最为经典，由德国科学家 Gerhard Domagk 于 1934 年所发现。磺胺类药物是在青霉素之前最重要的抗菌药之一，在治疗肺炎链球菌、痢疾志贺氏菌、金黄色葡萄球菌等引起的传染病中疗效显著。

　　3. 抗生素

　　抗生素是由某些微生物在其生命活动过程中合成的一种次生代谢产物或其人工衍生物，它们在很低浓度时就能抑制或干扰其他微生物的生命活动，引起菌体死亡。

　　抗生素的作用对象有一定的范围，能同时抗革兰氏阳性和阴性菌以及立克次氏体和衣原体的抗生素称为广谱型抗生素，如氯霉素、四环素、金霉素和土霉素等。仅对某一种或某一类微生物起作用的抗生素称为窄谱抗生素，如多黏菌素等。不同的抗生素也有不同的抗菌范围，如金霉素和青霉素对革兰氏阳性菌有作用；链霉素和新霉素主要对革兰氏阴性菌起作用；而庆大霉素、万古霉素和头孢霉素对革兰氏阳性和阴性菌均起抑制作用。此外，能够对真菌起抑制作用的抗生素主要有放线菌酮、两性霉素 B、灰黄霉素和制霉菌素等。

　　抗生素的作用机制大致可分为四类（见图4-13）：（1）抑制细胞壁的合成，如青霉素可特异性的结合在细菌细胞壁的肽聚糖上，抑制细胞壁的合成；（2）破坏细胞质膜的功

能，如多黏菌素可作用于膜磷脂使其溶解，从而抑制细菌生长；（3）抑制蛋白质的合成，抗生素可特异地和核糖体的 30S 或 50S 结合，抑制蛋白质的合成，使原核微生物的生长受阻；（4）干扰核酸代谢，如新生霉素作用于细菌的 DNA 酶，因而抑制细菌的生长。

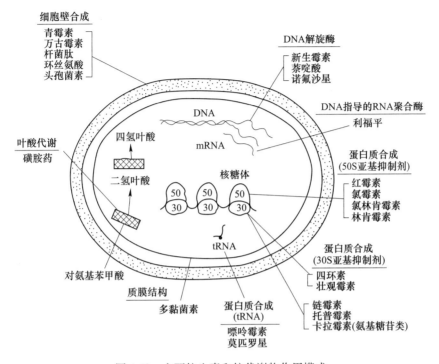

图 4-13　主要抗生素和抗代谢物作用模式

随着抗生素的广泛使用，越来越多的细菌产生了抗药性，甚至出现了"多重耐药性细菌"——超级细菌。超级细菌的出现已给人类的健康带来极大的危害。因此，在临床治疗中使用抗生素时要注意：（1）第一次使用的药物剂量要足；（2）避免在一个时期或长期多次使用同种抗生素；（3）不同的抗生素（或与其他药物）尽可能混合使用；（4）对现有抗生素进行改造；（5）筛选新的更有效的抗生素。

（三）控制微生物的物理方法

1. 高温

当环境温度超过微生物生长的最高生长温度时，就会导致微生物死亡，因此高温法是最重要也是应用最广泛的灭菌方法之一。高温致死微生物的机理主要有以下几点：（1）引起蛋白质和核酸发生不可逆的变性；（2）破坏细胞的组分和组成；（3）高温导致细胞膜上脂质成分溶解，形成较多的小孔，使得细胞质泄漏。不同微生物对温度的敏感性不一样，同一种微生物在不同生长阶段的抗热性也不同。在选择灭菌方法时，可根据不同对象，通过控制灭菌温度和灭菌时间实现消毒或灭菌的目的。常见的高温灭菌法主要有干热灭菌法和湿热灭菌法两大类，如图 4-14 所示。

　A　干热灭菌

（1）焚烧灭菌法。此法是一种最彻底的灭菌方法，破坏力强且迅速简便，但范围仅限于接种环、接种针、金属小工具、试管口、三角瓶口或污染物品、实验动物尸体等废弃物的处理。

（2）烘箱干热灭菌法。利用热空气来灭菌。将灭菌物品置于鼓风干燥箱内，在 160~170℃ 下维持 2~3h 可达到灭菌目的。如被灭菌物品体积较大，传热较差或物件堆积过挤，需适当延长灭菌时间。烘箱干热灭菌法的原理主要为：导致细胞膜和蛋白质变性、原生质体干燥，并且可使细胞成分发生氧化变质。此法只适用于玻璃器皿，金属用具等耐热物品的灭菌。其优点是灭菌后物品保持干燥。

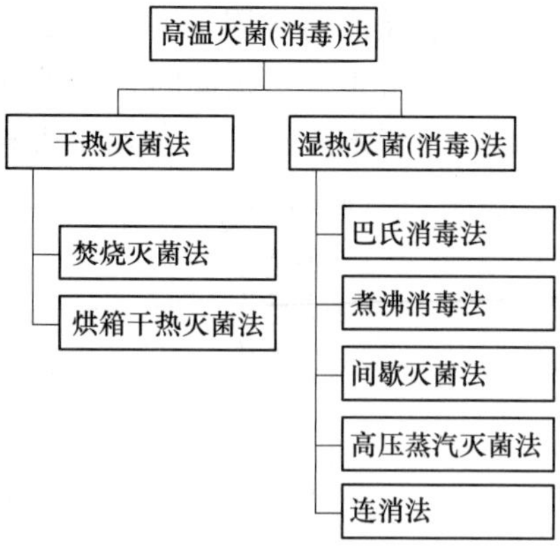

图 4-14　高温灭菌法的类型

B　湿热灭菌

湿热灭菌法是指用一定温度的热蒸汽进行灭菌。与干热灭菌法相比，湿热灭菌具有以下几个优点：（1）湿热蒸汽穿透力强；（2）能快速破坏维持核酸和蛋白质空间结构中化学键的稳定性；（3）蒸汽凝结放出大量的汽化潜热能迅速杀灭物体上的微生物。湿热法有很多，主要有以下几类：

（1）煮沸消毒法。将物品置于沸水中维持 30min 以上，可杀灭所有营养细胞和部分芽孢，若要彻底杀灭芽孢，则处理时间需延长至 2~3h。该法主要适用于器皿、瓶子、解剖用具及家用餐具、食品和饮用水等的消毒。

（2）高压蒸汽灭菌法。高压蒸汽灭菌并非由于压力的作用而是通过蒸汽的高温致死微生物。其主要灭菌过程是：将待灭菌的物品置于盛有适量水的高压蒸汽锅中，盖上锅盖，通过加热将下方的水煮沸并产生水蒸气，打开排气阀门排尽锅内冷空气，然后关闭排气阀，继续加热使锅内蒸汽压上升至 0.1MPa，对应的温度为 121℃，维持 15~20min。有时为了保证培养基中的营养成分（如葡萄糖等）不被破坏，可以适当地降低灭菌温度（115℃），延长灭菌时间（30min）以达到相同的灭菌效果。灭菌结束后应缓慢的放气减压，这样做是为了避免容器内的液体突然沸腾冲出容器，弄湿棉塞。待压力降至零时才能打开灭菌锅的盖子并取出物品。在湿热灭菌法中，高压蒸汽灭菌法是灭菌效果最好，也是目前最常用的灭菌方法。通过提高灭菌温度，缩短灭菌时间可以在短时迅速引起蛋白质凝固，杀灭所有营养细胞、芽孢和孢子。高压蒸汽灭菌法适用于各种耐热物品的灭菌，如一般培养基、生理盐水等各种溶液、玻璃器皿、工作服等。灭菌所需温度与时间取决于被灭菌物品的性质、体积与容器类型等。对体积大、热传导性较差的物品，加热时间需延长。

（3）巴氏消毒法。该法最早是由法国微生物学家巴斯德用于果酒消毒而得名。具体的方法有三种：低温维持法（63℃，30min）、高温瞬时法（72℃，15s）和超高温灭菌法（135~150℃，2~6s）。与其他消毒/灭菌方法相比，巴氏消毒法可在不损坏食品的营养和风味的同时能够有效降低对热敏感的食品中微生物群体数量（下降 97%~99%），但是此法只能杀灭物料中的无芽孢病原菌。巴氏消毒法专门用于牛奶、啤酒、果酒或酱油等不宜进行高温灭菌的液态风味食品或调料中。

（4）间歇灭菌法，又称分段灭菌法或丁道尔灭菌法。灭菌过程为：将待灭菌物品置于蒸锅内煮沸 30~60min，杀灭其中的微生物营养细胞，冷却后置于 28~37℃ 下过夜，促使第一次蒸煮中未被杀死的芽孢或孢子萌发成新的营养体，再次煮沸杀菌，如此反复 3 次即可杀灭所有的营养细胞、孢子和芽孢。此法适用于某些不宜高温高压蒸汽灭菌的物品，例如糖类、明胶和牛奶培养基等，但是由于既麻烦又费时，因此目前较少采用该法灭菌。

（5）连消法，又称连续灭菌法。此法一般用于发酵工业中大批量的培养基灭菌。理想的灭菌手段是尽可能提高灭菌温度，缩短灭菌时间，但是在实际工业生产中将一大罐原料迅速加热到灭菌温度，灭菌完成后又迅速降温是几乎不可能的，能够实现短时升温、灭菌和降温只有通过流动式连续灭菌，即在罐外将培养基连续不断地加热，保温和冷却，然后再输送到提前灭菌的发酵罐内。连续灭菌法相对于分批灭菌法具有以下优点：1）提高了原料的利用率和发酵产品的产量和质量，采用高温瞬时灭菌，既保证了灭菌效果，又减少了营养成分的破坏；2）提高了发酵罐的利用效率，缩短了灭菌时间从而减少了发酵罐的占用时间；3）提高了锅炉的利用效率，蒸汽负荷均匀；4）自动化程度高，降低了操作人员的劳动强度。

［拓展知识］

间歇灭菌法的创立

虽然巴斯德采用简单加热方法成功地进行了灭菌，但主要是杀死了营养细胞，对能够产生芽孢的微生物的灭菌却不理想。英国丁道尔（John Tyndall）和德国的科恩（Ferdinand Cohn）发现对于一些特殊的材料如干草浸液进行灭菌有时需要长达几个小时。后来丁道尔将干草浸液煮沸1min，杀死对热敏感的细胞，然后室温下放置12h后再煮沸1min杀死由休眠形式转化成对热敏感的营养细胞，重复上面操作两次以上就可以成功将干草浸液灭菌。丁道尔创立的这种灭菌方式现在称为间歇灭菌法或丁道尔灭菌法，这种方法适用于不宜长时间高温处理的材料的灭菌。

2. 辐射

辐射是能量通过空间进行传递的一种方式。不同波长的辐射对微生物的影响不同。辐射灭菌常用于控制微生物的生长和保存食品，其中以紫外线灭菌法和电离辐射使用最多。

（1）紫外线。紫外线的波长范围是 $100 \sim 400nm$，其中以 $260 \sim 280nm$ 时杀菌能力最强。紫外线的杀菌机理主要是诱导核酸形成胸腺嘧啶二聚体，从而干扰了菌体核酸的复制。此外，紫外线还能使空气中的氧变为臭氧，臭氧分解放出的强氧化剂原子氧，也具有强烈的杀菌作用。紫外线杀菌能力虽然强，但穿透力很差，不易透过玻璃、衣物、纸张等大多数物体，因此紫外线杀菌一般只适用于空气及物体表面的消毒。

（2）电离辐射。电离辐射主要有 X 射线、α 射线、γ 射线和 β 射线。电离辐射对微生物的致死作用主要在于它们引起物质电离，如使水电离产生 H^+ 与 OH^-，这些离子可与溶液中经常存在的氧分子产生一些具强氧化性的过氧化物如 H_2O_2，而使细胞内某些重要物质如蛋白质、酶等发生变化，从而使细胞受到损伤乃至死亡。电离辐射也可直接作用于DNA，导致 DNA 分子的断裂。与紫外线的作用相比较，电离辐射的效应没有特异性。

广泛使用的电离辐射是由 ^{60}Co 发射出的 γ 射线。其优点在于：1）穿透力强，可致死所有生物包括微生物；2）可对较多的物品同时灭菌。缺点是对设备要求比较高，适用范围有限。此法尤其适用于密封物品和不耐热物品的灭菌，例如外科医疗器械、疫苗和药品、食品等。

3. 过滤除菌

过滤除菌法是用物理阻留的方法将液体或空气中的细菌除去，以达到无菌目的。根据过滤介质和过滤原理的不同，将过滤器分为两类：（1）绝对过滤器，主要机理是拦截作用，也有惯性碰撞、扩散和吸附。过滤介质呈膜状，滤孔直径小于被除去的颗粒，理论上可 100%除去直径小于滤孔的微生物，如膜滤器；（2）深层过滤器，主要工作原理是通过惯性碰撞、扩散和吸附等作用。其空隙的直径比待除去的颗粒的直径大，一般由棉花、活性炭、玻璃纤维组成。绝对过滤器的缺点在于随着过滤的进行，流动阻力越来越大，造成压力降变大，从而引起过滤系统失效。深层过滤一般不能绝对去除所有颗粒。过滤除菌法适用于空气和不耐热的液体培养基的灭菌，如含有酶或维生素的溶液、血清等。

4. 干燥

干燥是通过使细胞失水，导致代谢停止，从而起到抑制微生物生长的作用，有时也会导致微生物死亡。干果、谷物、干菜、奶粉等食品常用干燥法保存。不同种类的微生物对干燥的敏感性不同，例如革兰氏阴性菌（如淋病球菌）对干燥特别敏感，在缺水条件下数小时即死亡；有些微生物（如链球菌）采用干燥法保存数年也不会降低其致病性。芽孢作为一种休眠体，对干燥抵抗力很强，因此常用于产芽孢微生物的菌种保藏。

第二节　微生物的遗传变异

遗传和变异是生物体的本质属性之一。遗传是指生物体将自己的整套遗传因子传递给下一代（子代）的行为或功能。而变异是指生物体在某种外因或内因的相互作用下引起的遗传物质结构或数量的改变。遗传是相对稳定的，可保证物种的存在和延续；变异的概率极低，且变异后新的性状是稳定，可遗传的。

遗传型是指某一生物体所含有的全部遗传因子的总和；表型是指某一生物体所具有的一切外表特征及内在特性的总和，是遗传型在合适环境下的具体体现。遗传型相同的个体在不同的环境条件下会呈现不同的表型。表型的改变与变异则是完全不同的两个概念。表型的改变是一类只发生在转录或转译水平上的暂时性变化，它仅在当代表现而不能遗传给下一代。

微生物繁殖迅速，因此环境条件的改变可在短期内多次重复地影响微生物的生长繁殖过程，使得个体更容易发生变异。因此，从遗传学及应用角度来看，微生物的这种高频率的变异条件既使之成为研究遗传良好的材料，又有利于菌种的人工选育。从环境科学角度来看，现代工业的快速发展导致人工合成的非天然物质日益增多，污染环境，而微生物的遗传变异的多样性使得污染物的降解成为可能。厘清环境中能够将难降解污染物降解的微生物的基因和质粒，再通过构建基因工程菌可达到快速降解污染物的目的。

一、微生物的遗传

（一）遗传变异物质基础的 3 个经典实验

历史上对于生物体中是何种物质行使遗传功能一直存在着争议。从 19 世纪 50 年代孟德尔（Mendel）提出"因子"是遗传的主要载体开始，再到 1933 年的摩尔根（Morgan）

证明了染色体是基因的载体，而染色体又是由蛋白质和核酸等物质所组成的，当时人们都认为蛋白质才是遗传信息的主要载体。直到 20 世纪 40 年代，先后有 3 个经典的实验证实了遗传变异的物质基础为核酸。

1. 肺炎链球菌的转化实验

在抗生素发明之前，肺炎是造成人类死亡率最高的疾病之一。肺炎主要由肺炎双球菌引起，肺炎双球菌分为有毒力的 S 型（Smooth）和无毒力的 R 型（Rough）菌，其中 S 型菌菌落光亮而平滑，其致病性与其细胞壁外面的多糖荚膜相关，而 R 型菌菌落表面粗糙，其细胞外无多糖荚膜，不会引起人畜致病。

A　动物实验

将无毒、活的 R 型（无荚膜，菌落粗糙型）肺炎链球菌（*Dipneumoniae*）注入小白鼠体内，结果小白鼠健康活着。将有毒的、活的 S 型（有荚膜、菌落光滑型）肺炎链球菌注射到小白鼠体内，结果小白鼠病死。1928 年格里菲斯在偶然情况下，将加热杀死的 S 型肺炎双球菌作为注射液的佐剂注入小鼠体内，结果小鼠患败血症死亡，通过对小鼠的解剖分析，从心脏血液中分离得到带荚膜的菌株，即 S 型肺炎双球菌。也就是说，经过加热杀灭的肺炎双球菌的毒力依然存在，如图 4-15 所示。

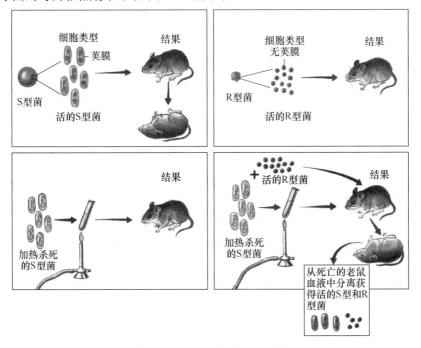

图 4-15　肺炎球菌的转化现象

B　细菌培养实验

1944 年 Avery 等人在此基础上采用一系列化学的和酶的方法，从肺炎双球菌 S 型无细胞提取液中一次提取出蛋白质、脂类、多糖、DNA、RNA 等，再逐一与活的 R 型菌混合（见图 4-16），结果表明只有 DNA 才能将 R 型菌株转化为 S 型，且纯度越高转化效率也越高，证明了 S 型菌株转移给 R 型菌株的并不是某一遗传形状本身，而是以 DNA 为物质基础的遗传因子。

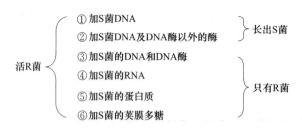

图 4-16　离体条件下肺炎双球菌的转化试验

2. 噬菌体感染实验

肺炎双球菌转化实验验证了 DNA 是细胞型生物的遗传物质，而噬菌体感染实验则验证了 DNA 是噬菌体的遗传物质。

1952 年赫西（Hersey）和蔡斯（Chase）利用同位素 ^{32}P 标记噬菌体的 DNA，^{35}S 标记噬菌体的蛋白质，然后用其感染大肠杆菌。感染完成后通过搅拌使得噬菌体蛋白质外壳与菌体彻底分离，经离心测定沉淀物和上清液中的同位素标记，结果只有 ^{32}P-DNA 在沉淀物中，^{35}S 则存在于上清液中，该实验进一步证明了 DNA 是遗传物质，如图 4-17 所示。

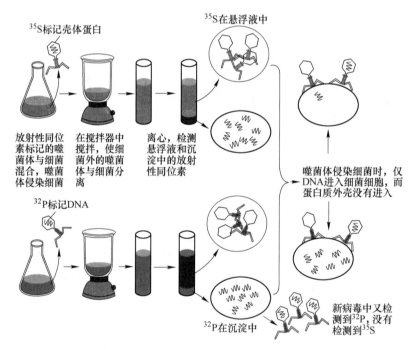

图 4-17　大肠杆菌 T2 噬菌体感染大肠杆菌实验

3. 植物病毒的重建实验

1956 年 H. Fraenkel-Conrat 用含 RNA 的烟草花叶病毒（TMV）进行了著名的植物病毒重建实验。将 TMV 的蛋白质外壳与 RNA 核心分离，在缺乏蛋白质外壳包裹的情况下，分离后的 RNA 病毒依然能够成功感染烟草，并且在病斑中分离出了正常的病毒粒子；此后，用另一株与 TMV 近缘的霍氏车前花叶病毒（HRV）进行了拆分与重建实验（见图 4-18），进一步证实了在 RNA 病毒中，RNA 是遗传物质的基础。

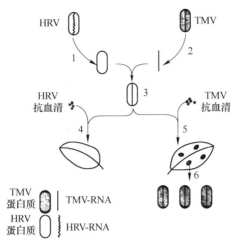

图 4-18　植物病毒拆分与重建示意图

1—通过弱碱处理从 HRV 病毒中得到 HRV 病毒蛋白质外壳；2—通过表面活性剂处理从 TMV 病毒中得到它的 RNA；
3—病毒重建获得杂种病毒；4—HRV 抗血清使杂种病毒失活，抗 TMV 病毒血清不使杂种病毒失活；
5—杂种病毒感染烟草产生 TMV 病毒所特有的病毒；6—从病斑分离得到的病毒含有 TMV 蛋白质和 TMV RNA

通过以上三个经典实验，分别验证了 DNA 是细胞型生物及 DNA 病毒的遗传物质，RNA 是 RNA 病毒的遗传物质，从而说明了核酸是负载遗传信息的物质基础。

4. 遗传物质在细胞中的分布及存在方式

DNA 广泛分布于各类生物细胞中，一般占细胞干重的 5%～15%。RNA 同时存在于细胞核和细胞质内，其中大约 90% 的 RNA 存在于细胞质中，核内少量分布在染色体，大多集中于核仁。病毒只含有 DNA 和 RNA，多数噬菌体只有 DNA，其中植物病毒大多含RNA，少部分含有 DNA，动物病毒则同时包含 DNA 和 RNA。

在真核细胞中，DNA 与组蛋白结合形成染色体，每个染色体含有一个高度压缩的DNA 分子。与真核细胞不同，原核生物的 DNA 呈环状双链结构，且不与蛋白质结合。微生物细胞中遗传物质大部分集中于细胞核或核区，除核基因组外，微生物的细胞质中还存在核外染色体。在真核细胞中，其核外染色体包括线粒体和叶绿体基因，而在原核微生物中则包括各种质粒。

（二）DNA 的结构和复制

1. DNA 的化学结构

DNA 是由核苷酸单体组成的链状聚合物，每分子的核苷酸包含一分子脱氧核糖、一分子含氮碱基和一分子磷酸。DNA 所含的单糖为五碳核糖，它的 2′碳上的氢氧根被 H 取代称为 2-脱氧核糖。碱基分为四种：腺嘌呤（A）、鸟嘌呤（G）、胞嘧啶（C）和胸腺嘧啶（T），如图 4-19 所示。DNA 的化学结构指的是 DNA 分子中碱基的组成和排列顺序。碱基与脱氧核糖的 1′碳原子相连构成核苷，如图 4-20 所示。这些核苷通过 3′,5′-磷酸二酯键连接形成多聚核苷酸链，如图 4-21 所示。碱基的顺序编码了遗传的信息，阅读方向可以从 5′到 3′，也可以从 3′到 5′，但遗传信息的编码通常是从 5′端到 3′端。

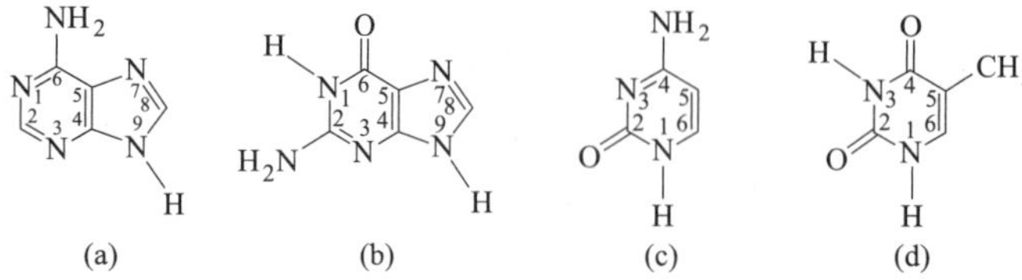

图 4-19　四种碱基

（a）腺嘌呤（A）；（b）鸟嘌呤（G）；（c）胞嘧啶（C）；（d）胸腺嘧啶（T）

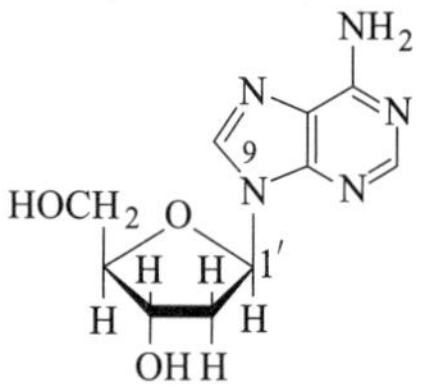

图 4-20　2-脱氧腺苷
（核苷）

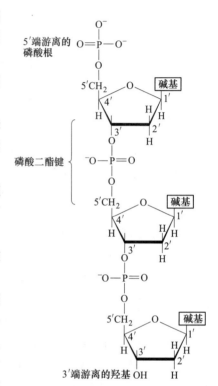

图 4-21　DNA 多聚核苷酸链

1953 年 J. Watson 和 F. Crick 在前人研究的基础上提出了目前公认的 DNA 双螺旋结构模型（见图 4-22）。这种模型主要有以下几个特点：

（1）DNA 分子由两条反向平行的多核苷酸链围绕同一中心轴相互缠绕而成的，且两条链均为右旋。

（2）螺旋外侧是由脱氧核糖和磷酸通过 3′,5′-磷酸二酯键形成的 DNA 分子的骨架，内侧则由嘌呤和嘧啶碱基所构成。

（3）双螺旋的平均直径为 2nm，两个相邻的碱基对之间的距离为 0.34nm，沿中心轴每旋转一周有 10 个碱基对，每一转的高度大约是 3.4nm。

（4）两条多核苷酸链通过碱基之间形成的氢键相连。一条链上的嘌呤和另一条链上的嘧啶相匹配，其中 A 与 T 配对，G 与 C 配对，这种配对原则称为碱基互补原则。当一条多核苷酸链的序列确定后，另一条链必有相对应的碱基序列。DNA 复制、转录、反转录等分子基础都是基于碱基互补原则。其中 AT 对形成两个氢键，CG 对形成三个氢键，因此 CG 之间的连接相对于 AT 来说更加稳定。

2. DNA 的复制

DNA 分子的双螺旋结构为遗传物质所特有的半保留式自我复制和传递遗传信息提供了可能。DNA 的复制过程主要包括以下步骤（见图 4-23）：

（1）解旋，在 DNA 解旋酶的作用下，两条核苷酸链的碱基的氢键断裂而彼此松开；

（2）复制，分开的核苷酸链作为模板，在 DNA 聚合酶的作用下根据碱基配对原则合成新的互补链；

（3）分配，形成的新双链结构分别分给子代。

DNA 这种独特的半保留复制方式保证了生物遗传性的相对稳定。

（三）RNA 的化学结构与类型

RNA 的化学结构主要是由 AMP、GMP、CMP 和 UMP 四种核糖核苷酸通过 3′,5′-磷酸二酯键相连形成多聚核苷酸链。天然的 RNA 二级结构只在许多区段发生自身回折，从而使 A 与 U（尿嘧啶），G 与 C 配对，形成不规则的较短的螺旋区。RNA 的结构与 DNA 的区别在于 RNA 中的核糖取代了 DNA 的 2-脱氧核糖，与 A 配对的 U 取代了 T，如图 4-24 所示。

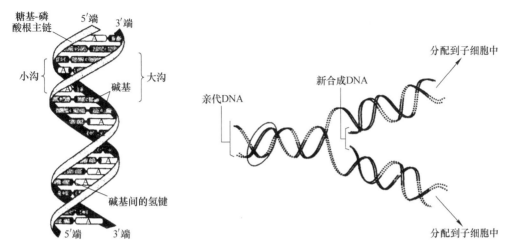

图 4-22　DNA 双螺旋结构　　　　　　　　　图 4-23　DNA 复制示意图

与基因表达关系密切的 RNA 主要分为信使 RNA（mRNA）、转移 RNA（tRNA）和核糖体 RNA（rRNA）。mRNA 约占 RNA 总量的 5%，它是以 DNA 为模板合成的，同时也是蛋白质合成的模板，主要功能是实现遗传信息在蛋白质上的表达。tRNA 约占 RNA 总量的 15%，由 70~90 个核苷酸组成，主要功能是携带符合要求的氨基酸，并将其连接形成肽链，进一步加工后形成蛋白质。rRNA 约占 RNA 总量的

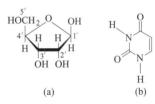

图 4-24　核糖和尿嘧啶的结构
（a）核糖；（b）尿嘧啶

80%，其与蛋白质结合构成核糖体的骨架。核糖体是蛋白质合成的场所，因此 rRNA 的功能是作为核糖体的重要组成成分参与蛋白质的生物合成，如图 4-25 所示。

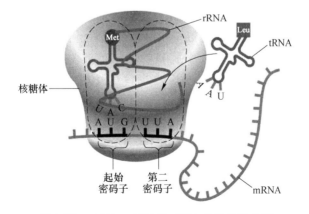

图 4-25　mRNA，tRNA 和 rRNA 的结构及功能

　　DNA 具有双螺旋结构，而 RNA 大多为单链，只有局部为双螺旋结构。在真核生物中 DNA 复制具有多个起点，而在原核生物中只有一个固定的复制起点。

（四）基因和基因表达

1. 基因

　　基因是生物体内具有自主复制能力的遗传功能单位，是一个具有特定核苷酸顺序的核酸片段。基因的大小可以从少于 100 个碱基到几百万个碱基不等。每种微生物所含有的基因数量差异较大，例如最小的 RNA 噬菌体 MS2 只有 3 个基因，T2 噬菌体约有 360 个基因，而大肠杆菌则包含大约 7500 个基因。基因的主要功能是合成具有功能的蛋白质，包括编码蛋白质多肽链的核酸序列，也包括保证转录所必需的核酸调控序列以及 5′ 和 3′ 端的非翻译序列。

2. 基因表达

　　基因表达是指将来自基因的遗传信息合成功能性基因产物的过程，基因表达产物通常是蛋白质。基因表达主要通过中心法则来进行，即遗传信息从 DNA 传递 RNA，再从 RNA 传递给蛋白质，如图 4-26 所示。基因表达可以通过对其中的几个步骤，包括转录，RNA 剪接，翻译和翻译后修饰进行调控来实现对基因表达的调控，其中最主要的为转录和翻译。

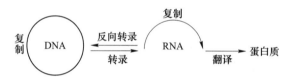

图 4-26　遗传信息的传递方向

　　转录过程由 RNA 聚合酶进行，以 DNA 为模板，产物为 RNA。RNA 聚合酶沿着一段 DNA 移动，留下新合成的 RNA 链。转录在细胞核内进行。根据碱基配对原则，RNA 聚合酶一次将一个 RNA 核苷酸添加到生长的 RNA 链中。该 RNA 与模板链的 3′-5′DNA 链互补，其本身与编码链的 5′-3′DNA 链互补。因此，得到的 5′-3′RNA 链与编码 DNA 链相同，只是 DNA 中的胸腺嘧啶（T）被 RNA 中的尿嘧啶（U）取代。

　　翻译是将成熟的 mRNA 分子（由 DNA 通过转录而生成）中"碱基的排列顺序"（核苷酸序列）解码，并生成对应的特定氨基酸序列的过程。翻译的过程大致可分作三个阶段：起始、延长、终止。翻译主要在细胞质内的核糖体中进行，氨基酸分子在氨基酰-tRNA 合成酶的催化作用下与特定的转运 RNA 结合并被带到核糖体上。生成的多肽链（即氨基酸链）需要通过正确折叠形成蛋白质，许多蛋白质在翻译完成后还要在内质网上进行翻译后修饰才能具有真正的生物学活性。

　　原核微生物通常只合成细胞活动所必需的基因产物。真核微生物的基因则通过复杂的模式进行调控，不同类型的细胞表达不同的基因，表达基因大约只占基因总数的 15%，其他基因则没有活性。真核微生物在很大程度上通过决定转录形成 mRNA 的速度调控基因表达。

遗传物质在
细胞中的
存在方式

（五）遗传物质在细胞中的存在形式

　　遗传物质在微生物细胞中的存在形式主要从以下 7 个水平进行阐述。

1. 细胞水平

真核微生物和原核微生物的全部或大部分 DNA 都集中于细胞核或核质体中。有些微生物（如杆菌）大多具备两个细胞核，但是球菌仅仅只含有一个核；酿酒酵母（*Saccharomyces cerevisiae*）、黑曲霉（*Aspergillus niger*）等真菌一般为单核，但米曲霉（*Aspergillus oryzae*）则为多核；又如一些真菌和放线菌的菌丝细胞为多核，但其孢子为单核；以上说明不同种的微生物或同种微生物的不同细胞中的细胞核数目均有所不同。

2. 细胞核水平

除了核基因组以外，一些真核微生物和原核微生物的细胞质中还存在一些 DNA（含量少，能自主复制的遗传物质）。例如，真核微生物中的各种细胞质基因（线粒体、叶绿体等）、共生生物（卡巴颗粒）和 2μm 质粒；在原核微生物中一般统称为质粒（包括 F 质粒、R 质粒、Col 质粒、Ti 质粒、巨大质粒和降解性质粒等）。

3. 染色体水平

不同微生物的染色体数量差异巨大，如酿酒酵母（*Saccharomyces cerevisiae*）单倍体染色体数约 16~17 个，白假丝酵母（*Candida albicans*）具有 7~9 个单倍体染色体数，而枯草芽孢杆菌（*Bacillus subtilis*）的单倍体染色体数仅为 1 个。自然界中大多数微生物的染色体均为单倍体，只有少数微生物的细胞为双倍体（如酿酒酵母 *Saccharomyces cerevisiae*）。此外，由两个单倍体性细胞通过结合形成的合子也为双倍体。

4. 核酸水平

从核酸的种类来看，大多数生物的遗传物质是 DNA，只有部分病毒的遗传物质是 RNA。真核微生物中的 DNA 和组蛋白相互缠绕形成染色体，而原核微生物的 DNA 则单独存在。从核酸的结构来看，大多数微生物的 DNA 为双链，只有少数微生物（如大肠杆菌噬菌体 ϕX174）的 DNA 为单链。从 DNA 的长度来看，不同微生物的基因组大小差异很大。例如大肠杆菌 *Escherichia Coli* K-12 的基因组大小为 4.6Mb（兆碱基对），生殖道支原体（*Mycoplasma genitalium*）G-37 的基因组大小仅为 0.58Mb。

5. 基因水平

原核微生物主要通过操纵子和调节基因实现基因调控功能。操纵子又包括结构基因、操纵基因和启动基因，这三种基因在其功能上密切相关。结构基因通过转录和翻译合成多肽链，其决定着多肽链结构。操纵基因位于启动基因和结构基因之间，控制结构基因是否转录。启动基因既是 RNA 聚合酶的结合部位，也是转录的起始位点。当 RNA 聚合酶与启动基因结合，结构基因便开始转录。调节基因一般与操纵子有一定间隔，可由其自身的 mRNA 转录并翻译出阻遏物，当阻遏物识别并附着在操纵基因上则导致 RNA 聚合酶无法和启动基因相结合，造成结构基因无法顺利表达。图 4-27 为乳糖操纵子调控的示意图。

真核微生物的基因与原核微生物的基因差异很大，其中真核微生物的基因一般没有操纵子结构，且存在大量不编码序列和重复序列，基因之间被一些不含任何信息的序列隔开，见表 4-4。

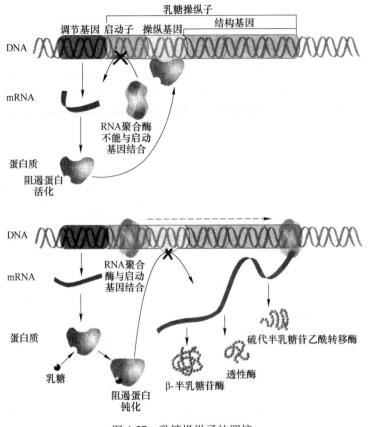

图 4-27 乳糖操纵子的调控

表 4-4 原核微生物与真核微生物基因组的比较

项　目	原核微生物	真核微生物
基因组大小	小	大
染色体数目	一般为 1 个	多个
染色体与组蛋白结合	否	是
基因连续性	强	弱（被多个内含子分隔）
重复序列	少	多
不编码序列	少	多
操纵子结构	普遍存在	一般无
转录和翻译的部位	均在细胞质中	转录位于核中，翻译位于细胞质中

6. 密码子水平

遗传密码是指 DNA 链上决定各具体氨基酸的特定核苷酸序列。密码子是遗传密码的信息单位，每个密码子由三个核苷酸顺序所组成。密码子一般都用 mRNA 链上三个连续的核苷酸序列来表示，见表 4-5。

表 4-5　遗传密码

第一个位置 (5′)	第二个位置				第三个位置 (3′)
	U	C	A	G	
U	苯丙氨酸	丝氨酸	酪氨酸	半胱氨酸	U
	苯丙氨酸	丝氨酸	酪氨酸	半胱氨酸	C
	亮氨酸	丝氨酸	终止密码	终止密码	A
	亮氨酸	丝氨酸	终止密码	色氨酸	G
C	亮氨酸	脯氨酸	组氨酸	精氨酸	U
	亮氨酸	脯氨酸	组氨酸	精氨酸	C
	亮氨酸	脯氨酸	谷氨酰胺	精氨酸	A
	亮氨酸	脯氨酸	谷氨酰胺	精氨酸	G
A	异亮氨酸	苏氨酸	天冬酰胺	丝氨酸	U
	异亮氨酸	苏氨酸	天冬酰胺	丝氨酸	C
	异亮氨酸	苏氨酸	赖氨酸	精氨酸	A
	甲硫氨酸或甲酰甲硫氨酸（起始密码）	苏氨酸	赖氨酸	精氨酸	G
G	缬氨酸	丙氨酸	天冬氨酸	甘氨酸	U
	缬氨酸	丙氨酸	天冬氨酸	甘氨酸	C
	缬氨酸	丙氨酸	谷氨酸	甘氨酸	A
	缬氨酸	丙氨酸	谷氨酸	甘氨酸	G

　　4 种核苷酸排列成三联密码子的方式可达 64 种，可编码 20 种氨基酸以及不代表任何氨基酸的"无意义密码子"，即起始密码和终止密码。编码甲硫氨酸的密码子 AUG 也是蛋白质合成的起始信号，而 UAA、UAG 和 UGA 则表示翻译终止信号。一种密码子决定一种氨基酸。一种氨基酸可由多种密码子决定。

　　7. 核苷酸水平

　　核苷酸单位（碱基单位）是一个最低突变单位，绝大多数微生物的 DNA 是由腺苷酸（AMP）、胸苷酸（TMP）、鸟苷酸（GMP）和胞苷酸（CMP）4 种脱氧核苷酸所组成，但有少数微生物如大肠杆菌 T 偶数噬菌体的 DNA 中含有少量稀有碱基——5-羟甲基胞嘧啶。

（六）蛋白质的合成

　　微生物的生长主要和蛋白质的合成有关，在微生物同化的营养物中大约 4/5 ~ 9/10 的碳和能量参与蛋白质的合成。当将处于生长平衡的微生物接种到营养丰富的培养基中时，细胞生长速率加快，此时 RNA 的合成速率升高，此后 DNA 和蛋白质合成速率也随之增加。经一段较长时间后，细胞分裂的速率也上升，直至全部生化组分的合成速率再度达到平衡，如图 4-28 所示。因此 RNA 的合成速率是影响生长速率的关键因素。

　　蛋白质的合成可分为三个步骤：起始、延伸、终止（见图 4-29）。mRNA 在细胞核合成过后通过核孔进入细胞质基质，与核糖体结合，携带甲硫氨酸的 tRNA 通过与碱基 AUG

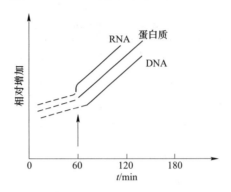

图 4-28　生长期细菌群体的 RNA、DNA 和蛋白质含量的变化

的互补配对进入位点 P，根据位点 A 上密码子引导，相应的氨基酸的 tRNA 进入位点 A，此过程称为进位。肽酰转移酶作用于邻近的两个氨基酸发生脱水缩合反应形成肽键。核糖体向后移动三个碱基的位置，原来位点 A 变成位点 P，新的位点 A 空出，继续进行进位转肽和移位，肽键合成和移位的进程被循环反复，使多肽链序列不断延长。当核糖体到达终止密码子位置时，由于没有对应的 tRNA 及氨基酸与之结合，多肽链的延伸则停止。此时合成的多肽链从核糖体上释放，并折叠组装成为有功能的蛋白质。

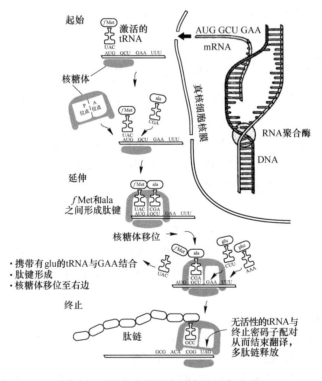

图 4-29　原核生物蛋白质合成的各阶段

二、微生物的变异

微生物通过 DNA 复制将生命信息精准地传递给子代，这称为遗传。但是在庞大的微

生物群体中偶尔可能出现个别微生物在形态或生理生化或其他方面的性状发生改变，如果改变了的性状可以遗传，则称为变异；值得注意的是，基因型相同的微生物在不同的环境条件下会产生不同的表型，如果不能遗传给子代，称为饰变。

变异过程可以是自然过程也可以由人工干预，微生物的遗传育种就是以遗传变异的基本理论为基础来进行的。随着环境污染的日益加剧，使得筛选和构建高效降解菌成为环境工程的主要研究内容之一。

（一）变异的实质——基因突变

突变是指遗传物质中的核苷酸序列发生了稳定的可遗传的变化。这种突变是突然发生的，并可以传递给子代。狭义的突变是指基因突变（点突变），而广义的突变则包括基因突变和染色体畸变，其中基因突变较染色体畸变更为常见。

［拓展知识］

细菌产生耐药性的原因

美国康奈尔大学的麦克林托克（McClintock）在1944年研究发现一种可以改变玉米颜色的变异基因似乎可以从一个细胞传至另外一个细胞，而且当一个细胞获得这个基因时，另一个细胞就失去了这个基因。这个基因被称为"跳跃的基因"——转座子。这打破了科学界原本坚持的生物的遗传组成除了垂直传递时会有基因重组，其他时候基因组成恒定不变的传统观念，但在当时并没有引起重视。到20世纪70年代，随着分子生物学技术的发展，让不同生物体内的这种可移动性基因得以分离鉴定。因此，1983年时麦克林托克获得诺贝尔生理学或医学奖。目前在很多耐药菌中也发现了带有耐药基因的转座子，这种转座子能够从细菌染色体转座到一些运载体上。因此可以很快将这种耐药性传播到其他细菌中，这是细菌产生耐药性的重要原因之一。

（二）基因突变的类型

从突变的表现型可将突变分为六种类型。

（1）形态突变型。指由于突变而产生的个体或菌落形态所发生的非选择性变异。如细菌的鞭毛、芽孢或荚膜的有无，菌落的大小、颜色及表面光滑等的突变。

（2）营养缺陷型。因某种突变的结果而失去合成一种或几种生长因子能力的突变菌株。必须在培养基中补加该物质，否则不能生长。因此这些突变株可在加有该种生长因子的基本培养基平板上选出。

（3）抗性突变型。野生型菌株发生突变后产生了对某种化学药物或致死物理因子抗性的变异。这种菌株可在加有相应药物或物理因子处理的培养基平板上选出，例如对各种抗生素的抗药性菌株的筛选。

（4）抗原突变型。因突变而引起的抗原结构发生改变的变异类型，例如细胞壁缺陷变异（L-型细菌）、荚膜或鞭毛成分变异等，这种突变类型一般也属于非选择性突变。

（5）条件致死突变型。某菌株经突变后，在某种条件下呈现致死效应，而在另一条件下却正常生长繁殖的突变型。例如大肠杆菌的某些菌株可在37℃下正常生长，而在42℃下却无法生长；某些大肠杆菌T4噬菌体突变株在25℃下可感染宿主，但在37℃下则失去其感染能力，这些温度敏感型突变株均属于条件致死突变型。

（6）产量突变型。突变后微生物的目标产物产量显著区别于野生型菌株的变异类型，若产量显著高于野生型菌株，这种突变菌株称为正变株，反之则称为负变株。

各种突变类型严格意义上很难进行区分，从是否能对它们进行有效的分离和鉴别的角度来看，又可将这些类型大致分为选择性突变和非选择性突变两类，前者具有选择性标记，可通过某种环境条件使它们发挥生长优势，从而取代原始菌株，例如营养缺陷型或抗性突变型等，后者就没有这类标记，而是一些数量、形态、颜色等的差别，例如菌落大小、色素等突变型。

（三）基因突变的特点

各种生物遗传物质的本质都是相同的，因此在遗传变异的特点上也都遵循相同的规律。基因突变一般具有以下 7 个特点：

（1）自发性。可在没有人为诱变因素的影响下自发地产生。

（2）稀有性。自发突变率极低，一般为 $10^{-9} \sim 10^{-6}$。

（3）可诱变性。在诱变剂作用下，突变率可提高 $10 \sim 10^{5}$ 倍。

（4）不对应性。突变的性状与引起突变的原因之间无直接的对应关系。例如在紫外线作用下，除产生抗紫外线的突变个体外，还可诱发任何其他性状的变异。

（5）独立性。某一基因的突变，既不会提高也不会降低其他任何基因的突变率，即在某一群体中，可发生任何性状的突变。

（6）稳定性。发生基因突变后产生的新性状也是稳定的、可遗传的。

（7）可逆性。由原始的野生型基因变异为突变型基因的过程称为正向突变，反之则称回复突变或回变。

（四）基因突变的机制

基因突变的原因是多种多样的，它可以是自发的，也可以是诱发的，诱发突变又可分为点突变和畸变。它们的各种突变概括如下（见图4-30）。

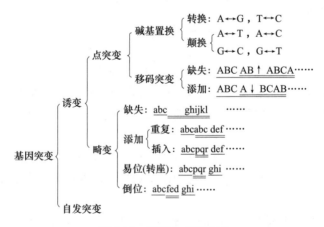

图 4-30　基因突变的类型

1. 自发突变的机制

自发突变是指生物体自然发生而非人为引起的突变。自发突变的机制可归纳为以下三方面：一是 DNA 复制过程中偶然出现差错，从而引起突变。二是微生物自身产生诱变物质，例如过氧化氢是微生物的一种正常代谢产物，但它对脉胞霉（*Neuropara*）具有诱变作用。具有同样功能的还有咖啡碱、硫氰化物、过氧化氢等，这些物质既是微生物的代谢产物，又可引起微生物的自发突变。三是环境对微生物的诱变作用，如宇宙间的短波辐射、自然界中普遍存在的一些低浓度诱变物质也可诱发微生物产生变异。

2. 诱变的机制

通过人为的方法，利用理化因素显著提高基因自发突变频率的手段称为诱发突变，简称诱变，这些理化因素称为诱变剂。诱变剂可引起 DNA 发生碱基转换或颠换，也可同时发生；诱变剂还可引起 DNA 中一个或少数几个核苷酸的添加（插入）或缺失，从而使该部位以后的全部遗传密码发生转录和翻译错误，如图 4-31 所示。

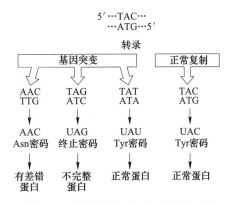

图 4-31 碱基置换引起的三种突变型

直接引起碱基置换的诱变剂是一类可直接与核酸上的碱基起化学反应的诱变剂，它能与所有生物体的 DNA 发生化学反应，从而引起突变。如亚硝酸，它能将碱基上的氨基替换为酮基或羟基，从而改变了碱基的配对关系，如图 4-32 所示。此类诱变剂还有羟胺和各种烷化剂等。

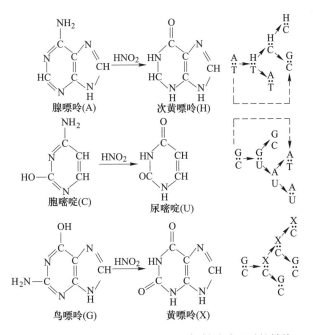

图 4-32 碱基脱氨而引起的 DNA 复制时碱基对的转换

间接引起碱基置换的诱变剂是一些碱基类似物，其结构与 DNA 中的碱基相似，在细胞内能因其互变异构而以不同的形式存在，如 5-溴尿嘧啶（5-BU）能以酮式或烯醇式状态存在。当它处于酮式状态时，能与腺嘌呤配对，处于烯醇式状态时，则能与鸟嘌呤配对。如果将细菌培养在含有 5-溴尿嘧啶的培养基中，细菌的 DNA 能发生 AT 转向 GC 或 GC 转向 AT 的单点突变，如图 4-33 所示。与 5-BU 作用相似的碱基类似物包括 5-氨基尿嘧啶（5-AU）、8-氮鸟嘌呤（8-NG）和 2-氨基嘌呤（2-AP）等。

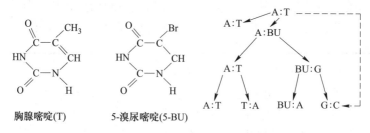

图 4-33　胸腺嘧啶的碱基类似物——5-溴尿嘧啶及其引发的 DNA 突变

移码诱变剂能使 DNA 序列中的一个或少数几个核苷酸发生添加或缺失，从而造成该点后面的全部遗传密码的阅读框发生改变，并进一步引起转录和翻译发生错误，产生移码突变。最常用的移码突变剂有丫啶类染料、溴化乙锭和 ICR 类化合物。

物理因素也能引起基因发生诱变，其诱变机制主要是使 DNA 分子和染色体结构损伤引起变异。例如紫外线可引起 DNA 分子中的胸腺嘧啶形成二聚体和水合物（见图 4-34），相邻嘧啶形成二聚体后会阻碍碱基的正常配对，进而引起微生物的死亡或突变。在可见光作用下（波长约为 400nm），光复活酶分解紫外线

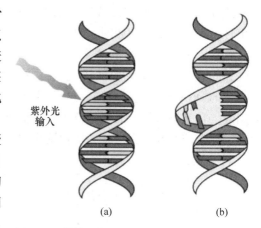

图 4-34　紫外线作用下胸腺嘧啶二聚体的形成
（a）作用前；（b）作用后

照射而形成的嘧啶二聚体，使之复原，这种作用称为光复活作用。

三、微生物遗传变异的应用

（一）育种

微生物的遗传育种是以遗传变异的基本理论为基础，在环境污染不断加剧的今天，筛选和构建高效污染物降解微生物成为环境工程的主要目标和任务。正常情况下，微生物会以一定的频率发生自发突变，虽然突变频率很低，但因微生物繁殖快，突变株也能在群体中占有一定的数量。这种不经过人工处理，利用菌种的自然突变而进行菌种筛选的过程称为自然选育。

为了能在最短的时间内培养出符合生产要求的变异菌株，就需要通过人为的方法提高突变频率，进而筛选出理想的突变株。

1. 定向培育

定向培育是利用微生物的自发突变，人为地利用某一特定环境条件长期处理某微生物群体，同时不断将它们进行移种传代，以达到累积和选择合适的自发突变体的一种古老的

育种方法。由于自发突变频率较低，与其他育种方法相比，定向育种是一种效率低下的被动育种方法。但目前在环境工程中有时仍然采用该种方法进行菌种的培育，这种长时间定向培育的过程称为驯化。例如，处理炼油厂废水、印染废水、煤气厂含酚、氰废水时，最初活性污泥多半来自生活污水处理厂。当将生活污水中的微生物移至其他工业废水中生活时，营养、水温、pH 值等均有所改变，有的废水甚至有毒。经过长时间的驯化后，微生物逐渐产生相应的酶以适应新的环境，此时的菌株已经发生了变异。

2. 诱变育种

诱变育种是利用理化因素处理微生物细胞群体，促使其中少数细胞的遗传物质的分子结构发生改变，从而引起微生物的遗传性发生变异，然后设法从群体中选出少数优良性状的菌株。通过诱变育种，可提高代谢产物的产量、改进产品的质量、扩大品种及简化生产工艺，在机理研究、工业生产中具有重要的实践意义。诱变育种主要包括以下几个步骤：（1）选择简便有效的诱变剂；（2）选择优良的出发菌株；（3）处理单细胞或担孢子悬液；（4）选用适宜的诱变剂量；（5）利用诱变剂之间的协同效应进行复合处理；（6）建立形态、生理和产量之间的关系；（7）选择适宜的筛选方案。

3. 质粒育种

质粒是原核微生物中的独立于染色体以外的一种小型共价闭合环状双链 DNA 分子。与染色体不同，质粒的丢失或转移并不会导致菌体死亡，而只会丧失由该质粒所决定的某些性状。利用质粒通过细胞与细胞的接触而转移的特性使供体菌质粒转移到受体菌体内，使受体菌保留自身功能质粒，同时获得供体菌的功能质粒。例如把降解芳烃、萘烃、多环芳烃的质粒转移到能降解脂烃的假单胞菌（*Pseudomonas* sp.）胞内，结果获得了可同时降解四种烃类的多功能超级细菌，如图 4-35 所示。这种新型的超级细菌在防治污染、保护环境方面具有较大的发展潜力。

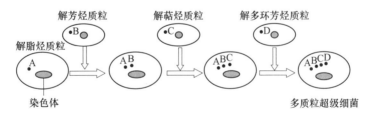

图 4-35　多质粒超级细菌

（二）基因工程

基因工程通过人工方法将所需的某一供体生物的 DNA 提取出来，在离体条件下利用限制性内切酶将其切割获得目的基因片段，然后再将它和作为载体的 DNA 分子（通常是质粒或病毒）在 DNA 连接酶的作用下连接成重组 DNA 分子，然后将重组的 DNA 分子导入某一受体细胞中，使外来的遗传物质在受体细胞中进行正常的复制和表达，通过对重组体的筛选和鉴定，最后获得符合生产要求的"工程菌"，如图 4-36 所示。

基因工程具有很强的方向性，且打破了原本的远缘杂交不亲和带来的种间障碍，为人工定向改造基因、编码特定蛋白质，主动改造生命的能力提供了可能。在微生物菌种改良领域，基因工程已经成功应用于氨基酸、酶制剂的生产。此外，基因工程也广泛应用于不

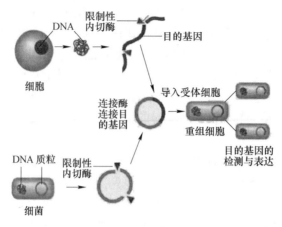

图 4-36　基因工程的主要操作步骤

同物种之间的基因改造，例如将苏云金芽孢杆菌（*Bacillus thuringiensis*）的 δ 毒素导入棉花基因组中开发出抗虫棉花等。此外，还可通过基因工程构建具有新型降解途径的菌株，以适应环境中污染物的变化，例如分别将门多萨假单胞菌（*Peseudomonas mendocina*）和缓慢芽孢杆菌（*Bacillus lentus*）染色体上降解甲醇和乙二醇的基因整合到原本具有苯甲酸和萘降解基因的乙酸钙不动杆菌（*Acinetobacter calcoaceticus*）中，使其同时能够降解甲酸、萘、甲醇和乙二醇等四种碳源。代谢途径的增多，代谢能力的增强，使得构建的基因工程菌能更好地适应污水的水质，提高污染物的去除率。

　　从微生物育种技术发展来看，伴随着人类对遗传变异现象认识的不断深入，从早期的"定向培育"到后期的"诱变育种"，虽然加快了菌种的突变频率，但存在育种的盲目性、变异程度的有限性以及产量提升的瓶颈，这些缺陷均限制了育种技术的进一步发展。后来出现的"杂交育种技术"到"原生质体融合技术"则推动了育种技术从亲本间杂交水平向亲缘关系更远的物种之间发展，相较于"诱变育种"而言，"杂交技术"的方向性和自觉性有了较大提高，但技术的复杂性、不同物种之间融合的高难度也使得这些技术难以满足现代化生产的要求。基因工程的出现则对整个育种技术进行了彻底的革命，这种技术能够使得人类直接设计并控制生物的遗传，甚至可以完成超远缘杂交，使其成为目前最具前途的育种方法。

第三节　菌种的衰退、复壮和保藏

　　获得一株理想的微生物菌株对微生物的研究和应用意义重大，而菌种的退化对来之不易的菌种而言是一种潜在的威胁，因此有必要对微生物菌种进行稳定地保存。

一、菌种的衰退和复壮

（一）菌种的衰退

　　菌种的衰退是指微生物群体中退化细胞在数量上占一定数值后，表现出菌种生产性能下降的现象。菌种的衰退现象主要表现为：（1）细胞形态变形、菌落颜色改变；（2）生长速度放缓，具备产孢子能力的菌种产生的孢子越来越少；（3）代谢能力降低，产物的产量下降；（4）对不良环境的抵抗能力下降。在生产实践中，如果对菌种放任自流，不进行有意识的人工选育，则个别菌的负突变会逐渐占据优势，在群落中的比例不断增大，从而引起整个群体发生衰退，反映到生产上就会出现低产、低质等现象。

造成菌种发生衰退的原因主要有两方面：（1）自发突变的影响，从生物学角度来看，生产实践上使用的很多优良菌株往往是营养缺陷型，一旦发生回复突变，菌体又回到原来正常的生理状态。随着 DNA 复制次数越来越多，其发生的自发突变概率就会增大，负变株出现的可能性也会越来越大。（2）环境条件的影响，环境因素如营养条件、温度及一些低剂量的诱变剂的存在都可能造成菌体中遗传物质结构的改变，从而进一步影响菌种的遗传稳定性。

在生产实践中，为了防止菌种发生衰退，可采取以下措施：

（1）控制传代次数。降低传代次数，避免不必要的移种和传代，以降低自发突变的概率。在实验室或在生产实践中，必须严格控制菌种的移种代数。图 4-37 所示为通过减少传代防止菌种衰退的途径。

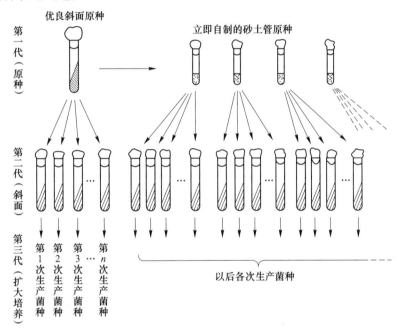

图 4-37　减少传代防止菌种衰退的途径

（2）创造良好的培养条件。如营养缺陷型突变株培养时应该保证充足的营养成分，特别是生长因子；一些抗性突变株的培养基中应当添加适量的相关药物，以抑制其他非抗性突变株的野生型菌株生长。此外，外界环境因素如碳源、氮源、pH 值和温度应当维持在适当的水平，以避免出现不利于生产菌的生长条件，限制退化菌株在整个菌群中的数量增加。

（3）利用不易衰退的细胞进行传代。在接种过程中，应尽可能地使用孢子或单核菌株，避免对多核细胞进行处理。例如若采用分生孢子对构巢曲霉（*Aspergillus nidulans*）进行传代则容易导致衰退，但改用其子囊孢子则可避免菌种退化。

（4）采用有效的菌种保藏方法。即使在良好的保藏条件下，还是存在菌种衰退的现象。因此有必要研究和采用更有效的保藏方法以防止菌种的衰退。需要注意的是，斜面保藏的时间比较短，只能作为转接和短期保藏的种子使用，若需要长期保藏，应采用砂土管法、真空冷冻干燥法、石蜡油封藏法和液氮低温保藏法等手段。

（二）菌株的复壮

要防止菌种退化，最有效的方法是定期对菌种进行复壮。狭义上来说，菌种的复壮是指从衰退的菌种中纯种分离和测定生产性能，从而从衰退的群体中找出未衰退的个体，以达到恢复该菌种原有性状的一种措施；广义上来说是在菌种的生产性能尚未衰退前就经常有意识地进行纯种分离和生产性能的测定工作以期菌种的生产性能逐步有所提高。广义的复壮过程有可能是利用正向的自发突变，以在生产中培育出更加优良的菌株。常用的复壮方法主要是：（1）纯种分离法，主要步骤包括单细胞分离、纯化、扩大培养，常采用的方法可分为两大类：菌落纯和细胞纯，具体方法如图 4-38 所示；（2）通过在宿主体内生长进行复壮，对于寄生性微生物的退化菌株，通过接种至相应的宿主体内来提高其致病性，例如将衰退的苏云金芽孢杆菌感染菜青虫，然后从病死虫体中重新分离出典型的产毒菌株，重复上述操作若干次即可提高菌株的杀虫效率；（3）淘汰已衰退的个体，例如将某一抗生菌的分生孢子置于 $-30 \sim -10℃$ 下处理 $5 \sim 7d$，衰退的个体在低温条件下死亡，从而可将未退化的菌体从中筛选出来，实现菌种复壮的目的。

图 4-38　纯种分离法的类型及操作方法

二、菌种的保藏

菌种保藏是指通过适当的方法使微生物长期存活，并保持原种的生物学性状稳定不变的一类措施。目前建立的菌种保藏方法很多，但适用的微生物种类和保藏效果均有所不同。这些保藏方法的原理是选用优良的菌株并给其创造一个代谢不活泼、生长繁殖受到抑制、难以突变的环境条件。这些环境条件的设定主要采取低温、干燥、缺氧、缺乏营养及添加保护剂或酸度中和剂等。以下介绍一些常用的菌种保藏方法。

（1）冰箱斜面保藏法。将要保藏的菌种接种于试管斜面培养基上并置于适宜条件下生长，待其形成菌落后再将其放置在 4℃ 的冰箱中保藏，并定期对其移植。这种方法可应用于细菌、放线菌、霉菌和酵母菌的菌种保藏。与其他方法相比，该法具备操作简便、存活率高等优点，但长时间保存菌种不宜采用此法。这种方法的保藏期约为 $3 \sim 6$ 个月，当然也可采用橡胶塞替换原来的棉塞延长其保藏期。

（2）液体石蜡保藏法。在生长良好的斜面表面覆盖一层无菌的液体石蜡，液面高于培养基约 1cm，并向其直立于试管架上 4℃保藏。由于液体石蜡具有良好的隔绝氧气、阻止水分蒸发的作用，因此可将保藏期延长至 1~2 年。这种方法适用于霉菌、放线菌、酵母菌及一些好氧细菌的保存，但对厌氧细菌的保藏效果较差。

（3）砂土管保藏法。将无菌的砂土置于干燥器中，然后接入菌悬液或孢子，充分干燥后进行密封保藏。该法主要适用于能够形成孢子或孢子囊的微生物的保藏。由于其兼具干燥、缺氧、缺营养等特点，因此保藏期最长可达 10 年左右。

（4）冷冻干燥保藏法。将菌悬液在冰冻状态下升华其中的水分，使其干燥并获得菌体样本。这种方法具有干燥、低温、缺氧等特点，且适用范围极广，保藏期最长可达 15 年，是目前最好的一类综合性保藏方法。但该种方法对技术要求较高且操作繁琐。需要注意的是，在冷冻过程中应避免冰晶对细胞造成机械损伤导致其死亡，因此必须速冻并加入保护剂。

（5）液氮保藏法。是目前被公认的最有效的菌种保藏技术之一。该法是将菌种混悬于含保护剂的液体培养基中，封存至圆底安瓿管或液氮保藏管中，经过预冷后置于液氮罐（液相-196℃，气相-156℃）中保藏。除了少量对低温损伤敏感的微生物以外，该法对所有种类和形式的微生物均适用。液氮保藏法的保藏期可达 15 年以上，但存在操作复杂，对设备要求高，成本高昂等缺点。

三、国内外菌种保藏机构

菌种保藏任务将菌种妥善保藏使其不死、不衰、不乱，让这些微生物能更好地服务于科研和生产中。为了实现这种目标，国际上很多国家均设立了专门的菌种保藏机构。例如美国典型菌种保藏中心（ATCC），美国北部地区研究实验室（NRRL），英国国家典型菌种保藏所（NCTC），日本大阪发酵研究所（IFO），东京大学应用微生物研究所（IAM），荷兰真菌中心收藏所（CBS），法国里昂巴斯德研究所（IPL），德国科赫研究所（RKI）以及德国菌株保藏中心（DSM）。我国较大的菌种保藏机构有中国普通微生物菌种保藏管理中心（CGMCC），中科院微生物所微生物资源中心（IMCAS-BRC）和中国典型培养物保藏中心（CCTCC）等。这些菌种保藏机构的设立更好地促进微生物资源的共享利用，为人类的生命科学研究和生物技术创新提供了宝贵的物质资源。

思 考 题

4-1 试分析影响微生物生长的主要因素以及影响机理。

4-2 微生物的纯培养有哪些分离方法？

4-3 微生物生长分哪些时期，每个时期有何特点？

4-4 说明微生物生长测定方法的原理，比较各种测定方法的优缺点？

4-5 什么是灭菌，灭菌方法有哪几种？试述其优缺点。

4-6 什么是消毒，消毒方法有哪几种？

4-7 微生物与温度的关系如何，高温是如何杀菌的？

4-8 试述 pH 值对微生物的影响？

4-9 什么是渗透压，渗透压与微生物生长有何关系？

4-10 紫外线杀菌的机理是什么，什么是光复活现象？

4-11　什么是微生物的遗传性和变异性，遗传和变异的物质基础是什么，如何证明？

4-12　什么是遗传基因，微生物的遗传信息是如何传递的？

4-13　DNA 是如何复制的？

4-14　微生物变异的实质是什么，基因突变的类型有几种？

4-15　诱变机制有哪些，有哪些诱变剂？

4-16　什么是菌种的衰退，如何复壮，如何保藏菌种？

第五章　微生物在自然界物质循环中的作用

　　自然界中的生命体主要是由 C、H、O、N、P、S、K、Ca、Mg 等元素所组成。生物的代谢活动都是将无机物转化为有机物，再由有机物转化为无机物的无限循环。在生态系统中，微生物既是分解者，如异养微生物将动植物残体或代谢物等有机物转化为无机物供给高等植物或进行矿化，据统计，地球上 90% 以上的有机物的矿化均由细菌和真菌参与完成；同时又扮演了生产者的角色，如有些光合细菌或藻类为自养微生物能够将无机物转化为有机物，供给动物或植物需要；此外，它也可以是消费者，如原生动物摄取小分子有机物、藻类、细菌为食等。所有的生物都参与了自然界物质循环，而作为这个循环主要推动者的微生物和其他生命体之间的紧密配合能够让元素在不同物质间进行有效的转化。因此，了解微生物在自然界物质循环中的作用对于保护环境具有重要的意义。

第一节　碳　循　环

　　碳是构成生物体最重要的元素之一，约占有机物干重的 50%。自然界的碳素循环主要包括 CO_2 的固定和 CO_2 的再生。植物和某些自养微生物能够通过光能、化学能或将大气中的 CO_2 固定并通过复杂的代谢途径合成大分子含碳有机化合物。这些有机碳一部分可通过食物链在生态系统中转移，并通过呼吸作用释放 CO_2，一部分则作为机体组织被微生物分解释放出 CO_2。在缺氧条件下，有机物的分解往往是不完全的，其中有一部分有机物被转化成 H_2、CO_2 和乙酸等物质，在产甲烷菌的作用下生成 CH_4，逸入环境中的 CH_4 又被甲烷氧化菌氧化为 CO_2；在有氧条件下，几乎所有的含碳有机物最终都转化为 CO_2。虽然微生物对 CO_2 的固定作用远不及高等绿色植物，但在 CO_2 的再生中，微生物，特别是异养微生物则起到了主导作用。因此，可利用微生物的分解特性来消除污染物，实现环境保护的目的。微生物在碳元素循环中的作用如图 5-1 所示。

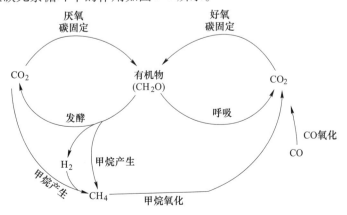

图 5-1　微生物在碳元素循环中的作用

　　环境污染物中含碳有机物有很多类型，包括小分子的有机酸类、醇类、单糖、双糖等和分子结构较复杂如纤维素、半纤维素、淀粉、脂类、果胶等。微生物通过代谢活动，在酶的参与下将这些物质逐步转化成小分子的有机物或无机物，实现对污染物的降解作用。微生物对这些有机物的利用能力及转化方式因菌种和环境条件不同而表现出巨大差异，下面重点介绍微生物对常见含碳有机物的转化作用。

一、微生物分解有机质的一般途径

　　在有氧条件下，一些好氧或兼性好氧微生物可直接分解简单的有机物，而对于复杂的有机物，微生物首先分泌胞外酶将其降解为简单的小分子有机物，然后再转运至胞内利用。在有氧条件下，好氧和兼性好氧微生物将有机物被彻底分解成 CO_2 和 H_2O，同时生成大量的 ATP。在缺氧条件下，兼性好氧微生物无法彻底氧化基质，而是生成某些中间产物。由于氧化过程中个别反应的速度不一致，甚至在氧足量供应时，某些微生物也会积累一些中间产物。这种微生物对有机物的不完全氧化已被应用于曲霉生产柠檬酸和草酸、醋酸菌生产有机酸等工业生产中。在无氧环境下，厌氧微生物如产甲烷菌和同型乙酸菌能够利用初级发酵者的代谢产物，如一些分子结构简单的有机酸类、醇类、H_2 和 CO_2 等发酵生成甲烷，如图5-2所示。

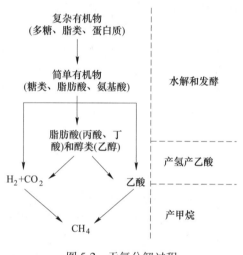

图 5-2　无氧分解过程

二、淀粉的转化

　　淀粉广泛存在植物种子、块根块茎和干果中，是植物营养和能量的重要储存形式。利用粮食作原料的工厂废水，例如淀粉厂、酒厂废水，印染废水、抗生素发酵废水及生活污水等中均有淀粉的存在。

（一）淀粉的分类

　　按照水溶性来分，淀粉可分直链淀粉和支链淀粉。在淀粉溶解时，可溶的称为直链淀粉，不可溶或难溶的称为支链淀粉。直链淀粉是由 300~400 个葡萄糖分子以 α-1,4 葡萄糖苷键（简称 α-1,4 糖苷键）缩合而成的不分支的链状结构。支链淀粉一般由 1000~300000 个葡萄糖分子以 α-1,4 糖苷键和 α-1,6 糖苷键相连形成的高支化聚合物，如图 5-3 所示。其中，α-1,4 糖苷键相连形成直链，在此直链上通过 α-1,6 糖苷键又形成支链，只有外围的支链能被淀粉酶水解为麦芽糖。在食物淀粉中，支链淀粉含量可高达65%~81%。

（二）淀粉的降解途径

　　在利用淀粉时，微生物首先产生淀粉酶将其水解成葡萄糖和麦芽糖，然后再转运至胞内氧化分解。参与水解的淀粉酶有 4 种：（1）α-淀粉酶，也称内切酶或液化酶，可切割直链及支链中的 α-1,4 糖苷键，生成糊精、麦芽糖和少量葡萄糖，使淀粉黏度下降；（2）β-淀粉酶，又称外切酶，它从直链或支链的一端进行切割，每次切下两个葡萄糖单位，产物

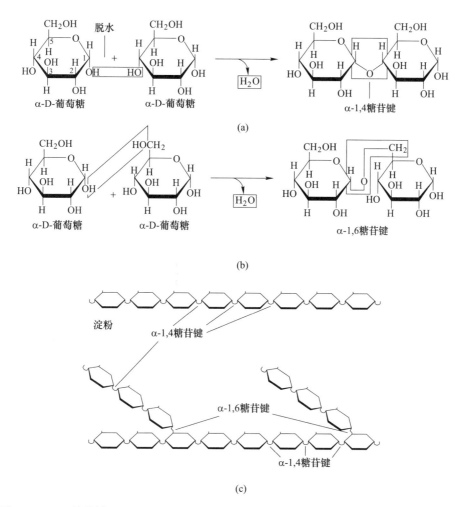

图 5-3　α-1,4 糖苷键（a）和 α-1,6 糖苷键（b）及其在直链淀粉和支链淀粉中的位置（c）

为麦芽糖和糊精；（3）葡萄糖淀粉酶，即糖化酶，每次切下一个葡萄糖分子；（4）异淀粉酶，主要作用于直链与支链交接处的 α-1,6 糖苷键，生成糊精。在上述 4 种酶的作用下，淀粉完全水解成葡萄糖。

　　在有氧的条件下，转运至细胞内的葡萄糖经过糖酵解途径生成丙酮酸，再进入三羧酸循环最终被完全氧化成 CO_2 和 H_2O；在无氧条件下，生成的丙酮酸可脱去一分子的 CO_2 生成乙醇。在专性厌氧微生物的作用下，淀粉可经过丙酮丁醇发酵生成丙酮、丁醇、乙醇、氢气和 CO_2，也可通过丁酸发酵生成丁酸、乙醇、氢气和 CO_2，如图 5-4 所示。

（三）降解淀粉的微生物

　　能够分解淀粉的微生物包括细菌、放线菌和真菌，在实际的污水处理或生产中，往往需要各种微生物紧密配合才能实现淀粉完全降解或转化的目的。例如，枯草芽孢杆菌可将淀粉彻底分解为 CO_2 和 H_2O（图 5-4 途径①），而根霉（*Rhizopus*）和曲霉（*Aspergillus*）则产生大量的淀粉酶将淀粉转化为葡萄糖，然后在酿酒酵母（*Saccharomyces cerevisiae*）的作用下将葡萄糖发酵为乙醇和 CO_2（图 5-4 途径②）。中国白酒的酿制过程中即是利用根

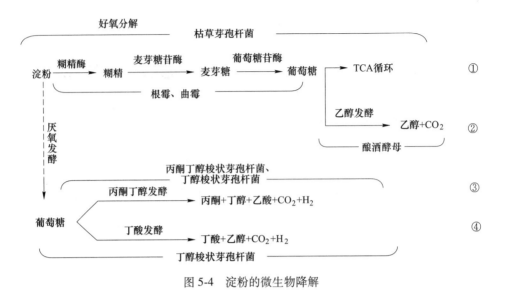

图 5-4　淀粉的微生物降解

霉和曲霉的这种特性来制作酒曲并酿酒。丙酮丁醇梭状芽孢杆菌（*Clostridium acetobutylicum*）和丁醇梭状芽孢杆菌（*Clostridium butylicum*）则在厌氧的条件下经丙酮丁醇发酵途径生产丙酮和丁醇（图 5-4 途径③）。丁酸梭状芽孢杆菌（*Clostridium butyrieum*）（又名酪酸菌）能够利用淀粉通过丁酸发酵途径生成丁酸、乙醇等代谢产物（图 5-4 途径④），它一般存在于人体的肠道中，是肠道内有益菌群之一。

三、纤维素的转化

纤维素是植物细胞壁的主要成分，约占植物界含碳量的 50% 以上，是最丰富的天然有机化合物之一。自然界中纤维素的主要来源是棉花、麻、树木及一些作物的茎秆等，其中棉花含纤维素高达 90%，被誉为最纯的纤维素天然来源。以这些作物为原料的工业产生的废水中常含有大量的纤维素，如棉纺印染废水、造纸废水及城市垃圾等。

纤维素一般是由 1400~10000 个葡萄糖分子以 β-1,4 糖苷键形成的高分子聚合物，如图 5-5 所示。纤维素在环境中一般比较稳定，很难降解，只有在微生物纤维素酶的作用下才能被分解。

1. 纤维素的分解途径

纤维素在微生物酶的作用下可被降解为葡萄糖，然后转运至胞内被利用。参与纤维素分解的酶主要有 β-1,4 内切葡聚糖酶、纤维二糖水解酶和 β-葡萄糖苷酶，纤维素酶包括内切葡萄糖酶、纤维二糖水解酶和 β-葡萄糖苷酶。β-1,4 内切葡聚糖酶能够从纤维素直链内部切开 β-1,4 糖苷键，生成水溶性的纤维寡糖；然后由纤维二糖水解酶从纤维素糖链的非还原端切下二糖单位形成纤维二糖；在 β-葡萄糖苷酶水解作用下，纤维二糖及纤维寡糖最终生成葡萄糖，如图 5-6 所示。值得注意的是，纤维素酶是一种诱导酶，往往只有环境中存在纤维素、纤维二糖和葡萄糖时，一些微生物才能被诱导合成纤维素酶，如绿色木霉（*Trichoderma viride*）。此外，细菌纤维素酶一般为胞内酶且活性较低，而真菌和放线菌纤维素酶是胞外酶，活力较高。

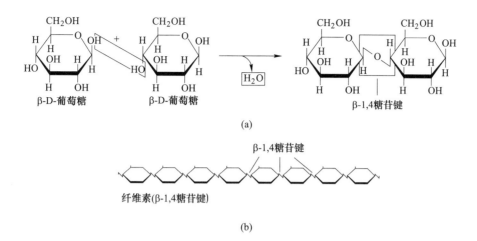

(a)

纤维素(β-1,4糖苷键)

(b)

图 5-5　纤维素中 β-1,4 糖苷键的形成（a）及所在位置（b）

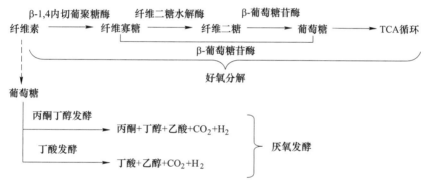

图 5-6　纤维素的微生物降解

2. 分解纤维素的微生物

能够分解纤维素的微生物有很多，例如细菌、放线菌、真菌和一些原生动物，其中真菌的降解能力最强，主要有木霉、曲霉、青霉、根霉、镰刀霉（*Fusarium*）和毛壳霉（*Vhactomium*）等。能够分解纤维素的好氧细菌主要以黏细菌为主，有噬纤维菌属（*Cytophaga*）、生孢噬纤维菌属（*Sporocytophaga*）、纤维弧菌属（*Cellvibrio*）和纤维单胞菌属（*Cellulomonas*）等；厌氧细菌有醋弧菌属（*Acetovibrio*）、拟杆菌属（*Bacteroides*）、梭菌属（*Clostridium*）和瘤胃球菌属（*Ruminococcus*）等。此外，放线菌中小单胞菌属（*Micromonospora*）、链霉菌属（*Streptomycess*）等也具有分解纤维素的能力。

四、半纤维素的转化

半纤维素是另一种存在植物细胞壁中，含量较高且难以分解的高聚化合物。半纤维素是由多聚戊糖（多聚木糖和多聚阿拉伯糖）、多聚己糖（多聚半乳糖和多聚甘露糖）和聚糖醛酸（葡萄糖醛酸和半乳糖醛糖）的混合物。以针叶材、阔叶材和禾本科草类作物为原料进行工业生产时产生的废水中往往含有大量的半纤维素，如造纸废水和人造纤维废水。

（一）半纤维素的分解过程

半纤维素为大分子物质，无法直接进入细胞，必需分泌胞外酶，在细胞外将其水解成单糖后再转运至细胞内被利用。半纤维素酶主要包括 D-木聚糖苷酶、L-阿拉伯糖聚酶、D-半乳糖聚酶、D-甘露糖聚酶，这些酶均是专一性降解半纤维素的一组酶类，属于聚糖水解酶。在有氧条件下，经半纤维素酶水解后产生的单糖和糖醛酸经 EMP 途径和 TCA 循环被彻底代谢为 CO_2 和 H_2O，同时伴随大量能量产生。在厌氧条件下，经发酵将单糖和糖醛酸转化为酸和醇等代谢产物，如图 5-7 所示。

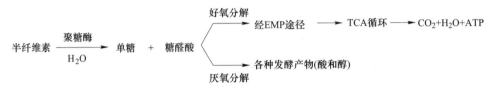

图 5-7　半纤维素的微生物降解

（二）分解半纤维素的微生物

能够分解纤维素的微生物绝大多数也能分解半纤维素，此外，土壤微生物分解半纤维素的速度比分解纤维素快。这些微生物分布很广，包括细菌、放线菌、真菌和某些酵母菌等几十个属，上百种。半纤维素所包括的化合物种类很多，半纤维素酶也各不相同。芽孢杆菌属的一些种能够分解甘露聚糖、半乳聚糖和木聚糖，链孢霉属的一些种能够利用甘露聚糖、木聚糖；木霉、镰孢霉、曲霉、青霉、交链孢霉等属的一些种可分解阿拉伯木聚糖和阿拉伯胶等。大多数细菌和真菌产生的半纤维素酶均为胞外酶，但也有一些微生物如黏液球菌（*Myxococcus*）、瘤胃球菌（*Ruminococcus*）和黑曲霉（*Aspergillus niger*）中的一些种可产生胞内酶。

五、果胶质的转化

果胶质是由 D-半乳糖醛酸以 α-1,4 糖苷键构成的直链高分子化合物，其羧基与甲基脂化形成甲基酯。果胶质存在于高等植物的细胞壁和细胞间质中。造纸、制麻等工业废水中均含有大量的果胶质。存在于植物体内的果胶质与多缩戊糖结合，不溶于水，称为原果胶。

（一）果胶质的水解过程

原果胶在原果胶酶的作用下水解成可溶性果胶和多缩戊糖，可溶性果胶在果胶甲基酯酶的作用下分解为果胶酸和甲醇，果胶酸在多缩半乳糖酶（果胶酸酶）的作用下生成半乳糖醛酸，果胶酸、聚戊糖、半乳糖醛酸、甲醇等在有氧条件下被分解为 CO_2 和 H_2O，在无氧条件下进行丁酸发酵，生成丁酸、乙酸、醇类、CO_2 和 H_2，如图 5-8 所示。

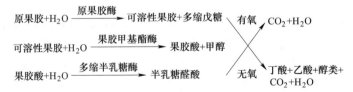

图 5-8　原果胶的降解过程

（二）分解果胶质的微生物

能够分解果胶质的主要是一些细菌和真菌及少数放线菌。细菌有枯草芽孢杆菌、多黏芽孢杆菌（*Bacillus polymyxa*）、浸麻芽孢杆菌（*Bacillus macerans*）、软腐欧氏杆菌（*Erwinia carotovora*）及假单胞菌的少数种。真菌有青霉、曲霉、木霉、根霉、毛霉。

六、木质素的转化

木质素是地球上仅次于纤维素的第二大生物质资源。木质素与纤维素紧密结合构成植物的细胞壁。木质素主要是由芥子醇（S 型）、松柏醇（G 型）和 β-香豆酮（H 型）三种单体构成，通过 C—C 键和苯氧基键连接起来的具有三维结构的芳香族高聚化合物（见图 5-9）。这 3 种芳香醇前体，分别对应 3 类木质素，即紫丁香基木质素、愈创木基木质素和对羟苯基木质素。木质素的这种特殊的结构导致其很难被生物所降解。制浆和造纸工业的废水中含有大量的木质素成分，是我国重要的污染源之一。

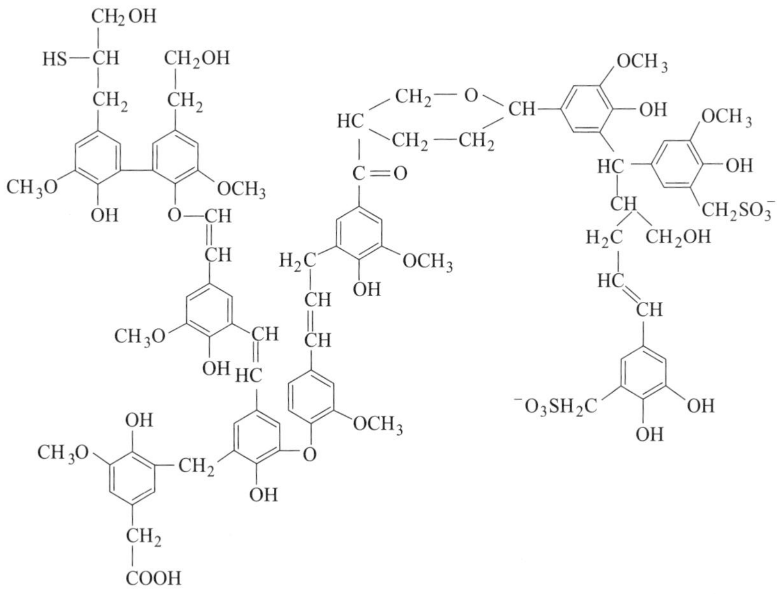

图 5-9　木质素结构示意图

（一）木质素的降解机制

能够对木质素起降解作用的酶主要包括：木素过氧化物酶（LiP）、锰过氧化物酶（MnP）、漆酶（Lac）、多功能过氧化物酶（VP）和染料脱色过氧化物酶（DyP）等。木质素结构复杂，目前对微生物降解木质素的机制还没有完全的认识，但研究人员已经发现木质素的微生物代谢机制具有显著的相似性。总而言之降解过程就是由多种高活性氧化酶参与的一种强氧化还原反应。通过产生的自由基或氧化还原介质进入木质素的三维结构，并在分子内形成化学键。随后木质素降解化合物被特定的微生物攻击，进一步降解、修饰或最终打开芳香环结构（见图 5-10）。木质素最终降解产物取决于可用的电子受体。在有氧环境中最终产物为 CO_2，而在厌氧环境中可能是 H_2S、NH_4 或甲烷。整个降解途径主要包括部分水解，芳香基、烷基醚、醚键和 C—C 键的断裂，脱甲氧基化、烷化和缩合反应。

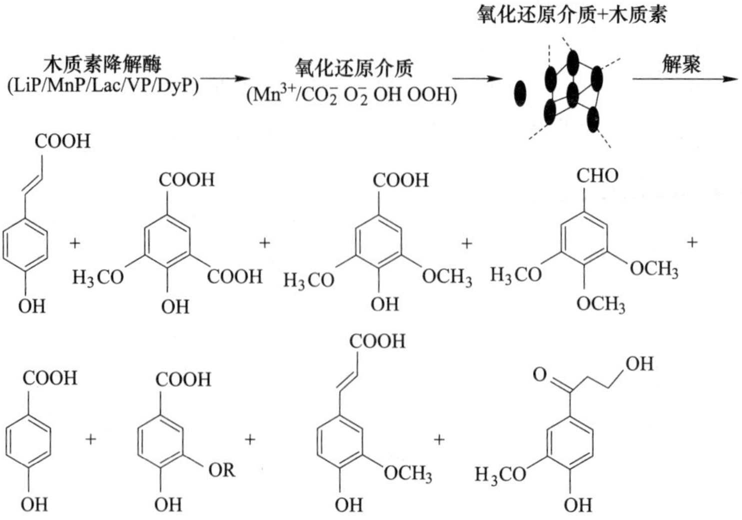

图 5-10　木质素微生物降解模型

（二）降解木质素的微生物

能够降解木质素的微生物主要包括细菌和真菌，其中好氧细菌包括天蓝色链霉菌（*Streptomyces coelicolor*）和恶臭假单胞菌（*Pseudomonas putida*）等；兼性厌氧菌包括食气梭菌（*Clostridium methoxybenzovorans*）、红球菌（*Rhodococcus jostii*）和枯草芽孢杆菌（*Bacillus subtilis*）等；此外还有一些厌氧菌也可降解木质素，例如脱硫微菌（*Desulfomicrobium* sp.）等。真菌是一种主要的木质素降解微生物。目前真菌降解木质素的微生物中以白腐菌的降解能力最优，主要包括黄孢原毛平革菌（*Phanerochaete chrysosporium*）、射脉侧菌（*Phlebia radiata*）、污叉丝孔菌（*Dichomitus squalens*）等。

［拓展知识］

木质素可促进动物肠道健康

木质素通常被认为不能被动物所消化，然而，研究表明，木质素在肠道内可被微生物代谢并产生对动物健康至关重要的哺乳动物木质素。科学家通过饲喂肉鸡纯的木质素，发现盲肠双歧杆菌和乳酸菌的数量增加了，而粪便中大肠杆菌的数量却减少了。这说明其不仅能够被肠道微生物所代谢，而且可表现出类似益生元的作用，促进动物肠道的健康。

七、脂肪的转化

脂肪是自然界中最重要的脂类物质，广泛存在于动物脂肪组织、植物种子和果实中，为生命活动提供碳源和能源。脂肪是由甘油和高级脂肪酸形成的酯，主要有棕榈酸甘油酯、硬脂酸甘油酯、油酸甘油酯等。由饱和脂肪酸和甘油组成的并在常温下呈固态的称为脂；由不饱和脂肪酸和甘油组成的并在常温下呈液态的称为油。毛纺、毛条厂废水、油脂厂废水、制革废水含有大量油脂。

微生物所产生的脂肪酶先将脂肪水解为甘油和高级脂肪酸，如图 5-11 所示。

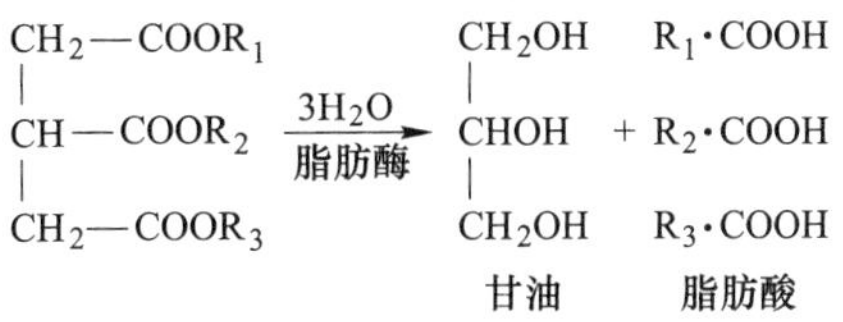

（一）甘油的转化

经过脂肪酶催化分解后产生的甘油在甘油激酶的作用下生成 α-磷酸甘油，然后在磷酸甘油脱氢酶的作用下生成磷酸二羟丙酮（见图 5-12）。磷酸二羟丙酮可经 EMP 途径生成丙酮酸，再氧化脱羧生成乙酰 CoA，进入 TCA 循环完全氧化为 CO_2 和 H_2O。磷酸二羟丙酮也可逆 EMP 途径生成葡萄糖。因此，甘油和糖代谢之间存在着紧密联系。

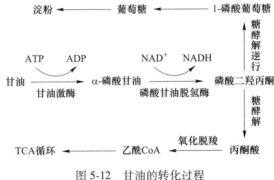

图 5-11　脂肪的酶解过程

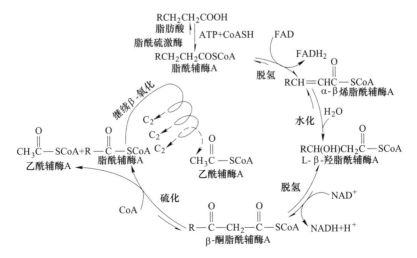

图 5-12　甘油的转化过程

（二）脂肪酸的 β-氧化

脂肪酸通过 β-氧化途径被分解。首先脂肪酸在脂酰硫激酶的作用下被激活为脂酰辅酶 A，然后在 α 与 β 碳位之间经过脱氢、水化、脱氢、硫解等 4 个步骤使得碳键断裂，生成乙酰辅酶 A 和少两个碳原子的脂酰辅酶 A，这种脂酰辅酶 A 被重复 β-氧化最终全部形成乙酰辅酶 A，如图 5-13 所示。奇数碳原子的脂肪酸的终产物除了乙酰辅酶 A 外还有丙酸，可进入三羧酸循环完全氧化成二氧化碳和水。

图 5-13　脂肪酸的 β-氧化

（三）分解脂类的微生物

能够分解脂类的微生物主要是好氧性微生物。其中，细菌有假单胞菌、分支杆菌、无色杆菌、芽孢杆菌和球菌等，荧光假单胞菌（*Pseudomonas fluorescens*）和铜绿假单胞菌（*Pseudomonas aeruginosa*）等细菌对类脂的降解作用尤为突出。真菌中的青霉、曲霉、枝孢霉（*Cladosporium*）、粉孢霉（*Oidium*）等和放线菌中的一些种也具有降解脂类的能力。此外，厌氧微生物中的梭菌如产气荚膜梭菌（*Clostridium perfringens*）也可分解脂类物质。

八、烃类物质的转化

石油是由烷烃（30%）、环烷烃（46%）及芳香烃（28%）及少量非烃化合物所组成的复杂的混合物。石油中含有大约两百多种不同的烃类化合物，其降解性因所含烃类分子的类型和大小不同。一般认为，短的烷烃反而会对微生物产生毒害作用，而中等长度的烷烃最容易被微生物所降解，长烷烃则极难被降解。从分子类型来看，直链烃比支链烃、链烃比环烃更易降解。支链越多，微生物越难降解；多环芳香烃则很难降解或根本不降解。

烃是高度还原性的物质，微生物对其降解过程是绝对需氧的。因此处于地下缺氧环境中的石油组分长期不会发生任何变化。微生物对烃的利用过程主要是将它们氧化成醇、醛、酸等物质，在此过程中产生的中间产物和最终产物很多都是重要的工业原料，因而有重要的研究意义。

（一）正烷烃的转化

在加氧酶的作用下，微生物攻击正烷烃的末端甲基，生成伯醇，然后再被氧化生成醇、醛和脂肪酸。脂肪酸再通过 β-氧化途径继续氧化，如图 5-14 所示。有些微生物还可直接攻击正烷烃的次末端或双端氧化，但主要以末端氧化为主。

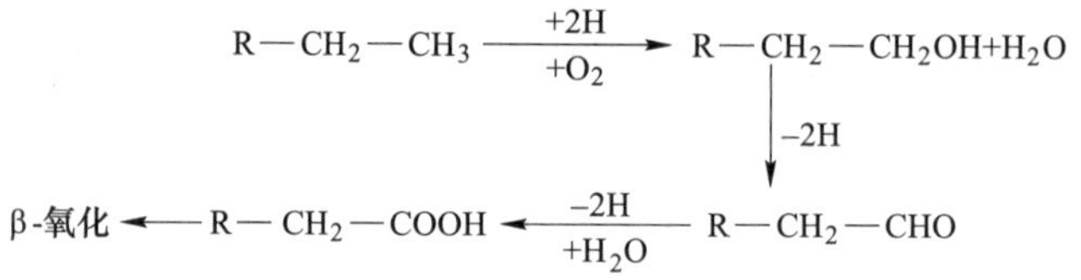

$$R-CH_2-CH_3 \xrightarrow[+O_2]{+2H} R-CH_2-CH_2OH+H_2O$$

$$\downarrow {-2H}$$

$$\beta\text{-氧化} \longleftarrow R-CH_2-COOH \xleftarrow[+H_2O]{-2H} R-CH_2-CHO$$

图 5-14　正烷烃的转化

（二）环烷烃的转化

以环己烷为例，在混合功能氧化酶的作用下先生成环己醇，然后脱氢成酮，进一步氧化后内酯环被打开，其中一端的羟基被氧化成醛基，再氧化成羧基后生成的二羧酸通过 ω-氧化途径被代谢，如图 5-15 所示。

（三）芳香烃化合物的转化

芳香烃的种类很多，包括酚、间甲酚、邻苯二酚、苯、二甲苯、异丙苯、异丙甲苯、萘、菲、蒽等。炼油厂、煤气厂、焦化厂、化肥厂等的废水中均含有芳香烃，普遍具有生物毒性。

1. 苯的代谢

芳香烃由加氧酶氧化为儿茶酚，二羟基化的芳香环再氧化将邻位或间位开环。其中邻

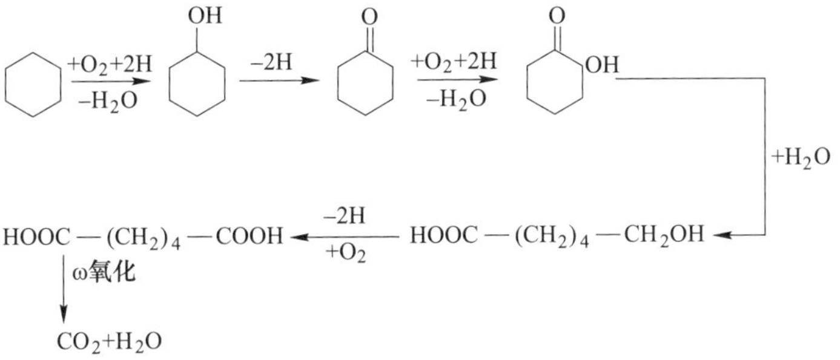

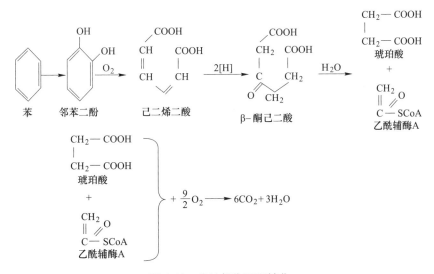

图 5-15　环己烷的转化

位开环生成己二烯二酸，进一步氧化为 β-酮己二酸，再经过氧化生成琥珀酸和乙酰辅酶 A，然后进入 TCA 循环。间位开环生成 2-羟己二烯半醛酸，并进一步代谢生成甲酸、乙醛和丙酮酸，如图 5-16 所示。

图 5-16　苯的邻位开环转化

2. 萘的代谢

多环芳香烃的降解途径主要是通过将其中的一个环二羟基化、开环，进一步降解为丙酮酸和 CO_2，然后第二个环以相同的方式分解直至完全成为丙酮酸和 CO_2。萘的代谢途径如图 5-17 所示。

（四）分解烃类的微生物

能够降解石油中各种组分的微生物大约有 70 多个属，200 多种，例如诺卡氏菌、假单胞菌、分支杆菌以及某些酵母菌等。微生物对不同的烃类化合物的降解能力因种而异。例如甲烷假单胞菌（*Pseudomonas methanica*）、分枝杆菌、头孢霉、青霉等具有降解烷烃的能力。能够降解结构更复杂的酚和苯等芳香烃主要有荧光假单胞菌、铜绿假单胞菌及苯杆菌。多环芳香烃中能够分解萘的细菌有铜绿假单胞菌、溶条假单胞菌、诺卡氏菌、球形小球菌、无色杆菌及分枝杆菌等。此外，蓝细菌和某些绿藻也能降解多种芳香烃。

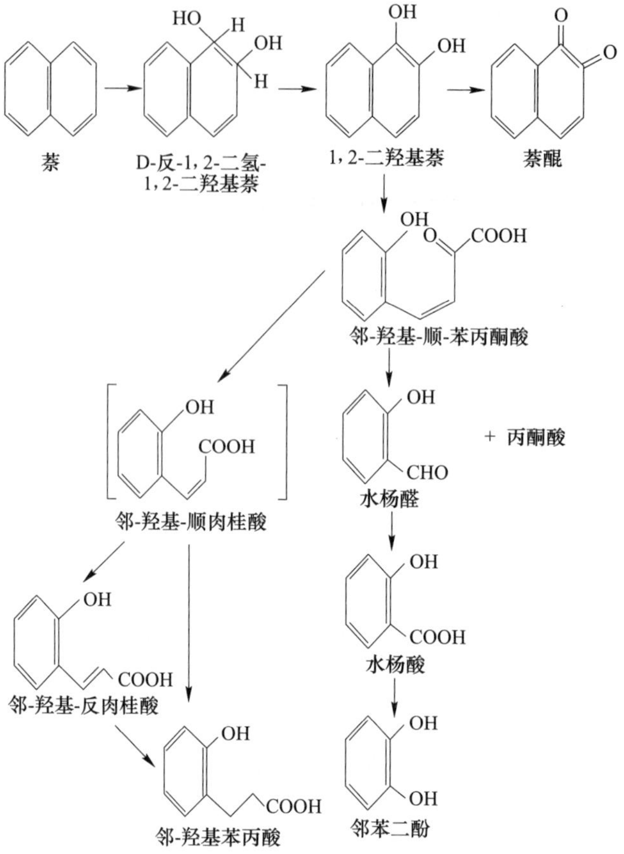

图 5-17　萘的转化

[拓展知识]

石油和超级细菌

　　为了解决因原油泄露而造成环境污染的问题，1971 年，美国著名微生物学家阿南达·查克拉巴蒂（Ananda Chakrabarty）通过将质粒添加到假单胞菌中，赋予了这种细菌降解有机物的能力，从而实现快速分解原油的目的。这种改造后的恶臭假单胞菌（*Pseudomonas putida*）将原油分解的速度提升了 100 倍。除了有机物之外，这种细菌还可以快速分解塑料。但是最令人担心的是，这种"超级细菌"还拥有极强的抗药性，以至于当时已知的所有抗生素对其都不起作用。由于这些存在的未知风险与不确定性导致该细菌一直被"雪藏"。

第二节　氮　循　环

　　氮素是构成生命有机体的必需元素之一，是所有氨基酸、核酸（DNA 和 RNA）及其他许多重要分子的主要组分。大气中分子态氮（N_2）含量约占 78%（体积分数），然而绝大多数生物却无法直接利用，需要将其"固定"并转化成含氮化合物后才能满足生物体对氮素的需要。这包含着生物体对氮素需求的两种形态：（1）有机氮化合物，包括生物体中的蛋白质、核酸和其他含氮有机物，以及死亡的生物残体进入土壤后转变为腐殖质等有机氮化物；（2）无机氮化合物（铵盐和硝酸盐）。生态系统中的氮循环是在微生物、植物和动物三者的协同作用下将不同形态的氮互相转化构成的。这一循环涉及许多转化作用，包括固氮作用、氨化作用、硝化和反硝化作用以及氨的同化作用等，这些过程大多数都是由微生物参与的。大气中的 N_2 通过生物或非生物固氮转变为氨或其他含氮化合物，在生物体内进一步转化后再通过微生物的硝化和反硝化作用重新成为分子态氮回到大气中，由此形成了氮循环，如图 5-18 所示。

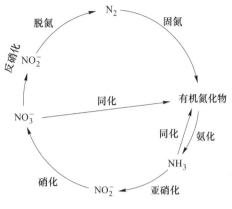

图 5-18　氮素循环示意图

一、固氮作用

固氮作用是指分子态氮被还原成氨或其他含氮化合物的过程。自然界中的固氮作用分为两种：（1）非生物固氮，通过自然或人为因素的化学固氮；（2）生物固氮，即通过微生物的作用进行固氮。生物固氮不仅具有提高农作物产量和增强土壤肥力的作用，而且对维持生态系统平衡具有重要的意义。全球每年固定氮素大约 $2.4 \times 10^8 t$，其中 80%～90% 都是由微生物完成的，其中贡献最大的是与豆科植物共生的根瘤菌属（*Rhizobium*）。

生物固氮主要是依靠固氮微生物体内的固氮酶催化进行的，具体反应如下：

$$N_2 + 6e + 6H^+ + nATP \xrightarrow{\text{固氮酶}} 2NH_3 + nADP + nPi$$

由于 N_2 结构的稳定性较高，因此生物固氮是一个极为耗能的过程，平均每固定 1 分子氮气就需要消耗 24 分子的 ATP。厌氧微生物和好氧微生物的固氮过程中 ATP 的来源不同，对于厌氧固氮菌的 ATP 主要来源于发酵过程；而好氧固氮菌则是通过呼吸作用产生的 ATP。固氮酶对氧气极为敏感，在好氧微生物长期的进化过程中形成了完善的固氮酶保护机制，因此可以避免氧气对酶活性的抑制。兼性厌氧菌的固氮作用只在无氧条件下进行，蓝细菌的固氮发生在无氧的异形胞中，如鱼腥藻属（*Anabuena*）、念珠藻属（*Nostoc*）（见图 2-29）等。根据固氮方式不同可将固氮微生物分为自生固氮、共生固氮和联合固氮三种类型。

（一）自生固氮

能够利用土壤或根系分泌物中的碳水化合物并将大气中 N_2 转化成菌体蛋白的微生物称为自生固氮菌。菌体死亡后经分解释放出氨被植物所吸收利用。这种固氮方式是间接供给植物氮源，固氮效率低下。固氮菌属（*Azotobacter*）和蓝细菌等原核微生物均采用此方式进行固氮，由于这些微生物分布极为广泛，且数量多，因此固氮量也较为可观。

（二）共生固氮

有些固氮微生物能够和其他生物紧密地生活在一起，一方面共生生物向固氮微生物提供生活必需的能源和碳源，另外一方面固氮微生物将自己固定的氮素供给共生生物作为合成氨基酸和蛋白质的氮源。比较典型的是根瘤菌（*Rhizobium*）和豆科植物之间的共生固氮作用，在条件适宜的情况下，根瘤菌诱导豆科植物形成特异化器官"根瘤"或"茎瘤"，并在被侵染的植物细胞中大量增殖分化形成具有固氮能力的类菌体。类菌体被来自植物的"共生体膜"包裹组成共生体，如图 5-19 所示。由于固氮菌直接给植物提供氮源，因此固氮效率高。相对于其他生物固氮方式，共生固氮获得的结合态氮数量最多。除了根瘤菌和豆科植物之间的共生作用外，还有弗兰克氏菌（*Frankia*）和非豆科植物，蓝细菌和真菌共生的地衣中的一些种也具有共生固氮作用。

图 5-19　根瘤菌和豆科植物形成的共生体

（三）联合固氮

一些固氮菌如固氮螺菌（*Azospirillum*）与高等植物（如水稻，甘蔗和热带牧草等）的根际或叶际之间存在既区别于共生固氮又与自生固氮不同的一种固氮类型，称为联合固氮，也称为"弱共生"或"半共生"固氮作用。与共生固氮的区别在于，联合固氮不形成类似于共生固氮那样的根瘤或叶瘤的独特形态结构，且相较于普通自生固氮具有较强的专一性，且固氮效率高。联合固氮为禾本科粮食植物的生物固氮提供了新的途径。

二、氨化作用

含氮有机化合物在某些微生物的作用下分解并释放出氨的过程称为氨化作用。这些含氮有机物包括蛋白质、尿素、核酸、尿酸和几丁质等。氨化作用对农业生产十分重要，土壤中的动植物残体或有机肥料均富含含氮有机物，通过微生物作用将其转变成氨才能被植物吸收和利用。

（一）蛋白质水解

土壤中动植物残体以及含有一些工农业和生活污水（例如生活污水、屠宰废水、罐头食品加工废水、乳品加工废水、制革废水及豆制品加工厂废水等）中均含有大量的蛋白质和氨基酸。由于蛋白质分子量大，不能直接进入微生物细胞被利用，因此必须在胞外水解成小分子肽或氨基酸后才能进入细胞并被利用（见图 5-20）。某些微生物可将水解生成的氨基酸经过脱氨或脱羧作用进一步分解并释放出氨。

（二）氨基酸转化

1. 脱氨作用

脱氨的方式包括氧化脱氨、还原脱氨、水解脱氨及减饱和脱氨。

蛋白质 →(蛋白酶)→ 胨 → 肽 →(肽酶)→ 氨基酸

图 5-20　蛋白质水解过程

A　氧化脱氨

氧化脱氨作用是好氧微生物胞内氨基酸代谢脱氨的主要方式。以丙氨酸为例，在氨基酸氧化酶的作用下丙氨酸和分子氧转化生成丙酮酸和氨，丙酮酸可进入 TCA 循环中被彻底代谢为 CO_2 和 H_2O，如图 5-21 所示。

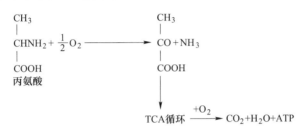

图 5-21　以丙氨酸为例的氧化脱氨作用

B　还原脱氨

在厌氧条件下，由专性厌氧菌和兼性厌氧菌以氨基酸作氢受体生成饱和酸和氨的过程（见图 5-22）称为还原脱氨。

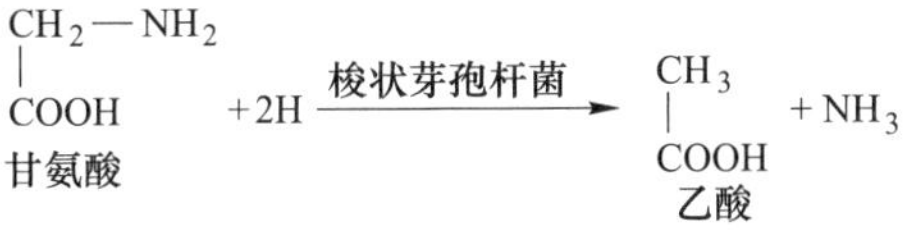

CH₂—NH₂ | COOH （甘氨酸） $+2H$ →（梭状芽孢杆菌）→ CH₃ | COOH （乙酸） $+ NH_3$

图 5-22　以甘氨酸为例的还原脱氨作用

C　水解脱氨

氨基酸经过水解作用生成羟基酸和氨，如图 5-23 所示。

D　减饱和脱氨

氨基酸在脱氨基时，在 α、β 键减饱和生成不饱和酸，如图 5-24 所示。

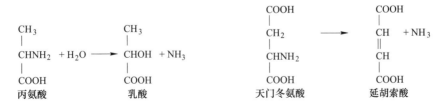

图 5-23　以甘氨酸为例的水解脱氨作用　　图 5-24　以天门冬氨酸为例的减饱和脱氨作用

以上经脱氨基后产生的氨有的直接释放到大气中，有的可被其他生物利用，还可以迁移到其他环境中，如从土壤转移到地下水中。生成的有机酸或脂肪酸可在好氧或厌氧条件下，由不同的微生物继续分解。

2. 脱羧作用

氨基酸在脱羧酶的作用下脱去羧基产生二氧化碳和相应的胺，这一过程称为氨基酸的脱羧作用（见图5-25）。氨基酸脱羧作用并不是氨基酸的主要代谢方式。这一作用大多数都是由腐败细菌和霉菌引起的，产生的二元胺对人有毒。因此，肉类蛋白质腐败后不可食用，以免中毒。

$$CH_3CHNH_2COOH \longrightarrow CH_3CH_2NH_2 + CO_2$$
丙氨酸　　　　　　　　　乙胺

$$H_2N(CH_2)_4CHNH_2COOH \longrightarrow H_2N(CH_2)_4CH_2NH_2 + CO_2$$
赖氨酸　　　　　　　　　　　　尸胺

图 5-25　以丙氨酸和赖氨酸为例的脱羧作用

异养微生物中大多数都具有不同程度的蛋白质分解能力。好氧菌或兼性好氧菌如多种芽孢杆菌（*Bacillus* spp.）、普通变形杆菌（*Proteus vulgaris*）和荧光假单胞菌（*Pseudomonas fluorescens*）等；厌氧菌如腐败梭状芽孢杆菌（*Bacillus espticus*）、生孢梭状芽胞杆菌（*Clostridium sporgenes*）；一些真菌如曲霉、毛霉和木霉等以及放线菌等均能够进行蛋白质的氨化作用。

（三）尿素的转化

尿素是一种十分重要的农业氮肥，但植物无法直接利用尿素，只有通过微生物的作用将其分解为氨才能顺利被植物吸收利用。动物的尿液、一些工业废水，如印染废水中均含有尿素。工业废水中往往缺乏氮源，因此在生物处理过程中可适当添加尿素补充氮源。尿素在脲酶的作用下生成碳酸铵，碳酸铵不稳定并进一步生成氨和 CO_2，如图5-26所示。在一定条件下，一部分氨逸出至大气中，成为尿素损失的主要途径，然后 NH_4^+ 可被植物吸收或被土壤吸附。

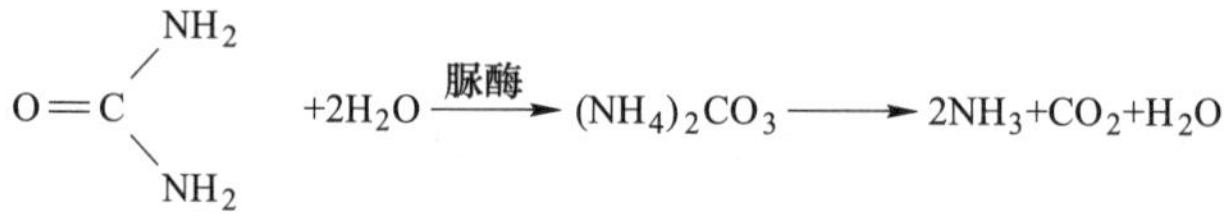

$$O = C \underset{NH_2}{\overset{NH_2}{\Big\langle}} \ +2H_2O \xrightarrow{\text{脲酶}} (NH_4)_2CO_3 \longrightarrow 2NH_3 + CO_2 + H_2O$$

图 5-26　尿素的转化过程

能够分解尿素的细菌种类有很多，如尿小球菌（*Micrococcus ureae*）、尿八叠球菌（*Sporosarcina ureae*）等，这些细菌又可统称为尿素细菌。需要注意的是尿素分解是一种不产能的过程，因此只能作为氮源无法作为能源使用。

三、硝化作用

将氨基酸脱下的氨氧化成硝酸盐的过程称为硝化作用。这一过程分为两阶段进行：（1）氨转化成亚硝酸，这一步由亚硝化细菌（Nitrite bacteria，又称氨氧化细菌）来完成；（2）亚硝酸转化成硝酸，这一步由硝化细菌（Nitrifying bacteria）来完成，如图5-27所示。整个过程必须有 O_2 的参与。

$$2NH_3 + 3O_2 \xrightarrow{\text{亚硝化细菌}} 2HNO_2 + 2H_2O + 619kJ$$

$$2HNO_2 + O_2 \xrightarrow{\text{硝化细菌}} HNO_3 + 201kJ$$

图 5-27　硝化作用的两个步骤

亚硝化细菌和硝化细菌的营养类型都是化能自养型，分别通过氧化 NH_3 和 NO_2^- 的过程中获取能量，并以 CO_2 为唯一碳源进行生长繁殖。能够参与硝化作用的亚硝化细菌有亚硝酸单胞菌属（*Nitrosomonas*）、亚硝酸球菌属（*Nitrosococcus*）及亚硝酸螺菌属（*Nitrosospira*）、亚硝酸杆菌属（*Nitrosolobus*）和亚硝酸弧菌（*Nitrosovibrio*）等。硝化细菌有硝化杆菌属（*Nitrobacer*）、硝化球菌属（*Nitrococcus*）等。此外，好氧性的异养细菌和真菌如节杆菌（*Arthrobacter*）、芽孢杆菌（*Bacillus*）、铜绿假单胞菌（*Pseudomonas aeruginosa*）、姆拉克汉逊酵母（*Hansenula mrakii*）、黄曲霉（*Aspergillus flavus*）和青霉等也能将 NH_4^+ 氧化成 NO_2^- 和 NO_3^-。亚硝化细菌和硝化细菌必须在 pH 值为中性或弱碱性的环境中才能进行硝化作用，当 pH 值小于 6.0 时，硝化作用明显减弱，若 pH 值小于 5.0，则硝化作用消失。

硝化作用在生活污水和工业废水的处理中起到重要作用。这些污水中通常含有高浓度的氨氮，可通过硝化作用先将氨氮转化为硝酸盐，然后再通过反硝化作用将硝酸盐还原成分子态氮重新回到大气中，实现污水的脱氮。

四、反硝化作用

反硝化作用是指微生物在厌氧条件下将硝酸盐（NO_3^-）中的氮（N）通过一系列中间产物（NO_2、NO、N_2O）最终还原为氮气（N_2）的生物化学过程。反硝化作用包括同化硝酸盐还原作用和异化硝酸盐还原作用两种。其中，同化硝酸盐还原作用是硝酸盐作为微生物的氮源被还原成亚硝酸盐和氨，进一步地合成有机氮的过程，如图 5-28 所示。这一过程极大程度地保留了氮素，消除了土壤中硝态氮流失。异化硝酸盐还原作用是在无氧或微氧条件下，微生物以 NO_3^- 或 NO_2^- 作为电子受体进行呼吸作用生成 N_2O 或 N_2 的过程，又称脱氮作用或狭义的反硝化作用，如图 5-29 所示。

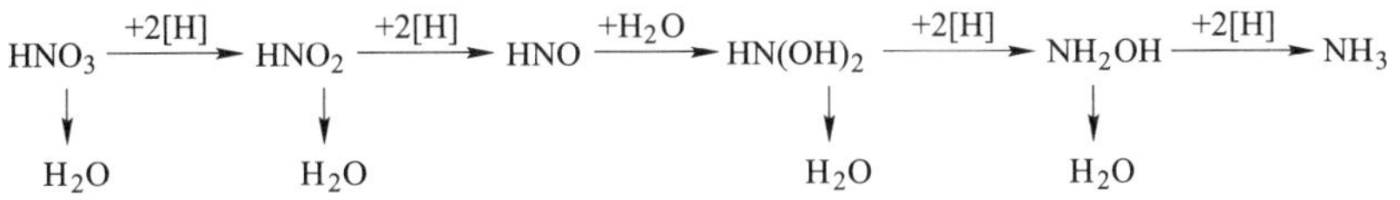

HNO3
+2[H]
HNO2
+2[H]
HNO
+H2O
HN(OH)2
+2[H]
NH2OH
+2[H]
NH3
H2O
H2O
H2O
H2O

图 5-28　同化硝酸盐还原作用

2[H]
H2O
2HNO3
+2[H]
2HNO2
+4[H]
2HNO
N2
2H2O
2H2O
H2O
N2O
H2O

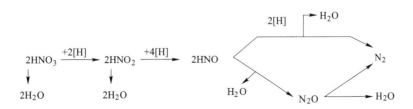

图 5-29　异化硝酸盐还原作用

反硝化作用分为四个步骤完成，这四个步骤分别被四种酶进行催化，如图 5-30 所示。

$$NO_3^- \xrightarrow{\text{硝酸盐还原酶}} NO_2^- \xrightarrow{\text{亚硝酸盐还原酶}} NO \xrightarrow{\text{一氧化氮还原酶}} N_2O \xrightarrow{\text{一氧化二氮还原酶}} N_2$$

图 5-30 反硝化作用的 4 个步骤

（1）硝酸盐还原酶催化硝酸盐（NO_3^-）还原为亚硝酸盐（NO_2^-），氧气的存在会强烈抑制硝酸盐还原酶的活性，因此这一过程必须保证在无氧条件下运行；

（2）亚硝酸盐还原酶将亚硝酸盐（NO_2^-）还原为一氧化氮（NO），亚硝酸盐还原酶的活性也受氧气的控制，硝酸盐能够诱导该酶的产生，是反硝化细菌独有的酶，存在于细胞的周质空间内；

（3）一氧化氮还原酶将一氧化氮（NO）还原为一氧化二氮（N_2O），该酶也受氧气的控制，且被各种氮氧化物诱导产生，位于细胞膜上；

（4）一氧化二氮还原酶催化一氧化二氮（N_2O）还原为 N_2，该酶存在于周质空间内，对氧气极为敏感，低 pH 条件下酶活被抑制，因此若在低 pH 高氧条件下，反硝化作用生成的终产物为 N_2O，而非 N_2。

能够进行反硝化作用的微生物有很多种，包括化能异养菌，如假单胞菌（*Pseudomonas*）、芽孢杆菌（*Bacillus*）、梭菌（*Clostridium*）、肠杆菌（*Enterobacter*）等；化能自养菌，如脱氮硫杆菌（*Thiobacillus denitrificans*）和兼性化能自养菌，如脱氮副球菌（*Paracoccus denitrifications*）等。

硝酸盐广泛存在于土壤、工农业废水中，大部分可被植物或藻类吸收将其作为氮源或通过硝酸盐还原菌还原成氨，再进一步合成氨基酸或蛋白质等含氮有机物。小部分的硝酸盐可通过反硝化作用生成氮气逸散，造成氮素的流失。在污水处理过程中，若在二次沉淀池中进行反硝化作用，由此产生的 N_2 由池底上升逸散的过程中会将池底的沉淀污泥带上浮起，影响出水的水质。有些硝酸盐含量高的污水在生物处理后若未经反硝化作用直接排放，一方面水体缺氧发生反硝化作用，会产生致癌物质亚硝酸胺，造成二次污染，危害人体健康；另一方面硝酸盐含量高会引起水体的富营养化。因此，反硝化作用引起土壤中氮肥的严重损失，对农业生产破坏巨大，但是对于自然界中的氮素循环和环境保护来说具有重要的现实意义。

第三节 硫 循 环

硫是构成生命体必不可少的营养元素，是必需氨基酸、某些维生素及辅酶的重要组成成分，大约占到细胞干重的 1% 左右。在微生物的作用下，自然界中的硫通过氧化还原反应形成以有机硫、无机硫和元素硫构成的硫循环。自然界中的 S 和 H_2S 通过微生物氧化作用生成 SO_4^{2-}，在缺氧条件下又被微生物还原成 H_2S，也可在同化硫酸盐还原作用下生成有机硫化物，成为生物体的组分。生物体残体中的有机硫化物又可被微生物分解成 H_2S 和 S 返回自然界中，如图 5-31 所示。硫循环包括脱硫作用、同化作用、硫化作用和反硫化作用，微生物参与了硫循环的全部过程并发挥着重要的作用。

一、脱硫作用

脱硫作用是指含硫有机物被微生物分解产生 H_2S 的过程，也称为有机硫的分解作用。能够进行脱硫作用的主要都是异养微生物，包括许多腐生性细菌、放线菌和真菌等。这些微生物在分解含硫有机物时会产生 H_2S，由于含硫有机物中大多数同时含有氮，因此脱硫作用往往和脱氨基作用同时进行。例如微生物分解蛋白质中的含硫氨基酸（蛋氨酸、半胱氨酸和胱氨酸）时，既产生 H_2S 也产生 NH_3，如图 5-32 所示。

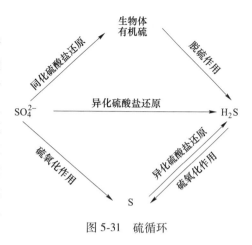

图 5-31 硫循环

$$\begin{array}{c} COOH \\ | \\ CHNH_2 \\ | \\ CH_2SH \end{array} + 2H_2O \xrightarrow{\text{变形杆菌}} CH_3COOH + HCOOH + NH_3 + H_2S$$

半胱氨酸

图 5-32 普通变形杆菌对半胱氨酸的脱硫作用

土壤中 H_2S 的积累对植物根部产生强烈的毒害作用，影响植物的生长。但是 H_2S 在有氧的条件下可继续氧化生成硫酸盐，为植物的生长提供硫素养料。

二、同化作用

生物利用 SO_4^{2-} 或 H_2S 合成自身组分的过程称为同化作用。大多数微生物都能和植物一样利用硫酸盐作为唯一硫源并将其转化为含巯基的蛋白质等有机物。多数情况下 S 和 H_2S 等都必须先转变为硫酸盐再被利用，只有少数微生物能同化 H_2S。

三、硫化作用

硫化作用是指还原态的无机硫化物如 H_2S、S 和 FeS_2 在微生物的作用下被氧化生成硫酸或硫酸盐的过程。能够代谢含硫化合物的微生物主要有无色硫细菌和有色硫细菌两大类。

（一）无色硫细菌

无色硫细菌主要包括化能自养菌和化能异养菌两大类。其中存在于土壤和水体中比较重要的化能自养硫细菌是硫杆菌属（*Thiobacillus*）。这些微生物能够将 H_2S、S 以及 FeS_2 氧化生成硫酸，并在氧化过程中产生能量满足自身生长繁殖需要。硫杆菌为革兰氏阴性杆菌，最适生长温度为 28~30℃，广泛分布于土壤、河沟、湖底、海洋沉淀物、矿山排水沟中。好氧的硫杆菌包括氧化硫硫杆菌（*Thoibacillus thiooxidans*）、排硫杆菌（*Thiobacillus thioparus*）、氧化亚铁硫杆菌（*Thiobacillus ferrooxidans*）、新型硫杆菌（*Thiobacillus novellus*）等，兼性厌氧硫杆菌有脱氮硫杆菌（*Thiobacillus denitrificans*）。有些菌种能耐受强酸条件，甚至嗜酸。例如氧化硫硫杆菌生长 pH 值范围大约为 1~6，最适 pH 值为 2.0~3.5；有些菌种适宜在中性和偏酸性条件下生长，如排硫杆菌。

各种化能自养硫化菌氧化硫化物的化学反应式如下：

（1）氧化硫硫杆菌为专性自养菌，氧化元素硫能力强、迅速。

$$2S + 3O_2 + 2H_2O \longrightarrow 2H_2SO_4 + 能量$$
$$Na_2S_2O_3 + 2O_2 + H_2O \longrightarrow Na_2SO_4 + H_2SO_4 + 能量$$
$$2H_2S + O_2 \longrightarrow 2H_2O + 2S + 能量$$

（2）氧化亚铁硫杆菌。从氧化硫酸亚铁、硫代硫酸盐中获得能量，还能将硫酸亚铁氧化成硫酸高铁。

$$4FeSO_4 + O_2 + 2H_2SO_4 \longrightarrow 2Fe_2(SO_4)_3 + 2H_2O$$

硫酸及硫酸高铁溶液是有效的浸溶剂，可将铜、铁等金属转化为硫酸铜和硫酸亚铁从矿物中流出。

$$FeS_2 + 7Fe_2(SO_4)_3 + 8H_2O \longrightarrow 8H_2SO_4 + 15FeSO_4$$
$$Cu_2S + 2Fe_2(SO_4)_3 \longrightarrow 2CuSO_4 + 4FeSO_4 + S$$

反应生成的 $CuSO_4$ 与 $FeSO_4$ 溶液通过置换、萃取、电解或离子交换等方法回收金属。这种通过硫化细菌的生命活动产生硫酸高铁将矿物浸出的方法叫微生物湿法冶金或微生物沥滤。

贝氏硫菌属（*Beggiatoa*）中的一些种属于化能异养菌，这类细菌能够利用还原态的硫化物作为能源，无法固定 CO_2，因此需要有机物作为碳源。当环境中缺乏硫化氢时，它们就将积累的硫粒氧化为硫酸，从中取得能量。

这类化能异养硫细菌氧化硫化氢为硫酸的过程如下：

$$2H_2S + O_2 \longrightarrow 2S + 2H_2O + 能量$$
$$2S + 2H_2O + 3O_2 \longrightarrow 2SO_4^{2-} + 4H^+ + 能量$$
$$FeS_2 + 5O_2 + 2H_2O \longrightarrow FeSO_4 + 2H_2SO_4 + 能量$$

（二）有色硫细菌

有色硫细菌主要指能进行光合作用的硫细菌（见表 5-1），这类微生物以光能作为能源，通过光合色素进行光合作用以固定 CO_2，主要分为光能自养和光能异养两大类型。

表 5-1 有色硫细菌

颜色	科	光合色素	代谢特点	电子供体
绿色	Chlorobiaceae	细菌叶绿素 a、c、d 或 e，绿菌烯	专性厌氧，专性光养，兼性光能自养	S^{2-}，$S_2O_3^{2-}$，S，H_2，有机酸
	Chloroflexaceae	细菌叶绿素 a、c；β、γ-胡萝卜素	专性光养，兼性光养，兼性光能自养	S^{2-}，有机酸
紫色	Chromatiaceae	细菌叶绿素 a、c	兼性好氧，兼性光养，兼性光能自养	S^{2-}，$S_2O_3^{2-}$，S，H_2，有机酸
	Rhodospirillaceae	细菌叶绿素 a、c	兼性光养，兼性光能自养	S^{2-}，$S_2O_3^{2-}$，有机酸
蓝绿色	Cyanobacteriaceae	叶绿素 a，藻蓝蛋白或藻红蛋白，别藻蓝蛋白，β-胡萝卜素	光养，兼性光能自养	S^{2-}，H_2O

1. 光能自养硫细菌

这类细菌含细菌叶绿素，在进行光合作用时，能够以元素硫和硫化物作为同化 CO_2 的电子供体，并将 H_2S 氧化为 S 或 H_2SO_4。

$$2H_2S + CO_2 \xrightarrow{光} [CH_2O] + 2S + H_2O$$

$$H_2S + 2CO_2 + 2H_2O \xrightarrow{光} 2[CH_2O] + H_2SO_4$$

2. 光能异养硫细菌

光能异养硫细菌主要以简单的脂肪酸或醇等作为碳源或电子供体，也可以以硫化物或硫代硫酸盐（元素硫除外）作为电子供体，将硫进行硫化作用。

四、反硫化作用

硫酸盐在厌氧条件下被微生物还原成 H_2S 的过程称为反硫化作用，也称硫酸盐还原作用。反硫化作用具有高度的特异性，具有代表性的微生物为脱硫弧菌属（*Desulfovibrio*）。以脱硫弧菌（*Desulfovibrio desulfuricans*）为例，其利用葡萄糖和乳糖还原硫酸盐的过程如下：

$$C_6H_{12}O_6 + 3H_2SO_4 \longrightarrow 6CO_2 + 6H_2O + 3H_2S + 能量$$
葡萄糖

$$2CH_3CHOHCOOH + H_2SO_4 \longrightarrow 2CH_3COOH + 2CO_2 + H_2S + 2H_2O$$
乳酸　　　　　　　　　　　乙酸

此外，脱硫单胞菌、嗜热古生菌和蓝细菌也可以进行反硫化作用。厌氧环境中产生的 H_2S 可与 Fe^{2+} 生成 FeS 和 $Fe(OH)_2$，这是造成沉积物发黑以及铁锈蚀的主要原因。因此在管道安装的时候，为了减少对管道的腐蚀，应保证铺设的管具有一定的坡度并加强管道的维护工作。

第四节　磷　循　环

磷是生命体重要的组成元素之一，遗传物质的组成以及能量代谢都需要磷的参与。磷在自然界中主要以三种状态存在：（1）在生物体内与有机分子结合；（2）以可溶解状态存在于水溶液中；（3）不溶解的磷酸盐大部分存在于沉积物中。磷循环包括生物过程和非生物过程。磷循环受温度、pH 等环境条件的影响很大，夏天时，由于水温较高，适宜藻类和水生生物生长，此时水体中的无机磷浓度下降，但到了秋天，水温逐渐下降，藻类大量死亡并被分解导致无机磷大量释放到水体中，造成浓度上升。天然的水体中磷往往是生长限制因子，如果水体中可溶性磷酸盐含量过高将会引起水体富营养化，此时如果氮素浓度适宜的话就会引发淡水中出现"水华"现象，在海水中这种现象称为"赤潮"，并进一步引起大面积的水体污染。

磷的生物地球化学循环包括三个过程：（1）有机磷的矿化作用（有机磷转化成可溶性无机磷）；（2）不溶性无机磷转化成可溶性无机磷（不溶性无机磷的可溶化）；（3）无机磷的同化作用（可溶性无机磷变成有机磷）。微生物参与磷循环的全部过程（见图5-33），在此过程中不改变磷的价态且没有气态形式，因此由微生物推动的磷循环可以看作是转化。

一、有机磷的矿化作用

有机磷的矿化作用是指有机磷在微生物的作用下，逐步降解，并最终生成无机磷的过程。土壤中的有机磷的含量约占总磷量的 30%~50%，主要包括核酸及其衍生物、磷脂和植素等三种类型。通过微生物的分解和转化后核酸的水解产物为核糖、

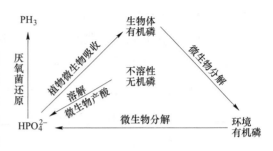

图 5-33　磷循环

磷酸和碱基，碱基进一步分解为尿素；磷脂的水解产物为甘油、脂肪酸、磷酸和胆碱等；植素是由植酸（肌醇六磷酸酯）和钙、镁结合而成的盐类，水解的最终产物为无机磷。有机磷的矿化作用往往伴随着有机硫和有机氮的矿化同时进行。水体中的有机磷被位于底泥中的厌养微生物分解并转化为无机磷，生成的无机磷又可与各种金属离子结合形成不溶性的磷酸盐，为水体中光养型细菌和藻类生长和繁殖提供充足的磷源。

能够降解有机物的异养微生物都能够分解有机磷，如细菌（芽孢杆菌 *Bacillus* spp.）、放线菌（链霉菌 *Streptomyces* spp.）和真菌（曲霉 *Aspergillus* spp. 和青霉 *Penicillium* spp.）等。目前成功应用于农业生产中的有机磷细菌肥料是解磷巨大芽孢杆菌（*Bacillus megatherium* var. *phosphaticum*），其对核酸和卵磷脂等有机磷分解作用较强，为农作物提供可利用的磷酸盐，满足植物生长所需并实现增产目的。

二、不溶性无机磷的可溶化

地球上大部分磷以不溶的形式存在于土壤、水体的沉积物和岩石中，例如磷酸钙或磷灰石等。植物、藻类以及微生物吸收利用的主要是可溶性磷酸盐。因此，需要将不溶性磷酸盐转化为可溶性才能够被生物体所利用。微生物在代谢过程中产生的各种酸，包括细菌和真菌产生的有机酸、一些化能自养菌产生的硫酸或者硝酸都可以促进无机磷的溶解。此外，微生物和植物在生命活动中产生的 CO_2 溶于水可生成 $H^+ + HCO_3^-$，也可以起到同样的作用。

$$Ca_3(PO_4)_2 + 2CH_3CHOHCOOH \longrightarrow 2CaHPO_4 + Ca(CH_3CHOHCOO)_2$$
$$Ca_3(PO_4)_2 + 2H_2SO_4 \longrightarrow Ca(H_2PO_4)_2 + 2CaSO_4$$

能够促进有机磷溶解的酶主要有植酸酶和磷酸酶，这些酶在普通的土壤微生物中很常见，因此能够分解有机磷的微生物有很多，例如无色杆菌属（*Achromobacter*）中有的菌种具有磷酸酶，能溶解磷酸三钙和磷矿粉。在细菌磷肥的制作中，常常利用上述微生物和磷矿粉混合以实现提高有效磷的目的。

三、无机磷的同化作用

无机磷的同化作用是指可溶性无机磷被生物体同化为有机磷，构成机体的组分的过程。在水体中，无机磷的同化作用主要是由藻类和光合细菌来完成，合成的有机磷在食物链中传递。人类的活动导致水体中可溶性无机磷的浓度迅速增高，这些无机磷迅速被藻类和光合细菌吸收并在机体内转化为有机磷，由此造成水体富营养化。据统计，含磷洗涤剂中三聚磷酸钠对水体有效磷的贡献率可达 50% 以上。因此为了保护环境，现在已逐步减少

该类型的洗涤剂的使用。

此外，在厌氧环境中，当缺乏氧、硝酸盐和硫酸盐等物质作为电子受体时，微生物将以磷酸盐作为最终电子受体进行无氧呼吸，将其还原成磷化氢或分解含磷有机物产生磷化氢。磷化氢极容易自燃，因此在有机质含量丰富的底泥或沼泽周围可能出现"鬼火"现象。

作为重要的肥料元素之一，磷在农业生产中起到重要的作用。因此，了解并掌握磷元素的转化过程和规律，有助于提升作物产量，对农业生产意义重大。

第五节　重金属的转化

有些重金属如铜、铁、锌、锰等是生物生长繁殖所必需的微量元素，但是还有些重金属如汞、砷、铅、镉、铬等不仅不是生命活动所必需，而且在生物体内一旦积累很难被代谢。当在生物体内积累到一定浓度时会对生物体产生抑制或致死作用。

重金属的毒性和其价态以及存在的形式有很大关系，例如有机汞和有机铅化合物毒性远大于其无机化合物。微生物虽然无法彻底降解重金属，但可以通过转化改变重金属的存在形式，实现减毒作用。此外，微生物的表面一般带有负电荷，且表面产生的多糖或多肽类物质可实现对重金属的有效吸附，从而将重金属聚集，降低重金属的毒害。有些微生物还可以直接将重金属转运至胞内实现对重金属的有效吸收。

微生物对重金属的转化作用能够显著影响其水溶性、挥发性等理化性质，从而影响重金属的地球生物化学循环。另外，微生物冶金技术就是利用微生物对金属的转化作用实现对矿物加工的目的。最后，利用这种作用也可以对被重金属污染的土壤或水体进行生物修复。

一、汞的转化

汞（Hg）是一种有毒的重金属元素，具有长距离迁移、持久性和生物累积放大等特点，是全球主要环境污染物之一。汞污染源主要来自工业污染区（例如电器制造业、涂料工业、氯碱工业、仪表制造、农药、防腐剂、制药、造纸等行业），矿山活动产生的酸性矿山废水、废气和废渣会释放大量汞、水溶性汞化合物和挥发性汞化合物。汞在自然界中以多种形态存在，包括金属汞、无机汞和有机汞等。不同形态的汞毒性差别很大，有机汞毒性远大于无机汞，其中甲基汞（MeHg）的毒性最大，可通过食物链在生物体内富集并严重危害人类健康。

微生物在汞的生物地球化学循环中起着至关重要的作用。微生物主要通过甲基化、去甲基化、还原和氧化实现对汞的转化。环境中的 Hg^{2+} 通过微生物还原作用转化为汞，随后氧化成 Hg^{2+} 或直接甲基化成甲基汞。甲基汞又可被微生物降解成汞或 Hg^{2+}，如图 5-34 所示。

（一）甲基化作用

厌氧微生物能够通过酶促或非酶促反应将汞转化成为甲基汞。以硫酸盐还原菌（Sulfate-reducing bacteria，SRB）为例，其产生甲基汞有两种途径：（1）完全氧化，由丝氨酸或甲酸盐提供甲基，通过乙酰辅酶 A 途径实现甲基从甲基-四氢呋喃到类咕啉蛋白的

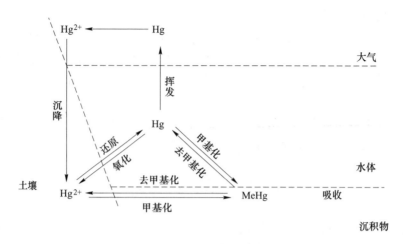

图 5-34 环境中汞的微生物转化

转移，然后进行汞的甲基化；（2）非完全氧化，与完全氧化途径不同，非完全氧化不通过乙酰辅酶 A 途径产生甲基汞，其甲基化过程不受三氯甲烷、钴和维生素 B_{12} 影响。

能够进行汞的甲基化的细菌主要包括硫酸盐还原菌（SRB），铁还原菌（IRB）、产氢型互营杆菌目、厚壁菌和产甲烷菌等。一些真菌如黑曲霉、短柄帚霉（*Scopulariopsis brevicaulis*）、酿酒酵母（*Saccharomyces cerevisiae*）、粗糙链孢霉（*Neurospora crassa*）等也具有较好的甲基化能力。此外，人体中分离得到的葡萄球菌、链球菌、大肠埃希氏菌、酵母菌等以及某些厌氧菌在内，大多数能合成甲基汞。

（二）甲基汞的去甲基化作用

甲基汞的产生与降解在土壤中是同时发生而又对立的两个过程，这两个过程的平衡最终决定土壤中甲基汞的含量。甲基汞的微生物降解途径主要分为两类：（1）还原性去甲基化，甲基汞在微生物还原作用下降解为金属态汞和甲烷（CH_4）；（2）氧化性去甲基化，即微生物将甲基汞氧化成无机 Hg^{2+}、CO_2 和少量 CH_4。有研究认为氧化性去甲基化是甲基营养菌新陈代谢的过程。在好氧、高浓度汞污染环境中，甲基汞的去甲基化以还原性去甲基化为主，而在厌氧、低浓度的土壤环境中，主要是氧化性去甲基化。

能够将甲基汞去甲基化的微生物包括甲基营养微生物如脱硫弧菌（*Desulfovibrio desulfuricans*）、海沼甲烷球菌（*Methanococcus maripaludis*）和耐汞原核生物如绿脓假单胞菌（*Pseudomonas aeruginosa*）等两大类。细菌对汞的甲基化或去甲基化能力具有菌株特异性，大部分汞甲基化细菌均能进行甲基汞的去甲基化。

（三）汞的还原与氧化

汞的微生物还原机制中最为深入的研究是耐汞系统——mer 操纵子。微生物的汞还原酶（MerA）可以将 Hg^{2+} 还原为汞并进入大气中参与地球汞循环。有些微生物还含有 MerB（有机汞裂解酶 B），能裂解有机汞的 C—Hg 键，再通过 MerA 将 Hg^{2+} 还原成汞。汞敏感型细菌可能通过细胞表面的某些特殊结构或功能基团起到电子传递作用，从而导致 Hg^{2+} 的还原。

汞还原微生物主要包括耐汞原核生物（Mercury-resistant prokaryotes）和部分汞敏感型细菌（Mercury-sensitive bacteria）。耐汞原核生物包括好氧异养细菌和古菌，广泛分布于环境中；汞敏感型细菌包括一些氧化亚铁硫杆菌（*Thiobacillus ferrooxidans*）。

汞的微生物氧化主要是通过微生物细胞内的过氧化氢酶来完成的。一般认为厌氧条件下汞比较惰性，不易与其他物质发生反应，但也有例外，比如，*Desulfovibrio desulfuricans* ND132能够在黑暗厌氧条件下氧化汞。汞的氧化方式有两种：（1）通过与汞直接接触发生氧化；（2）通过溶液中某些可溶性物质或者细胞向溶液中释放某物质氧化汞。但目前对微生物氧化汞的机制还不是很清楚。

汞氧化微生物主要为好氧微生物，如芽孢杆菌，链霉菌等。目前对汞的微生物降解研究主要还是单一菌种，但是细菌的汞氧化功能可以与细菌的其他功能相互影响，因此在环境中降解汞必须优先考虑微生物群落功能。

[拓展知识]

日本水俣病

1953年，在日本九州爆发了震惊世界的水俣病，这是因为当地乙醛生产厂使用了含汞催化剂，生产过程中产生的废水未经处理排放，而废水中含大量无机汞盐和甲基汞，甲基汞是水俣病的致病源。此后，日本政府花费40年来解决此问题。该厂1970年关闭，但到1995年，在原化工厂污水排放口附近的贝类肌肉中的总汞浓度仍然高于距上述排污口1~5km位置处（水俣湾）及鹿儿岛湾所有点的贝类总汞浓度。

二、砷的转化

砷广泛存在于自然环境中，如大气、矿石、土壤以及河流湖泊海洋中，是一种具有毒性的类金属。随着人类活动的不断增加，如化学肥料、杀虫剂的使用、冶金以及采矿活动，极大地促进了砷在地下水和农田中的积累。砷的主要存在形式包括无机砷和有机砷两种。其中无机砷主要以As^{3+}和As^{5+}两种形式存在；有机砷主要存在的形式是甲基胂酸（MMA）和二甲基胂酸（DMA）。

不同的价态、形态的砷的存在形式对人体的影响程度、毒性的潜伏期和发病程度也有一定的差别。元素砷基本无毒，但三价砷的亚砷酸盐毒性远高于五价砷的砷酸盐。砷化合物的毒性从大到小的顺序依次为：AsH_3>无机As^{3+}>有机As^{3+}>无机As^{5+}>有机As^{5+}>元素砷。工业生产中，砷大部分以三价态存在，从而增加了砷在环境中的危险性。长期摄入含砷化合物会造成人体出现急性或慢性中毒，甚至诱发癌症。

微生物在砷的生物地球化学循环中发挥着重要作用，对砷的代谢过程影响主要包括As^{3+}氧化、As^{5+}还原和As^{3+}甲基化，如图5-35所示。

（一）As^{3+}的微生物氧化作用

根据微生物在氧化As^{3+}过程中的营养类型和能量来源不同，可将其分为化能自养型和化能异养型微生物。化能自养型砷氧化微生物能够在好氧和厌氧条件下，将As^{3+}氧化成As^{5+}。在此过程中，O_2或NO_3^-作为电子受体，As^{3+}作为电子供体，并利用氧化过程中产生的能量进行CO_2的固定和细胞的生长。

与化能自养型砷氧化微生物不同，异养型砷氧化微生物并不能从氧化砷的过程中获得

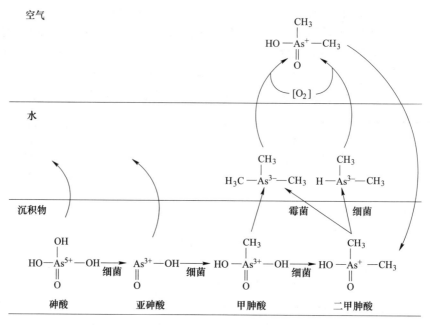

图 5-35　自然界砷的循环

能量，需要额外添加有机物作为能量和细胞物质的来源。氧化过程中，微生物利用外周胞质上的砷氧化酶，将细胞周围的 As^{3+} 氧化，降低细胞周围砷的毒性，因此同时起到解毒的作用。

能够引起 As^{3+} 氧化作用的微生物大部分为异养型，包括无色杆菌属（*Achromobacter*）、假单胞菌属、黄单胞菌属（*Xanthomonas*）、节杆菌属（*Arthrobacter*）和产碱杆菌属（*Alcaligenes*）等。化能自养型微生物包括副球菌属（*Paracoccus*）、碱湖生菌属（*Alkalilimnicola*）等。

（二）As^{5+} 的微生物还原作用

根据微生物在还原 As^{5+} 过程中营养类型的不同，可将其分为异养型砷还原微生物和耐砷微生物。异养型砷还原微生物可在无氧条件下以砷酸盐作为电子供体，以各种有机物（如氢、葡萄糖甲酸盐等及少数芳香族化合物）作为电子受体，在呼吸还原蛋白（ARR）的作用下将砷还原，并从中获得能量。而耐砷微生物可以在环境中 As^{5+} 浓度过高时通过磷酸盐转运体将 As^{5+} 转移至细胞体内并在还原酶 ArsC 的作用下将其还原成 As^{3+}，然后通过排出蛋白将 As^{3+} 排出胞外实现解毒作用，但这一过程并不产生能量。

能够引起 As^{5+} 还原作用的微生物包括嗜酸性硫酸盐还原菌属（*Desulfosporosinus*）、希瓦氏菌属（*Shewanella*）、季也蒙毕赤酵母（*Pichia guilliermondii*）、微球菌（*Micrococcus*）及绿球藻（*Chlorococcum*）等。

需要注意的是，自然界中还存在一类同时可以砷氧化和砷还原的微生物，例如假单胞菌（*Pseudomonas* sp. HN-2）和嗜热菌（*Thermus* HR13）等。

（三）As^{3+} 的微生物甲基化作用

部分微生物能够在体内合成砷甲基转移酶，将砷依次添加一个甲基基团，生成毒性较低的有机砷，依次为单、二、三甲基砷化合物，并最终生成三甲基胂（TMAO）。微生物对砷进行甲基化的产物主要为二甲基胂和三甲基胂，毒性均比无机砷低。由于三甲基胂具有挥发性，因此三甲基胂的形成能够有效地降低土壤和水体中砷的含量。这种 As^{3+} 的微生物甲基化作用也是最为理想的砷修复的生物途径。

能引起甲基化作用的微生物颇多，细菌如甲烷杆菌属（*Methanobacterium*）和脱硫弧菌（*Desulfovibrio*），酵母菌如假丝酵母（*Candida*），真菌更为普遍如镰刀霉、曲霉、帚霉（*Scopulariopsis*）、拟青霉（*Pcilomycesae*）等都能转化无机砷为甲基胂。

三、硒的转化

硒是生物体中不可或缺的微量元素之一，在地球化学领域硒也扮演着重要角色。硒污染物的主要来源一方面是在自然界中通过风化作用从磷化岩、煤矿等富硒源中释放；另一方面主要由人为活动产生，主要来自硒生产和加工工厂（例如电器、涂料及橡胶行业）的硒粉尘和含硒废料，此外，含硒肥料的使用也会导致土壤中硒含量增加。硒经过沉降、挥发、大气循环、生物作用等方式在生态系统中迁移转化。微生物在硒的转化过程中扮演着重要的角色，主要包括异化还原、同化还原、氧化、甲基化和去甲基化 5 种方式，如图 5-36 所示。硒通常以硒酸盐 SeO_4^{2-}（+6）、亚硒酸盐 SeO_3^{2-}（+4）、单质硒 Se^0（0）和硒化物 Se^{2-}（-2）四种价态存在，其中硒酸盐的毒性最强，其次是亚硒酸盐，而难溶的 Se^0 具有较好的生物相容性且对生态环境毒性较小。因此，可通过异化还原作用将 SeO_4^{2-} 及 SeO_3^{2-} 转化为 Se^0 实现高毒硒转化为低毒硒。此外，甲基化及挥发是从污染的土壤和水体中去除硒的另一个重要途径。

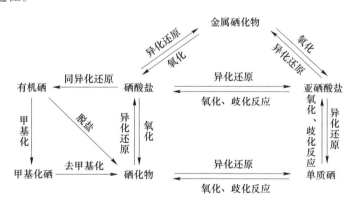

图 5-36　不同形式硒的相互转化

（一）硒的异化还原作用

硒的异化还原通常分为两个步骤：（1）SeO_4^{2-} 在膜结合型钼酶的作用下还原为 SeO_3^{2-}；（2）SeO_3^{2-} 还原为 Se。革兰氏阴性菌和革兰氏阳性菌的还原过程存在显著差异，这是由于硒酸盐还原酶复合体的不同所决定的。SeO_3^{2-} 的还原机制主要分为酶促和非酶促反应两大类，目前比较认可的有三种假说：（1）位于周质空间中的亚硒酸盐还原酶的作用；（2）硫化物介导的亚硒酸盐还原模式；（3）谷胱甘肽介导的亚硒酸盐还原模式。

细菌、放线菌和真菌中的大多数均能进行异化还原作用，例如嗜碱假单胞菌

（*Pseudomonas alcaliphila*）、粪肠球菌（*Enterococcus faecalis*）、芽孢杆菌属（*Bacillus*）等。能够进行还原作用的微生物往往因硒生成后存于菌体内而呈现鲜明的红色。此外，螺旋藻（*Spirulina*）对硒有较强的富集作用，可将亚硒酸盐转化为元素态硒，并以非共价键方式吸附在机体脂类中或与蛋白质结合，从而可作为富硒食品开发利用。

（二）硒的同化还原作用

硒的同化还原作用的主要过程为 SeO_4^{2-} 进入细胞后可通过硫酸盐还原途径转化为 Se^{2-}，SeO_3^{2-} 进入细胞后通过与巯基化合物（如谷胱甘肽等）的相互作用转化为 Se^{2-}，生成的 Se^{2-} 可进一步通过蛋白质的作用转化胞内 Se^{2-} 合成硒代氨基酸。当机体摄入的硒过量时，细胞会无限利用 Se 代替细胞蛋白质中的 S，而硒化合物相比硫化合物稳定性差，从而破坏机体的正常功能，甚至会导致死亡。因此，还原性有机硫化合物（如蛋氨酸）可以减轻硒过量产生的毒性。

（三）硒的氧化作用

硒的氧化态是可溶的，因此溶解在水体中的氧化态硒对生物的健康造成巨大的威胁。目前对硒的氧化机理研究较少，一般认为 Se 与 S 氧化的方式较相似。能够氧化硒的细菌也较少，已报道的有氧化亚铁硫杆菌（*Thiobacillus ferrooxidans*）和巨大芽胞杆菌（*Bacillus megatherium*）等。能够进行硒氧化的古细菌和真菌目前还未发现。

（四）硒的甲基化

硒的甲基化主要是菌株的解毒过程，虽然甲基化后的硒毒性增大，但当硒完全甲基化时，其生物活性较低，因此很难被生物利用。能够进行硒的甲基化的微生物种类很多，包括细菌、真菌和酵母，这些微生物在含有硒酸盐或亚硒酸盐的培养基中生长时会产生一种大蒜气味，这就是甲基化的硒所产生的。以真菌为例，硒化物甲基化的生化过程如下。

$$H_2SeO_3 \xrightarrow{H^+} SeO(OH)O^- \xrightarrow{CH_3^+} CH_3SeOH \longrightarrow (CH_3)_2SeO \xrightarrow{还原} (CH_3)_2Se$$

对于原核微生物而言，硒的甲基化是在甲基转移酶的作用下将亚硒酸盐和硒代半胱氨酸转化为二甲基硒醚（DMSe）和二甲基联硒化物（DMDSe）。

能够进行硒的甲基化的细菌包括假单胞菌属（*Pseudomonas*）、气单胞菌属（*Aeromonas*）、棒状杆菌属（*Corynebacterium*）和脱硫弧菌属（*Desulfovibrio* sp.）、红螺菌（*Rhodocyclus* sp.）等；真菌主要包括头孢霉属（*Cephalosporium*）、镰刀菌属（*Fusarium*）和青霉菌属（*Penicillium* sp.）等；古细菌主要有甲烷杆菌（*Methanobacterium formicicum*）和巴氏甲烷八叠球菌（*Methanosarcina barkeri*）等。

（五）硒的去甲基化

目前有关微生物对硒的去甲基化研究较少。有研究表明在缺氧的沉积物中及厌氧条件下，甲基硒和二甲基硫化物可在微生物的作用下发生去甲基化反应，但关于分离出的去甲基化微生物数量较少。

四、铁的微生物转化

铁是地壳中含量排名第四的元素，对生物维持生命活动起到关键性作用。自然环境中铁通常以两种状态存在：（1）氧化态的三价铁 Fe^{3+}；（2）处于还原态的二价铁 Fe^{2+}。Fe^{3+} 在正常条件下一般为不溶，可被还原，而 Fe^{2+} 通常是可溶性的离子，更容易被生物所利用，可被氧化。Fe^{3+}-Fe^{2+}的氧化还原电位处于碳、氮、氧和硫形成的氧化还原键的氧化还原电位之间，因此铁与碳、氮、氧和硫的氧化还原反应驱动了全球的生物地球化学循环。

微生物促进铁循环的主要手段是氧化和还原，即推动铁在二价和三价之间变化，同时也推动了铁在可溶和不可溶两种状态之间变化。

（一）铁的微生物氧化

铁的微生物氧化过程主要包括利用O_2对Fe^{2+}氧化、微生物矿化、光化学过程和利用硝酸盐的氧化等。

（1）利用O_2对Fe^{2+}氧化。微生物在酸性或近中性环境中可以利用O_2对Fe^{2+}进行氧化。其中在酸性条件下，Fe^{2+}倾向于进行生物氧化作用，而在近中性环境中主要是化学氧化作用。此外，微生物产生的氧的自由基（$O_2 \cdot$）也可以氧化Fe^{2+}为Fe^{3+}和H_2O_2。Fe^{3+}被$O_2 \cdot$还原为Fe^{2+}，与此同时，$O_2 \cdot$被氧化成O_2。由于$O_2 \cdot$介导的Fe^{3+}还原速率高于Fe^{2+}氧化速率，因此在反应时，主要进行Fe^{3+}还原反应。

比较常见的能够进行生物氧化作用的微生物为氧化亚铁硫杆菌（*Thiobacillus ferroxidans*）；进行化学氧化作用的有淡水类纤发菌属（*Leptothrix*），嘉利翁氏菌属（*Gallionella*）以及海杆菌属（*Mariprofundus*）等。

（2）微生物矿化。由微好氧微生物在低氧环境中氧化Fe^{2+}产生含Fe^{3+}的矿物（如磁铁矿）的过程。这类微生物包括湿地纤毛菌属（*Leptothrix*）和球衣细胞属（*Sphaerotilus*）。

（3）光化学过程。厌氧光能自养铁氧化菌在光照和厌氧条件下，以碳酸氢盐为电子受体，Fe^{2+}为唯一电子供体，生成水铁矿$Fe(OH)_3$。光照和矿物溶解度是这一过程的限制因子。常见的厌氧自养型铁氧化菌包括绿硫杆菌（*Chlorobium ferrooxidans*）、万尼氏红微菌（*Rhodomicrobium vannielii*）、沼泽红假单胞菌（*Rhodopseudomonas palustris*）和小红卵菌属（*Rhodovulum*）等。

（4）利用硝酸盐氧化。在厌氧条件下，硝酸盐还原菌利用乙酸为底物氧化Fe^{2+}，同时将NO_3^-还原为NO_2^-。作为反硝化作用的中间产物，NO_2^-进一步氧化Fe^{2+}并生成NO，N_2O和N_2。常见的依赖于硝酸盐的铁氧化菌有食酸菌（*Acidovorax ebreus*）、嗜热古菌（*Ferroglobus placidus*）和脱氮硫杆菌（*Thiobacillus denitrificans*）等。

（二）铁的微生物还原

在厌氧条件下一些古细菌和真细菌的铁还原酶以Fe^{3+}作为呼吸链末端电子受体，将其还原成Fe^{2+}并获得能量，Fe^{3+}还原的过程也称为Fe^{3+}呼吸，这些细菌也通常称为异化铁还原细菌。铁还原菌通常生存在土壤、河流底泥、入海口沉积物、石油流层、地下水和温泉等自然环境中。常见的铁还原菌包括古生菌域的7个目以及细菌域中的8个门。其中，最重要的铁还原菌属包括地杆菌属（*Geobacteraceae*）和希瓦氏菌属（*Shewanella*）。此外，嗜酸铁还原菌（*Deferribacter acidiphilium*）和超嗜热菌（*Hyperthermophilic*）等也具有铁的还原能力。

五、锰的微生物转化

和铁相似，锰也是生物体内重要的微量元素之一，是生物体酶系中辅助因子的一部分。在自然环境中锰的存在形式主要包括Mn^{2+}、Mn^{4+}、Mn^{7+}等。锰对生物体内的氮素代谢具有显著的影响，缺锰将严重影响蛋白质的合成。锰能够调节氧化还原反应，通常锰以 2 价离子形态被植物吸收利用，又以 4 价离子形态参加各种物质的还原过程。此外，锰还能调节 Fe^{2+} 和 Fe^{3+} 之间的相互转化。在这些价态不断地循环转化的过程中，微生物起着极其重要的促进和推动作用。其推动锰的生物地球化学循环的方式主要包括锰氧化和锰还原两个过程。

锰和铁有着相似的氧化还原电位，还原锰的细菌往往也可以还原铁，氧化锰的细菌同时也可能氧化铁。在缺氧及酸性条件下常有利于锰的还原；在碱性条件下有利于锰的氧化。氧化锰可以作为微生物代谢过程中的电子受体，以氧化有机碳和其他还原态元素成分获得能量进行生长。例如厌氧细菌 *Shewanella putrefaciens* 及假单胞菌和芽胞杆菌等属中的一些种具有这种能力。

（一）锰的微生物氧化

微生物介导的锰氧化过程可分为直接氧化和间接氧化。直接氧化过程主要是微生物通过分泌酶（包括多铜氧化酶和动物血红素过氧化物酶）来催化 Mn^{2+} 氧化，这一过程需要以 O_2 或 H_2O_2 作为电子受体。间接氧化是指微生物生长发育过程中产生一些代谢产物，这些代谢产物通过与 Mn^{2+} 直接发生化学反应或改变环境条件从而有利于 Mn^{2+} 的氧化。需要注意的是，间接氧化仍会有酶的参与，只是酶不直接作用于 Mn^{2+}。

锰氧化菌从门水平上讲主要属于变形菌门（Proteobacteria）、厚壁菌门（Firmicutes）和放线菌门（Actinobacteria），例如恶臭假单孢菌（*Pseudomonas putida*）、锰氧化橙色单胞菌（*Aurantimonas manganoxydans*）、生盘纤发菌（*Leptothrix discophora*）和芽孢杆菌属（*Bacillus* sp.）等，它们当中的一些种是研究锰氧化的模式细菌。

（二）锰的微生物还原

一些厌氧菌能够以 Mn^{4+}、Mn^{3+} 作为唯一电子受体并使有机物完全氧化产能。这些有机物包括乙酸、甲酸盐、乳酸盐等，也称为异化锰还原作用。在一些海底沉积物的浅层，异化锰还原方式是最重要的有机碳矿化和厌氧降解方式之一。在异化锰还原过程中，能够作为电子供体的包括 H_2、甲酸、乳酸、S 等。其中利用甲酸、乳酸还原 Mn^{3+} 的速率比用 H_2 还原 Mn^{3+} 要快 4~5 倍。

锰的还原过程中，从 Mn^{4+} 还原生成 Mn^{2+} 需要通过生成中间价态的 Mn^{3+}，增加其可溶性并提高锰的生物利用率，然后耦合总无机碳氧化并产生能量。研究表明，以乳酸和甲酸作为电子供体还原 Mn^{3+} 要比还原 Mn^{4+} 快 5~10 倍，这在一定程度上说明 Mn^{4+} 的还原增溶是其还原的限速步骤。

异化锰还原菌大多是革兰氏阴性菌，主要分布在变形杆菌门（Proteobacteria）、厚壁菌门（Firmicutes）等，例如四氯乙烯降解菌（*Desulfitobacterium hafniense*）、硫还原地杆菌（*Geobacter sulfurreducens*）和希瓦氏菌（*Shewanella oneidensis*）等。

六、微生物对其他重金属的生物作用

（一）铅的微生物吸附和转化

铅是地球中藏量较多的元素，也是环境中最丰富的有毒污染物之一。土壤中的铅相对难溶，溶解性的铅含量仅占总铅的 0.01%~1%，且迁移性较低，因此，被铅污染的土壤在数百年甚至数千年的时间里都保持着高铅含量。铅污染与人类的活动有着密切联系。例如铅可用作制造电缆、蓄电池、铸字合金和焊接材料，也是油漆、农药、医药的原料，汽油燃烧的抗爆剂等。此外有色金属冶炼及煤燃烧产生的铅化物是大气污染的主要来源。铅在进入人体后很难被排出体外并引发"血铅症"且对人类的神经系统和皮肤造成严重的破坏。微生物可以通过转化、纯化和富集作用来减弱土壤中铅的毒性。

微生物对铅的生物转化作用与吸附作用密不可分。微生物对铅的转化过程分为胞外吸附、细胞表面吸附和胞内吸附。其中，胞外吸附是指一些微生物在生长过程中分泌出的多聚糖、糖蛋白、脂多糖等胞外聚合物（EPS）能够络合或沉淀重金属离子；细胞表面吸附是指重金属离子通过与细胞表面，特别是细胞外膜、细胞壁组分相互作用，吸附到细胞表面；而胞内吸附与转化是指一些金属离子能透过细胞膜进入细胞内，然后通过区域化作用将其分布于代谢不活跃的区域（如液泡），或将其与热稳定蛋白结合，转变成为低毒形式。

一些微生物具有特异性吸附铅离子的功能，包括谷氨酸棒杆菌（*Corynebacterium glutamicum*）、芽孢杆菌（*Bacillus sp.*）、红酵母（*Rhodotorula glutinis*）等。铅离子被细菌吸附后迅速累积在细胞质基质中并转化为 PbS 和 $Pb_5(PO_4)_3Cl$。

目前，许多微生物去除铅的方式是利用微生物硫酸盐代谢将废水中可溶性铅转化为难溶的硫化铅进行处理。例如球形红杆菌（*Rhodobacter sphaeroides*）去除转化溶液中 Pb^{2+} 时，首先菌体细胞壁与 Pb^{2+} 结合，然后经细胞膜进入到细胞质内，通过同化型硫酸还原作用及半胱氨酸脱巯基酶作用生成 S^{2-}，在细胞质内与 Pb^{2+} 生成 PbS 沉淀，然后排出细胞。脱硫弧菌（*Desulfovibrio*）也可以产生 H_2S 并与铅反应生成 PbS 沉淀。此外，绿色木霉菌（*Trichoderma viride*）可分泌草酸，然后与铅反应生成难溶的草酸铅。而在难溶性铅溶解过程中，一些细菌吸附铅离子并将小分子结合态铅转化为大分子有机螯合态铅。

也有研究表明微生物可使铅甲基化。以湖底泥样品微接种物为例，在适宜条件下培养后产生挥发性的四甲基铅（$(CH_3)_4Pb$）。假单胞菌属（*Pseudomonas*）、产碱杆菌属（*Alcaligenes*）、黄色杆菌属（*Flavobacterium*）及气单胞菌属（*Aeromonas*）中的某些种均可将乙酸三甲基铅转化成四甲基铅，但无法转化无机铅化物。

（二）镉的微生物吸附和转化

重金属污染由于其高毒性，不可生物降解性和生物富集性，严重威胁着人类健康和生态系统的稳定。其中镉污染位于无机污染物之首，已被列入第一类人类致癌物质。过量镉摄入能抑制人体生长，影响体内各种酶活性，干扰 Cu、Co、Zn 等人体所需微量元素的代谢，从而引起一系列疾病。用于镉污染修复的菌种主要有细菌、真菌和藻类等。

（1）细菌对镉的吸附和转化。许多细菌及其产物对溶解态的镉有很强的结合能力，由于细胞表面通常是负电荷，因此可通过静电吸附或络合作用对镉离子进行固定。固定后的 Cd^{2+} 被贮存在细胞的不同部位，通过离子沉淀或螯合在生物多聚物上，或通过重金属结合蛋白。一些细菌如混浊红球菌（*Rhodococcus opacus*）对镉的吸附效率可达 60% 以上；而强状席藻（*Phormidium valderianum*）能够吸收超过 90% 的 Cd^{2+}，占自身干重的 18%。柠檬酸菌（*Citrobacter*）则可通过抗镉的酸性磷酸酯酶来分解有机-2-磷酸甘油，并产生 HPO_4^- 与 Cd^{2+} 形成 $Cd(HPO_4)_2$ 沉淀。此外，一株能使锡甲基化的假单胞菌，在有维生素 B_{12} 存在的条件下，能将无机二价镉化物转化，生成少量的挥发性镉化物。这种甲基化了的镉化物，在水体中也可以通过烷基转移作用使汞甲基化，结果生成甲基汞。

（2）真菌对镉的吸附。真菌具有适应不同碳源或氮源的代谢能力，对重金属有一定的抗胁迫作用。真菌可以通过细胞壁表面产生的葡聚糖、甘露聚糖、纤维素、几丁质和蛋白质等物质提供金属结合位点用于吸附金属离子。据报道，酱油曲霉（*Aspergillus sojae*）、米曲霉（*Aspergillus oryzae*）对 Cd^{2+} 的吸附率可达 70% 以上。烟曲霉菌（*Aspergillus fumigatus*）则可通过细胞表面的—NH，—OH，—CH 等官能团与 Cd^{2+} 结合，实现 70% 以上的吸附率。

（3）藻类对镉的吸附。藻类对重金属的生物吸附机理主要包括离子交换、静电作用、螯合和微沉淀。藻类对镉具有强大的吸附能力，例如小球藻（*Chlorella*）对镉的吸附效率可达到 85% 以上。藻类细胞壁功能类似于离子交换树脂，因此能可逆地吸附重金属离子。有研究发现死藻相较于活藻具有更高的吸附效率和抗金属胁迫能力，这可能与死亡的藻具有更大的表面积有关。

细菌可以同几乎所有的金属发生作用，从而导致金属的氧化还原、溶解状态的改变、金属富集等一系列生物地球化学变化，这种变化虽然缓慢，但对于环境是友好的。通过研究微生物对金属的转化作用来阐明微生物与金属离子相互作用的共性规律，不仅可以解决环境中重金属污染问题，并广泛应用于矿山固体废弃物中有价金属的回收，而且还可以解决城市固体废弃物和污水处理活性污泥的重金属降毒，对人类未来的活动意义重大。

第六节　人工合成有机物的降解和转化

在我们的生活中，从穿到用甚至吃的产品中有许多人工合成的有机化合物。这些形形色色、多种多样的人工合成有机化合物大部分与天然存在的化合物结构类似，也可被微生物代谢分解转化。但有些则是外源性化合物，它们以稳定剂、表面活性聚合物，杀虫剂、除草剂以及各工艺过程中废品的形式存在，由于微生物已有的降解酶不能识别这些物质的分子结构和化学键序列，所以它们抗微生物的攻击只能被代谢部分分解转化。

一、农药的微生物降解

农药是指农业上用于防治病虫害及调节植物生长的化学药剂，主要有两种：化学合成农药和生物性农药两种类型。目前世界上普遍采用的绝大多数是化学合成农药，我国目前使用的化学合成农药主要为有机氯、有机磷、有机氮、有机硫农药等。通常使用的生物性农药有除虫菊酯、井冈霉素、苏云金杆菌等。但是，生物农药在我国使用的比例极低。化学合成农药因其高毒性和难降解性成为我国环境污染的主要来源之一。

大多数合成农药是带有卤素、氨基、硝基及其他各种取代物的简单烃骨架。微生物对农药的降解主要是通过脱卤作用、脱烃作用和对酯胺和脂的水解、氧化作用、还原作用及环裂解、缩合等方式实现改变分子化学结构的目的。取代基的数量和类型均可影响微生物对农药的降解速度。微生物降解农药的方式有两种：（1）以农药作为唯一碳源和能源，或将其作为唯一氮源，例如氟乐灵可作为曲霉属（*Aspergillus*）微生物的唯一碳源被快速分解；（2）通过引入其他有机物作为碳源或能源将农药同时降解的共代谢作用，例如在直肠梭菌（*Clostridium rectum*）降解农药六六六时需要额外提供能源才能降解，如蛋白胨。

在自然界中能直接降解农药的微生物不多，包括细菌、放线菌和霉菌等。其中，细菌具有适应能力强、易变异等特点，在农药降解中占主要的地位，主要代表有假单胞菌属（*Pseudomonas*）、芽孢杆菌属（*Bacillus*）、产碱菌属（*Alcaligenes*）、黄杆菌属

（*Flavobacterium*）、节杆菌属（*Arthrobacter*）、无色杆菌属（*Achromobacter*）等；此外，放线菌如诺卡氏菌属（*Nocardia*）以及霉菌如曲霉属（*Aspergillus*）等微生物对农药均具有一定的降解作用。

（一）2,4-D 的微生物降解

2,4-D(2,4 二氯苯氧乙酸）是世界上应用广泛，应用最早的有机氯除草剂之一。因其用量少、成本低廉且在土壤中半衰期仅几天或几周等优点成为最主要的除草剂品种之一。尽管半衰期相对较短，但是长期应用 2,4-D 仍会造成严重的环境污染，在施用地区的地下水和地表水中能检测到其存在。生物降解法相对于物理法和化学法具有成本低，降解效果好且不带来二次污染等特点成为目前最广泛应用的方法之一。2,4-D 的具体微生物降解途径如图 5-37 所示。

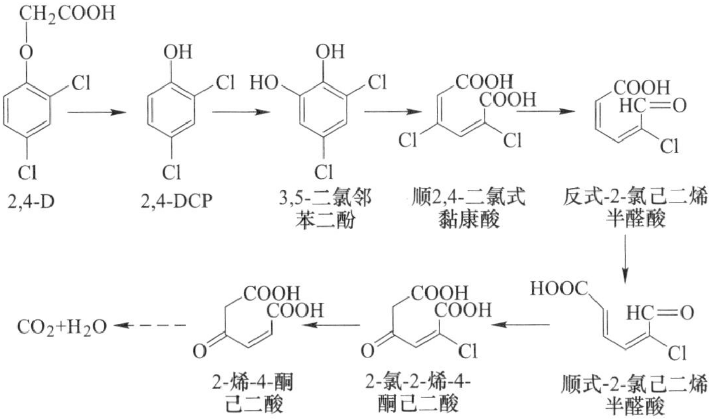

图 5-37　2,4-D 的主要降解途径

能够降解 2,4-D 的微生物有很多种，包括无色杆菌属（*Achromobacter*）、产碱菌属（*Alcaligenes*）、伯克霍尔德氏菌属（*Burkholderia*）、贪铜菌属（*Cupriavidus*）、代尔夫特菌属（*Delftia*）、盐单胞菌属（*Halomonas*）、假单胞菌属（*Pseudomonas*）、红育菌属（*Rhodoferax*）、多噬菌属（*Variovorax*）等。这些细菌所携带的降解基因大多位于质粒上，这些降解 2,4-D 的质粒能够以广泛的微生物细胞为受体菌发生水平转移，从而加快了整体的降解速率。因此，利用 2,4-D 降解基因水平转移的特性，发展 2,4-D 微生物修复技术是农药污染修复的有效策略。

（二）有机磷类农药的微生物降解

自从 1950 年马拉硫磷农药问世以来，有机磷农药占到世界化学农药用量的一半以上。在这其中甲胺磷、敌敌畏、甲基对硫磷、对硫磷、氧乐果和久效磷的产量约占有机磷杀虫剂的 70% 左右。随着大量和不规范使用，有机磷农药的残留对环境造成了破坏，并在进一步构成了对人类健康的潜在威胁。微生物对有机磷农药的降解方式可分为两大类：（1）通过依靠氧化还原酶类、水解酶类、裂解酶类和转移酶类直接作用于有机磷农药，使 P—O 键、P—S 键、P—N 键断裂，达到降解有机磷农药的目标；（2）通过代谢活动改变物理和化学环境从而间接作用于农药。降解机制研究分为 3 个阶段，从初级降解使有机磷农药的母体结构消失、特性发生变化，到次级降解使降解得到的产物不再导致环境污染，再到最终降解使有机磷类农药完全转化为 CO_2、H_2O 等无机物。以对硫磷为例，其降解与对硫磷水解酶密切相关，对硫磷的生物降解包括还原、水解和氧化等反应过程，其降解途径如图 5-38 所示。

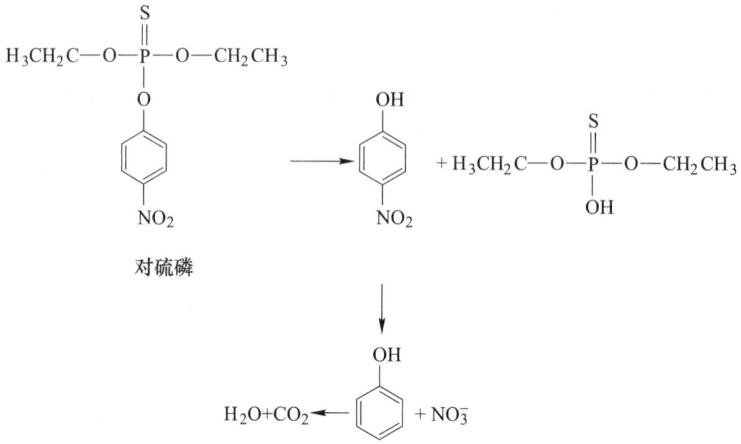

图 5-38　对硫磷的主要降解途径

能够降解有机氯农药的微生物种类很多，包括细菌、真菌、放线菌、藻类和原生动物。其中细菌属种数最多，大约占到 79%，主要由假单胞菌属和芽孢杆菌属构成，如施氏假单胞菌（*Pseudomonas stutzeri*）、铜绿假单胞菌（*Pseudomonas aeruginosa*）、巨大芽孢杆菌（*Bacillus megaterium*）和地衣芽孢杆菌（*Bacillus licheniformis*）等。真菌对有机氯农药的降解能力强于细菌，且具有多次传代仍有降解活性的优点，但其在自然界中的存在数量远小于细菌，如木霉属中绿色木霉（*Trichoderma viride*）、青霉属中的草酸青霉（*Penicillium oxalicum*）以及曲霉属中黑曲霉（*Aspergillus niger*）等。此外，一些藻类如小球藻（*Chlorolla* sp.）对对硫磷、甲拌磷也具有一定的降解作用。

（三）有机氯农药的微生物降解

有机氯农药是我国广泛使用的杀虫剂之一，主要包括 DDT、六六六、氯丹、七氯和百菌清等。虽然有机氯农药已于 1983 年被我国禁止生产和使用，但因其稳定的残留性和蓄积性，大量的有机氯农药仍残留在环境中，对生态环境和人类健康造成较大的威胁。有机氯农药的微生物降解技术具有成本低、效率高、无二次污染等优点。以 DDT(4,4-二氯二苯三氯乙烷) 为例，在还原酶的作用下，DDT 烷基上的氯以氯化氢的形式脱去，产生 DDD，而 DDD 在无氧条件下最终被降解为 DPB，不产生 CO_2。有氧条件下，DDT 降解为 DDT 的羟基化合物 DDD，DDD 可进一步降解为 DDE，并有 CO_2 产生，如图 5-39 所示。

微生物降解有机氯农药需要多种酶的共同参与，目前发现有机氯农药的降解酶主要包括脱氯化氢酶、水解酶、脱氢酶和脱氯酶等。能够降解有机氯农药的微生物包括鞘氨醇单胞菌属（*Sphingomonas*）、假单胞菌属（*Pseudomonas*）、芽孢杆菌属（*Bacillus*）、白腐菌（*Phanerochaetc chrysosporium*）等。对有机氯农药的降解研究如今还局限于单一微生物菌株的作用，这种方法时间长、见效慢，且作用环境要求苛刻。而通过联合培养菌株来构建高效降解优势菌群制成菌剂、基因工程菌的开发及应用可能是未来有机氯类农药微生物降解的有效途径。

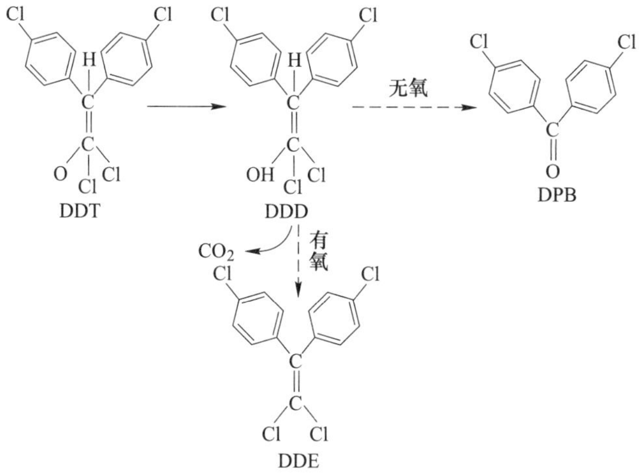

图 5-39　DDT 的主要降解途径

[拓展知识]

DDT

　　1874 年人类就合成了 DDT，但真正用于杀虫剂却是在 1939 年由瑞士化学家 Poul Muller 挖掘的。1962 年，美国科学家 Rachel Carson 在《寂静的春天》中认为 DDT 的大量滥用是导致一些生物接近灭绝的主要原因。1970 年以后 DDT 被世界各国陆续禁用，我国在 1982 年禁止 DDT 用于农业生产中。DDT 等有机氯杀虫剂在全球的禁用导致了疟疾的卷土重来，因此世界卫生组织于 2002 年宣布，重新启用 DDT 用于控制蚊子的繁殖以及预防疟疾，登革热，黄热病等。

二、多氯联苯的微生物降解

　　多氯联苯（PCBs）是含氯的联苯化合物，是以联苯为核心，在金属催化剂作用下，高温氯化而合成的有机氯化物，也称二噁英的类似化合物。由于 PCBs 化学性质稳定，并且不易燃烧，热传导性优良，绝缘性好等优点被广泛应用于制造增塑剂、表面涂层、黏合剂、杀虫剂、低碳复写纸、油墨、染料等。其结构为联苯周围连接 1~10 个氯原子，一般认为 PCBs 中有毒性的是有 5~10 个氯原子对位、间位取代的结构。不过也有例外，例如 3,4-邻位二氯取代是最具毒性的结构，如图 5-40 所示。PCBs 污染可以通过农作物进入食物链并逐级富集放大，严重威胁人类的健康。

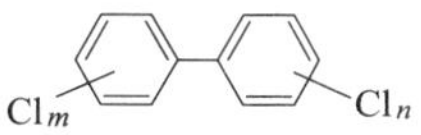

图 5-40　多氯联苯的基本结构

　　PCBs 的生物转化包括厌氧、好氧和厌氧-好氧联合转化等类型。

（一）PCBs 的厌氧转化途径和机理

　　厌氧条件下的脱氯反应主要是将高氯代物质进行还原性脱氯反应得到低氯代产物（见图 5-41）。因为氯原子的吸电子性使联苯环上的电子云密度降低，氯的取代个数越多，环上电子云密度越低，氧化越困难，表现出的生化降解性能低；相反，在厌氧或缺氧的条件下，环境的氧化还原电位低，电子云密度较低的苯环在酶的作用下容易受到还原剂的亲核攻击，氯被取代。

$$R—Cl + 2e + H^+ \longrightarrow R—H + Cl^-$$

图 5-41　PCBs 厌氧的生物
降解机理

（二）PCBs 的好氧转化途径和机理

在加氧酶的作用下 PCBs 无氯或带较少氯原子环上的 2，3 位与分子氧发生氧化反应，形成顺二氢醇混合物，二氢醇经过二氢醇脱氢酶作用形成 2,3-二羟基联苯，然后 2,3-二羟基联苯通过双氧酶作用使其在 1,2 位置断裂并产生间位开环混合物（2-羟基-6-氧-6 苯-2,4-二烯烃），间位开环混合物由于水解酶的作用使其发生脱水反应生成相应的氯苯甲酸和 2,4-双烯戊酸。氯苯甲酸可被其他细菌的其他基因成员编码的酶降解，2,4-双烯戊酸可为子细菌的生长与繁殖提供有效碳源，最终被氧化成 CO_2，如图 5-42 所示。

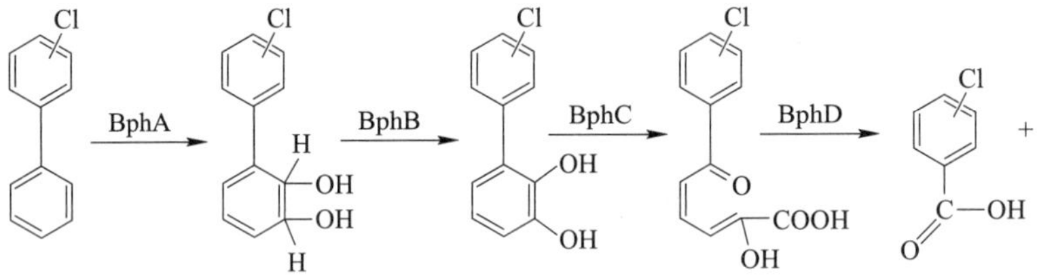

图 5-42　PCBs 好氧的生物降解代谢途径

（三）PCBs 的厌氧-好氧联合转化途径和机理

在厌氧条件下，PCBs 由厌氧微生物还原脱氯生成低氯联苯，然后由好氧微生物在好氧条件下氧化分解。这主要是由于还原脱氯难度随氯原子取代数目的下降而增加，而氧化酶随氯原子数目的下降越来越容易从苯环上获得电子进行反应。

自然界中能够降解 PCBs 的微生物多达上百种，包括细菌和真菌。厌氧的细菌有蒂氏脱硫念珠菌（*Desulfomonile tiedjei*）、脱盐杆菌属（*Dehalobacter*）、产乙烯脱卤拟球菌（*Dehalococcoides ethenogenes*）等。好氧的有产碱假单胞菌（*Pseudomona alcaligenes*）、无色杆菌属（*Achromobacte*）、丛毛单胞菌属（*Comamonas*）等。一些真菌也能降解 PCBs，研究比较多的是白腐真菌（*Phanerochaetc chrysosporium*），相比而言，真菌可降解比细菌更宽范围的 PCBs 同系物，但是它大多降解低浓度的 PCBs。

三、二噁英的微生物降解

二噁英通常指具有相似结构和理化特性的一组多氯取代的平面芳烃类化合物，主要包括多氯代二苯并呋喃（PCDFs）、多氯二苯-对-二噁英（PCDDs）及其类似物等，如图 5-43 所示。由于取代氯原子的数量和位置不同，使得二噁英种类很多，PCDD 和 PCDF 分别有 75 和 135 个异构体。二噁英属于全球性污染物，毒性极强，其中以 2,3,7,8-四氯联苯并-对-二噁英（TCDD）毒性最强，其毒性是氰化物的 50~100 倍。二噁英稳定性强，难于代谢降解，

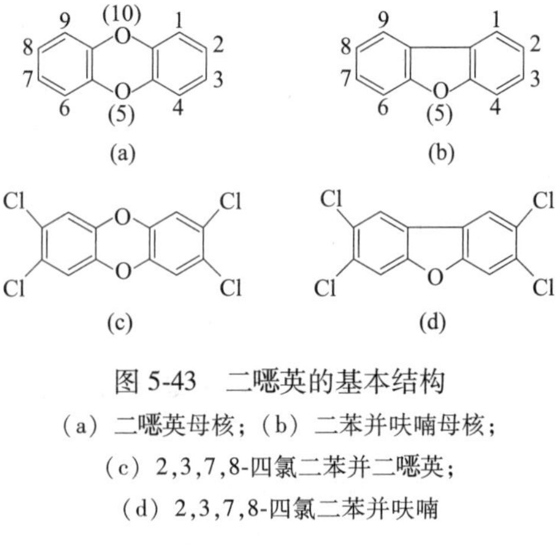

图 5-43　二噁英的基本结构
（a）二噁英母核；（b）二苯并呋喃母核；
（c）2,3,7,8-四氯二苯并二噁英；
（d）2,3,7,8-四氯二苯并呋喃

具有致癌、致畸、致突变作用，世界卫生组织将二噁英定为一类致病物。二噁英主要来源于城市垃圾燃烧，石油、造纸、化工产品的生产过程以及汽车尾气的排放。

根据微生物在降解二噁英过程中对氧气要求的不同，可大致分为好氧微生物降解和厌氧微生物降解。好氧微生物对二噁英的降解一般只限于低氯代二噁英，而对于高氯代二噁英的降解作用并不明显。而厌氧微生物则可通过还原脱氯降解高氯代二噁英。

（一）二噁英的好氧转化

二噁英的好氧转化主要通过共代谢作用进行，即以二苯并呋喃、二苯并对二噁英、二苯并吡咯和联苯等作为基质，诱导好氧微生物产生双加氧酶，推动二噁英的生物降解过程。在双加氧酶的作用下，好氧微生物可以催化二噁英生成二醇，然后自发形成三羟基联苯醚，在双加氧酶氧化下开环生成二羟基化合物，进而被代谢生成 4-氯儿茶酚。二噁英被氯取代的数量越少，好氧微生物对其降解能力越强。一般来说，好氧微生物对五氯代或更多氯代的二噁英降解能力较差。

有些真菌如白腐真菌通过木质素过氧物酶（LiP）和含锰过氧化酶（MnP）完成对二噁英类化合物的降解。例如 2,7-DCDD 在 LiP 的作用下降解生成 4-氯-1,2-苯醌和 2-羟基-1,4-苯醌。4-氯-1,2-苯醌还原生成 4-氯邻苯二酚，接着循环生成苯醌类化合物，随后被还原成 1,2,4-苯三酚，开环生成 β-羧基己二酸，最终矿化生成 CO_2。

（二）二噁英的厌氧转化

二噁英的厌氧转化过程主要是通过还原脱氯作用来实现的，不同的微生物有不同的脱氯方式，包括邻位-脱氯和侧位-脱氯。以 1,2,3,4-TCDD 为例，在厌氧微生物 *Dehaloccocoides ethenogenes*195 作用下先发生侧位脱氯生成 1,2,4-TCDD，接着进行邻位脱氯生成 1,3-DCDD、2-CDD。而在 *Dehaloccocoides* sp. CBDB1 作用下，1,2,3,4-TCDD 先发生邻位脱氯生成 1,2,3-TCDD、2,3-DCDD，然后侧位脱氯生成 2-CDD。高氯代的二噁英通过还原脱氯生成的低氯代二噁英随后再被好氧菌进行转化。

目前降解二噁英的微生物种类较多，每种类型的微生物都具有独特的降解特点。例如好氧菌降解率虽然较高，但大多能只降解低氯代的二噁英，对高氯代的二噁英降解效果较差；而厌氧微生物对高氯代二噁英降解转化率较高，但是在转化过程中会产生毒性更强的中间体，且降解不彻底；真菌中最具代表性的白腐真菌对低氯代和高氯代二噁英均可有效降解，且抗性强，在毒性较强的有机污染物中依然能够生存并将其转化，因此在二噁英降解方面应用前景广阔。

[拓展知识]

落叶剂与二噁英

落叶剂是一种工业合成的毒液，可杀死几乎所有植物或使其叶子短时间内掉光，这种毒液的主要成分就是二噁英。1967~1971 年，越南战争期间，美国军方在越南丛林地带大量使用落叶剂，以破坏北越战士的埋伏地点。由于装有容器的标志条纹为橙色，故也称为"橙剂"（Agent Orange）。落叶剂的使用造成 400 万越南人先天性生理缺陷，患上难以治愈的疾病或死亡，数千名越南儿童因此间接造成先天畸形。目前在越南河内有一家由美国退伍老兵出资修建的康复医院专门用以帮助那些因化学落叶剂无辜受害的儿童。

思　考　题

5-1　简述微生物在自然界物质循环中的作用。

5-2　简述淀粉在好氧、厌氧条件下可生成何种产物? 降解淀粉的微生物和酶有哪些?

5-3　简述纤维素在好氧、厌氧条件下可生成何种产物? 降解纤维素的微生物和酶有哪些?

5-4　脂肪酸如何进行 β-氧化? 在此过程中如何产能?

5-5　详述硝化作用、反硝化作用的作用机理。它们各有哪些微生物参与作用?

5-6　什么是硫化作用? 参与硫化作用的微生物有哪些?

5-7　什么是反硫化作用? 有哪些危害?

5-8　无机汞、无机砷在自然界中经过微生物的转化为何毒性增强?

5-9　铁的三种价态是如何转化的? 有哪些微生物引起管道腐蚀?

5-10　人工合成有机物对人类的影响, 微生物在其中起什么作用?

第六章 微生物的生态

第一节 微生物在环境中的分布

微生物因为体积小、质量轻、适应性强等特点，在自然界分布广泛，可以达到"无孔不入"的地步，只要环境条件合适，它们就可以大量繁殖。在动植物体内外、土壤、水体、大气中都有大量的微生物存在。但环境条件不同，生存着的微生物的种类和数量也不同。

人类赖以生存的环境分为生活环境、地理环境、地质环境、宇宙环境等层次。地理环境由大气圈、水圈、岩圈、土壤圈及生物圈组成，其中生物圈起着最为积极主导的作用。

生物圈是指地球上有生命的那一部分，即生物及其生命活动所集中的范围，它包括各种生物有机体的总和，也包括生物赖以生存的环境在内。

生态系统是生物圈的组成部分与基本单元。它是由生物群落及其生存环境组成的一个整体系统。生物群落包括动物、植物和微生物；生存环境包括物理因素及化学因素，诸如水、热、声、光、空气、土壤、有机物、无机物等。生物群落与生存环境之间不断进行着物质循环、能量流动和信息传递，这种长期适应形成的相互关系，将生物与它周围的环境有机联系成为一个整体结构，这个结构便是生态系统，小至一滴湖水、一截朽木、一个堆肥，大至湖泊、海洋、草原、森林、农田、工矿、城市，甚至整个生物圈，均可视为大小不等的生态系统。

微生物生态系统是指微生物及其生存环境组成的具有一定结构和功能的开放系统。微生物生态学就是研究微生物与其生活环境间相互关系与相互作用规律的学科。由于环境限制因子的多样性，使微生物生态系统表现出很大的差异。根据主要环境因子的差异和研究范围的不同，微生物生态系统大致有如下几种类型：陆生微生物生态系统、水生微生物生态系统、大气微生物生态系统、根圈微生物生态系统、活性污泥微生物生态系统、生物膜微生物生态系统、极端环境微生物生态系统等。

本章主要介绍微生物在不同生态环境中数量分布及微生物间的相互关系。

一、土壤中的微生物

栖息在土壤中的微小生物统称为土壤微生物。主要种类包括细菌、放线菌、真菌、原生动物等。通过对表层土壤分布的微生物进行多点取样发现，微生物在土壤中的分布是极不均匀的。

（一）土壤是微生物生活的良好环境

土壤具备了微生物生长所需要的各种条件，如有机质、空气、水分、温度、酸碱度、渗透压等。土壤中还存在着微生物之间、微生物与动植物之间的相互作用，所以土壤是微生物生存的良好基地，也是人类最丰富的菌种资源库。

（1）土壤有机质。土壤有机质是土壤固相中活跃的部分，其化合物种类繁多，性质各异，主要是非腐殖质和腐殖质两大类。非腐殖质主要是碳水化合物和含氮化合物。腐殖质是土壤有机质的主体，是异养微生物重要的碳源和能源。

（2）土壤温度。土壤保温性较强，一年四季温度变化相对较小，即使表面冻结，在一定深度土壤中仍保持一定的温度，这种环境有利于微生物的生长。

（3）土壤水分、酸碱度和空气。土壤水分和空气都处于土壤空隙中，两者是互为消长的。土壤中都含有一定量的水分，土壤中的水分是一种浓度很稀的盐类溶液，其中含有各种有机和无机氮素及各种盐类、微量元素、维生素等，土壤的 pH 值多数为 5.5~8.5，类似于常用的液体培养基。这对微生物的生长是十分有利的，土壤中氧气的含量比空气中的低，只有空气的 10%~20%，通气良好的土壤，有利于好氧微生物的生长。

（4）渗透压。土壤渗透压通常为 0.3~0.6MPa，对土壤微生物来讲是等渗或低渗环境域。有利于吸收营养。

（二）土壤中常见的微生物类群

土壤中各种微生物的含量变化很大，主要种类有：（1）细菌，每克土壤中约含几百万到几千万个，占土壤微生物总数的 70%~90%，多数为腐生菌，少数是自养菌；（2）放线菌，含量约为细菌的 1/10；（3）丝状菌，主要指霉菌，在通气良好的近地面土壤中，霉菌的生物总量往往大于细菌和放线菌；（4）酵母菌，普通耕作土壤中酵母菌含量很少，在含糖量较高的果园土壤、菜地土壤中含有一定量的酵母菌。此外，土壤中还分布有许多藻类及原生动物等，常见的藻类主要是蓝藻（蓝细菌）和硅藻，蓝藻是土壤中藻类数量最多的，能固定碳素，为土壤提供有机质，土壤中原生动物生活于土粒周围的水膜中，它们大多捕食细菌、真菌、藻类或其他有机体。

（三）土壤中微生物的数量与分布

土壤中微生物的数量因土壤类型、季节、土层深度与层次等不同而异；而且，无论在大面积的耕地里或者在小团的土块里，微生物分布的数量都是不均匀的。一般来说，在土壤表明，由于日光照射及干燥等因素的影响，微生物不易生存。地表 10~30cm 的土层中菌数多；土壤越肥沃、微生物越多。深层土壤由于有机物含量少、缺氧等原因，菌数随土壤深度而减少。

特别要指出的是根圈土壤中的微生物。根圈是指植物根系表面至其外围几毫米的土壤区域，是植物根系直接影响的土壤范围。由于根圈中含有丰富的植物向外释放的各类有机物质，因而成为特殊的微生态环境。根圈微生物比较根圈外微生物在数量、种类及生活上有明显不同，这种现象称为根圈效应。二者数量之比称为根土比，是反映根圈效应的重要指标。大量研究结果表明，"根土比"一般在 5~20 之间。

土壤微生物数量的季节变化是温度、水分、有机残体综合影响的表现。一般说冬季温度低，有的地区土壤几个月呈冰冻状态，微生物数量明显减少，但并不排除微生物的存在。当春季到来，气温增高，植物生长，根系分泌物增加，微生物数量上升。有的地区，夏季干旱，微生物数量也随之下降。至秋天雨水来临，加上秋收后大量植物残体进入土壤，微生物数量又复上升。这样，在一年里土壤中会出现两个微生物数量高峰。

在微生物不同类群中，土壤中以细菌最多，放线菌和真菌次之，藻类及原生动物较少。表 6-1 表示的是在花园土壤的不同层次中几类微生物数量情况。

表 6-1 典型花园土壤不同深度每克土壤中的微生物菌落数

深度/cm	细菌	放线菌	真菌	藻类
3~8	9750000	2080000	119000	25000
20~25	2179000	245000	50000	5000
35~40	570000	49000	14000	500
65~75	110000	500	6000	100
135~145	1400		3000	

土壤中细菌含量在每克土壤中从几百万至几亿个不等。由于方法上的限制，目前尚无法精确测定土壤中细菌数量。土壤细菌中有不同的生理类群，如固氮细菌、纤维素分解菌、硝化细菌等。也有杆菌和球菌等不同的形态。就其营养类型来看，大多属异养菌。好氧性异养细菌在土壤中常见的为革兰氏阳性菌。革兰民阴性菌以假单胞菌属及黄杆菌属为多。专性厌氧菌则以梭状芽孢杆菌属为主。土壤中大多数是中温型的好氧菌与兼性厌氧菌。人和动物的病原细菌可在土壤中存留一个时期，但在一般情况下，由于养料不适合，理化条件不当及微生物间拮抗作用等原因，土壤不是人和动物病原生物繁殖的理想场所。

每克土壤中含有放线菌几万到几百万个。碱性土壤中放线菌比酸性土壤中多些。土壤中放线菌种类很多，最主要的为链霉菌，常因其滋生而使土壤具有特殊的"土腥"气味。其他如诺卡氏菌和小单孢菌等亦常见于土壤。每克土壤中有真菌几千至几十万个。在偏酸性土壤中较多一些。真菌各主要类群均可从土壤中分离得到，最常见的有青霉、曲霉、枝孢霉、头孢霉等属中的霉菌。由于真菌个体比细菌大得多，故同土壤中的真菌生物量常比细菌大，约为 (2~20)：1。表 6-2 为某森林土壤中各类生物的生物量。

表 6-2 某森林土壤中的生物量

生物类群	生物量干重/kg · (10km²)⁻¹
细菌	36.9
放线菌	0.2
真菌	454
原生动物	1.0
蚯蚓类	12.0
其他生物	23.0

（四）土壤自净作用和污水灌溉

1. 土壤的自净作用

土壤对施入其中有一定负荷的有机物或有机污染物具有吸附和生物降解作用，通过各种物理、化学以及生物化学过程自动分解污染物，使土壤恢复到原有水平的净化过程称为土壤自净作用。土壤自净作用的能力一方面取决于土壤中微生物的种类、数量及活性；另一方面取决于土壤的结构、有机物含量、温湿度、通气状况等理化性质。土壤具有团粒结构，并且栖息着种类繁多，数量巨大的微生物群落，这使土壤具有强烈的吸附、过滤和生物降解作用。当污水、有机固体废弃物施入土壤后，各种有毒或无毒的物质先后被土壤吸附，随后被微生物和小型动物部分或全部分解转化，使土壤恢复到原有状态。

有相当一部分种类的污染物如重金属、农药等很难通过土壤的自净作用降低毒性或消除危害。这些污染物进入土壤系统将会引起不同程度的土壤污染，进而影响土壤中生存的动植物，最后通过生态系统食物链危害牲畜及人体健康。

2. 污水灌溉

土壤是天然的生物处理工厂，采用生活污水和易被微生物降解的工、农业废水灌溉农田，如果污水灌溉量适中，不超过土壤自净能力就不会造成土壤污染。污水灌溉一般是指使用经过一定处理的城市污水灌溉农田、森林和草地。污水灌溉可分为纯污水灌溉、清污混灌（清水、污水混合使用或轮流灌溉）和间歇污水灌溉。

污水灌溉的作用可概括为提供灌溉水源、提高土壤肥力和净化污水三个方面。

（1）提供灌溉水源。污水灌溉能满足农作物的用水需求，在干旱、半干旱地区已成为稳定的灌溉水源。据统计，我国2000余万亩污灌面积中有90.6%分布在缺水的北方地区，例如，天津污灌区面积已超过220万亩，是我国最大的污灌区。

（2）提高土壤肥力。污水中含有大量的各种营养元素，如氮、磷、钾、硼、铜、锌等元素。在辽宁省锦州市，污灌区水质中主要营养元素含量较高，氨氮、磷和钾分别为清灌水质的70.6~93.5、11.4~27.7和12.2~13.0倍。这些营养元素被农作物吸收和利用，可以节约大量的化肥和有机肥。

（3）污水净化。土壤具有很大的活性表面，能吸附污水中的有机和无机污染物，通过细菌、真菌和微型动物的作用，各种污染物被转化分解。例如，南京大厂镇利用经过平流式沉淀池进行一级处理的污水灌溉稻田，2~4d后就有明显的净化效果，见表6-3。

值得注意的是，农田生态系统虽然有较强的净化能力，但污染物含量一旦超过生态系统的净化阈值，土壤的净化能力将丧失。例如当进入农田的有机物过多时，由于有机物的分解消耗大量的氧气，造成土壤缺氧，甚至形成厌氧条件，导致农田土壤产生甲烷、硫化氢等气体，积累有机酸和醇类，Fe^{3+}转化为Fe^{2+}，从而影响植物对营养元素的吸收，妨碍植物正常的生理代谢。

另外，进入土壤的有机氯、重金属元素不仅对植物产生毒害作用，而且可沿食物链迁移和富集，造成更大的危害。

表6-3　生活污水灌溉稻田的净化效果　　　　　　　　　　（mg/L）

指标	灌溉时含量	灌溉后 2d		灌溉后 4d	
		含量	净化效果/%	含量	净化效果/%
总固体	659	235	62	112	83
总氮	13.14	1.52	88.5	1.42	89.4
氨氮	10.86	0.22	97.5	0.096	99.0
BOD$_5$	18.76	4.02	78.6	3	84
溶解氧	2.07	4.8		6.64	

二、水体中的微生物

水体是微生物生存的良好基质。各种水体，特别是污染水体中存在有大量的有机物质，适于各种微生物的生长，因此水体是仅次于土壤的第二种微生物天然培养基。水体中的微生物主要来源于土壤以及人类和动物的排泄物。水体中微生物的数量和种类受各种环境条件的制约。自然界的江、河、湖、海及人工水体如水库、运河、下水道、污水处理系统等水体中都生存着相应的微生物类群。但由于水域环境不同，给微生物提供的营养、光照、温度、酸碱度、渗透压、溶解氧等条件差异也较大，所以不同类型的水域中微生物的种类、数量差异也较大。

（一）水体是微生物的天然生境

无论海洋还是淡水水体中，都存在着微生物生长所必需的营养。水体具备微生物生命活动适宜的温度、pH 值、氧气等。由于雨水冲刷，将土壤中各种有机物、无机物、动植物残体带入水体，加之工业废水和生活污水的不断排入和水生生物的死亡等都为水体中微生物的生长提供了丰富的有机营养。不同的水体中有机质的含量不同，其微生物群落差异也较大。

（二）水中微生物的数量和分布

土壤中大部分细菌、放线菌和真菌，在水体中都能找到，成为淡水中的固有种类。水体中细菌的种类很多，自然界中细菌共有 47 科，水体中就占有 39 科。

处于城镇等人口聚集地区的湖泊、河流等淡水，由于不断地接纳各种污物，含菌量很高，每毫升水中可达几千万个甚至几亿个，主要是一些能分解各种有机物的腐生菌，如芽孢杆菌、生孢梭菌、变形杆菌、大肠杆菌、粪链球菌等。有的甚至还含有伤寒、痢疾、霍乱、肝炎等人类病原菌。

溪流及贫营养湖的表层缺乏营养物质，在每毫升水中一般只含几十个到几百个细菌，并以自养型种类为主。常见细菌有绿硫细菌、紫色细菌、蓝细菌、柄细菌、赭色纤发菌、球衣菌和荧光假单胞菌等。此外，还有许多藻类（如绿藻、硅藻等）、原生动物（如钟虫及其他固着型纤毛虫、变形虫、鞭毛虫等）和微型后生动物（轮虫、线虫等）。

地下水、自流井、山泉及温泉等经过厚土层过滤，有机物和微生物都很少。石油岩石地下水含分解烃的细菌，含铁泉水有铁细菌，含硫温泉有硫黄细菌。

影响微生物在淡水水体中分布的因素有水体类型、污染程度、有机物的含量、溶解氧量、水温、pH 值及水深等。

由于海洋具有盐分较多、温度低、深海静水压力大等特点，所以生活在海水中的微生物，除了一些从河水、雨水及污水等带来的临时种类外，绝大多数是耐盐、嗜冷、耐高渗透压和耐高静水压力的种类。海水中常见的微生物有假单胞菌属、弧菌属、黄色杆菌属、无色杆菌属及芽孢杆菌属等。一般在港口，每毫升海水含菌量为 1×10^5 个，在外海每毫升海水含菌量为 10~250 个。

江、河、湖泊、池塘等水体中有机物含量较多，微生物的种类、数量也较多。微生物在水体中表现为水平分布和垂直分布的规律。此外，相同水域的不同时期微生物的含量及分布也不同。

（三）水体的自净作用

当有机废水进入河流之后，废水流入处的水质会发生恶化，但随着河水向下游流动其水质逐渐转好，在河水流经一定的距离后，河水水质可以恢复到废水流入之前的状态，这就是水的自净作用。水的自净作用是因为污染物质在稀释、扩散、沉淀以及微生物等生物的吸收和分解作用下减少的缘故。在这一过程中稀释、扩散和沉淀作用只能改变污染物的分布状态，而不能消除污染物质。所谓真正的自净作用是指有机物质受到氧化作用而转变成无机物质的过程。在水中或河床里生存的微生物及生物为了生长繁殖而进行呼吸或摄取食物等生命活动，其结果是水中的有机物经氧化还原作用被分解为无机物，如图 6-1 所示。

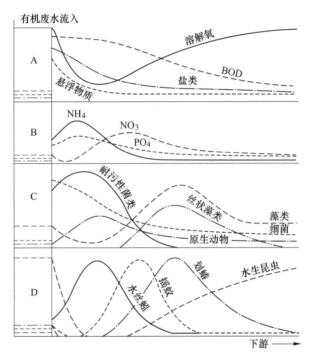

图 6-1　河流自净作用过程中物理化学和生物学变化
A，B—物理化学变化；C—微生物的变化；D—大型生物的变化

从图 6-1 可看出在河流的自净作用过程中，溶解氧并不是在有机废水流入之后就立即下降的，而是在异常微生物增长最旺盛时最低。对微生物来说，最初是细菌增长起来，其次是原生动物，到了最后藻类才占优势。当河水水质恢复到废水流入前的状态时，水中各种生物相互影响、彼此限制，以一定的比例稳定存在。

各种微生物及生物在自净过程中的作用分别为，细菌对水中的污染物质进行氧化还原并将其变成简单化合物；藻类在进行光合作用释放氧的同时，吸收简单化合物；大型植物将根系固定于河床里并从底泥中摄取各种物质，同时还具有与藻类相同的作用；微型动物摄取有机物、细菌、藻类等进行新陈代谢，并将它们变成简单化合物；大型动物摄取固体有机物和动植物体。如果达到这一步，一般可以认为废水已经得到相当程度的净化并处于稳定状态。

应该指出的是水体的自净能力是有限的。当水中有机物浓度很高时，促进了异养微生物的大量生长繁殖，它们呼吸需要大量的氧，这样会造成水体缺氧，从而使好氧微生物的活动受到限制，而厌氧微生物却活跃起来。厌氧微生物不能使有机物彻底氧化，产生许多具有恶臭的代谢产物，如腐胺、尸胺、H_2S、NH_3 等。H_2S 遇铁可产生黑色沉淀，于是使水体变黑发臭。

（四）污染水体生物系统

当有机污染物排入河流后，在排污点下游进行的自净过程，导致沿着河流方向形成一系列在污染程度上逐渐减轻的连续带，即多污带、α-中污带、β-中污带和寡污带。每一带都生存着大体上能够表示这一带特征的微生物、动物和植物。从而可以根据河流中一定区域内所发现的微生物区系、动物区系和植物区系来判断该区域受污染的程度。

（1）多污带。多污带位于排污口之后的区段，水体受有机污染严重，颜色暗灰，很浑浊，BOD 高，溶解氧极低（或无），为厌氧状态。在有机物分解过程中，产生 H_2S、CO_2 和 CH_4 等气体。由于环境恶劣，水生生物的种类很少，以厌氧菌和兼性厌氧菌为主，种类多，数量大，每毫升水含有几亿个细菌。它们中间有分解复杂有机物的菌种，有硫酸还原菌、产甲烷菌等。水底沉积许多由有机和无机物形成的淤泥，有大量寡毛类（颤蚓蚓）动物。原生动物中无色鞭毛虫占优势，没有好氧生物，鱼类也不能生存。

（2）α-中污带。α-中污带在多污带的下游，水为灰色，溶解氧极少，为半厌氧状态，有机物量减少，BOD 下降，水面上有泡沫和浮泥，有较多的氨、有机酸、H_2S 等代谢产物。生物种类较多污带有所增加，细菌数量较多，每毫升水中有几千万个。藻类较少，以细菌为食物的耐污动物（如天蓝喇叭虫、美观独缩虫、椎尾水轮虫、臂尾水轮虫等）占优势。

（3）β-中污带。β-中污带在 α-中污带之后，有机物减少，BOD 和悬浮物含量低，溶解氧升高，氧化作用显著，由于 NH_3 和 H_2S 氧化为 NO_3^- 和 SO_4^{2-}，两者含量均减少。细菌数量减少，每毫升水中只有几万个。藻类种类多，生长迅速，原生动物多种多样，水生植物、浮游甲壳动物、贝类、两栖动物、鱼类等均有出现。

（4）寡污带。寡污带在 β-中污带之后，它标志着河流自净过程已完成，有机物基本无机化，BOD 和悬浮物含量极低，H_2S 消失，细菌数量少，水的浑浊度低，溶解氧恢复到正常水平。指示生物有：鱼腥藻、硅藻、黄藻、钟虫、变形虫、旋轮虫、浮游甲壳动物、水生植物及鱼。

三、空气中的微生物

空气中有较强的紫外线辐射，而且缺乏营养和水分，温度变化较大，所以空气不是微生物生存的良好场所。但空气中仍然存在着大量的病毒、细菌、真菌、藻类、原生动物等各种微生物。

（一）空气中微生物的来源

空气中的微生物主要来自土壤飞起来的灰尘、水面吹起的水滴、生物体体表脱落的物质、人和动物的排泄物等。这些物体上的微生物不断以微粒、尘埃等形式逸散到空气中。

（二）空气中微生物的数量和分布

空气中的微生物大部分是腐生的种类，但是不同的空气环境中微生物的种类不同。有些种类是普遍存在的，如某些霉菌、酵母菌及对干燥、射线等有较强抵抗能力的真菌孢子到处都有。细菌主要是来自于土壤的腐生性种类，常见的为各种球菌、芽孢杆菌、产色素细菌等。在医院的附近和人群比较密集的区域，存在着多种寄生性病原菌（如结核分枝杆菌、白喉杆菌、溶血链球菌、金黄色葡萄球菌等）、若干种病毒（如麻疹病毒、流感病毒等）以及多种真菌孢子。

空气中微生物的分布随环境条件及微生物的抵抗力不同而呈现不同的分布规律。空气中微生物的数目决定于尘埃的总量。空气中尘埃含量越高，微生物的种类数量越多。一般城市空气中微生物的含量比农村高，而在高山、海洋的上空，森林地带、终年积雪的山脉或基地上空的空气中，微生物的含量就极少，见表 6-4。

表 6-4　不同条件下 1m³ 空气的含菌量

条　件	数量/个	条　件	数量/个
畜舍	$2×10^5 \sim 1×10^6$	市区公园	200
宿舍	20000	海洋上空	$1 \sim 2$
城市街道	5000	北极（北纬 $80°$）	0

由于尘埃的自然下沉，所以距地面越近的空气中，含菌量就越高，但在 85km 的高空仍能找到微生物。微生物在空气中滞留的时间与风力、雨、雪、气流的速度、微生物附着的尘粒的大小等条件有关。在静止的空气中微生物随尘埃下落，而极缓慢的气流也可以使微生物悬浮于空中不下沉。

[拓展知识]

对流层中的微生物

科学家通过在加勒比海、美国内陆和加利福尼亚上空一万米高度的空气里收集到的数万个微生物样本并对其分析，结果表明在万米高空的对流层里每立方米空气存在约 5100 个细菌细胞、数十个真菌孢子，其中 60% 以上的微生物是存活状态。

无独有偶，一群来自英属哥伦比亚大学的病毒学专家在西班牙南部海拔高达 3000m 的内华达山脉上放置了 4 只水桶用于收集微生物。据测算，病毒正以每天每平方米超 8 亿个的速度沉积在自由对流层（3000m）以上。

四、微生物在食品上的分布

各种食品营养物质丰富，常带有很多的微生物。其中有些是有害的，常引起食品腐败，或产生有毒物质，或病原微生物滋生，当然也有些是无害的甚至是有益于人类的。

（一）粮食

各种谷物及其制品上均附有大量微生物。粮食上的微生物主要有细菌及真菌。种类与数量随粮食种类、生产地区、贮藏、运输、加工等不同情况而异。

粮食上的细菌多为植物表面的附生菌，以无芽孢、革兰氏阴性细菌为主，例如假单胞菌属、黄单胞菌属；此外尚有芽孢杆菌、放线菌和球菌。它们均来源于土壤及空气的感染。

粮食上常含有大量的霉菌孢子，当空气中湿度较高时即可萌发。常见种有曲霉、青霉等。其中，黄曲霉可产生黄曲霉毒素，是一种剧毒、致癌性强的真菌毒素，常见于腐烂花生上。

（二）肉类

动物死亡后，细菌很快在其上繁殖。在市场出售的无包装肉类，每 1g 肉中有细菌几十万到上千万个。肉类上常见的细菌可分为 4 类：

（1）好氧性芽孢杆菌。如枯草芽孢杆菌、蜡状芽孢杆菌（*Bacillus cereus*）、巨大芽孢杆菌（*Bac. megatherium*）等。

（2）好氧性无芽孢杆菌。如大肠埃希氏菌、普通变形杆菌（*Proteus vulgaris*）、奇异变形杆菌（*Proteus mirabilis*）、铜绿假单胞菌［绿脓杆菌（*Pseudomonas aeruginosa*）］、荧光假单胞菌（*Ps . fluorescens*）、阴沟气杆菌（*Aerobacter cloacae*）等。

（3）球菌。如橙色微球菌（*Micrococcus aurantiacus*）、亮白微球菌（*M candidus*）、橙色八叠球菌（*Sarcina aurantiaca*）等。

（4）厌氧性细菌。常见的有生孢梭菌（*Clostridium sporogenes*）、臭气梭菌（*Clost. aerofoetidum*）、溶组织梭菌（*Clost. histolyticum*）等。

在肉类上常见的真菌为曲霉属、毛霉属、青霉属、交链孢属（*Alternaria*）、丛梗孢属（*Monilia*）、枝孢霉属（*Cladosporium*）等。

细菌和霉菌在肉类上生长能使之产生臭味，造成变质。有的细菌还能产生毒素，误食后能引起食物中毒，严重的可导致死亡。

（三）鱼类

鱼类也有许多细菌，如无色杆菌属（*Achromobacter*）、黄杆菌属和微球菌属类。海鱼中还可有副溶血弧菌（*Vibrio parahaemolyticus*）等。

鱼类食品中的一些细菌也能使鱼类腐败变质，也可产生毒素，引起食物中毒。鱼类中有些细菌可耐低温，在一般冰箱中仍可繁殖。在冷藏条件下细菌并不死亡，解冻后的冻鱼，细菌繁殖特别快，冻鱼的腐败也较新鲜的鱼类快一些。

（四）乳类

由于乳及乳制品含有丰富的营养物质，因而是微生物良好的天然培养基。乳类的细菌污染可来自牛体、牛的乳腺管中，以及挤奶员的手或挤奶器上。因此，即使是刚挤下的乳，也往往含有一定数量的细菌。

乳类中的细菌主要为乳链球菌（*Streptococcus lactis*）和乳酸乳杆菌（*Lacto bacillus lactis*），此外也常见到荧光假单胞菌、普通变形杆菌、大肠杆菌、粪链球菌（*Stre ptococcus faecalis*）和产气气杆菌（*Bacterium aerogenes*）等。

乳类还可携带病原菌，可以传播结核、伤寒、白喉等病。因此乳类消毒具有重要意义。

乳酸菌可引起牛乳的乳酸发酵，使其中的乳糖发酵生成乳酸。乳酸对其他细菌（包括致病菌）具有一定的抑制作用，可生成具有特殊风味的酸牛乳。酸牛乳有助消化作用，是人们所喜爱的食品。

乳类中也有真菌，如青霉、丛醒孢霉、粉孢霉及酵母菌等。

五、极端环境中的微生物

极端环境包括高温、低温环境，高盐环境，高酸、高碱环境，高热酸环境，高压环境。另外还有某些特殊环境，如油田、矿山、沙漠的干旱地带，地下的厌氧环境和高辐射环境、高卤环境等。在这些极端环境中也有微生物存在和生长。微生物适应于异常环境，是自然选择的结果。20 世纪 70 年代以来，极端环境微生物已成为微生物发展的新领域及新的资源宝库。

（一）嗜热微生物

土壤、肥堆、热泉和火山地带普遍存在嗜热菌，并在每一类生境中，都有一定的种群组成。例如，在晒热或自然的生境中，包含有中温菌和嗜热菌，占优势的嗜热菌有芽孢杆菌、梭菌和高温放线菌，而在热泉中（大于 60℃），主要是超嗜热古细菌。

根据嗜热菌与温度的关系可将它们分成 5 个不同类群：耐热菌、兼性嗜热菌、专性嗜热菌、极端嗜热菌和超嗜热菌。耐热菌最高生长温度在 45~55℃ 之间，低于 30℃ 也能生长。兼性嗜热菌的最高生长温度在 50~65℃ 之间，也能在低于 30℃ 条件下生长。专性嗜热菌最适生长温度在 65~70℃，不能在低于 42℃ 条件下生长。极端嗜热菌最高生长温度高于 70℃，最适生长温度高于 65℃，最低生长温度高于 40℃。超嗜热菌的最适生长温度在 80~110℃，最低生长温度在 55℃ 左右。大部分超嗜热菌是古细菌，但真细菌中的海栖热袍菌也属于这一类，其最高生长温度达 90℃。

嗜热微生物生长的生态环境有热泉（温度高达 100℃），高强度太阳辐射的土壤，岩石表面（高达 70℃），各种堆肥厩肥、干草、锯屑及煤渣堆，此外还有家庭及工业上使用的温度比较高的热水及冷却水。热泉（酸性热泉和碱性热泉）是嗜热微生物的最重要生境，大部分嗜热微生物都从热泉中分离，例如延胡索酸火叶菌（*Pyrolobus fumarii*）生活在 113℃ 的大西洋热液喷口，超嗜热菌（*Methanopyrus kandleri*）能够生活在 80~122℃ 的热液喷口。嗜热微生物大分子蛋白质、核酸、脂质的热稳定结构以及存在的热稳定性因子是它们嗜热的生理基础。新的研究还表明专性嗜热菌株的质粒携带与热抗性相关的遗传信息。

嗜热微生物有广泛的应用前景，高温发酵可以避免污染和提高发酵效率，其产生的酶在高温时有更高的催化效率，高温微生物也易于保藏。嗜热微生物还可用于污水处理。嗜热细菌的耐高温 DNA 多聚酶使 DNA 体外扩增的技术得到突破，为 PCR 技术的广泛应用提供基础，这是嗜热微生物应用的突出例子。

[拓展知识]

水生栖热菌与 Taq 聚合酶

Taq 聚合酶是从嗜热细菌海栖热袍菌（*Thermus aquaticus*）中分离出的 DNA 聚合酶。1965 年 Thomas D. Brock 团队于美国黄石公园热泉中发现并成功分离出 *Thermus aquaticus*。1976 年，由中国科学家钱嘉韵发现并分离出了 Taq 酶。

1973 年，钱嘉韵（Alice Chien）就读于美国俄亥俄州辛辛那提大学生物系，在导师的指引下，钱嘉韵以 Thermus aquaticus 为研究对象，成功地分离出该细菌耐高温的 Taq 聚合酶。Taq 聚合酶的发现，为现代 PCR 技术的产生做出了巨大的贡献。

美国黄石公园的热泉，1976 年 Taq 酶在此发现并分离

（二）嗜冷微生物

高山、海洋、南北两极、冷冻土壤、阴冷洞穴以及冰箱等生境中均有微生物存在和生长。

嗜冷微生物能在较低温度下生长，可以分为专性和兼性两类，前者的最高生长温度不超过 20℃，可以在 0℃ 或低于 20℃ 条件下生长；后者要在低温下生长，但也可以在 20℃ 以上生长。嗜冷微生物的研究远没有嗜热微生物那样深入，而且主要限于细菌。有些微生物具有在较低温度下（0~5℃）生长的能力，但不是真正的嗜冷菌，而是冷营养菌（*Psychrotrophic*），即能耐受低温但最适温度较高。从深海中分离出来的细菌既嗜冷，也耐高压。

嗜冷微生物适应环境的生化机理是因为细胞膜脂组成中有大量的不饱和、低熔点脂肪酸。嗜冷微生物低温条件下生长的特性可以使低温保藏的食品腐败，甚至产生细菌毒素。研究开发嗜冷微生物的酶，在工业和日常生活中都有应用价值。如从嗜冷微生物中获得低温蛋白酶用于洗涤剂，不仅能节约能源，而且效果好。

（三）嗜酸微生物

温和的酸性（pH 3~3.5）在自然环境中较为普遍，如某些湖泊、泥炭土和酸性的沼泽。极端的酸性环境包括各种酸矿水、酸热泉、火山湖、地热泉等。嗜酸微生物一般都是从这些环境中分离出来，其优势菌是无机化能营养的硫氧化菌、硫杆菌。酸热泉不但呈高酸度，而且有高温的特点，从这些环境中可分离出独具特点的嗜酸嗜热细菌，如嗜酸热硫化叶菌等。

生长最适 pH 值在 3~4 以下、中性条件下不能生长的微生物称为嗜酸微生物；能在高酸条件下生长，但最适 pH 接近中性的微生物称为耐酸微生物。嗜酸微生物的胞内 pH 从不超出中性大约 2 个 pH 单位，其胞内物质及酶大多数接近中性。嗜酸微生物能在酸性条件下生长繁殖，需要维持胞内外的 pH 梯度，现在一般认为它们的细胞壁、细胞膜具有排斥 H^+，对 H^+ 不渗透或把 H^+ 从胞内排出的机制。嗜酸菌被广泛用于微生物冶金、生物脱硫。

（四）嗜碱微生物

地球上碱性最强的自然环境是碳酸盐湖及碳酸盐荒漠，极端碱性湖如肯尼亚的 Magadi

湖，埃及的 Wad natrun 湖是地球上最稳定的碱性环境，那里 pH 值达 10.5~11.0。我国的碱性环境有青海湖等。碳酸盐是这些环境碱性的主要来源。人为碱性环境是石灰水、碱性污水。一般把最适生长 pH 值在 9 以上的微生物称为嗜碱微生物，中性条件下不能生长的称专性嗜碱微生物。中性条件甚至酸性条件下都能生长的称为耐碱微生物或碱营养微生物。嗜碱微生物有两个生理类群：盐嗜碱微生物和非盐嗜碱微生物。前者的生长需碱性和高盐度（达 33% NaCl + Na$_2$CO$_3$）条件。代表性种属有外硫红螺菌、甲烷嗜盐菌、嗜盐碱杆菌、嗜盐碱球菌等。

嗜碱微生物生长最适 pH 值在 9 以上，但胞内 pH 接近中性。细胞外壁是胞内中性环境和胞外碱性环境的分隔，是嗜碱微生物的重要组成。其控制机制是具有排出 OH$^-$ 的功能。嗜碱微生物产生大量的碱性酶，包括蛋白酶（活性 pH 0.5~12）、淀粉酶（活性 pH 4.5~11）、果胶酶（活性 pH 10.0）、支链淀粉酶（活性 pH 9.0）、纤维素酶（活性 pH 6~11）、木聚糖酶（活性 pH 5.5~10）。这些碱性酶被广泛用于洗涤剂行业及处理工业生产排出的碱性废液。

（五）嗜盐微生物

含有高浓度盐的自然环境主要是盐湖，如青海湖（中国）、大盐湖（美国）、死海（黎巴嫩）和里海（俄罗斯），此外还有盐场、盐矿和用盐脂制的食品。海水中含有约 3.5% 的氯化钠，是一般的含盐环境。根据对盐的不同需要，嗜盐微生物可以分为弱嗜盐微生物、中度嗜盐微生物、极端嗜盐微生物。弱嗜盐微生物的最适生长盐浓度（氯化钠浓度）为 0.2~0.5mol/L，大多数海洋微生物都属于这个类群。中度嗜盐微生物的最适生长盐浓度为 0.5~2.5mol/L，从许多含盐量较高的环境中可以分离出这个类群的微生物。极端嗜盐微生物的最适生长浓度为 2.5~5.2mol/L，它们大多生长在极端的高盐环境中，已经分离出来的主要有藻类：盐生杜氏藻、绿色杜氏藻；细菌：盐杆菌，如红皮盐杆菌、盐沼盐杆菌；盐球菌，如醋盐球菌。可以在高盐浓度下生长，但最适生长盐浓度较低的称为耐盐菌，如金黄色葡萄球菌和其他葡萄球菌，耐盐酵母菌等。

嗜盐细菌具有许多生理特性，其中视紫红质引人注目。视紫红质是细胞膜上的一种特殊紫色物质，吸收的光能以质子梯度的形式部分储存起来，并用于合成 ATP。

嗜盐微生物也有广泛的应用前景，它们可被用于生产胞外多糖、聚羟基丁酸（PHB）、食用蛋白、调味剂、保健食品强化剂、酶保护剂、电子器件和生物芯片，还可用于海水淡化、盐碱地开发利用以及能量、开发等。

（六）嗜压微生物

需要高压才能良好生长的微生物称为嗜压微生物。最适生长压力为正常压力但能耐受高压的微生物称为耐压微生物。能生活在海洋底部而不能在常压下生长的微生物称为专性嗜压微生物。例如从深海底部 1.01×10^5 kPa（1000 大气压）处分离出嗜压的细菌，这些专性嗜压菌，虽然对高压环境产生某种适应，但它们的生长是极其缓慢的，高压条件下的微生物生长一般比正常条件下慢 1000 倍。

现在已知的嗜压细菌有假单胞菌属、微球菌属、芽孢杆菌属、弧菌属、螺菌属等。此外还发现嗜压的酵母菌。耐高温和厌氧生长的嗜压菌有望用于油井下增压、降低原油黏度，以提高采油率。

第二节　微生物之间的相互关系

在自然界中，微生物的区系除受理化环境的影响外，同样也受生物环境的影响。当微生物的不同种类或微生物与其他生物出现在一个限定的区域内，它们之间不是彼此孤立存在的，而是互为环境，相互影响，既有相互依赖又有相互排斥，表现出相互间复杂的关系。微生物间以及微生物与其他生物间的相互关系大致可以归纳为互生、共生、拮抗和寄生关系四类。

一、互生

互生关系是指两种可以单独生活的生物，当其共同生活在一起时，可以相互有利，或者一种生物生命活动的结果为另一生物创造了有利的生活条件。这是一种"可分可合，合比分好"的相互关系。

土壤中固氮菌与纤维素分解菌共同生活在一起就是互生关系的典型例子。固氮菌需要不含氮的有机物作为碳源和能源，但是不能直接利用土壤中大量存在的纤维素。而纤维素分解菌虽能分解纤维素，但分解后有大量的有机酸类的物质累积，对自己生长繁殖不利。当两者生活在一起时，固氮菌可以利用纤维素分解菌所生成的有机酸类物质，作为良好的碳源和能源进行生长繁殖，并进行固氮作用，而纤维素分解菌也不至于因自己累积的代谢产物而中毒。相反，由于固氮菌固定大气中的 N_2 改善了土壤中的氮素条件而得以发展，从而加强了对纤维素的分解能力。而且由于它们之间的互生关系，增加了土壤的氮素营养，可使农作物增产。

土壤中的氨化细菌、亚硝酸细菌和硝酸细菌之间的互生关系也是十分显著的。氨化细菌分解有机氮化物产生氨，为亚硝酸细菌创造了必需的生活条件。亚硝酸细菌氧化氨，生成亚硝酸，为硝酸细菌创造了必需的生活条件。硝酸细菌氧化亚硝酸，清除了亚硝酸在土壤中的累积，对植物和土壤微生物都有利，因为亚硝酸毒性很强，累积起来，对各种生物都不利。硝酸盐则可被植物吸收利用。如此循环，从而保证了自然界的氮素循环的平衡。

人体肠道正常菌群与寄主间的关系也主要是互生关系。人体为肠道微生物提供了良好的生态环境，使微生物在肠道内得以生长繁殖。而肠道内的正常菌群可以完成多种代谢反应，如固醇的氧化、酯化、还原，合成蛋白质和维生素等作用，对人体的生长发育均有重要意义。它们所完成的某些生化过程是人体本身无法完成的，如硫胺素、核黄素、吡哆醇，B_{12}、K 等维生素的合成。此外，人体肠道中的正常菌群还可抑制或排斥外来肠道致病菌的侵入。

[拓展知识]

肠道微生物和婴儿健康

人的肠道包含多种多样的微生物组成的生态系统，主要是细菌以及病毒和真菌，称为肠道微生物群。微生物群对婴儿的健康起着至关重要的作用。许多研究表明，生命早期缺乏母体微生物可能对儿童的健康产生长期影响。也就是说，剖腹产的出生方式不利于婴儿正常肠道菌群的发育。因此科学家提出"粪菌移植"

方式来促进母体微生物移植到婴儿体内，加强免疫系统功能，确保婴儿健康成长。

二、共生

共生关系是指两种生物共居在一起，彼此依赖，创造相互有利的营养和生活条件，较之单独生活时更为有利，更有生命力。有的甚至相互依存，一种类型脱离了另一种类型，就不易独立生活，在生理上形成了一定的分工，在组织上和形态上产生了新的结构。

微生物间的共生关系可以认为是互生关系的高度发展。地衣是微生物间共生关系的最典型例子。地衣是某些子囊菌和担子菌的真菌和单细胞绿藻或蓝藻共生形成的一种植物体。在有些种类的地衣中，真菌菌丝无规律地缠绕藻细胞；而另一些种类的地衣，真菌菌丝和藻细胞形成一定层次排列。当地衣繁殖时，在表面上生出球状粉芽，粉芽中含有少量的藻细胞和真菌菌丝。粉芽脱离母体，散布到适宜的环境中，发育成新的地衣。由此可见，地衣中的真菌和藻已经成为特殊的形态整体了。

不仅如此，在生理上，地衣中的真菌和绿藻或蓝藻也是紧密地相互依存着的。共生真菌进行异养生活，它从共生绿藻或蓝藻得到有机养料，同时能够在十分贫瘠的环境条件下吸收水分和无机养料供给共生绿藻或蓝藻利用。共生绿藻或蓝藻从共生真菌得到水分和无机养料，进行光合作用，所合成的有机物质既能满足自己的需要，也满足了共生真菌的要求。蓝藻还能固氮，供给真菌以氮素营养。因此，地衣能够在极为贫瘠的岩石上、树皮上或其他地方生长。地衣是岩石分解、土壤形成过程中的先驱生物。

根瘤菌与豆科植物形成根瘤是一种互惠共生关系。根瘤菌固定大气中的氮，为豆科植物提供氮素养料，而豆科植物根系的分泌物能刺激根瘤菌的生长，同时，还为根瘤菌提供保护和稳定的生长条件。

反刍动物与瘤胃微生物也是共生关系。反刍动物以草为食，可它本身不能分解纤维素，而是依靠瘤胃中存在的大量微生物的作用。反刍动物吃进大量草料为瘤胃微生物提供了丰富的营养物质，瘤胃的体积较大，并且有恒定的温度和厌氧条件，使其中的微生物能够不断的生长繁殖。当瘤胃中的微生物随着草料进入瓣胃和皱胃后，即被该处的蛋白酶所消化，分解成氨基酸和维生素等被反刍动物吸收和利用。

三、拮抗

拮抗关系是指一种微生物在其生命活动过程中，产生某种代谢产物或改变其他条件，从而抑制其他微生物的生长繁殖，甚至杀死其他微生物的现象。根据拮抗作用的选择性，微生物间的拮抗关系可分为非特异性拮抗关系和特异性拮抗关系两类。

在酸菜、泡菜和青贮饲料的制作过程中，由于乳酸细菌的旺盛繁殖，产生大量乳酸导致环境的 pH 下降，从而抑制其他微生物的生长繁殖。这种抑制作用没有特定的专一性，对不耐酸的细菌都可产生抑制作用，所以这种关系称为非特异性拮抗关系。酵母菌在无氧条件下产生大量乙醇，同样对其他微生物也有一定的抑制作用。许多微生物在其生命活动过程中，能够产生某种或某类特殊的代谢产物，具有选择性地抑制或杀死其他微生物的作用。这种现象称为特异性拮抗关系。各种微生物所产生的这种特殊物质的性质各不相同，现统称为抗菌素。能产生抗菌素的微生物称为抗生菌或抗生性微生物。抗生菌产生抗菌素，是和竞争者做斗争的强有力的武器（见图6-2）。微生物的这种特殊性能，已被用来为人类服务，抗菌素在医药卫生、植病防治、食品保藏和畜牧业生产等方面都有很大的经济价值。

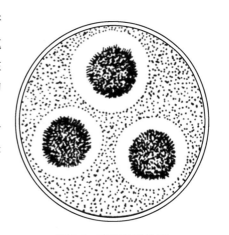

图6-2　青霉的拮抗图

四、寄生

寄生关系就是一种生物生活在另一种生物体内，从中摄取营养物质而进行生长繁殖，并且在一定条件下能损害或杀死另一种生物的现象。前者称为寄生物，后者称为寄主或宿主。有些寄生物一旦脱离寄主就不能生长繁殖，这类寄生物称为专性寄生物。有些寄生物脱离寄主后又能营腐生生活，这类寄生物称为兼性寄生物。

在微生物中，噬菌体寄生于细菌是常见寄生现象。此外，真菌与真菌、真菌与细菌、细菌与细菌间同样存在着寄生关系。真菌间的寄生现象比较普遍。真菌间的寄生过程大体可分为三种情况：一种是当寄生性真菌与寄主真菌接触时，立即伸出菌丝把寄主的菌丝螺旋状卷住，然后由接触部位侵入。侵入之后将寄主杀死，再营腐生生活。这类寄生菌在侵入前一般不分泌毒素，因而侵入过程所需要的时间较长。第二种情况是寄生性真菌分泌某种对寄主真菌有毒的物质，先使寄主的活性衰退然后再侵入。其后的侵入过程与上一种情况相似。第三种情况是寄生菌将其吸器伸入寄主的菌丝内，或者是寄生菌菌丝与寄主菌丝接触而溶解其接触部分的细胞膜，以吸收营养。细菌间的寄生现象虽然少见，但仍有存在。例如，食菌蛭弧菌（*Bdellovibrio bacteriovorus*）可寄生在假单胞菌、肠杆菌等G-细菌的细胞内。

微生物寄生于植物体中，常引起植物病害。其中以真菌引起的病害最为普遍，约占95%，受侵染的植物会发生腐烂、猝倒、萎蔫、根腐、叶腐、叶斑等症状，严重影响农作物产量。

能在人或动物体内寄生的微生物很多，主要是细菌、真菌和病毒，这些微生物常能引起寄主致病或死亡。但如果它们寄生于有害动物体内，则对人类有利，并可以加以利用。如利用昆虫病原微生物防治农业害虫。

思　考　题

6-1　为什么说土壤是微生物最好的天然培养基，土壤中有哪些微生物？

6-2　什么叫土壤自净，土壤被污染后其微生物群落有什么变化？

6-3　土壤是如何被污染的，土壤污染有什么危害？

6-4　什么是污灌，有什么意义？

6-5　水体中微生物有几方面来源，微生物在水体中的分布有什么规律？

6-6　什么叫水体自净，可根据哪些指标判断水体自净程度？

6-7　水体污化系统分为哪几"带"，各"带"有什么特征？

6-8　与土壤和水体相比，大气环境具有哪些特点？

6-9　空气微生物有哪些来源，空气中有哪些微生物？

6-10　空气中有哪些致病微生物，以什么微生物为空气污染指示菌，为什么？

6-11　微生物间以及微生物与其他生物间的相互关系可表现为哪几种？请举例说明。

第二篇
微生物污染环境

第七章　微生物对环境的污染和危害

第一节　水体富营养化

　　水体富营养化是指氮、磷等营养物质大量进入水体，使藻类和其他浮游生物旺盛增殖，从而破坏水体生态平衡的现象。湖泊、内海、港湾、河口等水体较浅，水流缓慢，易发生富营养化，以湖泊、水库对人类生产和生活影响最大，所以研究水体富营养化主要是研究湖泊富营养化。滇池水体富营养化如图 7-1 所示。

图 7-1　滇池水体富营养化

　　水质达到什么样的状态会出现富营养化？目前经过大量研究，一般认为水体含氮量大于 0.2~0.3mg/L，含磷量大于 0.01~0.02mg/L 时，生化需氧量大于 10mg/L，细菌总数（淡水，pH 值为 7~9）达 105 个/mL，叶绿素 a（藻类生长量的标志）大于 10μg/L 会出现富营养化。当水体出现富营养化现象时，会给人们生产与生活带来危害。在富营养化阶段，水体中出现最多的生物主要是藻类，由于一些浮游生物（如蓝藻等）的大量繁殖引起的水色异常现象，发生在淡水水体中称为"水华"；发生在海洋中称为"赤潮"，为水环境污染的两大灾害。湖泊富营养化时生长的藻类主要是蓝细菌，其种类达 20 多种，如微囊藻属、鱼星藻属、束丝藻属的种类，使水体呈现蓝、红、棕、乳白等不同颜色；海洋富营养化时生长的藻类种类有 60 多种，主要为裸甲藻属、膝沟藻属、多甲藻属的种类。富营养化的直接后果是一些浮游生物、藻类死亡腐败造成水域大面积缺氧，甚至处于无氧状态，同时还会释放出大量有害气体和毒素，严重污染水体环境，造成大量的鱼类死亡。

一、富营养化形成的条件

（一）富营养化的形成

水体从贫营养向富营养的发展，是一个自然、缓慢的发展过程。在天然状态下，一个湖泊从贫营养走向富营养化，最终消亡，往往需几千年甚至几万年。然而，如果人类活动一旦影响到这种过程，其变化过程就会急剧加快，特别是城市和工农业污水的流入，必然大大地加速湖泊富营养化的过程。显然，这两种过程存在较大的差异，人们把前者称为天然水体富营养化，后者称为人为水体富营养化。

（1）天然水体富营养化。数千年前或者更远年代，自然界的许多湖泊处于贫营养状态。然而，随着时间的推移和环境的变化，湖泊一方面从天然降水中吸收氮、磷等营养物质；另一方面因地表土壤的侵蚀、下溶，使大量的营养元素进入湖内，湖泊水体的肥力增加，大量的浮游植物和其他水生植物生长繁殖，为草食性的甲壳纲动物、昆虫和鱼类提供了丰富的食料。当这些动植物死亡后，它们的机体沉积在湖底，积累形成底泥沉积物，这样一代又一代地堆积，使湖泊逐渐变浅，直至成为沼泽。

（2）人为水体富营养化是在人类活动的影响下发生的水体生态演替。这种演变很快，可在短期内出现。其控制因子主要是外源性的。例如，人为破坏湖泊流域的植被，促使大量地表物质流向湖泊；或过量施肥，造成地表径流富含营养物质；或向湖泊洼地直接排放含有营养物质的工业废水和生活污水，均可加速湖泊富营养化。因此，产生富营养化的水体主要是人群集中、工业和农业发达地区的湖泊。

湖泊富营养化的过程如图 7-2 所示。

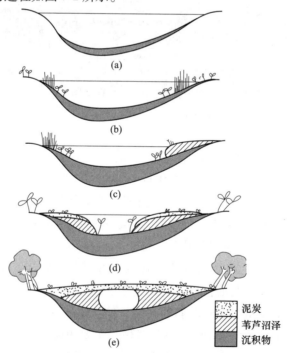

图 7-2　湖泊富营养化的过程

（a）湖底营养沉降物淤积；（b）藻类、浮生生物生长繁殖；（c）藻类、浮生生物残骸沉积于湖底；
（d）湖底淤泥逐渐累积；（e）富营养化的水体

（二）富营养化的影响因素

藻类的生长和繁殖与水体中的氮、磷的含量成正相关，并受温度、光照、有机物、pH、毒物、捕食性生物等因素制约。这些因素相互作用，一起影响水体富营养化的进程。

（1）营养物质。水体生物生长所需要的营养元素约有 20～30 种。从藻的组成（$C_{106}H_{263}O_{119}N_{16}P_1$）看，其中碳、氮、磷是藻类生长的主要营养元素，由于碳的供应比较充足，因此氮和磷成为藻类生长的决定因素。水体中氮的浓度超过 0.3mg/L，磷的浓度超过 0.015mg/L，就足以引起藻类的急剧生长，形成水体富营养化。当水中氮成为限制因素时，固氮蓝藻常常成为优势种，水中的氮可由固氮蓝藻和固氮细菌来补充，因此氮和磷相比，藻类生产力受磷的限制更为明显。

（2）季节与水温。藻类属中温型微生物，因此在气温较高的夏季，无风的日子较易发生藻类生长。夏季的水体会呈现分层现象，即上层水暖，相对密度小；下层水冷，相对密度大，水体富营养化的现象常常在上层水体中发生。

（3）光照。藻类属光能自养型生物，充足的光照是藻类快速繁殖的必要条件。在水体中，上层光照充足而成为富光区，藻类的光合作用也相应较强，释放的氧气可使溶解氧量达到过饱和的程度。当上层藻类的生长密度较大时，光线不易透过，下层即成为弱光至无光区，藻类和其他异养微生物进行呼吸作用，消耗大量的溶解氧而使下层水处于缺氧状态。

（4）pH。藻类生长的 pH 值范围为 7～9。我国大多数湖泊的 pH 值在 7.5～9.0 之间，因而容易发生藻类过度增殖。

（5）其他生物。水体中没有拮抗性生物时，易导致藻类过度增殖。

二、富营养化的危害

水体富营养化破坏了水体自然生态平衡，可导致一系列恶果。其危害主要如下：

（1）降低水体透明度。在富营养水体中，生长着以蓝藻、绿藻为优势种类的大量藻类。这些藻类浮在水表面，形成一层"绿色浮渣"，使水质变得浑浊，透明度明显降低，富营养严重的水体透明度仅有 0.2m，水体感官性状大大下降。

（2）使水体缺氧。富营养水体的表层密集着大量的藻类，这使阳光难以透射至水体深层，而且阳光在穿射过程中因被藻类吸收衰减，深层水体的光合作用受到限制，使溶解氧来源减少。此外，藻类死亡后不断向水体底部沉积，不断地腐烂分解，也会消耗深层水体大量的溶解氧，严重时可能使深层水体的溶解氧消耗殆尽而呈厌氧状态，使得需氧生物难以生存。这种厌氧状态可以触发或者加速底泥积累的营养物质释放，造成水体营养物质的高负荷，形成富营养水体的恶性循环。

（3）产生毒素。某些藻类体内及其代谢产物含有生物毒素，如在形成赤潮时链状膝沟藻（*Cyaulax catenella*）产生的石房蛤毒素是一种剧烈的神经毒素，它可富集于蛤、蚌类体内，其本身并不致死，而人食用后可发生中毒症，重则可以死亡。

（4）破坏水生生态系统平衡。在正常情况下，水体中各种生物都处于相对平衡的状态。但是，一旦水体受到污染而呈现富营养状态时，这种正常的生态平衡就会被扰乱，某些种类的生物明显减少，而另外一些生物种类则显著增加，物种丰富度显著减少。这种生物种类演替会导致水生生物的稳定性和多样性降低，破坏其生态平衡。

（5）影响供水水质，增加制水成本。富营养化直接导致水质变差，不宜饮用，造成城市供水困难。如果作为饮用水的水源，就会因藻类大量生长繁殖而造成水体的沉淀、凝集、过滤等处理困难，处理效率降低；藻类的某些分泌物及其尸体的分解产物有的带有异味且难以除尽，严重影响水厂出水质量。

（6）影响旅游和航运。水体因富营养化会使藻类大量繁殖，覆盖水面，产生浓重的水色（蓝绿色或红色），有的会产生水华，甚至发黑变臭，严重影响湖库的旅游观光，甚至丧失旅游价值。此外，富营养水体中生长的大型浮游植物，还会堵塞航道，影响航运。

三、富营养化的防治

由于水体富营养化会带来许多危害，应该积极采取措施，防止富营养化的发生。

（1）外源控制。绝大多数水体富营养化主要是外界输入的营养物质在水体中富集造成的，如果减少或截断外部输入的营养物质，就使水体失去了营养物质富集的可能性。为此控制营养物质（主要是磷和氮）进入水体至关重要。具体措施：严格执法，禁止生活污水和工业废水的直接排放，限制大量磷和氮等物质进入水体；加强工业污染源综合治理，控制排污总量；进行污水深度处理，减少水体中的营养物；加强生态管理，科学田间管理和改进农田技术措施，合理施肥，合理灌溉，减少肥料的流失；逐步限制合成洗衣粉的含磷量和含磷洗衣粉的生产使用；保护森林植被，建立水体周围的缓冲林带，减少营养物质的流失。

（2）内源控制。营养物质（主要是磷和氮）输入到水体中可被水生生物吸收利用，或者以溶解性盐类形式溶于水中，或者经过复杂的物理化学反应和生物作用而沉降，并在底泥中不断积累，或者从底泥中释放进入水中。因此内源控制的具体措施有：采取疏浚底泥、深层排水的工程措施，改善湖底淤积状况；种植水葫芦、眼子菜、水花生、芦苇等水生植物，并通过定期收获达到去除氮、磷的目的；放养白鲢鱼、花鲢鱼吞食藻类，转移水体营养物。

（3）控制藻类生长。可使用化学杀藻剂，在藻类尚未大量滋生前，杀死藻体。也可使用生物杀藻剂，如利用噬藻体杀死藻类。采用机械或强力通气增加水中溶解氧，也可收到显著的抑制藻类效果。应该指出的是，化学除藻会造成水体的二次污染，目前一般不采用。使用物理方法除藻时，不能破坏生态系统的稳定。

第二节　微生物代谢产物对环境的污染

环境中的每种物质都会受一种或多种微生物的作用，产生复杂多样的代谢中间体与终产物。正常情况下，这些代谢产物不断产生，也不断转化，处于动态的平衡之中。然而，在特定条件下，有些代谢产物会大量积累，造成环境污染；有些代谢产物则是特殊的化合物，会对人类或其他生物产生不利的影响；更有甚者，有些代谢产物属于致癌、致畸、致突变物质。以上各类代谢产物长时间、低剂量地作用于人群，对人体健康构成了严重的威胁。

一、微生物毒素

微生物毒素是微生物的次级代谢产物，是一大类具有生物活性、常在较低剂量时即对其他生物产生毒性的化合物总称。自 1888 年发现白喉杆菌毒素以后，陆续发现了许多微生物毒素。细菌、放线菌、真菌、藻类均可产生。由于微生物毒素污染食品和环境，危害人类健康，近年来受到人们的高度重视。

（一）细菌毒素

细菌毒素按其来源、性质和作用的不同，可分为外毒素和内毒素两大类。

1. 外毒素

细菌外毒素是细菌在生长过程中由细胞内分泌到细胞外的毒性物质。将产生外毒素的细菌的液体培养物用滤菌器过滤除菌，即能获得外毒素。能产生外毒素的细菌大多数是革兰氏阳性菌，少数是革兰氏阴性菌。

外毒素多为蛋白质，分子量为 $27000 \sim 900000$ Da（$1\text{Da} = 1.66054 \times 10^{-27}$ kg）；毒性比内毒素强，但不耐热，白喉毒素经加温 $58 \sim 60\,^{\circ}\text{C}$、$1 \sim 2\text{h}$，破伤风毒素 $60\,^{\circ}\text{C}$ 加温、20min 即可被破坏。外毒素容易被热、酸及酶所灭活；在甲醛（$0.3\% \sim 0.4\%$）的作用下可脱毒成为类毒素，但保持抗原性，可刺激机体产生高效的抗毒素。外毒素具亲组织性，选择性地作用于某些组织和器官引起特殊的病变。常见的外毒素有肉毒毒素、葡萄球菌肠毒素、白喉毒素、破伤风毒素、霍乱肠毒素等。

（1）肉毒毒素。是由厌氧的肉毒梭菌在生长繁殖过程中产生的外毒素，是一种极强的神经毒素，主要抑制神经末梢释放乙酰胆碱，引起肌肉松弛麻痹，特别是呼吸肌麻痹。

肉毒梭菌是革兰氏阳性菌，分布很广，可侵染蔬菜、水果、鱼、肉、罐头等食品，并产生毒素，在我国发生的肉毒毒素中毒事件中，多数由自制的臭豆腐、豆豉等植物性发酵食品引起。

（2）葡萄球菌肠毒素。由金黄色葡萄球菌的产毒株产生的外毒素，可引起食物中毒。当肠道吸收了该毒素后，在 $2 \sim 6\text{h}$ 之内即可引起恶心呕吐等急性肠胃病症状。毒性较弱，较少致命。

金黄色葡萄球菌（见图 7-3）无芽胞、鞭毛，大多数无荚膜，革兰氏染色阳性，多存在于皮肤、动物鼻咽道及口腔中，带菌的食品加工工人或厨师是主要的传播媒介。

图 7-3　金黄色葡萄球菌

2. 内毒素

菌体中存在的毒性物质的总称，是多种革兰氏阴性菌的细胞壁成分。细菌在生活状态时不释放出来，只有当菌体自溶或用人工方法使细菌裂解后才释放，又名"热原"。大多数革兰氏阴性菌都有内毒素，如沙门氏菌、痢疾杆菌、大肠杆菌、奈瑟氏球菌等。

内毒素不是蛋白质，因此非常耐热。在100℃的高温下加热1h也不会被破坏，只有在160℃的温度下加热2~4h，或用强碱、强酸或强氧化剂加温煮沸30min才能破坏它的生物活性。内毒素不能用甲醛脱毒制成类毒素，但能刺激机体产生具有中和内毒素活性的抗体。

（二）真菌毒素

真菌毒素是指以霉菌为主的真菌在食品或饲料里生长所产生的代谢产物。早在15世纪就曾发现麦角使人中毒的事例，之后也不断发现人畜食用霉变谷物而中毒的事件。但真正激发人们的重视，则是在20世纪60年代末至70年代初先后发现岛青霉毒素及黄曲霉毒素的致癌性以后。至今已发现的真菌毒素有300多种，其中毒性最强的有黄曲霉毒素、棕曲霉毒素、黄绿青霉素、红色青霉素B、青霉酸等。能使动物致癌的有黄曲霉毒素B_1、黄曲霉毒素G_1、黄天精、环氯素、柄曲霉素、棒曲霉素、岛青霉毒素等。担子菌纲中的某些蘑菇含有肼及肼的衍生物，不仅具有毒性，且可使小鼠等动物患肝癌或肺癌。

1. 真菌毒素致病特点

真菌毒素致病有以下几个特点：（1）中毒常与某些食物有关，在可疑食物或饲料中经常可检出真菌及其毒素；（2）发病有季节性或地区性；（3）所发生的中毒症无传染性；（4）人和家畜家禽一次性大量摄入含有真菌毒素的食物和饲料，往往发生急性中毒，长期少量摄入则发生慢性中毒和致癌；（5）药物或抗菌素对中毒症疗效甚微。

2. 产毒真菌概况

在粮食、作物、饲料上分到的真菌中约有30%~40%菌株可产生毒素，其中最常见的为青霉、曲霉、镰孢霉中的某些种。真菌多为中温型好氧性微生物，阴暗潮湿处更易生长。但温度为22~30℃，空气湿度较大（相对湿度在85%~95%），粮食含水量在17%~18%时，青霉属和曲霉属的许多种能很好生长，并产生毒素。因真菌菌种不同及影响因素各异，其产毒情况多种多样。

3. 黄曲霉毒素

黄曲霉毒素是由黄曲霉和寄生曲霉所产生的一种次生代谢物，分为B_1、B_2、G_1、G_2、M_1和M_2等多种，具有非常强的毒性和致癌性。已确定结构的黄曲霉毒素有17种，黄曲霉毒素B_1是真菌毒素中最稳定的一种。具有耐高温性，在200℃温度下不会被破坏；紫外线照射亦不能破坏此毒素；耐酸性和中性，只有在pH 9~10的碱性条件下可迅速分解；此外，次氯酸钠、氯气、NH_3、H_2O_2、SO_2等可使之破坏。

动物食用黄曲霉毒素污染的饲料后，在肝、肾、肌肉、血、奶及蛋中可测出极微量的毒素。黄曲霉毒素及其产生菌在自然界中分布广泛，有些菌株产生不止一种类型的黄曲霉毒素，在黄曲霉中也有不产生任何类型黄曲霉毒素的菌株。黄曲霉毒素主要污染粮油及其制品，各种植物性与动物性食品也能被污染。

黄曲霉素（见图7-4）对人类的健康造成严重的危害，制定预防措施具有重要意义，

图 7-4　黄曲霉素

可采用：（1）在作物的贮运加工过程中，通过降低农产品的含水量，降低仓储环境的相对湿度，充 CO_2 降低氧量，使用化学药剂等手段防止霉菌的污染和生长；（2）通过机械或手工拣除染菌的籽粒；或通过精制、淘洗的方法，降低食品中黄曲霉毒素的含量；（3）用活性炭过滤吸附法去除被黄曲霉毒素污染的液体食品中的毒素；（4）利用强碱或氧化剂处理有毒食品。

[拓展知识]

黄曲霉素的发现及分类

20 世纪 60 年代在英国发现有 10 万只火鸡死于一种以前从未见过的病，被称为"火鸡 X 病"。通过溯源发现这种病可能与饲料中的"花生饼"有关。研究者们迅速在花生饼中分离出一种真菌产生的毒素，命名为"aflatoxin"，即黄曲霉素。

至今已分离出的黄曲霉素及其衍生物有 20 种，包括 B_1、B_2、G_1、G_2、M_1 等毒素和毒醇。黄曲霉素 M_1 中的 M 是指"Milk"，即这种黄曲霉素主要出现在牛奶中；而 B 是指"Blue"，是由于其在紫外光的照射下会发出蓝色荧光，其中以黄曲霉素 B_1 毒性最强，是氰化钾的 10 倍，砒霜的 68 倍；黄曲霉素 G 是指"Green"，因为在紫外光下发射黄绿色荧光而得名。黄曲霉素 B_1 和 B_2 在奶牛体内有一小部分会分别转化为 M_1 和 M_2 进入牛奶中，成为牛奶中黄曲霉毒素的来源。

（三）放线菌毒素

某些放线菌中某些种类的代谢产物可使人中毒，甚至能致癌。例如，链霉菌属放线菌产生的放线菌素，可使大鼠产生肿瘤；由不产色的链霉菌产生的链脲菌素，可诱发大鼠肝、肾、胰脏发生肿瘤；由肝链霉菌（*Streptomyces hepaticus*）产生的洋橄榄霉素急性毒性很强，亦可诱发肿瘤。

（四）藻类毒素

藻类毒素为水体富营养化过程中迅速繁殖的藻类植物所分泌的毒素。具有肝毒性、神经毒性或皮肤刺激性等。可毒杀鱼类等水生生物，对人和其他动物也有极强的毒性。每年都有人死于藻类毒素中毒。近年来，我国不少地方都发生因食用织纹螺而中毒的事件，有关资料表明，织纹螺本身无毒，其致命的毒性是由于赤潮中大量繁殖的藻类所产生的毒素，织纹螺摄食有毒藻类、富集和蓄积藻类毒素而被毒化。织纹螺引起食物中毒的主要毒素是麻痹性贝类毒素，类似于河豚鱼毒素，中毒病人主要有神经性麻痹症状，死亡率较高。

藻类毒素主要由下列三类藻产生：

（1）甲藻。甲藻是赤潮中经常检出的藻类（见图7-5），常见于北纬或南纬30°的海水中，它产生的毒素对人类有剧毒。其毒性之急，能在短时间内（2~12h）使人死亡。如石房蛤毒素，对小鼠的半数致死量为10μg/kg（腹腔注射），人口服1mg即可致死。

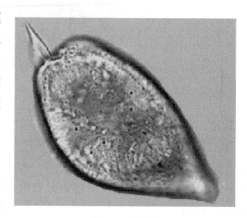

图7-5　甲藻

（2）蓝细菌，是淡水中产毒素的常见藻类，如图7-6所示。蓝细菌中铜绿微囊藻是"水华"中的优势种，能产生微囊藻快速致死因子，它是一种小分子环肽化合物，可使水生生物中毒死亡。人类中毒后可发生皮炎、肠胃炎、呼吸失调等症状。

（3）金藻。金藻中报道最多的为一种小定鞭金藻。此藻能在盐浓度大于0.12%的水中生长，如图7-7所示。在实验室内培养时，在含盐浓度为海水3倍的水中亦能生长。其所产毒素能引起盐湖中鱼群大量死亡，此外尚有溶血及溶菌等作用。可以应用对其他生物无危害浓度的液氨使藻体膨胀而后溶，以去除此藻。

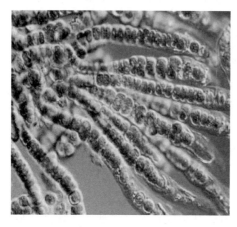

图7-6　蓝细菌

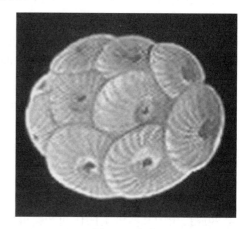

图7-7　金藻

[拓展知识]

微生物的群感效应与致病性

2022年沃尔夫化学奖颁发给了细胞通信研究领域的研究者Bonnie Bassler，以表彰其在理解细胞通信方面所作出的贡献。群体行为一直以来被认为是人类或高等动物所独有的行为。但现在的研究表明细菌也有它们独有的群体行为，这一现象被称为"群体感应（quorum sensing）"。

1913 年普林斯顿大学教师 E. Newton Harvey 在日本西海岸发现光源海萤（*Vargula hilgendorfii*）聚集发光的现象。1953 年，斯特雷勒（Bernard L. Strehler）首次从费氏弧菌（*Vibrio fischeri*）中完整地提取了发光系统，实现了细胞外发光。1970 年，Harvey 的学生 J. Woodland Hatstings 发现随着数量的增加，费氏弧菌和哈维氏弧菌的亮度逐渐增强。与此同时，菌体不断地向培养基释放高丝氨酸内酯（homoserine lactone）分子，当 HSL 达到一定浓度时，细菌才开始发光。后来发现哈维氏弧菌具有两套不同的群体感应系统，AI-1（autoinducer-1）用于种内交流。AI-2 用于种间交流。这就是细菌间交流所采用的方式。

进一步研究发现，群体感应控制着许多与致病因子相关的重要基因。例如，铜绿假单胞菌（*Pseudomonas aeruginosa*）只有在细胞浓度达到高浓度时才开启群体感应并产生毒性蛋白。这种现象在噬菌体中也存在，有些噬菌体只有在宿主细胞间交流的分子信号达到很强的时候才释放新噬菌体去感染其他宿主，并进一步导致宿主全部死亡。

日本西海岸由海萤形成的蓝色河流

二、含氮化合物

生态系统中氮素的正常循环对保持生态平衡起到至关重要的作用，局部含氮化合物的过量积累，会导致一系列环境问题，重要的含氮化合物有如下几种。

（一）硝酸与亚硝酸

1. 硝酸

硝酸是硝化作用的终产物，它易溶于水，因此易发生淋溶作用，并随水流失。农业生产中如长期施用大量的化学氮肥，会引起蔬菜、水果硝酸盐超标及地下水、饮用水污染等一系列较为严重的生态环境问题。据调查，我国部分地区的食物中，尤其是蔬菜，硝酸盐含量严重超标，有的高达 3000~4000mg/kg。每人每天只要食用 70g，人体每天摄入的硝酸盐就会超出世界卫生组织的安全标准。

　　另据统计，施入土壤的氮素只有 30%~40% 被作物利用，约 20% 被土壤微生物固定在土壤中，而 40%~50% 被水淋失或分解进入空气中。被雨水流失的氮，进入地下水，使地下水中硝酸盐含量超标。故规定饮水中硝酸盐（以 N 计）含量应低于 10mg/L。

　　硝酸盐污染不容忽视，因为硝酸盐是亚硝胺的前体物，迄今发现的亚硝胺类化合物有 120 种之多，其中确认有致癌作用的约占 75%。有关专家认为，引导广大农民科学合理施肥，尤其是多施生物有机肥料，是防治硝酸盐污染的根本对策。

　　2. 亚硝酸

　　亚硝酸是氮素循环中硝化作用和反硝化作用的中间产物，可引起局部和全球的污染问题。在厌氧的土壤、沉积物和水环境中，以及食品和饲料中的硝酸盐，均可被微生物还原为亚硝酸盐。在 20 世纪 60 年代末和 70 年代初，世界上有不少婴幼儿由于饮用了富含硝酸盐的污染水后，体内大量的硝酸盐转化为亚硝酸盐，而亚硝酸盐在人体内积累过多，可直接使人缺氧中毒，严重者导致窒息死亡，即高铁血红蛋白症，俗称紫蓝症、蓝婴症、乌痧症等。熏制肉食品中加硝酸盐或亚硝酸盐，其中硝酸盐也可由微生物转化为亚硝酸盐。亚硝酸盐是活性防腐剂，NO_2^- 与肌红蛋白反应，使熏制的肉产生令人愉快的红色。然而，NO_2^- 对血红蛋白同样的亲和力可引起毒性作用，所以在熏肉中残留的 NO_2^- 被限定为 200mg/kg。

　　（二）亚硝胺

　　亚硝酸盐除其直接毒性外，它可与环境或食品中的二级胺反应，生成 N-亚硝胺。这种反应在某些情况下可自发产生，或由微生物酶的作用——大肠杆菌、普通变形杆菌（*Proteus vulgaris*）、梭菌属、假单胞菌属及串珠镰刀菌（*Fusarium moniliforme*）等微生物都能把 NO_2^- 和仲胺（蛋白质代谢的中间产物）转化为亚硝胺。亚硝胺是众所周知的致畸、致癌、致突变物质，迄今发现的亚硝胺已有 300 种之多，其中 90% 左右可诱发动物不同器官的肿瘤，它对人体的肝、食道、胃、肺、肾、膀胱、小肠、脑、神经系统和造血系统等都能诱发癌症。

　　（三）氮氧化物

　　氮氧化物种类很多，造成大气污染的主要是一氧化氮（NO）和二氧化氮（NO_2），因此环境学中的氮氧化物一般就指这二者的总称。在富含硝酸盐的环境中，微生物可转化硝酸盐生成 NO，并可进一步将其氧化成更毒的 NO_2。氮氧化物主要对呼吸器官有毒害，可由呼吸侵入人体肺部，并能缓慢地溶解于肺泡表面的水分中，对肺组织产生强烈的刺激及腐蚀作用，引起支气管炎、肺炎、肺气肿等疾病；氮氧化物还能和碳氢化物生成光化学烟雾；NO_2 又是引起酸雨的原因之一。此外 NO_2 可使平流层中的臭氧减少，导致地面紫外线辐射量增加。国家环境质量标准规定，居住区的 NO_2 平均浓度低于 0.10mg/m³，年平均浓度低于 0.05mg/m³。

　　（四）硫化氢

　　微生物对有机硫化物的降解作用和对硫酸盐的还原作用，都有 H_2S 的释放。硫化氢气体具有刺激性，经呼吸道吸入低浓度的硫化氢气体后，可引起局部刺激作用如眼睛刺痛、怕光、流泪、咽喉痒和咳嗽。进入血液后与血红蛋白结合，生成硫化血红蛋白而出现头昏、头痛、全身无力、心悸、呼吸困难、口唇及指甲青紫等中毒症状。严重者可出现抽筋，并迅速进入昏迷状态，常因呼吸中枢麻痹而致死。水中 H_2S 含量超过 $0.5 \sim 1.0 mg/L$ 时，对鱼类有毒害作用。H_2S 侵蚀混凝土和金属，腐蚀建筑材料和其他物品。H_2S 在大气中被氧化为 SO_2，导致形成酸雨，对湖泊和森林产生潜在的威胁。

三、气味代谢产物

气味是环境质量评价中一项常用的指标，它可作为一种早期报警物，说明环境中的潜在毒物可能已达到有害浓度。环境中，特别是供水系统中，不良嗅味的存在是生物学家、水处理厂操作者及公共卫生学家都很关心的一个老问题。世界上有许多城镇以河流、湖泊、水渠、港口水为饮用水源，水源周期性地产生不良气味给生活带来诸多不便。气味物质不仅污染大气和水体，造成感官不悦，而且还可被水生生物吸收并蓄积于体内，影响水产品（如淡水鱼）的品质。

人们对生物学来源的气味代谢物的化学本质进行了研究，并取得了很大的进展。已从众多放线菌产生的土腥味物质中分离到土腥素（或土臭味素）。土腥素是一种透明的中性油，相对分子量182，嗅阈值低于 $0.2 mg/L$。在具有土腥味的鱼肉中也可检出土腥素，其嗅阈值为 $0.6 \mu g/100g$ 鱼肉。其他引起环境污染的微生物气味代谢物有氨、胺、硫化氢、硫醇、（甲基）吲哚、粪臭素、脂肪、酸、醛、醇、脂等。

四、酸性矿水

黄铁矿、斑铜矿等含有硫化铁。矿山开采后，矿床暴露于空气中，由于化学氧化作用使矿山酸化，一般 pH 值为 $2.5 \sim 4.5$。在这种酸性条件下，只有耐酸微生物（如氧化硫硫杆菌和氧化硫亚铁杆菌）才能够生存。例如氧化硫硫杆菌（*Thiobacillus thiooxidans*）能使硫氧化为硫酸，氧化硫亚铁杆菌（*Ferrobacillus ferroxidans*）能把硫酸亚铁氧化为硫酸铁。经过这些细菌的作用，矿水酸化加剧，有时 pH 值降至 0.5。矿山酸化及耐酸细菌作用过程概述如下。

黄铁矿 FeS_2 经自然氧化生成 $FeSO_4$ 和 H_2SO_4。

$$2FeS_2 + 7O_2 + 2H_2O \longrightarrow 2FeSO_4 + 2H_2SO_4 \tag{7-1}$$

氧化硫硫杆菌和氧化硫亚铁杆菌将铁氧化成高铁，形成硫酸高铁。

$$4FeSO_4 + 2H_2SO_4 + O_2 \longrightarrow 2Fe_2(SO_4)_3 + 2H_2O \tag{7-2}$$

通过强氧化剂 $Fe_2(SO_4)_3$ 与黄铁矿的继续作用，生成更多的 H_2SO_4。

$$FeS_2 + 7Fe_2(SO_4)_3 + 8H_2O \longrightarrow 15 FeSO_4 + 8H_2SO_4 \tag{7-3}$$

氧化硫硫杆菌将元素硫氧化为硫酸。

$$2S + 3O_2 + 2H_2O \longrightarrow 2H_2SO_4 \tag{7-4}$$

这类酸性矿山废水（见图7-8）若不经处理任意排放就会造成大面积的酸污染和重金属污染，它能够腐蚀管道、水泵、钢轨等矿井设备和混凝土结构，还危害人体健康。另外，酸性水会污染水源，危害鱼类和其他水生生物；用酸性水灌溉农田，会使土壤板结，农作物发黄，并且随着酸度提高，废水中某些重金属离子由不溶性化合物转变为可溶性离子状态，毒性增大。

图 7-8　酸性矿山废水

对于酸性矿山废水的处理主要有这几种方法：中和法、人工湿地法、硫化物沉淀法和微生物法。其中，微生物法就是利用硫酸盐还原菌在厌氧条件下将酸性矿水中的硫酸盐还原为硫化物，生成的硫化物再与废水中的重金属发生反应生成难溶解的金属硫化物。由于微生物技术的处理效果较好，成本也较低，且无二次污染，因而受到广泛关注。

第三节　病原微生物

能使人、禽与植物致病的微生物统称为病原微生物或致病微生物。空气、土壤、水体、生物均可作为病原微生物驻留的场所与传播媒介。

一、空气中微生物污染

（一）空气微生物的特点

由于空气中较强的紫外辐射，缺乏微生物生长繁殖所需要的营养物质和水分，加上空气中温度变化幅度大等特点，决定了空气不是微生物生长繁殖的良好场所。在室外空气中，微生物的种类和数量与所在区域的人口密度、大气稀释、空气流通和阳光照射等因素有关。一般越靠近地面，空气微生物污染越严重，随着高度上升，空气中的微生物种类和数量减少，大气上层几乎不存在微生物。而在室内空气中，特别是通风不良，人员拥挤的环境中，不仅微生物总量较多，而且不乏病原微生物，如结核分枝杆菌、破伤风杆菌、百日咳杆菌、白喉杆菌、溶血链球菌、金黄色葡萄球菌、肺炎杆菌、脑膜炎球菌、感冒病毒、流行性感冒病毒、麻疹病毒等。

（二）空气微生物的来源

空气微生物的来源是多种多样的，主要有以下几个来源：

（1）土壤。飞扬的尘土把土壤中的微生物带至空中。

（2）水体。水面吹起的小水滴携带微生物进入空气。

（3）人和动物。主要是皮肤脱落物以及呼吸道等中所含的微生物，通过咳嗽、打喷嚏等方式进入空气。

在敞开的废水生物处理系统中，由于机械搅拌、鼓风曝气等，也会使微生物以气溶胶的形式飞溅到空气中。

（三）空气传播的主要微生物

1. 流行性感冒病毒

流行性感冒病毒简称流感病毒。它分为甲（A）、乙（B）、丙（C）三型，近年来才发现的流感病毒将归为丁（D）型。流感病毒可引起人、禽、猪、马、蝙蝠等多种动物感染和发病，是人流感、禽流感、猪流感、马流感等人与动物疫病的病原。这些疫病典型的临床症状是急性高热、全身疼痛、显著乏力和呼吸道症状。流感病毒主要通过空气中的飞沫、易感者与感染者之间的接触或与被污染物品的接触而传播。因此，在流行期间，应避免到人群密集的场所活动。

2. 军团菌属

军团菌属（*Legionella*）是细菌中的一属。因 1976 年美国退伍军人在费城召开军团会议时流行肺炎、并于次年分离出本菌而得名。此后相继在北美、西欧、大洋洲、苏联和日本分离出本菌。患者主要症状为发热、咳嗽和肺部等疾病。军团菌是一类水生菌群，存在于天然淡水和人工管道水中，现代的生产、生活设施为其感染人类提供了条件。当有足够数量的军团菌形成气溶胶并且被易感人群吸入后，才会导致疾病。气溶胶可由自来水系统如水龙头或淋浴喷头，非自来水系统如空调、冷却塔、增温器、旋流浴池等产生。目前对军团病尚无有效预防措施，军团菌对含氯消毒剂、臭氧等敏感，但只能在局部范围发挥作用，不能从环境水体中将其根除。

3. 结核分枝杆菌

结核分枝杆菌俗称结核杆菌（*tubercle bacillus*），是引起结核病的病原体（见图 7-9）。1882 年由德国细菌学家郭霍（Robert Koch，1843~1910）发现并证明为人类结核病的病原菌，该菌可侵犯全身各器官，但以引起肺结核最多见。结核病是一种古老的疾病，就是由细菌感染性疾病致死的首位原因。

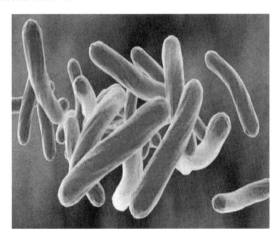

图 7-9　结核分枝杆菌

4. 新冠病毒

新冠病毒是一个大型病毒家族，已知可引起感冒及中东呼吸综合征和严重急性呼吸综合征等较严重疾病。人感染了冠状病毒后常见体征有呼吸道症状、发热、咳嗽、气促和呼吸困难等。在较严重病例中，感染可导致肺炎、严重急性呼吸综合征、肾衰竭，甚至死亡。做好自我保护佩戴口罩，保持基本的手部和呼吸道卫生，坚持安全饮食习惯等是预防新冠病毒感染的重要措施。新冠病毒如图 7-10 所示。

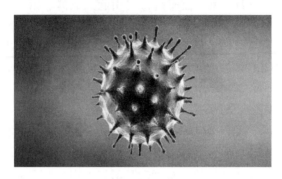

图 7-10　新冠病毒

二、水中微生物污染

（一）水中的病原微生物

水是传染病重要的传播途径之一，通过水传播的病原微生物以细菌、病毒和原生动物为主。这些病菌与肠道传染病的流行有密切关系，主要疾病有伤寒、痢疾、胃肠炎、肝炎等。据我国卫生部的报告，在乙类传染病中，痢疾、伤寒和肝炎所占比例很大。

（二）水体病原微生物的来源

病原微生物污染水体的主要途径是：（1）随气溶胶和空气降尘进入水体；（2）随土壤和地表径流进入水体；（3）随垃圾和人畜粪便进入水体；（4）随医院污水、养殖污水、生活污水，以及制革、洗毛、屠宰等工业废水进入水体。一旦病原微生物进入水体，即以水体作为生存和传播的介质。

（三）水传播的主要病原微生物

1. 沙门氏菌属（*Salmonella*）

沙门氏菌为一类能运动、无芽孢、G-杆菌，需氧性，在许多培养基上生长良好，适宜温度为 37℃，能发酵葡萄糖产酸但不产气，如图 7-11 所示。沙门氏菌污染的饮水可导致肠胃炎或伤寒流行。肠胃炎的病原菌可由人或动物粪便传入，而伤寒和副伤寒的病原菌只由人类污染。在无严格处理污染物措施及饮用水供应不良的地区，沙门氏菌污染的危险性极高。

2. 志贺氏菌属（*Shigella*）

志贺氏菌属是一类不能运动、不产生芽孢的 G-杆菌，需氧性，适宜温度为 37℃，不产生 H_2S，同沙门氏菌一样不能发酵乳糖，如图 7-12 所示。志贺氏菌引起的细菌性痢疾，在我国居腹泻的第一、第二位。该菌的流行性很强，但只感染人而不感染动物，在环境中的生存力较弱，所以人与人之间的接触传染占主要地位，但感染的剂量较小，10 个细菌即可产生症状，故水中浓度不高时也可能引起人群感染。

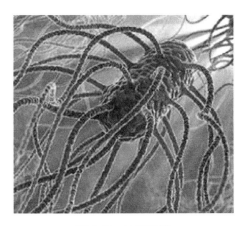

图 7-11　沙门氏菌

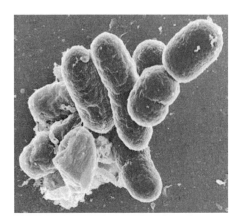

图 7-12　志贺氏菌

3. 霍乱弧菌（*Vibrio cholerae*）

流行病学调查表明历次大的霍乱暴发流行都与饮用水受霍乱弧菌的污染有关。霍乱弧菌产生的肠毒素，可引起呕吐和腹泻，进而在短期内脱水，如果不治疗死亡率很高。霍乱弧菌如图 7-13 所示。

4. 肠道病毒属（*Enterovirus*）

这类病毒主要在肠道中生长繁殖，是一些直径小于 25nm 的细小病毒。主要包括脊髓灰质炎病毒（*Poliovirus*）、考克赛基病毒 A（*Coxsackie virus* A）、考克赛基病毒 B 等，它们在环境中存活的时间长，因此经常可在污水、污水处理厂排放水及污染的地面水中检出。隐性感染者多。

脊髓灰质炎病毒（见图 7-14）可引起严重的神经系统疾病——脊髓灰质炎，病毒感染损伤脊髓运动神经细胞，导致肢体松弛性麻痹，多见于儿童，又名小儿麻痹症。目前各国使用口服减毒疫苗预防，大大降低了脊髓灰质炎的发病率。

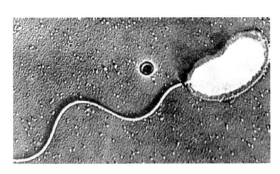

图 7-13　霍乱弧菌

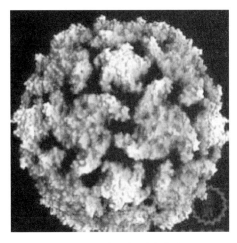

图 7-14　脊髓灰质炎病毒

三、土壤中微生物污染

（一）土壤中的病原微生物

土壤是微生物的良好生境，也是微生物的最大贮库。土壤微生物种类众多，数量巨大，具有相对稳定的生物群落。这些微生物通过代谢活动，合成土壤腐殖质，固定大气氮素，活化土壤矿质养分，对土壤肥力具有重大贡献。但在土壤中，也存在一定种类和数量的病原微生物，对人类和生态系统具有潜在危害，例如肠道致病菌、肠道寄生虫（蛔虫卵）、钩端螺旋体、炭疽杆菌、破伤风杆菌、肉毒杆菌、霉菌和病毒等致病菌，它们主要来自未经无害化处理的人畜粪便、垃圾做肥料，或直接用生活污水灌溉农田等。

（二）土壤病原微生物的来源

（1）人体排出的病原体直接污染土壤，或经施肥与污灌等污染土壤，在被污染的土壤上种植蔬菜瓜果，人与污染土壤接触或生吃此等蔬菜瓜果而感染致病。

（2）患病动物排出病原微生物污染土壤，使人体感染致病。

（3）自然土壤中存在有致病微生物，人体与污染土壤接触，会感染患病。

（三）土壤微生物污染的防治

防止土壤微生物污染的主要措施是将人畜粪便及污泥等先经无害化灭菌处理后再施加于土壤中。常用的无害化处理方法有：药物灭菌法、高温堆肥法、沼气发酵法、化粪池法等。

思　考　题

7-1　什么是水体富营养化？简述水体富营养化的形成原因。

7-2　试述水体富营养化的危害与治理措施。

7-3　微生物毒素有哪些类型，黄曲霉毒素、细菌毒素有什么特点？

7-4　含氮化合物的危害有哪些？

7-5　酸性矿水有哪些危害？

7-6　试述环境中病原微生物来源、危害和预防。

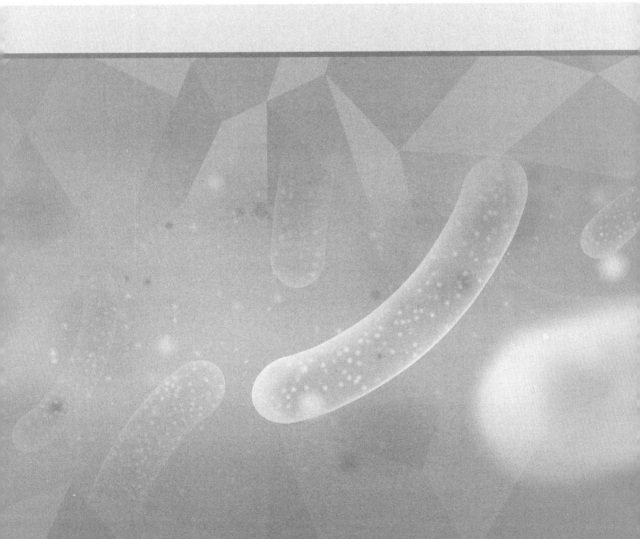

第三篇

微生物治理环境

第八章　污水的生物处理

第一节　概　　述

一、水体污染及其危害

（一）我国水体污染现状

污水（也称废水）是指在生活与生产活动中排放水的总称，是水环境污染的主要污染源之一；其中包括生活污水、工业废水、农业污水、被污染的雨水等。与发达国家相比，我国面临着污水排放量大且处理率低等严峻现实。2020 年我国污水排放总量高达 571.36 亿立方米，其中，工业废水排放量约占一半。2020 年的污水年处理量达 557.28 亿立方米，处理率为 97.5%。但是，近 30 多年来，我国水体已从轻度污染发展到严重污染。全国七大水系有一半河段污染严重，其中以辽河、海河、淮河为重；主要湖泊中以巢湖、滇池、太湖为最重。据 120 个城市地下水监测统计分析，多数城市地下水受到不同程度污染，且有逐年加重趋势。水环境污染必将对社会经济发展及人类生存构成严重威胁。

（二）污水中化学污染物的特点及其危害

污水中含有各种各样的化学污染物，其特点是种类多、成分复杂多变、物理化学性质多样、可生物处理性差异大等。为了便于理解污水处理的对象与原理，污水中的污染物常按图 8-1 进行分类。

我国水污染造成的经济损失占 GDP 的比率在 1.46% ~ 2.84% 之间。水体污染物种类繁多，依据污染物质所造成的环境问题，主要有以下几种类型。

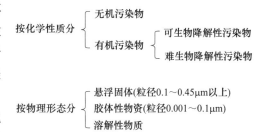

图 8-1　污水中污染物的分类

（1）酸、碱、盐等无机物污染及危害。水体中酸、碱、盐等无机物的污染，主要来自冶金、化学纤维、造纸、印染、炼油、农药等工业废水及酸雨。水体的 pH 值小于 6.5 或大于 8.5 时，都会使水生生物受到不良影响，严重时造成鱼虾绝迹。水体含盐量增高，会影响工农业及生活用水的水质，用其灌溉农田会使土地盐碱化。

（2）重金属污染及危害。污染水体的重金属有汞、镉、铅、铬、钒、钴、钡等。其中，汞的毒性最大，镉、铅、铬也有较大危害，砷由于毒性与重金属相似，经常与重金属列在一起。重金属在工厂、矿山生产过程中随废水排出，进入水体后不能被微生物降解，经食物链的富集作用，含量能逐级在较高级生物体内成百上千倍地增加，最终进入人体。例如，20 世纪 50 年代发生在日本的水俣病，就是一个典型的例子。

（3）耗氧物质污染及危害。生活污水、食品加工和造纸等工业废水，会有碳水化合物、蛋白质、油脂、木质素等有机物质。这些物质悬浮或溶解于污水中，经微生物的生物化学作用而分解。在分解过程中要消耗氧气，因而被称为需氧污染物。这类污染物会造成水中溶解氧减少，影响鱼类和其他水生生物的生长。水中溶解氧耗尽后，有机物将进行厌氧分解，产生 H_2S、NH_3 和一些有难闻气味的有机物，使水质进一步恶化。

（4）植物营养物质污染及危害。生活污水和某些工业废水中，经常含有一定量的氮和磷等植物营养物质；施用磷肥、氮肥的农田水中，也含有磷和氮；含洗涤剂的污水中也有不少磷。水体中过量的磷和氮，成为水中微生物和藻类的营养，使得蓝绿藻和红藻等迅速生长。它们的繁殖、生长、腐败，引起水中氧气大量减少，导致鱼虾等水生生物死亡，使水质恶化。这种由于水体中植物营养物质过多蓄积而引起的污染，称为水体的"富营养化"。这种现象在海湾出现称为"赤潮"。我国南方的一些湖泊已经出现了富营养化的趋势。

（5）石油污染及危害。在石油的开采、储运、炼制及使用过程中，由于原油和各种石油制品进入环境而造成污染。当前，石油对海洋的污染，已成为世界性的严重问题。近年来，一般每年排入海洋的石油及其制品高达 1000 万吨左右。

石油污染会带来严重后果。因为石油中很多种成分具有一定的毒性，同时还会破坏海洋生物的正常生活环境，造成生物机能障碍。石油在海水中形成油膜，影响海洋绿色植物的光合作用，使海兽、海鸟失去游泳和飞行的能力。黏度大的石油堵塞水生动物的呼吸和进水系统，使之窒息死亡。石油污染还会破坏海滨风景区和海滨浴场。

（6）难降解有机物污染及危害。随着石油化学工业的发展，生产出很多自然界没有的、难分解和有毒的有机化合物。其中，污染水体的主要是有机氯农药、多环有机化合物、有机氮化合物、有机重金属化合物、合成洗涤剂等。例如，合成洗涤剂由表面活性剂、增净剂等组成。表面活性剂在环境中存留时间较长，消耗水体中的溶解氧，对水生生物有毒性，能造成鱼类畸形。增净剂为磷酸盐，可使水体富营养化。洗涤剂污水有大量泡沫，给污水处理厂的运转带来困难。

此外，对水体造成污染的还有氰化物、酚等可分解的无机、有机污染物。其他类型的还有病原体污染、放射性污染、悬浮固体物污染、热污染等。

二、污水水质指标

污水含有的污染物千差万别，可用分析和检测的方法对污水中的污染物质作出定性、定量的检测以反映污水的水质。国家对水质的分析和检测制定有许多标准，其指标可以分为物理、化学、生物三类。

有些指标用某一物理参数或某一物质的浓度来表示，是单项指标，如温度、pH 值、溶解氧等；而有些指标则是根据某一类物质的共同特性来表明在多种因素的作用下所形成的水质状况，称为综合指标，比如生化耗氧量表示水中能被生物降解的有机物的污染状况，总硬度表示水中含钙、镁等无机盐类的多少。

（一）物理性指标

1. 感官性指标

（1）温度。许多工业废水排出温度较高，排入水体使水体温度升高，引起水体热污染。水温升高影响水生生物的生存和对水资源的利用。氧气在水中的溶解度随温度升高而减少，一方面水中溶解氧减少，另一方面水温升高加速耗氧反应，最终使水体缺氧或水质恶化。

（2）色度。一般纯净的天然水清澈透明，即无色。但带有金属化合物或有机化合物等有色污染物的污水呈现各种颜色。将有色污水用蒸馏水稀释后与参比水样对比，一直稀释到两水样色差一样，此时污水的稀释倍数即为其色度。

（3）嗅和味。可定性反映某种污染物的多少。天然水无嗅无味。当水体受到污染会产生异样气味。水的异臭来源于还原性硫和氮的化合物、挥发性有机物和氯气等污染物质。

2. 固体物质

水中所有残渣的综合成为总固体（TS），总固体包括溶解物质（DS）和悬浮固体物质（SS）。水样经过滤后，滤液蒸干所得固体即为溶解性固体（DS），滤渣脱水烘干后即是悬浮固体（SS）。固体残渣根据挥发性能可分为挥发性固体（VS）和固定性固体（FS）。将固体在 600℃的温度下灼烧，挥发掉的量即是 VS，灼烧残渣即是 FS。溶解性固体表示盐类的含量，悬浮固体表示水中不溶解的固态物质的含量，挥发性固体反映固体中有机成分的量。图 8-2 所示为水样中的固体物质。

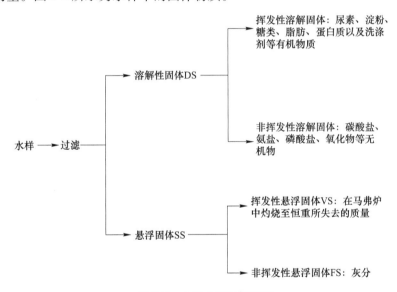

图 8-2　水样中的固体物质

水体含盐量多将影响生物细胞的渗透压和生物的正常生长。悬浮固体将可能造成水道淤塞。挥发性固体是水体有机污染的重要来源。

（二）化学性指标

1. 无机污染物指标

A　pH

一般要求污水处理后的 pH 值在 6~9 之间。当天然水体遭受酸碱污染时，pH 发生变化，消灭或抑制水体中生物的生长，妨碍水体自净，还腐蚀船舶。若天然水体长期遭受酸碱污染，将使水质逐渐酸化或碱化，对正常生态系统造成影响。碱度指水中能与强酸发生中和作用的全部物质，按离子状态可分为三类：氮氧化合物碱度，碳酸盐碱度，重碳酸盐碱度。

B　植物性营养元素

污水中的 N、P 为植物营养元素，从农作物生长角度看，植物营养元素是宝贵的物质，但过多的氮、磷进入天然水体易导致富营养化，导致水体植物尤其是藻类的大量繁殖，造成水中溶解氧的急剧变化，影响鱼类生存，并可能使某些湖泊由贫营养湖发展为沼泽和干地。

含氮化合物：氮是有机物中除碳以外的一种主要元素，也是微生物生长的重要元素。它消耗水体中的溶解氧，促进藻类等浮游生物的繁殖，形成水华、赤潮，引起鱼类死亡，水质迅速恶化。

关于氮的几个指标：

（1）有机氮，主要指蛋白质和尿素。

（2）总氮（TN），一切含氮化合物以氮计的总称。

（3）凯式氮（TKN），总氮中的有机氮和氨氮，不包括亚硝酸盐氮、硝酸盐氮。

（4）铵态氮（NH_3-N），有机化合物的分解或直接来自含氮工业废水。

（5）NO_x-N，亚硝酸盐氮和硝酸盐氮。

含磷化合物：磷也是有机物中的一种主要元素，是仅次于氮的微生物生长的重要元素，主要来自于人体排泄物以及合成洗涤剂，牲畜饲养及含磷工业废水。它易导致藻类等浮游生物大量繁殖，破坏水体耗氧和复氧平衡，使水质迅速恶化，危害水产资源。

水体中 N、P 含量和水体富营养化程度有密切关系。就污水对水体富营养化作用来说，P 的作用远大于 N。

C　重金属

在环境中存在着各种各样的重金属污染源。重金属离子在水体中浓度达到 0.01～10mg/L，即可产生毒性效应；不能被微生物降解，而一些重金属离子在微生物的作用下，会转化为毒性更大的金属有机化合物；水生生物从水体中摄取重金属后在体内积累，并经食物链进入人体，甚至还会通过遗传或母乳传给婴儿；重金属进入人体后，能在体内某些器官中积累，造成慢性中毒，有时 10～30 年才显露出来。

2. 有机污染物指标

（1）溶解氧（DO）。溶解在水中的分子态氧称溶解氧。天然水的溶解氧取决于水体与大气中氧的平衡。溶解氧的饱和含量和空气中氧的分压、大气压力、水温有密切关系。清洁地表水溶解氧接近饱和。由于藻类的生长，溶解氧可能过饱和。水体受有机、无机还原性物质污染时溶解氧降低。当大气中的氧来不及补充时，水中溶解氧逐渐降低以至于趋于零，此时厌氧菌繁殖，水质恶化，导致鱼虾死亡。污水中溶解氧的含量取决于污水排出前的处理工艺过程，一般含量较低，差异很大。

（2）生化需氧量（BOD）。水体中所含的有机物成分复杂，利用水中有机物在一定条件下被好氧微生物分解所消耗的氧来间接表示水体中有机物的量称为生化需氧量。即单位体积污水被好氧微生物分解所消耗的氧量（mg/L）。有机物生化耗氧过程与温度、时间等因素有关。温度越高，微生物活力越强，消耗有机物越快，需氧越多；时间越长，微生物降解有机物的数量和深度越大，需氧越多。通常把20℃，5d测定的 BOD_5 作为衡量污水的有机物浓度指标。

（3）化学需氧量（COD）。指在强酸性加热条件下，用重铬酸钾作氧化剂处理水样时所消耗氧化剂的量，以耗氧化剂的 mg/L 量计。化学需氧量反映了水中受还原性物质污染的程度，水中还原性物质包括有机物、亚硝酸盐、亚铁盐、硫化物等。化学需氧量用 COD_{Cr} 或 COD 表示。如采用高锰酸钾作为氧化剂，则写作 COD_{Mn}。与 BOD_5 相比，COD_{Cr} 能够在较短的时间内（规定为 2h）较精确地测出污水中耗氧物质的含量，不受水质限制。缺点是不能表示被微生物氧化的有机物量及污水中的还原性无机物消耗的部分氧，有一定误差。

如果污水中各种成分相对稳定，那么 COD 与 BOD 之间应有一定的比例关系。一般，$COD>BOD_{20}>BOD_5>COD_{Mn}$。其中，$BOD_5/COD$ 比值可作为污水是否适宜生化法处理的一个衡量指标。一般情况下 BOD_5/COD 大于 0.3 的污水才适于生化处理。

（4）总需氧量（TOD）。组成有机物的主要元素是 C、H、O、N、S 等。高温燃烧后，分别产生 CO_2、H_2O、NO_2 和 SO_2，所消耗的氧量称为总需氧量 TOD，TOD 的值一般大于 COD 的值。

（5）总有机碳（TOC）。有机物都含有碳元素，它是以碳的含量表示水体中有机物总量的综合指标。由于 TOC 的测定采用燃烧法，能将有机碳全部氧化，比 BOD_5 或 COD 更能直接表示有机物的总量。

（三）生物性指标

1. 细菌总数

水中细菌总数反映了水体有机物污染程度和受细菌污染的程度。常以细菌个数/mL 计。如饮用水小于 100 个/mL，医院排水小于 500 个/mL。细菌总数不能说明污染的来源，必须结合大肠菌群数来判断水体污染的来源和安全程度。

2. 大肠菌群

水是传播肠道疾病的一种重要媒介，而大肠菌群被视为最基本的粪便污染指示菌群。大肠菌群的值可表明水样被粪便污染的程度，间接表明有肠道病菌存在的可能性。常以大肠菌群数/L 计。

三、污水排放标准及处理要求

为了保护水资源，控制水污染，保障人体健康，促进经济发展，我国有关部门和地方制定了较详细的水环境标准，作为规划、设计、管理与检测的依据。与水污染控制有关的环境标准见表 8-1。

表 8-1　与水污染控制有关的环境标准

标准编号	标准名称	备　注
GB 3838—2002	地表水环境质量标准	代替 GHZB 1—1999
GB 3097—1997	海水水质标准	
GB 5749—1985	生活饮用水卫生标准	
GB 11607—1989	渔业水质标准	

标准编号	标准名称	备　注
GB 1576—2001	工业锅炉水质标准	
GB 5084—1992	农田灌溉水质标准	代替 GB 5084—1985
GB 12941—1991	景观娱乐用水水质标准	代替 GB 3544—1988
CJ 25.1—1989	生活杂用水标准	
GB 8979—1996	污水综合排放标准	代替 GB 8978—1988
GB 3544—2001	造纸工业水污染物排放标准	代替 GWPB2—1999
GB 3552—1983	船舶污染物排放标准	
GB 4286—1984	船舶工业污染物排放标准	
GB 4914—1985	海洋石油开发工业含油污水排放标准	
GB 4287—1992	纺织染整工业水污染物排放标准	代替 GB 8978—1988
GB 13457—1992	肉类加工工业水污染物排放标准	
GB 13458—2001	合成氨工业水污染物排放标准	代替 GWPB4—1999
GB 13456—1992	钢铁工业污染物排放标准	
GB 15580—1995	磷肥工业水污染物排放标准	
GB 15581—1995	烧碱、聚氯乙烯工业水污染物排放标准	
GB 4284—1984	农用污泥污染物控制标准	
GB J50—1983	工业循环冷却水处理设计规范	
CJ 3082—1999	污水排入城市下水道水质标准	代替 CJ 18—1986
CJ/T 95—2000	再生水回用景观水体的水质标准	

注：GB 指国家标准；CJ 指建设部标准。

为了确定污水排放到地面水体时的处理目标，国家环保局发布了《地表水环境质量标准》（GB 3838—2002）。该标准按照地表水五类使用功能，规定了水质项目及标准值、水质评价、水质项目的分析方法以及标准的实施与监督。

标准按资源功能区分地面水体为五类，并分别规定其水质标准。资源价值越高，水质要求越高。这五类水体为：

（1）Ⅰ类，主要适用于源头水、国家自然保护区；

（2）Ⅱ类，主要适用于集中式生活饮用水水源地一级保护区、珍贵鱼类保护区、鱼虾产卵场等；

（3）Ⅲ类，主要适用于集中式生活饮用水水源地二级保护区、一般鱼类保护及游泳区；

（4）Ⅳ类，主要适用于一般工业用水区及人体非直接接触的娱乐用水区；

（5）Ⅴ类，主要适用于农业用水区及一般景观要求水域。

同一水域兼有多类功能类别的，依最高类别功能划分。

为保护江河、湖泊、运河、渠道、水库和海洋等地面水以及地下水水质的良好状态，保障人体健康，维护生态平衡，促进国民经济和城乡建设的发展，国家环保局发布了《污水综合排放标准》（GB 8979—1996）。该标准按照污水排放去向，分年限规定了 69 种水污染物最高允许排放浓度及部分行业最高允许排水量。

该标准分为三级：

（1）排入 GB 3838 Ⅲ类水域（划定的保护区和游泳区除外）和排入 GB 3097 中二类海域的污水，执行一级标准。

（2）排入 GB 3838 中Ⅳ、Ⅴ类水域和排入 GB 3097 中三类海域的污水，执行二级标准。

（3）排入设置二级污水处理厂的城镇排水系统的污水，执行三级标准。

《污水综合排放标准》（GB 8979—1996）将排放的污染物按其性质及控制方式分为两类。第一类污染物是指能在环境或动植物体内蓄积，对人体健康产生长远不良影响者。含有此类有害污染物的废水，不分行业和污水排放方式，也不分受纳水体的功能类别，一律在车间或车间处理设施排出口取样，其最高允许排放浓度必须符合该标准中已列出的“第一类污染物最高允许排放浓度”的规定。第二类污染物是指其长远影响小于第一类的污染物质，在排污单位排出口取样，其最高容许排放浓度必须符合该标准中列出的“第二类污染物最高允许排放浓度”的规定。

四、污水处理的一般途径

污水处理的基本目的是利用各种技术，将污水中的污染物分离去除或将其转化为无害物质，使污水得到净化。污水处理技术可分为物理处理法、化学处理法、生物化学或生物处理法。物理处理法利用物理原理主要分离污水中的悬浮固体。化学处理法则利用化学反应分解污水中各种形态的污染物。生物处理法是利用微生物的代谢作用转化污水中的肢体性或溶解性污染物，使之成为无害物质的方法。

如前所述，污水中的污染物具有成分复杂、可处理性差异大等特点。一种处理方法往往不能满足处理的要求，在实际工作中常采用物理/化学方法与生物处理相结合的组合工艺。由于生物处理法具有投资少、成本低、工艺设备较简单、运行条件平和，特别是能彻底降解污染物而不产生二次污染等特点，自 19 世纪末开始出现以来，即成为污水处理工艺的主流技术，已广泛用于生活污水和工业废水的处理。世界各国污水处理厂 90%以上采用生物处理技术。

根据处理对象与程度，污水处理可分为一级处理、二级处理和三级处理。

（1）一级处理：主要通过过滤、沉淀等物理学方法去除污水中粗大固形物及部分悬浮物。浮油的刮除亦属此。

（2）二级处理：在一级处理基础上，主要去除水中有机物。由于多年来以生物法作为二级处理的主要手段，故常称作生物处理或生化处理。近年来二级处理亦有采用化学或物理化学方法为主体的工艺。

（3）三级处理：亦称深度处理。系使二级处理后的出水进一步净化，使各种有机和无机污染物去除率达 98%以上。可采用物理、化学、生物学等各种手段。

图 8-3 为城市污水处理典型流程。

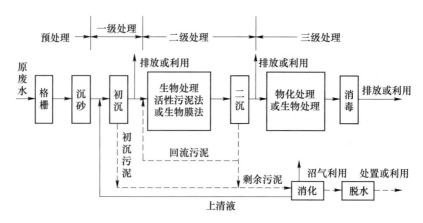

图 8-3 城市污水处理典型流程

第二节 有机污水的生物处理

天然水体受到污染后，在没有人为干预的条件下，可借助水体自身的能力使之得到净化，这种现象称为水体自净。水体自净过程主要包括稀释、沉降、扩散等物理作用，氧化、还原、分解、絮凝等化学作用和生物降解作用，其中生物降解，即生物净化作用是水体自净的主要动力。

污水生物处理法是天然水体生物自净原理的人工强化和具体应用。该方法通过创造适宜的条件，使微生物高浓度地富集在特定的构筑物，即污水处理装置中，充分利用微生物的作用，高速度高效率地分解/转化污水中的污染物，从而使污水得到净化。所以废水的生物处理就是利用微生物的氧化分解及转化功能，以废水的有机物（少数为无机物）作为微生物的营养物质，采取一定的人工措施，创造一种可控制的环境，通过微生物的代谢作用，使废水中的污染物质被降解、转化，废水得以净化的方法。

根据处理过程中起作用的微生物对氧气要求的不同，可将污水生物处理分为好氧处理与厌氧处理两大类。污水生物处理法有多种类型，常用的方法有好氧生物处理法（如活性污泥法、生物膜法等）、厌氧生物处理法、氧化塘法、土地处理法等。

有机污水的生物处理过程具有相似的基本生化过程，总的生化反应图式如图 8-4 所示，其中包括好氧处理和厌氧处理的全过程。

从图 8-4 可见，污水中的可溶性有机物透过微生物细胞壁和细胞质膜被菌体吸收；固体和胶体等不溶性有机物先附着在菌体外，由细胞分泌的外酶分解为可溶性物质，再渗入细胞内。通过微生物体内的氧化、还原、分解、合成等生化作用，把一部分被吸收的有机物转化为微生物体所需营养物质，组成新的微生物体（好氧菌约 40%~60%、厌氧菌 4%~20%）。另一部分有机物氧化分解为 CO_2 及 H_2O 等简单无机物（如为厌氧性处理，则分解不完全，且有还原性物质如 H_2S、CH_4、NH_3 等产生），同时释放出微生物生长与活动所需之能量。

此外，还存在微生物本身细胞质被氧化并释放能量的过程，称为自身氧化或内源呼吸。当污水中有机营养充足时，微生物细胞大量合成，内源呼吸不明显；但当水中有机物消耗殆尽时，内源呼吸就成为供应养分与能量的主要来源。

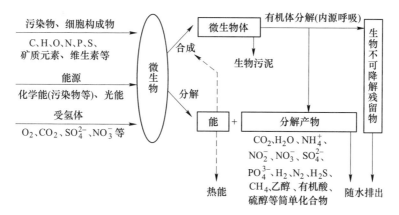

图 8-4　有机污水生物处理总的生化过程

一、有机污水生物处理基本原理

在有氧条件下，好氧微生物利用有机物进行一系列生命活动，结果有机物浓度下降，微生物量增加，如图 8-5 所示。微生物将有机物摄入体内后，以其作为营养源进行代谢，代谢按两种途径进行。一为合成代谢，部分有机物被微生物所利用，合成新的细胞物质；一为分解代谢，部分有机物被氧化分解形成 CO_2、H_2O、无机盐等小分子无机物，并产生大量的 ATP，为生命活动提供能量。同时，微生物的细胞物质也进行自身的氧化分解，即内源代谢或内源呼吸。在有机物充足的条件下，合成反应占优势，内源代谢不明显。当有机物浓度较低或已耗尽时，微生物的内源呼吸作用则成为向微生物提供能量、维持其生命活动的主要方式。

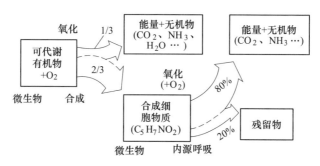

图 8-5　有机物好氧分解示意图

在有机物的好氧分解过程中，有机物的降解、微生物的增殖及溶解氧的消耗这三个过程是同步进行的，也是控制好氧生物处理成功与否的关键过程。有机物好氧生物降解的一般途径如图 8-6 所示。

大分子有机物首先在微生物产生的各类胞外酶的作用下分解为小分子有机物。这些小分子有机物进入细胞后被好氧微生物继续氧化分解，通过不同途径进入三羧酸循环，最终被分解为二氧化碳、水、硝酸盐和硫酸盐等简单的无机物。

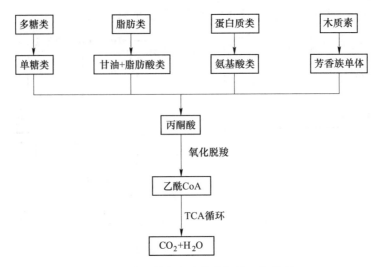

图 8-6　有机物好氧生物降解的一般途径

难降解有机物的降解历程相对要复杂得多。一般而言，难降解有机物结构稳定或对微生物活动有抑制作用，适生的微生物种类很少。不同类型难降解有机物的降解历程也不尽相同，许多难降解有机物的降解与质粒有关。降解质粒的作用是通过编码生物降解过程中的一些关键酶类，从而使有机污染物得以降解。

溶解氧是影响好氧生物处理过程的重要因素。充足的溶解氧供应有利于好氧生物降解过程的顺利进行。在不同的好氧生物处理过程和工艺中，溶解氧的提供方式也不同。废水的好氧生物处理过程中，溶解氧可以通过鼓风曝气、表面曝气和自然通风等方式提供。

二、好氧生物处理

有机废水好氧微生物处理的基本工艺有活性污泥法和生物膜法。

(一) 活性污泥法

1914 年，英国曼彻斯特市的 Arden 和 Lockett 首先发明了活性污泥法，迄今为止，无论在生物反应、净化机理、应用工艺（运行方式）和设计、控制手段方面都有了广泛的发展，成为最重要的好氧生物处理工艺发明。

活性污泥法是利用含有大量好氧性微生物的活性污泥，在强力通气的条件下使污水净化的生物学方法。它在国内外污水处理技术中占据首要地位，不仅用于处理生活污水，而且在纺织印染、炼油、木材防腐、焦化、石油化工、农药、绝缘材料、合成纤维、合成橡胶、电影橡胶与胶片、洗印、造纸和炸药等许多工业废水处理中，都取得了较好的效果。

1. 活性污泥的生物相

活性污泥为一种绒絮状的小颗粒，是活性污泥处理系统的核心，其上栖息着大量活跃的微生物，在这些微生物的作用下，有机物被转化为无机物。活性污泥的颜色与所处理废水的种类有关，也跟曝气量有关，一般情况下为茶褐色。密度较水稍大为 $1.002 \sim 1.006 \mathrm{g}/ \mathrm{cm}^3$。混合液污泥和回流污泥略有差异，前者密度为 $1.002 \sim 1.003 \mathrm{g}/ \mathrm{cm}^3$，后者为 $1.004 \sim 1.006 \mathrm{g}/ \mathrm{cm}^3$。污泥颗粒的直径一般为 $0.02 \sim 0.2 \mu \mathrm{m}$，比表面积在 $20 \sim 100 \mathrm{cm}^2/ \mathrm{mL}$ 之间。干燥的活性污泥中绝大部分为有机物，主要由微生物的细胞和代谢产物组成，无机物只占少数，主要是废水中带入的，如黏土、沙粒等，无机物所占的比例随废水的来源不同有很大的变化。

活性污泥的生物相十分复杂，除大量细菌以外，尚有原生动物、霉菌、酵母菌、单细胞藻类等微生物，还可见到后生动物如轮虫、线虫等。

A 细菌

活性污泥的主体是细菌，它们大都来源于土壤、水和空气，多数是革兰氏阴性菌，以异养型好氧细菌为主，其种类随水质、运转条件不同而出现不同的优势类群。常见的有动胶菌属（Zoogloea）（优势种）、从毛单胞菌属（Comamonas）、假单胞菌属（Pseudomonas）、无色杆菌属（Achromobacter）、黄杆菌属、产碱杆菌属、芽孢杆菌属（Bacillus）、棒状杆菌属（Corynebacterium）、诺卡氏菌属（Nocardia）、短杆菌属（Brevibacterium）、节杆菌属、亚硝化单胞菌属（Nitrosomonas）、不动杆菌属（Acinetobacter）、微球菌属、螺菌属（Spirillum）、球衣菌属、发硫菌属（Thiothrix）等，动胶菌是其中最重要的细菌。

活性污泥中的细菌大多数包括在胶质中，以菌胶团（zooglea）形式存在。胶质是菌胶团生成菌分泌的蛋白质、多糖及核酸等胞外聚合物。在活性污泥形成初期，细菌多以游离态存在，随着活性污泥成熟，细菌增多而聚集成菌胶团，进而形成活性污泥絮状体。絮状体形成过程称作生物絮凝作用。它们能迅速分解废水中的有机污染物质，并具备良好的自我絮凝能力和沉降性能。已知的菌胶团形成菌有生枝动胶菌等数十种。随水质条件及优势菌种的不同，菌胶团絮状体可有球形、分枝、蘑菇、片状、椭圆及指形等各种形状，如图8-7所示。

图8-7 菌胶团形态

活性污泥絮状体的作用为：（1）有机物的吸附或黏附及其分解；（2）金属离子的吸附；（3）防止原生动物对细菌的吞食；（4）增强污泥的沉降性，有利于泥水分离。

活性污泥中的一些丝状细菌，如球衣菌、贝氏硫菌、发硫菌等，往往附着在菌胶团上或与之交织一起，成为活性污泥的骨架。球衣菌对有机物的分解氧化能力很强，但繁殖过多时，往往引起污泥膨胀。硫黄细菌能将水中硫化氢氧化为硫，并以硫粒形式存于菌体内。当水中溶解氧高时（大于1mg/L），体内硫粒可进一步氧化而消失。

B 真菌

活性污泥中有真菌，但在一般情况下由于真菌生长的速度比细菌慢，所以真菌不是活性污泥生物群落中重要的组成部分。在酸性条件下，霉菌的过量繁殖会引起活性污泥沉降性能恶化产生污泥膨胀。在活性污泥中出现的真菌有地霉（Geotrichum）、青霉、头孢霉（*Cephalosporium*）、木霉等。

　　C　原生动物

　　原生动物在活性污泥中大量存在（大约有 200 多种），其中以纤毛虫为主，占 160 多种。原生动物是好氧性的生物，主要附聚在活性污泥的表面，数量约在 5000~20000 个/mL。随污水的种类和处理阶段不同而有所变化。原生动物可吞食游离细菌，提高出水的澄清度。同时，原生动物可以作为指示生物反映出水水质的优劣。固着型纤毛类占优势，说明出水水质好，如果游动型纤毛类占优势，说明出水水质比较差。

　　后生动物中最常见的是轮虫，它一方面摄食悬浮的有机颗粒包括细菌为食，另一方面产生的黏液能促进菌胶团的形成。轮虫的摄食强度大于原生动物，因此，轮虫的数量与出水的澄清程度有着直接的关系，轮虫的数量多，出水的澄清度就好。

　　原生动物在活性污泥中的作用有：

　　（1）促进絮凝。有的原生动物能分泌黏液，促进生物絮凝，从而改善活性污泥的泥水分离特性。

　　（2）净化作用。大部分原生动物是动物性营养，能吞食游离细菌和微小污泥，有利于改善水质。腐生鞭毛虫等可吸收污水中的有机物。

　　（3）指示作用。根据出现的原生动物的种类可以判断活性污泥的状态和处理水质的好坏。在活性污泥的运行初期，微型动物出现的规律是，先出现以有机物颗粒为食的鞭毛虫和肉足虫；随着细菌增殖，开始出现以细菌为食的纤毛虫；随着菌胶团的增加，固着型纤毛虫逐渐代替泳动纤毛虫；污水处理正常运转时，以有柄纤毛虫为优势，如图 8-8 所示。因此，根据原生动物和微型动物的种类交替可以判断污泥培养的成熟度。

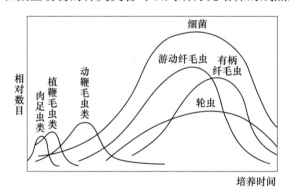

图 8-8　活性污泥培养过程中微生物的演替图

　　原生动物与水质的关系，一般认为当曝气池中出现大量钟虫等固着型纤毛虫时，说明污水处理运转正常，处理水质良好；当出现大量鞭毛虫、根足虫等时，说明运转不正常，处理水质变差。

　　D　其他微生物

　　除以上微生物种类外，活性污泥生态系统中还可能含病毒、立克次氏体、支原体、衣原体、螺旋体及其他病原微生物。因此，活性污泥处理水应消毒后才能排放，未经消毒的处理水使用范围是受限制的。

2. 活性污泥的功能

活性污泥的功能主要表现在三个方面：

（1）吸附，废水与活性污泥在曝气池中充分接触，废水中的污染物被比表面上含有糖被的菌胶团吸附。在利用活性污泥法处理城市生活污水时，吸附作用能使废水中 BOD_5 的去除率在短时间内达到85%左右。

（2）生物的代谢，大分子有机物被吸附后，首先在胞外酶的作用下分解为溶解有机物，然后这些小分子有机物进入微生物的细胞内参与代谢。由于废水中有机污染物的种类常常很复杂，需要多种微生物对不同的污染物起作用。大多数人工合成的有机物也可被经过自然或人工驯化的微生物所利用，有的一种污染物需要多种微生物的共代谢才能被降解。因此，活性污泥法是一个多底物多菌种的混合培养系统，存在着错综复杂的代谢方式和途径，它们相互联系，相互影响，最终使废水中的有机污染物得到比较彻底的降解，达到水处理的目的。

（3）凝聚和沉淀，在沉淀池中，活性污泥能形成大的絮凝体，使之从混合液中沉淀下来，达到泥水分离的目的。

3. 活性污泥法的工艺流程及微生物学过程

A　活性污泥法的基本工艺流程及基本设计参数

活性污泥法是一种应用最广泛的好氧生物处理技术，其基本流程如图8-9所示。

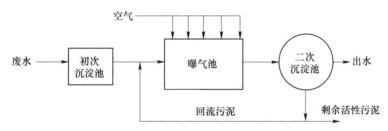

图8-9　活性污泥法的基本流程

活性污泥系统是由曝气池、二沉池、曝气系统和污泥回流系统组成。为了给生物反应器中的微生物（活性污泥）提供氧气，工程上要用空压机向反应器中的污水鼓气（即曝气），因此活性污泥处理系统的生物反应器一般称为"曝气池"。曝气的作用除供氧外还有搅拌的作用，使曝气池内的污水和活性污泥始终处于搅动状态，形成"混合液"。污水中的有机污染物等主要在曝气池内被微生物降解而去除。

曝气池与二沉池是活性污泥系统的基本处理构筑物。废水流经初沉池后与从二沉池底部回流的活性污泥一起进入曝气池，在曝气池中发生好氧生化反应，各种有机污染物被活性污泥吸附，同时被活性污泥上的微生物所分解，废水因此得到净化。二沉池的作用是使活性污泥与已被净化的废水分离，分离后的处理水排放。活性污泥则在污泥区内得到浓缩，其中一部分回流到曝气池。由于活性污泥不断增长，部分污泥作为剩余污泥从系统中排出。

在工程中常用以下术语表达活性污泥处理系统的设计参数和操作条件：

（1）水力停留时间，曝气池有效容积与污水流量之比，表示污水在曝气池中的平均停留时间。普通活性污泥法一般为 6~10h。

（2）污染物容积负荷，曝气池单位有效容积在单位时间内流入的污染物的量，用 kg BOD$_5$/（m^3 · d）表示。普通活性污泥法一般为 0.3~0.8kgBOD$_5$/（m^3 · d）。

（3）污泥负荷率，又称有机底物（F）与微生物量（M）的比值（F/M）。是指每日有机污染物进入量与曝气池内活性污泥总量的比值。与污染物容积负荷一样，是表示活性污泥处理系统污染物负荷量大小的重要参数。单位一般为 kg BOD$_5$/（kg MLSS · d）。普通活性污泥法控制在 0.2~0.4kg BOD$_5$/（kg MLSS · d）。

（4）污泥龄，又称污泥平均停留时间。指曝气池内活性污泥总量与每日污泥排放总量之比值。此值越大说明污泥龄越长。污泥龄的长短直接影响曝气池内活性污泥的活性和其他性质。普通活性污泥法一般为 2~4d。

（5）污泥产率系数，活性污泥每降解 1kg BOD$_5$ 所新生成的活性污泥的千克数。生活污水的污泥产率系数一般为 0.4~0.7。

良好的沉降性能是发育正常的活性污泥所应具有的特性之一。发育良好，并有一定浓度的活性污泥，其沉降性能要经历絮凝沉淀、成层沉淀和压缩等全部过程，最后能够形成浓度很高的浓缩污泥层。活性污泥的性能有以下几项指标表示。

a　混合液悬浮固体浓度（MLSS）

亦称为污泥浓度，表示在曝气池单位容积混合液内所含有的活性污泥固体物的总质量，单位用"g/L"或"mg/L"。污泥浓度的大小间接地反映混合液中所含微生物的量。为了保证曝气池的净化效率，必须在池内维持一定量的污泥浓度。一般说，对于普通活性污泥法，曝气池内污泥浓度常控制在 2~3g/L。

b　混合液挥发性悬浮固体浓度（MLVSS）

表示混合液活性污泥中有机性固体物质部分的浓度，该指标更能反映活性污泥的活性。在一定的废水和处理系统中，活性污泥中微生物所占悬浮固体量的比例是相对固定的，即 $f = \text{MLVSS}/\text{MLSS}$，城市污水的活性污泥介于 0.75~0.85 之间。

c　污泥沉降比（SV）

又称 30min 沉降率。混合液在量筒内静置 30min 后所形成的沉淀污泥占原混合液容积的百分率，以%表示。污泥沉降比能够反映曝气池运行过程的活性污泥量，可用以控制、调节剩余污泥的排放量，还能通过它及时地发现污泥膨胀等异常现象的发生。沉降比是活性污泥处理系统重要的运行参数，也是评定活性污泥数量和质量的重要指标。污泥沉降比的测定方法简单易行，可以在曝气池现场进行。

d　污泥容积指数（SVI）

简称"污泥指数"。指在曝气池出口处的混合液，在经过 30min 静沉后，每克干污泥所形成的沉淀污泥所占有的容积。计算公式如下：

$$\text{SVI} = \frac{\text{混合液（1L）30min 静沉形成的活性污泥容积（mL）}}{\text{混合液（1L）中悬浮固体干重（g）}} = \frac{\text{SV（mL/L）}}{\text{MLSS（g/L）}}$$

SVI 值的单位为 mL/g，但一般常把单位省略。SVI 值能够反映活性污泥的凝聚、沉降性能，对生活污水及城市污水，此值以介于 50~150 为宜。SVI 值过低，说明泥粒细小，无机质含量高，缺乏活性；过高，说明污泥的沉降性能不好，并且已有产生膨胀现象的可能。

B　活性污泥法的微生物学过程及增长规律

活性污泥的比表面大，吸附力强。废水进入曝气池与活性污泥接触后，其中有机物在约 1~30min 的短时间内被吸附到活性污泥上。大分子的有机物，先被细菌的胞外酶分解，成为较小分子化合物，然后摄入菌体内。低分子有机物则可直接吸收。在微生物胞内酶作用下，有机物的一部分被同化形成微生物有机体，一部分转化成 CO_2、H_2O、NH_3、SO_4^{2-}、PO_4^{3-} 等简单无机物及能量释出。污水中好氧微生物对有机物的分解作用，亦可由图 8-4 表示，其中受氢体为 O_2，能源为有机污染物。值得指出的是，活性污泥法的微生物学过程是一个复杂的过程，其中包括一系列的微生物酶引起的复杂生化反应，系多种微生物连续协同作用的结果。

控制活性污泥增长的决定因素是废水中可降解的有机物量（F）和微生物的量（M）两者之间的比值，即 F：M 值。活性污泥的增长规律实质上就是活性污泥微生物的增殖规律。图 8-10 为活性污泥的增长曲线，整个增长曲线分为四个阶段（期）。

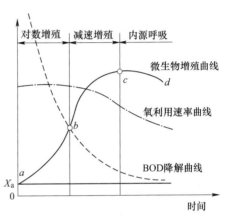

图 8-10　活性污泥增长曲线

（1）适应期。亦称为延迟期或调整期。这是微生物培养的初期阶段，是微生物细胞对新污水各项特性的适应过程。在本阶段初期微生物不裂殖，数量不增加，但是微生物的个体增大，逐渐适应新环境。在适应期后期，微生物对新环境已基本适应，微生物个体发育也达到了一定的程度，细胞开始分裂、微生物开始增殖。

（2）对数增长期。出现本期的环境条件是有机底物异常丰富，F/M 值大于 2.2，微生物以最高速率对有机物进行摄取，去除有机物能力很强，微生物也以最高速率增殖，合成新细胞。

在对数增长期，营养物质丰富，使活性污泥具有很高的能量水平，活性污泥微生物的活动能力很强，使活性污泥质地松散，絮凝体形成不佳，因此，絮凝、吸附及沉降性能较差。出水不仅有机物含量高，而且悬浮固体含量也高。

（3）减数增长期。有机底物的浓度和 F/M 值不断下降，并逐渐成为微生物增长的控制因素，有机底物的降解速度下降，微生物的增长速率与残存的有机底物浓度呈正比例关系，为一级反应关系。微生物的增长逐渐下降，在后期，微生物的衰亡与增殖互相抵消，活性污泥不再增长。

在减速增长期，营养物质不再丰富，能量水平低下，活性污泥絮凝体开始形成，凝聚、吸附及沉淀性能良好，易于泥水分离，废水中有机物已基本去除，出水水质较好。这是活性污泥法所采用的工作阶段。

（4）内源呼吸期。污水中有机底物的含量继续下降，F/M 比值下降到最低值并保持一常数，微生物已不能从周期环境中获取足够的能够满足自身生理需要的营养，并开始分解代谢自身的营养物质，以维持生命活动。微生物增殖进入内源呼吸期。

在本期的初期，微生物虽仍在增殖，但其速率远低于自我氧化，活性污泥量减少。在本期内，营养物质几乎消耗殆尽，能量水平极低，污泥沉淀性能良好，但絮凝性差，污泥量少；无机化程度高，出水水质好。

4. 活性污泥法的基本要求

活性污泥处理系统有效运行的基本条件和要求是：

（1）废水中含有足够的营养物质，有适当的 C：N：P 比例。一般为 BOD_5：N：P = 100：5：1。

（2）混合液中应含有足够的溶解氧。根据经验，曝气池出口处 DO 浓度为 2mg/L 较好。

（3）活性污泥在反应器内呈悬浮状态，能够充分地与废水相接触。

（4）避免对微生物有毒害作用的物质进入。

（5）曝气池活性污泥的浓度应保持适当，所以活性污泥需连续从二沉池回流并及时地排除剩余污泥。

（6）适当的 pH，活性污泥微生物的最适 pH 值介于 6.5～8.5 之间。如 pH 值降至 4.5 以下，原生动物会全部消失，丝状菌将占优势，易产生污泥膨胀现象；当 pH 值超过 9.0 时，微生物的代谢速率将受到影响。

（7）适当的水温。活性污泥微生物的最适温度范围是 15～30℃。水温低于 10℃，可对活性污泥的功能产生不利影响。但水温若缓慢降低时，微生物亦可逐步适应这种变化，即使水温低至 6～7℃，通过采取适当的技术措施（如降低负荷、提高活性污泥和 DO 浓度以及延长曝气时间等）仍可取得较好的处理效果。水温过高的废水在进入生物处理系统之前，应考虑采取降温措施。

5. 活性污泥的培育及驯化

活性污泥培育是活性污泥法启动运行的首要环节。接种污泥应尽量取自处理同类水质的污水处理厂。在这种情况下，活性污泥的培育可以直接在曝气池中进行，一般步骤如下：（1）将污水泵入曝气池，并按曝气池有效体积的 5%～10% 投入接种污泥。（2）在不进水的条件下，连续曝气（即闷曝）数天，溶解氧控制在 1mg/L 左右。（3）继续保持曝气，以小流量进水，并逐渐提高进水流量，最终达到设计流量。每调整一个流量，一般应保持 1 周左右的运行时间。溶解氧也应随流量的增加而适当提高，最终维持在 2～3mg/L。判断活性污泥是否成熟，可以利用镜检的方法。

在无法获得同类水质污水处理厂活性污泥的情况下，经常采用驯化的方法进行活性污泥的驯育。驯化是利用待处理的污水对微生物种群进行自然筛选并使微生物对污染物质逐步适应的过程。接种污泥最好是该污水排放流经处的泥土或污水厂内成熟的活性污泥、生物膜等，也可从土壤等天然环境中获得。在实验室中，污泥驯化的具体做法是：将取来的污泥/土壤置入含有待处理废水的培养基中进行培养。在开始驯化时该污水在培养液中的浓度宜低（比如 10% 或更低），然后逐渐转种扩大培养量，废水浓度逐步增大甚至达100%（因水质而异，有时因营养、毒质等影响难达 100%）。在此过程中，使微生物由原来不适应而驯化至适应，降解污染物能力从无到有，由弱而强。在生物法处理难降解工业废水中，污泥驯化是处理能否取得成效的重要先行环节。

除污泥驯化外，尚可通过选用已知的特定菌株、分离并筛选高效菌株、诱变育种、基因工程构建新菌株等手段或方法，获得处理污水的优良高效菌株。

（二）生物膜法

生物膜法是污水生物处理主要技术之一，它与活性污泥法并列，既是古老的，又是发展中的污水生物处理技术。生物膜法是根据土壤自净的原理发展起来的。

生物膜法是指以生长在固体（称为载体或填料）表面上的生物膜为净化主体的生物处理法。生物膜法比活性污泥法具有生物密度大、耐冲击力强、动力消耗较小、无需污泥回流与不发生污泥膨胀等特点，其运转管理较方便，已广泛用于石油、印染、制革、造纸、食品、医药、农药以及化纤等工业废水的处理，特别是中、小流量污水的处理，具有广阔的发展前景。

1. 生物膜中的生物

与活性污泥相比，生物膜反应器为微生物提供了更稳定的生存环境，使得生长速度较慢的微生物，如硝化菌等得以生存。因此生物膜反应器内的微生物相的多样性高于活性污泥。生物膜中的微生物与活性污泥中相似，有细菌、真菌、藻类、原生动物、后生动物及一些肉眼可见的小动物（如蛾、蝇、蠕虫）等。因此，生物膜食物链比活性污泥的食物链长。生物膜中细菌以化能异养型为主，不仅包括好氧菌，而且有兼性厌氧和厌氧菌，这与活性污泥有显著的差别。

在生物膜的表面常常有大量的各种类型的原生动物，它们能提高滤池的净化速度和整体处理效率。后生动物有轮虫、寡毛类和昆虫类，它们以生物膜为食，可以降低生物膜的生物量，防止污泥积聚和堵塞。同时，它们的运动又会导致衰老生物膜的脱落。

生物膜中的细菌也是活性污泥中常见的一些种属，如动胶菌、假单胞菌、球衣菌、贝氏硫菌等。不同性质的污水、不同处理条件下，生物膜中的微生物是有差异的，甚至同一处理装置中不同深度、高度或层次，也是如此。例如在表层中异养菌比较多，靠近底层部分自养菌较多。

生物膜中常见的真菌有镰孢霉、白地霉、枝孢霉、酵母等。霉菌是有机物的积极分解者，但有时过度发展，可引起滤池堵塞。常见的藻类有席藻、丝藻、毛枝藻等丝状藻类，以及小球藻、硅藻等单胞藻类，它们多存在于生物膜表面见光处。原生动物也活跃地生活在生物膜表面，以菌类为食，可以减除滤池堵塞。

生物滤池中肉眼可见的动物种类很多，其中最重要的是蛾蝇。眼蝇幼虫吞食生物膜，可抑制生物膜的过度发展，并可使生物膜疏松；可是它的成虫出没滤池周围，甚至携带病菌，传染疾病。

应该指出，生物膜在滤池内的分布与活性污泥是不同的。生物膜附着生长在滤料上不动而废水自上而下淋洒在生物膜上，所以不同位置的生物膜得到的营养是不同的，这样使不同位置的微生物种群和数量也存在差异，致使微生物相是分层的。若把滤池式反应器生态系统分上、中、下3层，则上层营养浓度高，大多是细菌，有少数鞭毛虫；中层微生物除得到废水中的营养外，还有上层微生物的代谢产物，微生物的种类比上层稍多，有菌胶团、球衣菌、鞭毛虫、变形虫、豆形虫、肾形虫等；下层因有机物浓度低，低分子的有机物较多，其微生物种类更多，除有菌胶团、球衣菌外，还有以钟虫为主的固着型纤毛虫和少数游泳型纤毛虫。

生物膜中微生物在净化废水时与活性污泥不同，具有以下特征：（1）参与净化反应的微生物多样化。生物膜中微生物附着生长在滤料表面上，生物固体平均停留时间较长，因此在生物膜附着生长世代期较长的微生物，如硝化菌等。在生物膜中丝状菌很多，有时还起主要作用。由于生物膜中微生物固着生长在载体表面，不存在污泥膨胀的问题，因此丝状菌的优势得到了充分的发挥。（2）生物的食物链较长。在生物膜上生长繁育的生物中，微型动物存活率较高。生物膜处理系统内产生的污泥量也少于活性污泥处理系统。（3）硝化菌得以增长繁殖。因此，生物膜处理法的各项处理工艺都具有一定的消化功能，采取适当的运行方式，还可以使污水反硝化脱氮。（4）各段具有优势菌种。由于生物膜上微生物种群发生了很大变化。在上层大多是以摄取有机物为主的异养微生物，底部则是以摄取无机物为主的自养型微生物。

2. 生物膜的构造及净化原理

污水与滤料或某种载体流动接触，经过一段时间后，在滤料或载体表面会形成一层膜状污泥——生物膜。生物膜在形成和成熟后，由于微生物的不断增值，生物膜不断增厚，生长到一定程度时，由于氧不能投入深部，内层变为厌氧状态，厌氧微生物生长形成厌氧膜。当厌氧膜达到一定厚度时，其代谢产物增多，这些产物向外逸出要通过好氧层，使好氧层的稳定遭到破坏，加上水力冲刷，生物膜从滤料表面脱落，随出水流出。

生物膜去除有机物的过程如图8-11所示。生物膜自滤料（或载体）向外可分为厌氧层、好氧层、附着水层和运动水层。生物膜的表面，总是吸附着一薄层污水，称之为"附着水"，其外层为能自由流动的污水，称"运动水"。当附着水中的有机物被生物膜中的微生物吸附并氧化分解时，附着水层中有机物浓度随之降低，而运动水层中浓度高，因而发生传质过程。污水中的有机物不断转移进去被微生物分解。微生物所消耗的氧，沿着空气、运动水层、附着水层而进入生物膜；微生物分解有机物产生的无机物和 CO_2 等，沿相反方向释出；死亡的好氧菌和部分有机物进入厌氧层进行厌氧分解，代谢产物如 NH_3、H_2S、CH_4 等从水层逸出进入空气中。

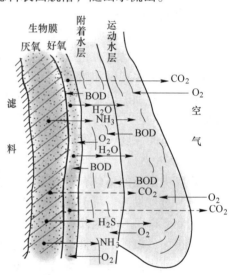

图 8-11　生物膜的构造及对废水的净化原理

生物膜在处理污水过程中不断增厚，其附着于载体表面的厌氧区也逐渐扩大增厚，最后生物膜老化，会整块剥落；此外，也可因水力冲刷或气泡振动不断脱下小块生物膜；然后又开始新的生物膜形成过程，这是生物膜的正常更新。剥落的生物膜随水流出后，在最终沉淀时只能除去一部分。它不如活性污泥法中的絮状体易于凝聚沉降，从而影响处理水的透明度，这是生物膜法的不足之处。

3. 生物膜的培育

（1）自然挂膜法。自然挂膜法是利用待处理污水中的自然菌种进行生物膜培育的方法。具体做法为：将待处理的污水一次性通入生物膜反应器，在不进水的情况下连续循环3~7天。之后改为连续进水，流量从小到大，最终达到设计流量。每调整一个流量，一般应保持 3~7 天的运行时间。在这过程中污水和空气中的微生物附着在填料的表面生长繁殖，生物量逐渐增加，形成微生物膜。

（2）菌种添加挂膜法。为加速生物膜的形成或提高生物膜的降解能力，可向污水中投加优良菌种，如污水处理厂成熟的活性污泥、生物膜，或实验室分离得到的高效菌种等。具体做法为：将待处理污水与接种菌种在生物膜反应器内混合，连续循环 3~7 天。之后改为连续进水，流量从小到大，最终达到设计流量。

4. 生物膜反应器的类型及应用

根据生物膜反应器内微生物附着生长载体的状态，生物膜反应器可划分为固定床和流动床两大类。固定床膜反应器中，微生物附着生长的载体固定不动，在反应器内的相对位置不变。流动床中，微生物附着生长的载体在反应器里处于连续流动状态。基于操作时是否有氧气参与，生物膜反应器又分好氧、厌氧或缺氧状态几种型式。生物膜反应器的主要类型如图 8-12 所示。

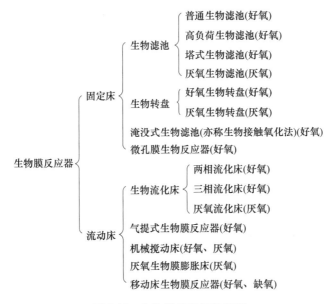

图 8-12　生物膜反应器的类型

下面就几种典型的好氧生物膜反应器工艺如传统的生物滤池、生物转盘、生物接触氧化法及新型的生物流化床等进行简要介绍。

A　生物滤池

生物滤池是 19 世纪末发展起来的，是当代污水生物处理中发展最早的工艺。生物滤池有普通生物滤池、塔式生物滤池和曝气生物滤池等。

普通生物滤池是最早出现的一种生物处理方法（见图 8-13），污水通过一层表面布满生物膜的滤料，使之得以净化。填料层的厚度约为 1.5~2m，填料一般采用碎石、卵石和炉碴等。多数采用自然通风。特点是结构简单，管理方便，但是卫生条件差，容易滋生蚊蝇，处理效率较低。

塔式生物滤池，又称滴滤塔。是近 40 多年发展起来的新型生物滤池。其特点是占地少，基建费用省，净化效果好。构筑物一般高度在 20m 以上，径高比为（1:8）~（1:

6)，形似高塔。通常分为数层，设隔栅以承受滤料。滤料采用煤碴、高炉碴等。近年来采用塑料波纹板、酚醛树脂浸泡过的蜂窝纸及泡沫玻璃块等，具有表面系数大、质轻、耐压等优点，但投资较大。多数塔滤采用自然通风，较之鼓风更容易于在冬天维持塔内水温。滤塔构造示意图如图 8-14 所示。与普通生物滤池相比，塔滤效率较高的主要原因是：生物膜与污水接触时间较长，在不同的塔高处存在着不同的生物相，污水可接触到不同的微生物及其他生物的作用。塔滤构筑物的污水需用泵提升，从而使运转费用增加。

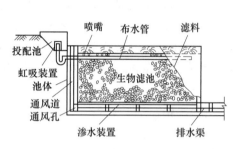

图 8-13　普通生物滤池

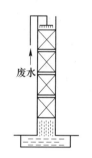

图 8-14　塔式生物滤池

曝气生物滤池是 20 世纪 80 年代开发出的一种高效生物滤池，其结构与普通生物滤池相似，但进行人工曝气，污水的流向可以是自上而下（下流式）也可以是自下而上（上流式）。BOD 容积负荷有时可达 $5kg/(m^3 \cdot d)$。下流式曝气生物滤池（见图 8-15）的污水从滤池的上部流入，通过填料进入排水系统。空气从排水系统上方进入滤池，由于污水流向与空气的流向相反，提高了

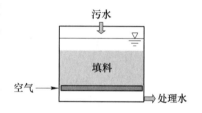

图 8-15　下流式曝气生物滤池

氧的传递速率和充氧效率。溶解性的有机物通过生物降解，而悬浮物通过滤层的过滤被去除，因此具有较好的去除效果。滤池需定期进行反冲洗以去除截留在滤层中的悬浮物，维持较高的生物活性。上流式曝气生物滤池的污水从滤池的底部流入，滤池内水的流动特性好，不易堵塞。

　　B　生物转盘

生物转盘的净化原理与生物滤池相同，也是利用自然界中微生物新陈代谢的生理功能对有机废水进行降解净化。

生物转盘是由一根转轴和固定在轴上的许多平行排列间距很小的圆盘或多角形盘片组成，圆盘有不到一半的面积（40%）浸没在半圆形、矩形或梯形的氧化槽内，废水流入氧化槽内，盘面作为生物膜支撑物。当生物膜浸没在槽内的污水中时，废水中的有机物被生物膜吸附和吸收，当它转出水面以上时，吸收大气中的氧气，生物膜内吸附的有机物完全氧化，生物膜恢复活性。生物转盘的盘面每转动一圈即完成一个吸附、氧化作用的周期，如图 8-16 和图 8-17 所示。

应该指出，生物转盘上的生物膜包括好氧性生物膜和厌氧性生物膜以及活性衰退的生物膜，好氧性生物膜能氧化有机污染物，具有硝化功能。厌氧性生物膜具有反硝化、除氮等功能。衰退性生物膜在转盘转动的剪切力作用下脱落下来。

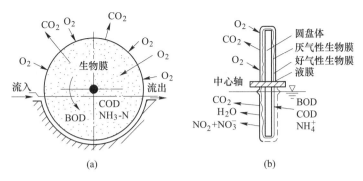

图 8-16　生物转盘法的净化原理

(a) 侧面；(b) 断面

C　生物接触氧化池

生物接触氧化法又称为淹没式生物滤池，于 1971 年在日本首创，10 余年来，该技术在国内外都取得了较为广泛的研究与应用，用于处理生活污水和某些工业有机废水，取得了良好的处理效果。淹没式生物滤池即在池内充填惰性填料，将已经预先充氧曝气的污水浸没并流经全部滤料，污水中的有机物与填料上的生物膜广泛接触，在微生物新陈代谢的作用下污染物得到去除。淹没式生物滤池的另一种形式是在池内设有人工曝气装置，向池内供氧并起搅拌与混合作用，污水流经填料与生物膜接触，相当于在活性污泥法曝气池内充填了供微生物附着栖息的填料，因而又称接触曝气法。

生物接触氧化法的核心部分是生物接触氧化池，它主要由池体、填料床、曝气装置和进出水装置等组成，如图 8-18 所示。生物接触氧化池中的填料是固定不动的，生物膜就生长在其表面。填料的形式多种多样，目前采用最多的是半软性填料，此种填料比表面积相对较大，不会堵塞，且挂膜容易，如图 8-19 所示。

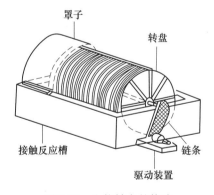

图 8-17　生物转盘的构造

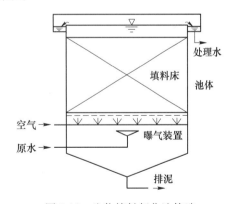

图 8-18　生物接触氧化池构造

D　生物流化床

流化床用于污水生物处理领域始于 20 世纪 70 年代初期，美国和日本率先进行了多方面的研究工作并取得了较好的成果。流化床是以石英砂、活性炭、焦炭一类较小的颗粒为载体填充在床内，污水以一定流速从下向上流动，使载体处于流化状态。载体颗粒小，总体的表面积大，为微生物的生长提供了充足的场所，单位容积反应器内的微生物量可高达 10~14g/L。

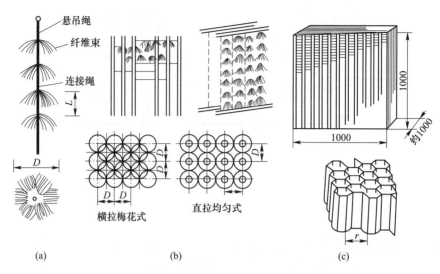

图 8-19　部分挂膜介质结构

（a）纤维填料结构；（b）纤维填料的安置；（c）蜂窝状填料

　　流化床中的载体处于流化状态，污水从下部、左侧、右侧流过，广泛而频繁地与生物膜接触，加之细小而密实的颗粒载体在床内互相摩擦，因而使生物膜的活性提高并加速了有机物从污水向微生物细胞内的传质过程，同时还能防止堵塞现象。

　　按照使载体流化的动力来源的不同，生物流化床可分为以液流为动力的两相流化床和以气流为动力的三相流化床两大类。两相流化床是指反应器内只有液固两相的流化床，基本特点是生物流化床外设充氧设备和脱膜设备，如图 8-20 所示。

　　三相生物膜流化床是指反应器内有气液固三相共存的生物流化床，特点是向流化床直接充氧以代替外部的充氧装置。由于气体通入具有混合效果，生物颗粒之间有剧烈摩擦，易使生物膜表层自行脱落，可以免除床外脱膜装置，如图 8-21 所示。

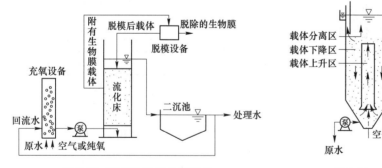

图 8-20　两相生物流化床工艺

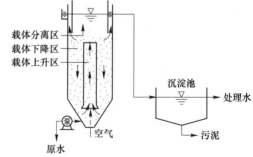

图 8-21　三相生物流化床工艺

三、厌氧生物处理

　　厌氧生物处理法是在厌氧条件（不存在分子态氧和化合态氧，氧化还原电位 E 在 $-300\sim-200mV$ 之间）或缺氧条件（不存在分子态氧，但存在 NO_3 等化合态氧，氧化还原电位不低于−100mV）下，利用厌氧性微生物（包括兼性微生物）分解污水中的有机物的方法，也称厌氧消化或厌氧发酵法。

（一）厌氧生物处理的基本原理

自 20 世纪 60 年代，特别是 70 年代以来，随着污染问题的发展及科学技术水平的进步，科学界对厌氧微生物及其代谢过程的研究取得了长足的进步，推动了厌氧生物处理技术的发展。

在厌氧生物处理中，沼气发酵亦称甲烷发酵最受重视。因它既可消除环境污染，又可开发生物能源，所以应用最广。沼气亦称生物气，是微生物在厌氧条件下分解有机物而产生的一种可燃性气体，其主要成分是 CH_4 和 CO_2。

在厌氧条件下，污水中各种复杂有机物受到多种微生物的分解作用，最后生成 CH_4 和 CO_2 的过程是复杂的生化过程。目前普遍接受的是沼气发酵包括 4 个阶段以及 5 种菌群，如图 8-22 所示。

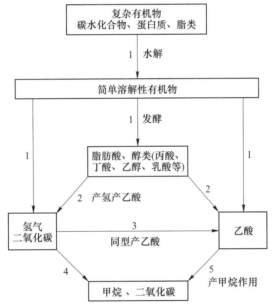

图 8-22 有机物厌氧分解过程

1—发酵细菌；2—产氢产乙酸细菌；3—同型产乙酸菌；
4—利用 H_2 和 CO_2 的产甲烷细菌；5—分解乙酸的产甲烷细菌

具体阶段如下。

（1）水解阶段。复杂有机物首先在发酵性细菌产生的胞外酶的作用下分解为溶解性的小分子有机物。如纤维素被纤维素酶水解为纤维二糖与葡萄糖，蛋白质被蛋白酶水解为短肽及氨基酸等。水解过程通常比较缓慢，是复杂有机物厌氧降解的限速阶段。

（2）发酵（酸化）阶段。溶解性小分子有机物进入发酵菌（酸化菌）细胞内，在胞内酶作用下分解为挥发性脂肪酸，如乙酸、丙酸、丁酸以及乳酸、醇类、二氧化碳、氨、硫化氢等，同时合成细胞物质。发酵可以定义为有机化合物既作为电子受体也作为电子供体的生物降解过程。在此过程中，溶解性有机物被转化为以挥发性脂肪酸为主的末端产物，因此这一过程也称为酸化。酸化过程是由许多种类的发酵细菌完成的，这些菌绝大多数是严格厌氧菌，但通常有约1%的兼性厌氧菌生存于厌氧环境中，这些兼性厌氧菌能够起到保护严格厌氧菌，如产甲烷菌免受氧的损害与抑制的作用。

（3）产乙酸阶段。发酵酸化阶段的产物丙酸、丁酸、乙醇等，在此阶段经产氢产乙酸菌作用转化为乙酸、氢气和二氧化碳。

（4）产甲烷阶段。在此阶段产甲烷菌通过以下两个途径之一，将乙酸、氢气和二氧化碳等转化为甲烷。其一是在二氧化碳存在时，利用氢气生成甲烷。其二是利用乙酸生成甲烷。利用乙酸的产甲烷菌有索氏甲烷丝菌（*Methanothrix soehngenii*）和巴氏甲烷八叠球菌（*Methanosarcinabarkeri*），两者生长速率有较大差别。在一般的厌氧生物反应器中，约70%的甲烷由乙酸分解而来，30%由氢气还原二氧化碳而来。

利用乙酸：　　　　　　　　　$CH_3COOH \longrightarrow CH_4 + CO_2$

利用 H_2 和 CO_2：　　　　　$4H_2 + CO_2 \longrightarrow CH_4 + 2H_2O$

产甲烷菌都是严格厌氧菌，要求生活环境的氧化还原电位在 $-400 \sim -150mV$ 范围内。氧和氧化剂对甲烷菌有很强的毒害作用。

（二）厌氧污泥的生物特征及培育方法

1. 厌氧污泥的性质及生物特征

厌氧活性污泥一般呈灰色至黑色。污泥中数量最多的是细菌。真菌虽能存活，但数量较少。藻类和原生动物也偶有发现。细菌以兼性或专性厌氧菌为主，由于进水带入的缘故，有时也可观察到好氧细菌。在沼气发酵型的厌氧生物处理中，以下述 4 种菌群为主。

（1）初级发酵菌。初级发酵菌主要为兼性及专性厌氧型异养微生物，其优势菌随水质和环境条件，特别是温度不同而异。主要有梭菌属（*Clostridium*）、拟杆菌（*Bacteriodes*），丁酸弧菌属（*Butyrivibrio*）、真杆菌属（*Eubactrium*）、双歧杆菌属（*Bifidobacterium*）等。

（2）产氢产酸细菌。亦称二级发酵菌。该类菌产氢及乙酸，可供产甲烷菌利用，其生长过程需要吸收大量能量，有赖于产甲烷细菌同化 H_2 释放能量供其利用，因此二者形成共养关系。沼气发酵中常见的有沃氏共养单胞菌（*Syntrophomonas wolfei*）、沃氏共养杆菌（*Syntrophobacter wolinii*）及脱硫弧菌属的某些种。

（3）同型产乙酸菌。它们是有机无机混合营养型的专性厌氧菌，以 CO_2 作为最终受氢体生成乙酸。这类细菌不论利用何种基质，其厌氧呼吸的唯一产物为乙酸，故称之为同型产乙酸细菌。报道的有伍氏醋酸杆菌（*Acetobacterium woodii*）、威氏醋酸杆菌（*Acetobacterium wieringae*）、热自养梭菌（*Clostridium thermoautotrophicum*）等。

（4）产甲烷菌。产甲烷菌是兼性厌氧古细菌。在沼气发酵中包括两类细菌，即氧化氢的产甲烷菌和利用乙酸的产甲烷菌，产生甲烷的反应分别如下：

$$CH_3COOH \longrightarrow CH_4 + CO_2$$
$$4H_2 + CO_2 \longrightarrow CH_4 + 2H_2O$$

2. 厌氧污泥的培育方法

厌氧活性污泥中的兼性厌氧细菌和厌氧细菌，特别是专性厌氧的产甲烷菌的生长速度慢，世代时间长，因此，厌氧活性污泥的培育一般需要较长的时间。为了缩短厌氧处理的启动运行时间，最好取同类水质污水厌氧处理装置中的污泥作为接种污泥。禽畜粪便中含有丰富的水解性细菌和产甲烷菌，是理想的厌氧活性污泥的菌种源。另外，城市生活污水处理厂的浓缩污泥亦可作为接种源。

厌氧活性污泥的驯化/培育在厌氧反应器内进行，进水量由小到大，每提高一个梯度，都要稳定一段时间。处理效果接近设计目标时即可进入正式运行阶段。

（三）厌氧处理法的基本要求

1. 菌种

一般采用混合菌种。第一次投料时必须引入足够数量的混合菌种，或经过厌氧消化培养的污泥。单纯接种产甲烷菌效果不佳。

2. 氧化还原电位

严格的厌氧环境，氧化还原电位 E 值一般要求小于-200mV。

3. 发酵温度

沼气发酵对温度极其敏感，两三度的变化就会影响产气量。污水的最适发酵温度，中温型发酵为 $20 \sim 40℃$，最佳 $37 \sim 38℃$；高温型发酵以 $53 \sim 54℃$ 为宜。高温发酵比中温发酵效果好，无论是有机物的处理量或沼气产生量，均高出 $2 \sim 2.5$ 倍；如果营养条件合适，甚至可提高 $4 \sim 5$ 倍。

4. 废水组成

试验指出，以 $BOD：N：P = 100：6：1$ 为佳，含 N 低于 2% 时，菌体不易增殖。

5. pH 和有机酸浓度

一般 pH 值维持在 $6.5 \sim 7.5$ 为宜。有机酸浓度（以乙酸计）是控制发酵的重要指标，以小于 2000mg/L 为宜，过高说明产甲烷作用降低，甚至停止产气。

6. CO_2 产生状况

发酵过程中产生的 CO_2 以占沼气的 $25\% \sim 35\%$ 为好。若大于 35% 时，说明平衡破坏，应及时分析原因，采取改善措施。因此检测 CO_2 可以鉴别不产甲烷与产生甲烷阶段的平衡状况。

（四）厌氧反应器类型

1. 普通厌氧消化池

普通厌氧消化池诞生于 20 世纪 20 年代，是较为常用的一种厌氧反应器。

普通厌氧消化池亦称为传统或常规消化池。常用密闭的圆柱形池，如图 8-23 所示。废水定期或连续进入池中，经消化的污泥和废水分别由消化池和上部排出，所产生的沼气从顶部排出。消化池一般都设有盖子，以保证良好的厌氧条件，收集沼气和保持池内温度，并减少池面的蒸发。为了使进料和厌氧污泥充分接触，使所产的沼气气泡及时逸出而设有搅拌装置，此外，进行中

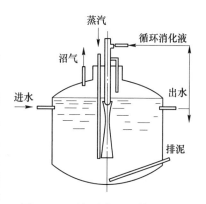

图 8-23　厌氧消化池工作原理图

温和高温消化时，常需对消化液进行加热。普通消化池一般的负荷，中温为 $2 \sim 3\text{kg}$ $COD/(m^3 \cdot d)$，高温为 $5 \sim 6\text{kg COD}/(m^3 \cdot d)$，水力停留时间一般为 $7 \sim 20d$。

普通消化池可以直接处理悬浮固体含量较高或颗粒较大的料液。厌氧消化反应与固液

分离在同一个池内实现，结构较简单；但缺乏持留或补充厌氧活性污泥的特殊装置，消化器中难以保持大量的微生物细胞；对无搅拌的消化器，还存在严重的料液分层现象，微生物不能与料液均匀接触，温度也不均匀，消化效率低。

2. 厌氧接触法

厌氧接触法诞生于 20 世纪 50 年代中期，被认为是现代高效厌氧反应器的开端。该方法受活性污泥法的启发，在消化池后设污泥沉淀池，污泥从沉淀池回流到消化池，因此该方法亦称厌氧活性污泥法。由于采用了污泥回流，使反应器中的污泥浓度大幅度增加，污泥停留时间增长，反应器水力停留时间大为缩短。水力停留时间一般为 0.5~6d，有机负荷一般为 2~4kg/($m^3 \cdot$ d)。厌氧接触法适用于处理悬浮物浓度较高的高浓度有机废水。厌氧接触法的工艺流程如图 8-24 所示。

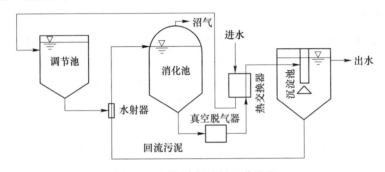

图 8-24　厌氧接触法的工艺流程

厌氧接触法的特点：（1）通过污泥回流，保持消化池内污泥浓度较高，一般为 10~15g/L，耐冲击能力强；（2）消化池的容积负荷较普通消化池高；（3）可以直接处理悬浮固体含量较高或颗粒较大的料液，不存在堵塞问题；（4）混合液经沉降后，出水水质好；（5）需增加沉淀池、污泥回流和脱气等设备；（6）厌氧接触法存在混合液难于在沉淀池中进行固液分离的缺点。

3. 厌氧生物滤池

厌氧滤池（AF）是 20 世纪 60 年代末由美国的 McCarty、Coulter 等人在生物滤池的基础上研发的一种新型高效厌氧生物反应器。1972 年以来，一批生产性的厌氧滤池投入运行，处理废水的 COD 浓度在 300~85000mg/L 之间，其容积负荷可高达 10~15kg COD/($m^3 \cdot$ d)，大大高于传统的好氧生物处理系统 2kg COD/($m^3 \cdot$ d) 和厌氧滤池发明之前的厌氧反应器 4~5kg COD/($m^3 \cdot$ d)。所以，AF 的发展大大提高了厌氧反应器的处理效率，使反应器容积大为减少。

厌氧滤池是装有滤料的厌氧生物反应器，滤池呈圆柱形，池内装放填料，池底和池顶密封。厌氧微生物部分附着生长在滤料上，形成厌氧生物膜，部分在滤料空隙间悬浮生长。污水流经挂有生物膜的滤料时，水中的有机物扩散到生物膜表面，并被生物膜中的微生物降解转化为沼气，净化后的水通过排水设备排至池外，所产生的沼气被收集利用。

AF 按其中水流方向可分为上流式和下流式两大类。近年来又出现了一种上流式混合型厌氧反应器，它实际上是厌氧滤池的一种变型，结合了上流式厌氧污泥床和上流式厌氧滤池的特点（见图 8-25）。AF 多为封闭形，其中废水的水位高于滤料层，使滤料处于淹没状态，沼气收集系统上设水封，气体流量计及安全火炬。

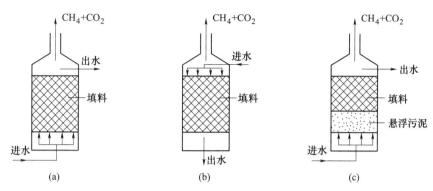

图 8-25 几种厌氧滤池的构造示意图

（a）上流式厌氧反应器；（b）下流式厌氧反应器；（c）上流式混合型厌氧反应器

厌氧生物滤池的特点是：（1）生物膜停留时间长，平均停留时间长达 100d 左右，因而可承受的有机容积负荷高，COD 容积负荷为 $2\sim16kg\ COD/(m^3\cdot d)$，耐冲击负荷能力强；（2）池内可以保持很高的微生物浓度，去除速度快；（3）微生物固着生长为主，不易流失，因此不需污泥回流和搅拌设备，出水 SS 较低；（4）设备简单、操作方便。该工艺也存在着一些问题：（1）滤料费用较高；（2）处理含悬浮物浓度高的有机废水，滤料易堵塞，尤其是下部，生物膜很厚；（3）堵塞后，没有简单有效的清洗方法。因此，悬浮物浓度高的废水不适用。

4. 升流式厌氧污泥反应床

升流式厌氧污泥床（UASB）是目前应用最广的一种厌氧反应器，据估计，世界上有超过 600 座 UASB 用于各种有机废水的处理，涉及各类发酵工业、淀粉工业、制糖、罐头、饮料、牛奶与乳制品、豆制品、肉类加工、造纸、制药及石油化工等行业与工业部门。UASB 之所以能在短期内得到如此广泛的应用与重视是由其结构与性能特点决定的。

A 上流式厌氧污泥床的结构与特点

UASB 反应器由反应区和沉降区两部分组成。反应区由污泥床和污泥悬浮床组成。沉降区由沉淀和三相分离器组成。图 8-26 为 UASB 反应器的工作原理图。

反应器内的反应过程为：污水从污泥床底部进入与污泥混合接触，污泥中微生物分解水中有机物产生气泡；微小气泡上升中不断形成较大气泡，气泡产生剧烈的搅动，气、水和泥的混合液上升至三相分离器。上升的沼气泡碰到反射板折向气室，污泥和水经过孔道进入沉降区泥水分离，上清液从上部排出，污泥沿斜壁返回反应区内。

B 厌氧颗粒污泥中微生物相与结构

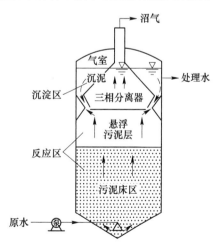

图 8-26 UASB 反应器的工作原理示意图

UASB 中的污泥呈颗粒状，与其他生物废水反应器中的厌氧污泥、活性污泥及生物膜均不同，具有一些独特的性质，大量的有机物都是依靠颗粒污泥来去除。UASB 反应器内的颗粒污泥的外形多种多样，大多呈卵形，也有的呈球形、棒形等，粒径一般在 0.1~2mm 之间，最大可达 3~5mm，具有良好的沉降性能。颗粒污泥质软，有韧性及黏性，一般呈灰白色、淡黄色、暗绿色等。厌氧颗粒污泥主要由 3 类微生物组成：第一类是水解发酵菌，其作用是将高分子物质转变为低分子物质，主要是有机酸等；第二类是产乙酸菌，将有机酸和其他低分子物质进一步转变成乙酸和氢气；第三类是产甲烷菌，将氢气、二氧化碳、乙酸等简单化合物转化成为甲烷。这 3 类菌生长在颗粒污泥上，具有互营互生的食物链关系。

产甲烷菌主要有乙酸营养型与氢营养型两大类，其中 72% 的甲烷是通过乙酸转化的。能代谢乙酸的产甲烷菌有甲烷鬃毛菌和甲烷八叠球菌。前者只能在乙酸基质中生长。后者除可利用乙酸基质外，还可利用甲醇、甲胺，有时也可利用氢气和二氧化碳。甲烷八叠球菌以甲醇为基质时的生长速率比其他基质时要快。当乙酸浓度较低时，甲烷鬃毛菌占优势；当乙酸浓度较高时，甲烷八叠球菌占优势。氢营养型产甲烷菌是重要的产甲烷菌，种类较多，主要有甲烷短杆菌（*Methanobrevibacter*）、甲烷杆菌（*Methanobacterium*）、甲烷球菌（*Methanococus*）、甲烷螺菌（*Methanospirillum*）等属。另外，发现高温厌氧污泥中的主要氢营养菌有甲酸甲烷杆菌（*Methanobacterium formiacum*）、嗜树木甲烷短杆菌（*Methanobrevibacter arboriphilus*）、嗜热自养甲烷杆菌（*Methanobacterium thermoautotrophicum*）。在氢营养菌周围往往能观察到一些伴生菌，特别是产氢细菌，表明它们之间有紧密的关系。

C　成熟污泥颗粒的形成

培养具有良好沉降性能的颗粒污泥是 UASR 工艺运行的最重要环节。厌氧污泥颗粒化过程是一个复杂且持续时间较长的过程，影响因素很多。厌氧污泥由分散的厌氧微生物聚生长而成；主要可分为 3 个阶段。

第一阶段为启动与污泥活性提高阶段。在此阶段，有机负荷一般控制在 2kg COD/（m³·d）以下，运行时间约为 1~1.5 个月。反应器内的环境条件应控制在有利于厌氧微生物（主要是产甲烷菌）良好繁殖的状态下。在此阶段内，污泥对被处理水的特性逐渐适应，其活性也不断提高。

第二阶段为颗粒污泥形成阶段。在此阶段，有机负荷一般控制在 2~5kg COD/（m³·d）。由于产生气体的搅拌作用，截留在反应器内的污泥富集、絮凝在重质污泥颗粒的表面，并生长繁殖，最终形成颗粒状污泥。此阶段亦需 1~1.5 个月。

第三阶段为污泥床形成阶段。在此阶段，有机负荷大于 5kg COD/（m³·d）。随着有机负荷的不断提高，反应器内的污泥浓度逐步提高，污泥床的高度也随之提高。此阶段通常需要 3~4 个月。

D　UASB 具有的特点

与其他类型的厌氧反应器比较，UASB 具有一系列的优点，污泥的颗粒化使反应器内的平均浓度达 50gVSS/L 以上，污泥龄一般为 30d 以上；反应器的水力停留时间相应较短，具有很高的容积负荷；UASB 不仅适合于处理高、中浓度的有机工业废水，也适合于处理低浓度的城市污水；反应器集生物反应和沉淀分离于一体，结构紧凑；无需设置填料，节省了费用，提高了容积利用率；一般也无需设置搅拌设备，上升水流和沼气产生的上升气流起到搅拌的作用；构造简单，操作运行方便等。

5. 厌氧流化床

厌氧流化床亦是 20 世纪 70 年代开发的一种污水厌氧生物处理新技术。与 UASB 反应器相比，其特点是颗粒污泥随污水的流动而流动，形成所谓的固体流态化，不形成污泥床。水力停留时间一般为 0.3~1d，有机负荷为 9~13kg COD/(m³·d)。

[拓展知识]

让污水处理厂喝上"啤酒"

碳源不足常常是污水处理厂处理成本居高不下的原因之一，也是影响氮、磷去除的重要因素。为了维持微生物的活性，污水处理厂需要外购乙酸钠等有机物作为碳源，保障脱氮除磷效果。而啤酒厂为了保证生产废水符合排放标准，需要投入大量资金对啤酒废水进行预处理。面对资源浪费的矛盾，如何才能将两者结合起来实现变废为宝？

2020 年 12 月 21 日，生态环境部与国家市场监督管理总局联合发布了《啤酒工业污染物排放标准》修改单，允许啤酒制造企业与下游污水处理厂通过签订具有法律效力的书面合同，共同约定水污染物排放浓度限值，不再受纳管排污标准的限制。将适合作为碳源的热凝固物从啤酒废水中分离出来并拉到污水处理厂进行精准投放。一方面，啤酒生产废水的有机物浓度大大下降，只需简单处理就基本满足了直排入管网的标准；另一方面，节约了污水处理厂的碳源成本，提高了污水处理效果，降低了碳排放，实现了企业之间的共赢。

四、微生物的生态处理

天然水体或土壤都有一定的自净能力，在污染物的量较小的情况下，水体和土壤可以自行消除污染，保持清洁状态。利用天然水体和土壤中的微生物以及其他生物加以人工改良，可以使废水中的有机物降解。

（一）生物塘

生物塘又称氧化塘或稳定塘，是最古老的废水处理方法，从 18 世纪末即开始使用，到 20 世纪 50 年代以后得到较快的发展，我国从 20 世纪 50 年代开始了应用生物塘处理城市污水和工业废水的探索性研究。从 20 世纪 60 年代开始，修建了一批生物塘，到 1988 年为止，我国已建成并投入运行的生物塘约 90 座，如湖北省鄂城县用作处理农药废水的鸭儿湖生物塘，齐齐哈尔处理城市污水的生物塘等。

生物塘是一种大面积、敞开式的污水处理系统。废水在塘中停留一段时间，由藻类光合作用产生的氧和从空气溶解的氧来调节氧的状态，利用细菌对废水中有机物进行生物降解，从而达到净化废水的目的。

下面以好氧生物塘（见图 8-27）为例说明净化污水的基本原理。生物塘主要是利用细菌和藻类（或蓝细菌）的互生关系来分解废水中的有机污染物。在阳光的照射下，塘内的藻类或蓝细菌进行光合作用，释放出大量的氧气，使水体保持良好的好氧状态。水中的好氧微生物通过自身的代谢活动，使有机物进行氧化分解，而它的代谢产物 CO_2、N 及 P 等无机盐可作为藻类代谢原料合成本身的细胞物质。增殖的菌体和藻类又可以被微型动物所捕食。

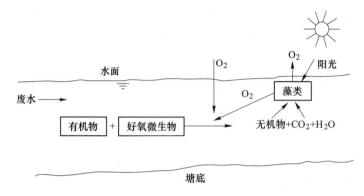

图 8-27　好氧生物塘净化有机物示意图

生物塘与自然界中富营养湖泊有些类似，其中出现的生物可从细菌到大型生物，种类多样。与其他生物处理法不同的是，藻类数量和种类非常多，而且浮游动物的量也多。此外，塘内溶解氧的含量存在昼夜的变化。在白昼，藻类光合作用释放出的氧超过藻类及细菌所需要的，塘水中氧的含量很高，可达到饱和状态。夜间光合作用停止，由于藻类及细菌等的呼吸消耗，水中溶解氧的含量下降，在凌晨时最低。然后开始回升。

根据运行方式的不用，生物塘可分为好氧生物塘、兼性生物塘和厌氧生物塘。好氧生物塘通常比较浅，水体不分层，光能自养的能力超过化能异养的能力，因此，整个生物塘内都存在一定数量的溶解氧。兼性生物塘通常比好氧生物塘深，在表层光能自养作用占优势使其呈好氧状态，而底层化能异养作用占优势使其呈厌氧状态（见图 8-28）。厌氧生物塘通常比兼性生物塘还要深，主要依靠下层厌氧微生物的作用使水体中 BOD 得以去除。

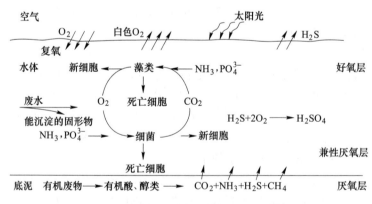

图 8-28　兼性生物塘内典型的生态系统

采用兼性生物塘和厌氧生物塘处理原废水，出水一般达不到国家排放标准，因此，在处理低浓度的废水时，采用好氧塘或兼性塘和好氧塘串联起来处理；在处理浓度较高的废水时，则由厌氧塘-兼性塘-好氧塘有序地串联起来处理，利用不同的生物群体分解有机污染物。

由于藻类的作用生物塘在去除 BOD 的同时，也能有效去除无机盐类。效果良好的生物塘不仅能去除废水中 80%~95% 的 BOD，而且能去除 90% 以上的氮，80% 以上的磷。但在氮、磷被去除的同时伴随着藻类的增殖，大量增殖的藻类会随出水流出，如果能将藻类回收或在出水端设置养鱼塘，可以使出水水质大大提高。

生物塘具有构筑物简单，能耗低，管理方便等特点。它不是一个容易操控的处理系统，而且处理负荷比较低，占地面积大，在处理工业废水时，一些难溶的有毒有害物质沉积到底泥中成为一个潜在的污染源。此外，兼性生物塘和厌氧生物塘能产生不良气味和蚊虫，对周围环境产生不利的影响。所以生物塘比较适用于废水的深度处理。

（二）湿地处理系统

湿地系统是将污水投放到土壤经常处于水饱和状态而且生长有芦苇、香蒲等耐水植物的沼泽地上，污水沿一定方向流动，在流动的过程中，在耐水植物和土壤的作用下，污水得到净化的一种处理系统。湿地系统可分为天然湿地处理系统和人工湿地处理系统。

天然湿地系统是利用天然洼地、苇塘加以人工修整而成。其中设导流土堤，使污水沿一定方向流动，水深一般在 30~80cm 之间，不超过 1.00m，净化作用与好氧塘相似，适宜做污水的深度处理，如图 8-29 所示。

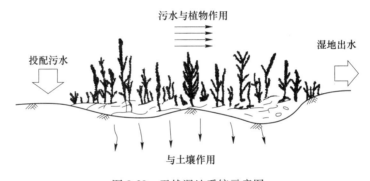

图 8-29　天然湿地系统示意图

人工湿地系统处理废水有表流处理系统和潜流处理系统两种形式，潜流处理系统又名人工苇床，它由上下两层组成，上层为土壤，下层为易于使水流通过的粒径较大的土壤或炉渣和根系层组成，上层种植芦苇等耐水植物。床底设黏土隔水层，并具有一定的坡度。沿床宽设布水沟，内充填碎石，污水由此进入，并沿床下层呈水平渗流，从另一端的出水沟流出，如图 8-30 所示。另外，污水进入湿地前应设置隔栅和沉淀池，以免碎石床堵塞。目前人工湿地处理系统除表流和潜流外，还应有上、下流以增加污水和基质接触时间，提高有机物的去除率。

人工湿地处理系统中的水生植物和微生物组成了一个互生系统，在废水污染物的降解和转化中发挥着重要作用。植物水下部分的根和茎为微生物的生长提供了巨大的表面积，形成的生物膜生物量大。植物根系能释放出氧，促进好氧微生物的代谢。湿地水体和底泥中的微生物分解有机物，产生 CO_2、N 及 P 等无机盐类，植物吸收水体中的 N、P 进行生长，从而达到去除废水中 N、P 的目的。

利用人工湿地系统处理废水，必须考虑进水水质、生态环境和社会状态等因素。湿地处理系统对进水中污染物浓度有一定的要求，而且对污染物的种类也有比较严格的要求，

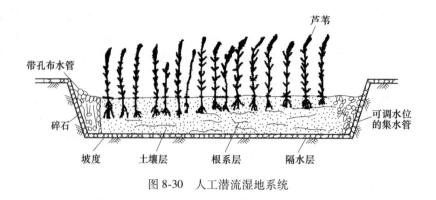

图 8-30　人工潜流湿地系统

如果大量难降解有机污染物和金属离子进入湿地，就可能产生一系列不良后果，最后，需要花费更多的费用进行修复。

第三节　氮磷废水的生物处理

为了更好地保护水体环境，防止水体受污染和产生富营养化，污水排放标准日趋严格，要求城市污水处理厂不仅要有效地去除有机物（BOD$_5$），而且要求去除污水中的氮和磷。因为污水中氮、磷等植物营养型污染物的排放会导致水体的富营养化。当前我国颁布的《污水综合排放标准》（GB 8978—1996）对所有排放污水中的氮、磷含量都做出了严格的规定，其中磷（以正磷酸盐计）的排放要控制在 0.5mg/L（一级标准）和 1mg/L（二级标准）以下，而氨氮的排放要控制在 15mg/L 以下（一级标准）。

但普通活性污泥工艺只能有效地去除污水中的 BOD$_5$ 和 SS，不能有效地去除污水的氮和磷。如果含氮、磷较多的污水排到湖泊或海湾等缓流水体，则会产生富营养化，导致水体水质恶化或湖泊退化，影响其使用功能。因此，在对污水中的 BOD$_5$ 和 SS 进行有效去除的同时，还应根据需要考虑污水的脱氮除磷。

一、生物脱氮技术

二级处理水中，氮主要是以氨态氮、亚硝酸盐氮和硝酸盐氮形式存在的。现行的以传统活性污泥法为代表的二级处理技术，其功能主要是去除污水中呈溶解性的有机物，对氮的去除率比较低，它仅为微生物的生理功能所用。氮的去除率为 20%~40%，磷的去除率仅为 5%~20%。

（一）生物脱氮的基本原理

废水中的氮主要以蛋白质、氨基酸和氨氮的形式存在，生物脱氮是在微生物的作用下，将有机氮和氨态氮转化为 N$_2$ 和 N$_2$O 气体的过程。其中包括氨化、硝化和反硝化三个反应过程。

1. 氨化反应

污（废）水中有机氮化物在好氧菌和氨化菌作用下，有机碳被降解为 CO$_2$，而有机氮被分解转化为氨态氮。例如，氨基酸的氨化反应为：

$$RCHNH_2COOH + O_2 \xrightarrow{\text{氨化菌}} RCOOH + CO_2 + NH_3$$

2. 硝化反应

硝化反应是在好氧状态下，将氨氮转化为硝酸盐氮的过程。硝化反应是由一群自养型好氧微生物完成的，它包括两个基本反应步骤，第一阶段是由亚硝酸菌将氨氮转化为亚硝酸盐，称为亚硝化反应，亚硝酸菌中有亚硝酸单胞菌属、亚硝酸螺旋杆菌属和亚硝化球菌属等。第二阶段则由硝酸菌将亚硝酸盐进一步氧化为硝酸盐，称为硝化反应。

$$NH_4^+ + \frac{3}{2}O_2 \xrightarrow{\text{亚硝化菌}} NO_2^- + H_2O + 2H^+$$

$$NO_2^- + \frac{1}{2}O_2 \xrightarrow{\text{硝酸菌}} NO_3^-$$

硝化反应的总反应式为：

$$NH_4^+ + 2O_2 \longrightarrow NO_3^- + H_2O + 2H^+$$

亚硝酸细菌和硝酸细菌虽然几乎存在于所有的污水生物处理系统中，但在一般情况下，含量很少。其影响因素主要是亚硝化细菌和硝化细菌的增长速度比生物处理中的异养细菌的增长速度小一个数量级。对于活性污泥系统来说，如果泥龄较短，排放剩余污泥量大，将使硝化细菌来不及大量繁殖，欲获得好的消化效果，就需要有较长的泥龄。另外，BOD_5与总氮的比例也会影响活性污泥中硝化细菌所占的比例。例如，当BOD_5与总氮的比例为0.5时，硝化细菌所占的份额为0.35；而当BOD_5与总氮的比例增加到1时，硝化细菌所占的份额降为0.21。因此，在生物的脱氮系统中，硝化作用的稳定性和硝化速度是影响脱氮效果的关键。

3. 反硝化反应

生物反硝化是指污水中的硝态氮NO_3^--N和亚硝态氮NO_2^--N，在无氧或低氧条件下被反硝化细菌还原成氮气的过程。

具体反应如下：

$$6NO_3^- + 5CH_3OH \xrightarrow{\text{反硝化菌}} 5CO_2 + 3N_2\uparrow + 7H_2O + 6OH^-$$

活性污泥中大多数微生物，在一定的环境条件下，都能进行反硝化作用。反硝化菌属异养兼性厌氧菌，在有氧条件时，会以O_2为电子进行呼吸；在厌氧条件下有NO_3^-或NO_2^-存在时，则以NO_3^-或NO_2^-为电子受体，以有机碳为电子供体和营养源进行反硝化反应，最终将NO_3^-还原为N_2。

（二）硝化-反硝化菌的培养

在硝化-反硝化系统中，因硝化菌生长缓慢，在一般活性污泥中菌数不高，常是该处理系统的一个限制因素。为获得大量硝化菌，首先将含有硝化菌的活性污泥接种到不含有机物的适于硝化菌的选择培养基中，在通气条件下培养。培养过程中应注意补充NH_4^+-N和调节 pH。在此条件下，只有硝化菌可生长，连续、扩大培养可使硝化菌达1012 个/mL，然后按一定比例投加到硝化池中。

反硝化菌广泛存在于活性污泥中，可按前述厌氧活性污泥的培育方法，在富含有机物培养液，厌氧条件下培养，以获得大量反硝化菌。

（三）影响硝化-反硝化的因素

1. 影响硝化作用的因素

（1）硝化菌及污泥龄。在参与脱氮处理的两类菌中，异养型反硝化菌是自然界广泛存在的微生物，它类群多，繁殖快，数量大。而硝化菌在各种污水处理系统中虽有存在，但数量不多；加之自养型硝化菌世代时间长，生长速度慢（见表8-2），因此硝化菌数量及硝化速率是生物脱氮处理的关键制约因素。除给予适宜的环境条件外，应注意增加污泥龄，即污泥停留时间（一般要大于20天）。

表 8-2　硝化菌与活性污泥中异养菌的生长速率比较

细菌种类	世代时间/h	最大增长速率/h^{-1}
亚硝酸菌	8~36	0.02~0.09
硝酸菌	8~59	0.01~0.06
活性污泥中异养菌	2.3~8.7	0.08~0.3

（2）溶解氧（DO）。DO对硝化菌的生长及活性都有显著的影响。在DO低于0.5mg/L时，硝酸菌的活性受到抑制，而亚硝酸菌对低溶解氧的耐受程度高于硝酸菌，DO低于0.5mg/L时仍能正常代谢。在活性污泥中，要维持正常的硝化效果，混合液的DO一般应大于2mg/L，而生物膜法则应大于3mg/L。

（3）温度。温度对硝化活性有重要的影响。温度低于12℃，硝化活性明显下降，30℃时活性最大，温度超过30℃时，由于酶的变性，活性反而降低。

（4）pH。亚硝酸菌的最适pH值范围为7.0~7.8，而硝酸菌的最适pH值范围为7.7~8.1。pH值过高或过低都会抑制硝化活性。硝化过程常大量产酸，使pH值降低，运行中应随时调节pH值。

（5）营养物质。污水水质，特别是C/N比影响活性污泥中硝化细菌所占的比例。因硝化菌为自养微生物，生活不需有机质，所以污水中BOD_5/TN越小，即BOD_5浓度越低硝化菌的比例越大，硝化反应越易进行。在城市污水处理系统中，硝化菌所占比例一般低于0.086，不能满足硝化作用的需要。

氨氮是硝化作用的主要基质，应保持一定浓度。但氨氮浓度大于100~200mg/L时，对硝化反应呈现抑制作用，氨氮浓度越高，抑制程度越大。

（6）毒物。硝化菌对毒物的敏感度大于一般细菌，大多数重金属和有机物对硝化菌具有抑制作用。一般来说，亚硝酸菌比硝酸菌对毒物更敏感。

2. 影响反硝化的因素

（1）营养物质。反硝化作用需要足够的有机碳源，一般认为废水中的BOD_5与总氮之比大于3时，无需外加碳源，即可达到脱氮的目的。低于此值时需要添加碳源。甲醇、乙醇、乙酸、苯甲酸、葡萄糖等都曾被选择作为碳源，其中利用最多的是甲醇，因为它价廉，而且其氧化分解产物为H_2O和CO_2。但在欧美各国，在饮用水的脱氮处理中采用乙醇，以避免残留甲醇对人体的危害。另外，活性污泥微生物死亡、自溶后释放出的有机物也可作为反硝化的碳源。在一般情况下，硝酸盐本身对反硝化没有抑制作用。

（2）溶解氧。反硝化菌一般为兼性厌氧菌，在 O_2 和 NO_3 同时存在时，反硝化菌首先利用 O_2 作为最终电子受体，只有溶解氧浓度接近零时才开始进行反硝化作用。但是，在一般情况下，活性污泥生物絮体内存在一个缺氧区，曝气池内即使存在一定的溶解氧，反硝化作用也能进行。要获得较好的反硝化效果，对于活性污泥系统，溶解氧需保持在 0.5mg/L 以下，对于生物膜系统，溶解氧需保持在 1.5mg/L 以下。

（3）温度。反硝化反应的最佳温度为 40℃，温度低于 0℃，反硝化菌的活动终止，温度超过 50℃时，由于酶的变性，反硝化活性急剧降低。

（4）pH。反硝化反应的最适合 pH 值范围为 7.0~7.5，pH 值高于 8 或低于 6 都会明显降低反硝化活性。pH 不仅对反硝化活性而且对反应产物也产生影响。前已述及，反硝化作用可有 $NO_3^- \rightarrow NO_2^- \rightarrow NO \rightarrow N_2O \rightarrow N_2$ 等阶段。其中，NO、N_2O、N_2 为气态氮，反硝化反应可能在气态氮的任何一步终止，这主要取决于 pH。pH 值小于 6~6.5 时 NO 和 N_2O 是主要产物，而 pH 值大于 8 时，将会出现 NO_2 的积累。pH 在中性范围内有利于 N_2 的产生。

［拓展知识］

硝化细菌的"避光现象"

许多研究表明光照可对硝化细菌的生长和繁殖产生严重的不良影响。但硝化细菌绝对不是见光死，只是主要对近紫外波段特别敏感。太阳光普遍含有这种光谱，因此阳光直射对硝化细菌的伤害很大。但家用水族照明灯具均为玻璃灯罩，虽然产生紫外线，但绝大多数无法透过玻璃灯罩，因此对硝化细菌影响不大。需要注意的是，紫外杀菌灯（UV 灯）使用的是石英玻璃，紫外线可以穿透，所以水族箱中添加硝化细菌一周内，在硝化细菌还未能完全附着在滤材上的时候不要打开 UV 灯，以免硝化细菌死亡。

（四）生物脱氮工艺

1. 传统三级脱氮工艺

由巴茨（Barth）开创的传统活性污泥法脱氮工艺为三级活性污泥法流程，是以氨化、硝化和反硝化三项生化反应过程为基础建立的。其工艺流程如图 8-31 所示。

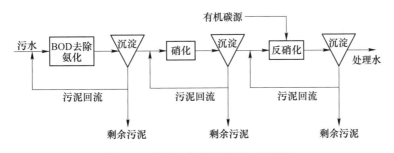

图 8-31　污水生物脱氮传统工艺流程

该工艺把有机物的去除和氨化、硝化及反硝化反应分别在 3 个反应器内进行，因此又称为单独硝化工艺或分级硝化工艺。第一级为一般曝气池，其作用是去除 BOD，并使有机

氮转化成 NH_3 即氨化；第二级为硝化池，在这里进行硝化反应，在好氧条件下使 NH_3 转化为硝酸根；第三级为反硝化池，在缺氧条件下硝酸根被还原为氮气。在第三级反应器中必须投加氢供体（或碳源）。常用的碳源为甲醇，原污水中的有机物也可以作为碳源。另外，在一些条件下甲烷和氢气也可以作为反硝化反应的氢供体。

该系统的优点是有机物降解菌、硝化菌、反硝化菌，分布在各自反应器内生长增殖，环境条件适宜，而且各自回流沉淀池分离的污泥，反应速度快而且比较彻底。但处理设备多，管理不够方便。

考虑到三级生物脱氮系统的不足，在实践中还是用两级生物脱氮系统，如图 8-32 所示，将 BOD 去除和硝化两道反应过程放在同一反应器内进行。

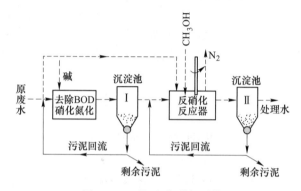

图 8-32　两级生物脱氮系统

该两级生物脱氮传统工艺仍存在处理设备较多、管理不太方便、造价较高和处理成本高等缺点。上述生物脱氮传统工艺目前已应用得很少。

2. 缺氧-好氧（A_1/O）活性污泥法脱氮系统

为了克服传统的生物脱氮工艺流程的缺点，根据生物脱氮的原理，在 20 世纪 80 年代初开创了 A_1/O 工艺流程，如图 8-33 所示，图中，生物脱氮工艺将反硝化反应器放置在系统之前，所以又称为前置反硝化生物脱氮系统。在反硝化缺氧池中，回流污泥中的反硝化菌利用原污水中的有机物作为碳源，将回流混合液中的大量硝态氮（$NO_x\text{-}N$）还原成 N_2，而达到脱氮目的。然后再在后续的好氧池中进行有机物的生物氧化、有机氮的氨化和氨氮的硝化等生化反应。

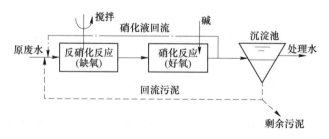

图 8-33　缺氧-好氧脱氮工艺

A_1/O 工艺具有以下主要优点：流程简单，构筑物少，只有一个污泥回流系统和混合液回流系统，可大大节省基建费用；反硝化池不需外加碳源，降低了运行费用；A_1/O 工艺的好氧池在缺氧池之后，可使反硝化残留的有机污染物得到进一步去除，提高出水水质；缺氧池在前，污水中的有机碳被反硝化菌所利用，可减轻其后好氧池的有机负荷。同时缺氧池中进行的反硝化反应产生的碱度可以补偿好氧池中进行硝化反应对碱度的需求。

A_1/O 工艺的主要缺点是脱氮效率不高，一般为 70%~80%。此外，如果沉淀池运行不当，则会在沉淀池内发生反硝化反应，造成污泥上浮，使处理水水质恶化。尽管如此，A_1/O 工艺仍以它的突出特点而受到重视，该工艺是目前采用比较广泛的脱氮工艺。

二、生物除磷技术

城市污水中的磷主要有三个来源：粪便、洗涤剂和某些工业废水。污水中的磷以正磷酸盐、聚磷酸盐和有机磷等形式溶解于水中。一般仅能通过物理、化学或生物方法使溶解的磷化合物转化为固体形态后予以分离。

（一）生物除磷的基本原理

在一般情况下，活性污泥中磷的含量占污泥干重的 1.5%~2%，但是在厌氧好氧交替运行的条件下，活性污泥中可产生所谓的"聚磷菌（*Polyphosphate accumulation microorganisms*）"可以摄取超过其生理需要的过量的磷。其含磷量可达细胞干重的 6%~8%，有时甚至可达到 10%。生物除磷就是利用这种机理，形成高磷污泥，从而达到从污水中去除磷的效果。

1. 聚磷菌对磷的过量摄取

在好氧条件下，大多数聚磷菌体内 PHB 分解为乙酰 CoA，一部分用于细胞合成，一部分进入三羧酸循环，分解氧化脱下的 H^+ 和电子，经过电子传递链产生能量，同时消耗氧。产生的能量用于从污水中大量摄取溶解性的正磷酸盐，在细胞内生成多聚磷酸盐，并加以积累，形成所谓的"异染颗粒"，这种现象称之为"磷过剩摄取"，如图 8-34（a）所示。

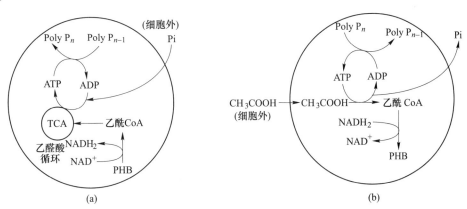

图 8-34　生物除磷的基本生化过程示意图
（a）磷摄取（好氧）；（b）磷释放（厌氧）

2. 聚磷菌的放磷

在厌氧条件下，聚磷菌将体内储存的聚合磷酸盐分解，其产物磷酸盐进入液体中（放磷），产生的能量可供聚磷菌在厌氧条件下的生理活动之需，同时还可用于吸收外界环境中的可溶性脂肪酸（如乙酸），在菌体内以 PHB 的形式储存。细胞外的乙酸转移到细菌体内生成乙酰 CoA 的过程需要耗能，这部分能量来自于菌体内聚合磷酸盐的分解。聚合磷酸盐的分解导致可溶性磷酸盐从菌体内释放到细胞外（见图 8-34（b）），这种现象称之为"磷释放"。

"磷过剩摄取"是建立在"磷释放"基础上的一种生理现象，因此，聚磷菌的磷过剩摄取能力与厌氧条件下的磷释放量有关，也与污水中的有机污染物的种类和浓度有关。

（二）生物除磷工艺中的微生物组成及其特点

聚磷细菌是生物除磷工艺中的主要细菌。细胞内的异染颗粒是聚磷菌区别于其他细菌的主要标志之一。研究表明，不动杆菌占聚磷菌总数的 1%~10%。假单胞菌和气单胞菌占聚磷菌总数的 15%~20%。其他能同时积累聚磷酸盐和 PHB 的细菌还有：诺卡氏菌、深红红螺菌、着色菌属、囊硫菌属、贝日阿托氏菌属、蜡状芽孢杆菌属等。聚磷菌生长较慢，但因能积累和分解聚磷酸和 PHB，故能适应厌氧和好氧交替环境而成为优势菌种。

在生物除磷工艺中还存在发酵产酸菌和异养好氧菌等。大多数聚磷菌一般只能利用低级脂肪酸等小分子的有机物，不能直接利用和分解大分子有机物。而发酵产酸菌的作用是将大分子物质降解为小分子供聚磷菌用。如果没有发酵产酸菌的存在，聚磷菌则因有机物不足而不能放磷和摄磷。因此，在生物除磷工艺中，聚磷菌和发酵产酸菌是密切相关的互生关系。

（三）影响生物除磷的因素

1. 溶解氧/氧化还原电位

聚磷菌的磷释放特性与所处环境的 E 值有密切的关系。E 大于 0 时不能释放磷，而 E 小于 0 时，其绝对值越大，磷的释放能力越强。一般认为在厌氧池内，E 应控制在 $-300 \sim -200 \mathrm{mV}$ 范围内。

好氧池内的溶解氧浓度对聚磷菌的磷摄取有很大的影响。为了获得较好的磷释放效果，溶解氧浓度应保持在 2mg/L 以上，以满足聚磷菌对其贮存的 PHB 进行氧化，获取能量，供大量摄取磷之用。

2. 温度

虽然温度对聚磷菌的生长速度有一定的影响，但对生物除磷效果的影响不大。有资料显示，在 8~9℃ 的低温时，出水磷浓度仍趋稳定，保持在 2mg/L 水平。

3. pH

生物除磷系统的适宜 pH 范围为中性-弱碱性。

4. 硝酸盐与亚硝酸盐浓度

厌氧池内存在硝酸盐与亚硝酸盐时，一些发酵菌会利用它们作为最终电子受体，进行反硝化反应，这样会抑制对有机物发酵产酸的作用，从而影响聚磷菌的释磷和合成 PHB 的能力。一般应控制硝酸盐浓度一定在 0.2mg/L 以下。

5. 碳源

厌氧池内 $BOD_5/T-P$ 是影响聚磷菌释磷和摄磷的重要因素。聚磷菌利用的有机碳源不同，其释磷速度存在明显差异。甲酸、乙酸、丙酸等低分子脂肪酸是聚磷菌优先利用的碳源，乙醇、甲醇、柠檬酸、葡萄糖等只有在转化为低分子脂肪酸后才能被利用。

为了给聚磷菌提供足够的有机碳源，达到较好的除磷效果，进水的 BOD_5/T-P 比值一般应大于 15，若处理水中的总磷控制在 1mg/L 以下，进水的 BOD_5/T - P 比值应高于 20。

6. 污泥龄

污泥龄的长短对聚磷菌的摄磷作用和剩余污泥排放量有直接的影响，从而对除磷效果产生影响。污泥龄越长，污泥中的磷含量越低，加之排泥量的减少，会导致除磷效果的降低。相反，污泥龄越短，污泥中的磷含量越高，加之产泥率和剩余污泥排放量的增加，除磷效果越好。因此，在生物除磷系统中，一般采用较短的污泥龄（3.5~7d），但污泥龄太短又达不到 BOD 和 COD 去除的要求。

（四）生物除磷的工艺

1. 厌氧-好氧生物除磷工艺（A_2/O 法）

厌氧-好氧除磷工艺即 A_2/O 工艺是最基本的生物除磷工艺，其流程图如图 8-35 所示。该工艺曝气池前段为厌氧段，污水首先进入厌氧池，溶解氧含量不大于 0.2mg/L，回流污泥与进水靠浸没式搅拌器混合接触，此时活性污泥中的聚磷菌向污水中释放磷，然后进入好氧池，在好氧段进行曝气充氧，溶解氧含量等于 2mg/L 左右，此时聚磷菌在好氧状态下从污水中过量摄取磷，其摄取量高于在厌氧条件下释放量，从而产生高磷污泥，通过排放剩余污泥的方式将磷除去，而有机物在厌氧-好氧段得到生物降解而被去除。

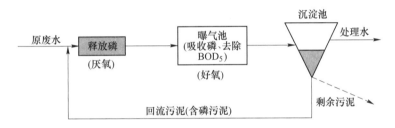

图 8-35　A_2/O 生物除磷工艺

特别值得注意的是，该工艺与缺氧-好氧脱氮工艺（A_1/O）是不同的，区别在于厌氧-好氧除磷工艺第一反应池为厌氧池，在除磷厌氧池内既不存在溶解氧，也不存在 NO_3^-，SO_4^{2-} 等结合态氧等，E 在 -300~-200mV 之间。而缺氧-好氧脱氮工艺的第一反应池为缺氧池，在脱氮缺氧池内不存在溶解氧（或低于 0.5mg/L），但存在 NO_3^- 等结合态的氧，其氧化还原电位不低于 -100mV。另外，与 A_1/O 脱氮工艺不同，A_2/O 除磷工艺中好氧池混合液不回流。

该工艺的总的水力停留时间一般为 3~6h，其中厌氧池的停留时间一般为 0.5~1h。

污水中的磷主要是通过剩余污泥的排放来实现的。其去除效果受运行条件和环境条件的影响，因此比较难达到稳定的处理效果。另外，该工艺没有脱氮的功能。

2. 厌氧-缺氧-好氧生物脱氮除磷工艺（A^2/O 法）

厌氧-缺氧-好氧工艺即 A^2/O 工艺，由厌氧池、缺氧池、好氧池 3 个反应池组成（见图 8-36），同时具有除磷和脱氮的功能。

A^2/O 法在首段厌氧池主要进行磷的释放，使污水中的 P 的浓度升高，溶解性有机物被细胞吸收而使污水中的 BOD_5 浓度下降，另外 NH_3-N 因细胞的合成而被去除一部分，使

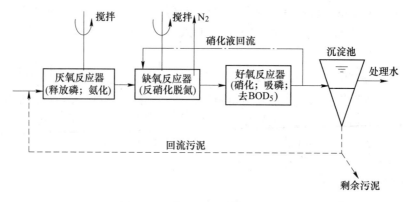

图 8-36　A²/O 生物脱氮除磷工艺

污水中的 NH_3-N 浓度下降。在缺氧池中，反硝化细菌利用污水中的有机物作为碳源，将回流混合液中带入的大量 NO_3^--N 和 NO_2^--N 还原为 N_2 释放至空气中，使 NO_x^--N 浓度大幅度下降，同时 BOD_5 浓度继续下降。在好氧池中有机物被微生物继续氧化分解，BOD_5 浓度进一步下降，有机氮转化为无机氮，随着硝化作用的进行，NO_3^--N 的浓度逐渐增加，而磷则由于聚磷菌的过量摄取，浓度不断下降。所以，A²/O 工艺可以同时去除有机物及氮和磷。

思　考　题

8-1　什么是活性污泥，它的组成和性质是什么？

8-2　活性污泥中有哪些微生物？简述活性污泥法净化废水的机理。

8-3　菌胶团中原生动物和微型后生动物有哪些作用？

8-4　影响活性污泥处理系统有效运行的条件有哪些？

8-5　简述生物膜法净化废水的机理。

8-6　常见的生物膜法反应器有哪几种？

8-7　说明厌氧微生物降解有机物的几个反应阶段。

8-8　常见的厌氧生物反应器有哪几种，厌氧生物反应器适合处理哪种废水？

8-9　简述好氧生物塘净化废水的机理。

8-10　简述硝化反应、反硝化反应在生物脱氮工艺中的作用，两种反应各需要什么反应条件？

8-11　说明前置式生物脱氮工艺的工作原理。

8-12　简述聚磷菌放磷、聚磷的生化机制。

第九章　固体废物的生物处理

第一节　概　　述

　　随着人类社会文明的进步、科学技术和生产力的迅速发展、人民生活水平的不断提高，固体废物的种类及其产生量日益剧增，固体废物污染问题日趋严重。据有关资料统计，目前，全世界每年产生工业固体废物约 21 亿吨，危险废物约 3.4 亿吨。其中，美国约 4 亿吨，日本约 3 亿吨。一些发达国家工业固体废物的排放量每年平均增长 2%~4%，放射性废物的产生量也在逐年增加。全世界城市垃圾的增长也十分迅速，发达国家增长率为 3.2%~4.5%，发展中国家增长率为 2%~3%。全球年产垃圾超过 100 亿吨，其中美国约 30 亿吨。随着工业化的迅速发展和人民生活水平的不断提高，我国每年产生的固体废物数量也不断增加，且种类繁多、成分及性质复杂。据不完全统计，我国每年工业废渣产量达 6 亿多吨，其中危险废物约占 5%。我国工业废渣二次资源化利用率约为 40%，大部分仍处于简单堆放、任意排放的状况，历年累计堆积量已近 60 亿吨，占用了大量土地。近年来，我国城市垃圾产生量也有较快增长，年增长率在 9% 以上，全国每年垃圾产生量约为 1.42 亿吨，由于处置设施严重不足，目前已有 2/3 的城市陷入垃圾包围之中。据统计，2020 年，196 个大、中城市生活垃圾产生量为 23560.2 万吨，处理量为 23487.2 万吨，处理率达 99.7%。城市生活垃圾量约占我国垃圾总量的 17.07%。

　　在当今社会里，人们在享受着现代化带来的物质文明的同时，每年消耗大量资源，排放出数亿吨各种废弃物，严重污染了环境，破坏了生态平衡，对人类的生存空间造成了巨大的威胁。固体废物在全球的数量是惊人的。固体废物随意弃置，会严重破坏城市景观，造成人们心理上的不快。更为严重的是未收集和未处理的垃圾腐烂时会滋生传播疾病的苍蝇、蚊子等害虫。垃圾中的干物质或轻物质随风飘扬，会对大气造成污染。如果垃圾随意堆积在农田上，还会污染土壤。垃圾中含有汞、镉、铅等微量有害元素，如处理不当，就有可能随雨水渗入水网，流入水井、河流以至附近海域，被植物摄入，再通过食物链进入人的身体，影响人体健康。

一、固体废物的种类及来源

　　在人类生存空间中固体废物随处可见，人们所共知的有生活垃圾、废纸、废旧塑料、废旧玻璃、陶瓷器皿等固态物质。但是，许多国家把污泥、人畜粪便等半固态物质和废酸、废碱、废油、废有机溶剂等液态物质也列入固体废物。可见人们对固体废物的理解并不完全一致。目前，固体废物的定义尚无学术上统一的确切界定。

　　从环境保护角度考虑，我国于 1995 年颁布的《中华人民共和国固体废物污染环境防治法》（简称《固废法》）给出了法律定义：固体废物是指生产建设、日常生活和其他活动中产生的污染环境的固态、半固态废弃物质。如矿业废物、工业废渣、城市生活垃圾、农业废物等。另外，我国现行的固体废物管理体系还把具有较大危害性的不能排入水体的液态废物和不能排入大气而置于密闭容器中的气态废物也归入固体废物，如废油、废酸、废氯氟烃等。人们通常将各类生产活动中产生的固体废物称为废渣，各类生活活动中产生的废物称为垃圾。

固体废物的分类方法有多种，按其组成可分为有机废物和无机废物；按其形态可分为固态废物、半固态废物、液态废物和气态废物；按其对环境和人类健康的危害程度可分为一般废物和危险废物。通常按其来源的不同分为工业废物、城市生活垃圾和农业废物。本节主要讨论城市生活垃圾。

城市生活垃圾又称为城市固体废物，它是指在城市居民日常生活中或为城市日常生活提供服务的活动中产生的固体废物。垃圾已经成为我国最严重的污染源之一。城市生活垃圾主要产自城市居民家庭、商业、餐饮业、旅馆业、旅游业、服务业、市政环卫业、交通运输业、文教卫生业和行政事业单位、工业企业单位以及污水处理厂等。城市生活垃圾主要包括厨余物、废纸、废塑料、废织物、废金属、废玻璃、陶瓷器、砖瓦渣土、粪便，以及废旧家具、废电器、庭院废物等，但不包括工厂排出的工业固体废物。

[拓展知识]

可以吃塑料的虫子

塑料的难降解性是目前固废处理中的关键性问题。西班牙的生物学家 Federica Bertocchini 偶然发现蜜蜂蜂巢中出现的蜡虫（Waxworm）能够以蜂蜡为食，对蜂巢威胁很大。将蜡虫分离后装入塑料袋中会导致塑料袋破损。经过严密地观察和实验后发现，蜡虫可以通过肠道内分泌的酶系破坏聚乙烯化学键并将其转化为乙二醇实现塑料降解的目的。

能够吃塑料的虫子还有花鸟市场常见的黄粉虫。黄粉虫幼虫在仅以聚苯乙烯泡沫作为唯一的食物来源下可以存活超过一个月之久，最后还能长成成虫。研究人员成功地从黄粉虫肠道中分离出可以利用聚苯乙烯作为唯一碳源进行生长的聚苯乙烯降解细菌——微小杆菌 YT2（*Exiguobacterium sp.* YT2），证实了微生物能直接有效地降解聚苯乙烯，同时也进一步证实具有取食塑料行为的昆虫的肠道是发现降解塑料微生物的重要来源。

二、固体废物污染的危害与特点

（一）固体废物污染的危害

固体废物的种类繁多，组分复杂，性质多种多样，对环境的危害很大，主要危害表现在以下五个方面：

（1）侵占土地，破坏地貌和植被。垃圾不加利用的处置，只能占用土地堆放，堆积量越大，占地越多。土地是宝贵的自然资源，垃圾的堆积侵占了大量的土地，严重地破坏了地貌、植被和自然景观。随着经济的飞速发展和人们消费水平的提高，垃圾受纳场地日益显得不足，人与垃圾争地的矛盾日益尖锐。如某城区日污水排放量高达 200 多万吨，若污水处理率达到 100%，则每天的污泥产生量可达 2000 多吨，用 200 辆 10t 的大卡车才能运出城外，这些污泥如果按 1m 的高度堆放，每年占地就需 1200 亩（1 亩 = 666.7 平方米）。堆放在城市郊区的垃圾侵占了大量农田。未经处理或未经严格处理的生活垃圾直接用于农田，后果是严重的。当今人们享受着现代化带来的物质文明的同时，每年要消耗大量的自然资源，排放出数百亿吨的各种废弃物质，堆放到地球上，不仅占用大量土地，而且严重地污染了环境，破坏了生态平衡，对人类的生存空间和环境造成了巨大威胁。

（2）污染土壤。垃圾不仅占用大量耕地，而且长期露天堆放，其中的有毒有害组分很容易因遭受日晒雨淋、地表径流的侵蚀而渗入土壤，使土壤毒化、酸化、盐碱化，从而改变土壤的性质，破坏土壤的结构，影响土壤微生物的活动或杀灭土壤微生物，使土壤丧失腐解能力，妨碍植物根系的生长，更严重的导致草木不生。有些污染物在植物机体内积蓄和富集，通过食物影响人体健康。例如，我国内蒙古某尾矿坝污染了大片土地，造成一个乡的居民被迫搬迁。又如，德国某冶金厂附近的土壤被有色冶炼废渣污染，土壤中生长的植物体内含锌量为一般植物的 26～80 倍，铅为 80～260 倍，铜为 30～50 倍，如果人吃了这样的植物，则会引起许多疾病。

（3）污染水体。固体废物随天然降水和地表径流进入江河湖泊，或随风飘迁落入水体使地面水受到污染；随渗滤水进入土壤则使地下水污染；直接排入河流、湖泊或海洋，能造成更大的水体污染。如果将有害废物直接排入江、河、湖、海等地，或是露天堆放的废物被地表径流携带进入水体，或是飘入空中的细小颗粒，通过降雨的冲洗沉积和凝雨沉积以及重力沉降和干沉积而落入地表水系，水体都可溶解出有害成分，毒害生物，造成水体严重缺氧，富营养化，导致鱼类死亡等。

（4）污染大气。一些有机固体废物在适宜的温度和湿度下被微生物分解，会释放出有害气体，细粒状的废渣和垃圾在堆放、运输和处理过程中，会产生有害气体和粉尘，这些有害气体和粉尘在大风吹动下会随风飘逸，扩散远处，造成大气污染。例如，煤矸石自燃会散发出大量的 SO_2、CO_2 和 NH_3 等气体，造成严重的大气污染，陕西铜川市每天由于煤矸石自燃产生的 SO_2 就达 37t。另外，采用焚烧法处理固体废物（如焚烧农作物秸秆、树叶和废旧塑料等）也会污染大气，焚烧排出的 Cl_2、HCl 和大量粉尘，造成严重的大气污染。

（5）影响环境卫生。固体废物，特别是城市垃圾和致病废弃物是苍蝇蚊虫滋生、致病细菌蔓延、鼠类肆虐的场所，是流行病的重要发生源。"白色污染"已经遍及全国各地，垃圾发出的恶臭令人生厌。固体废物、粪便未经无害化处理进入环境，严重影响人们居住环境的卫生状况，导致传染病菌繁殖，对人们的健康构成潜在的威胁。某些特殊的有害固体废物排放，除以上各种危害外，还会造成燃烧、爆炸、接触中毒、严重腐蚀等特殊损害。

（二）垃圾污染的特点

垃圾问题较之其他形式的环境问题有其独特之处，可以概括为"四最问题"，即

（1）最晚得到重视。在固、液、气三种形态的污染中，垃圾的污染问题较之城市大气、水污染是最后引起人们的注意，也是最少得到人们重视的污染问题。对垃圾处理方法的研究相对较弱，以致垃圾污染已经导致了严重的环境问题。

（2）最具综合性的环境问题。垃圾对环境的污染不可能与其他形式的污染相隔绝。垃

圾污染同时也伴随着或最终亦会导致水污染及大气污染问题。

（3）最难得到处置。垃圾为"三废"中最难处置的一种，因为它含有的成分相当复杂，其物理性状（体积、流动性、均匀性、粉碎程度、水分、热值等）也千变万化。有些垃圾如塑料制品废弃物至今尚未找到最好的处置方法。

（4）最贴近的环境问题。垃圾问题最贴近人们的日常生活。人们每天都在产生、排放垃圾，同时垃圾也随时影响人们的生存环境，因而是与人类生活最息息相关的环境问题。

三、我国垃圾处理有关政策和技术标准

近年来，我国颁布了一系列垃圾处理的政策、法规及技术标准，为依法管理生活垃圾奠定了基础。国家提出，强化垃圾污染的综合治理是落实我国制定的可持续发展战略的重要组成部分。垃圾的综合治理可分为治本和治标两个层次。治本措施是努力实现生活垃圾的源头减量，即垃圾产量的最小化，具体措施包括改变燃料结构、实施净菜进城、减少难降解的化学塑料包装与废品、强化废物回收利用工作等；治标措施是对收集的垃圾进行处理，并以无害化、减量化和资源化即"三化"要求为处理目标。

垃圾无害化的主要方法有卫生填埋、高温堆肥和焚烧。目前国家已陆续颁布了垃圾无害化处理的系列技术标准。如以采用微生物学方法进行垃圾处理的高温堆肥为例，有关技术标准规定垃圾堆肥处理方法适用于可生物降解有机物含量大于40%的垃圾，鼓励在垃圾分类收集的基础上进行高温堆肥处理。根据《城镇垃圾农用控制标准》《城市生活垃圾堆肥处理厂技术评价指标》及《粪便无害化卫生标准》有关规定，垃圾（包括粪便）堆肥无害化的卫生标准主要有：（1）最高堆肥温度在55℃以上并能保持5～7d以杀灭病原体；（2）蛔虫卵死亡率95%～100%；（3）粪大肠菌值10^{-2}～10^{-1}；（4）有效地控制苍蝇滋生，堆肥周围无活蛆、蛹或新羽化的成蝇等。

四、垃圾无害化处理的一般途径

（一）卫生填埋技术

卫生填埋技术是利用天然山谷、低洼、石塘等凹地或平地，经防渗、排水、导气、拦挡、截洪等防护措施处理后，将垃圾分区按填埋单元进行堆放。所谓填埋单元是指一日一层（2.5～3.0m）的垃圾作业量。单元内垃圾层层压实，覆土20～30cm。一系列填埋单元构成一个填埋层，多个填埋层依次升高形成填埋体；填埋体每升高1层或2层在边坡形成一个台阶。台阶坡度一般为1:3。填埋体至最终设计标高后，最终覆盖0.8～1.0m厚的土壤进行压实封场。填埋体中通过微生物的活动推动有机物降解，使垃圾稳定。防渗、排水是指在填埋场底部构筑不透水的防水层、集水管、集水井等设施将产生的渗沥液收集排出并进行处理。导气是在填埋体中设置可渗透性排气或不可渗透阻挡层排气设施，将产生的填埋气体收集排出。卫生填埋的优点是工程造价和处理费用均较低，产生的沼气可回收利用；缺点是占地面积大，稳定时间长，产生的渗滤液浓度高、毒性大而较难处理。

（二）高温堆肥处理技术

高温堆肥是将经分选或分类收集的有机垃圾在发酵池或发酵场中堆积，采用机械搅拌或强制通风或自然通风的方法使其高温发酵，杀灭病原体，有机物转化为稳定的腐殖质。该工艺主要优点是稳定时间较填埋法短，可为农业及城市园林绿化提供有机肥料；缺点是

对垃圾的有机物含量要求较高，操作过程较复杂，处理费用偏高。

（三）焚烧处理技术

焚烧是将垃圾进行人工检选、破碎、分选等预处理，然后进入焚烧炉，在 800～1000℃高温下使垃圾转化为化学性质稳定的无害化灰渣。焚烧工艺可使垃圾体积减少80%～95%，便于填埋处置，并能彻底消灭各种病原体。另外，通过焚烧工艺，可回收热资源。但并不是任何垃圾都可产生热能。发达国家垃圾热值（单位质量垃圾完全燃烧并使反应产物温度回到反应物起始温度时放出的热量）多在 9000kJ/kg 以上，而我国大多数城市垃圾热值仅为 2000～4000kJ/kg，燃烧困难，有时不得不添加辅助燃料。垃圾焚烧的主要缺点是可产生有害气体，特别如剧毒物二噁英类化合物（在炉膛温度小于 800℃时会大量产生），焚烧设备投资大，运转成本高。我国现有城市垃圾焚烧厂很少。

（四）微生物学在垃圾处理技术中的作用

据统计，目前我国生活垃圾无害化处理最主要方式是卫生填埋，约占全部处置总量的70%以上；其次是高温堆肥，约占 20%以上；焚烧量甚微。微生物在垃圾"三化"中起着积极与重要的作用。

（1）微生物可使垃圾产生高温并持续足够时日，以杀灭有害生物及病原微生物，并提供有机肥料；

（2）微生物可促进卫生填埋场中有机物降解，使堆体减量稳定，并产生沼气，供作能源利用；

（3）微生物可防治垃圾处理产生的二次污染，如垃圾处理中的臭气、渗滤液污染。微生物处理技术投资和运行费用较低，处理效率较高，不仅广泛应用于垃圾处理，还应用于城市粪便、污水处理厂剩余污泥、农业及工业有机废渣，甚至矿业固体废弃物的处理。

第二节　好氧堆肥法

堆肥化是在人工控制条件下，在一定温度、湿度、pH 值、碳氮比和通风条件下，利用微生物的生化作用，使来源于生物的有机废物降解，转化为肥料的过程。堆肥是堆肥化的产物，堆肥是有机废物经过好氧降解后形成一种固态的、松碎的淡褐色或深褐色产品，其中含有大量的微生物，在这种混合材料中，需要持续存在空气（氧气）和水分，是一种人工的腐殖质，用作肥料施用后，可增加土壤中稳定的腐殖质，形成土壤的团粒结构。堆肥能够改善土壤的物理、化学、生物性质，使土壤环境保持适合于农作物生长的良好状态，腐殖质还具有增进化肥肥效的作用。根据微生物生长环境，可将堆肥分为好氧堆肥和厌氧堆肥两种。好氧堆肥是指在有氧的状态下，好氧微生物对固体废物中的有机物进行分解转化的过程，最终产物主要是二氧化碳、水、热量和腐殖质；厌氧堆肥，是指在无氧状态下，厌氧微生物对固体废物中的有机物进行分解转化的过程，最终产物是甲烷、一氧化碳、热量和腐殖质。通常所说的堆肥一般是指好氧堆肥，这是因为厌氧微生物对有机物的分解速度缓慢，处理效率低，容易产生恶臭，其工艺条件比较难以控制。

一、好氧堆肥的原理

好氧堆肥是在通气良好、氧气充足的条件下，借助好氧微生物的生命活动降解有机物，好氧堆肥的堆温通常较高，一般在 55~65℃，极限温度可达 80℃，所以好氧堆肥也称为高温堆肥。

在堆肥化过程中，首先是在固体废物中的可溶性物质透过微生物的细胞壁和细胞膜被微生物直接吸收；然后是不溶的胶体有机物质先吸附在微生物体外，依靠微生物分泌的胞外酶分解为可溶性物质，再渗入细胞。微生物通过自身的生命代谢活动，进行分解代谢和合成代谢，把一部分吸收的有机物氧化为简单的无机物，并释放出生物生长、活动所需的能量；把另一部分有机物转化为新的细胞物质，使微生物生长繁殖，产生更多的生物体。图 9-1 简要表明了这一过程。

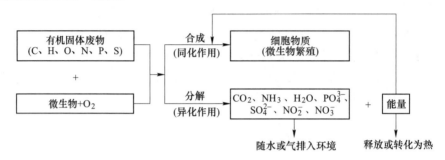

图 9-1　有机固体废物的好氧堆肥过程

二、好氧堆肥的过程

在好氧堆肥过程中，由于有机质的生物降解而产生热量，如果产生的热量大于散发的热量，堆肥物料的温度则会上升。此时，热敏感的微生物就会死亡，耐高温的细菌就会迅速生长、大量繁殖。根据好氧堆肥的升温过程，可将其分为以下三个阶段。

（1）中温阶段。这是堆肥过程的起始阶段，在这个阶段堆层基本呈 15~45℃中温，嗜温细菌、真菌和放线菌等嗜温性微生物较为活跃，并用堆肥中最容易分解的可溶性物质进行旺盛的生命活动而迅速增殖，释放出能量，使堆肥温度不断升高。这些嗜温微生物主要以糖类和淀粉类为基础，真菌菌丝体能够延伸到堆肥原料的所有部分，并会出现中温真菌的子实体。同时螨虫、千足虫等将摄取有机废物。腐烂植物的纤维素将维持线虫和线蚁的生长，而更高一级的消费者中弹尾目昆虫以真菌为食，缨甲科昆虫以真菌孢子为食，线虫摄食细菌，原生动物以细菌为食。

（2）高温阶段。当肥堆温度升到 45℃以上时，即进入高温阶段。在这一阶段，嗜温性微生物受到抑制甚至死亡，嗜热性微生物的活动逐渐代替了嗜温性微生物的活动，堆肥中残留的和新形成的可溶性有机物继续分解转化，复杂的有机化合物如半纤维素、纤维素和蛋白质等开始被强烈分解。在高温阶段中，各种嗜热性的微生物最适宜的温度也是不相同的，在温度上升过程中，好热性微生物的类群和种类是互相接替的。通常，在 50℃左右进行活动的主要是嗜热性真菌和放线菌；温度上升到 60℃时，真菌几乎完全停止活动，仅有嗜热性放线菌与细菌在活动；温度升到 70℃以上时，大多数嗜热性微生物已不适应，微生物大量死亡或进入休眠状态。

（3）降温阶段（腐熟阶段）。在内源呼吸后期，剩下的是木质素等较难分解的有机物和新形成的腐殖质。此时微生物的活性下降，发热量减少，温度逐渐下降，嗜温性微生物又逐渐占优势，对残余较难分解的有机物作进一步分解，腐殖质不断积累且稳定化，堆肥进入腐熟阶段，需氧量大大减少，含水率也降低。在冷却后的堆肥中，一系列新的如真菌和放线菌等微生物，将利用残余有机物进行繁殖，最终完成堆肥过程。因此，堆肥过程既是微生物生长、死亡的过程，又是堆肥物料温度上升和下降的动态过程。

好氧堆肥技术具有在短时间内消除有机污染、高温灭菌、降低废物水分、减少浸出液的量、堆肥产品生产周期短、占地面积小、便于浸出液的收集及处理、易于实现防雨措施、不产生易燃气体、安全性好等优点。但也具有耗电量较大，运行费用较高等不足之处。

三、堆肥的工艺

堆肥工艺不论如何分类，好氧堆肥的工艺流程通常由前（预）处理、主发酵（一次发酵）、后发酵（二次发酵）、后处理、除臭和储存等工艺组成。典型的堆肥工艺流程如图 9-2 所示。

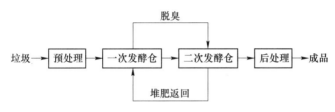

图 9-2　典型的堆肥工艺流程

（1）前处理。堆肥处理的废物中，除适宜于堆肥的有机组分外，可能还含有微生物不能降解的无机组分，含有有毒物质及重金属成分，含有影响堆肥机械正常运转的粗大废物，因此必须通过筛分、破碎、分选等预处理加以去除。

通过破碎、筛分和分选还可使堆肥原料和含水率达到一定程度的均匀性，使原料的表面积增大，便于微生物繁殖，从而提高发酵速度。此外堆肥原料还要求有一定的水分和适宜的碳氮比，保持良好的通气性。因此在堆肥发酵处理之前，必须通过预处理来进行调整。

（2）一次发酵。又称主发酵，既可以在露天堆积，通过翻堆或强制通风等形式向堆层内供给空气，也可以在发酵仓内，通过强制通风和翻堆搅拌来供给空气。发酵初期，细胞物质的合成和分解作用主要是靠生长繁殖在最适宜温度（30~40℃）的中温菌进行的。随着堆层温度的升高，最适宜温度（45~65℃）的高温菌取代了中温菌，被分解物质在60~70℃或更高温度下进行更快速地分解，直至大部物质被分解后生物分解所产生的热量不能维持堆层温度，温度开始下降时为止。此阶段称为主发酵期或一次发酵。一次发酵的长短因堆肥原料和发酵装置而不同，城市废物一般在3~8d。

（3）二次发酵。又称后发酵或熟化。它使一次发酵尚未分解的易分解及较难分解的有机物进一步分解，使之变成腐殖酸、氨基酸等比较稳定的有机物，得到完全腐熟的堆肥。二次发酵一般是把物料堆积到1~2m高，靠自然通风、翻堆或适当通风以供给空气。因二次发酵不像一次发酵那样需大量供给空气，因此通风量或通风次数比一次发酵大大减少。二次发酵的时间通常在20~30d。

（4）后处理。经过一次发酵或二次发酵后，有机物基本都被稳定，颗粒进一步变小，原先在前处理中没有被分出的塑料、玻璃、金属、砖石等在此进一步分离就变得很容易，对提高堆肥产品质量也很有好处。此外，为了满足作为肥料的要求，还需对堆肥进一步粉碎，以达到堆肥对颗粒大小的要求。

（5）贮存。农业对堆肥的需求有季节性，因此为了保证工厂生产的连续性，对堆肥产品需有一定的贮存场所。

四、影响堆肥的主要因素

好氧堆肥过程是利用好氧微生物分解有机物的过程，所以影响好氧微生物生长、繁殖的因素都要影响堆肥的过程，主要有以下几个方面。

（1）碳氮比。微生物体的碳、氮元素比率（C/N）是 4~30。适宜于堆肥物料的碳氮比（C/N）除构成新细胞质所需的 C/N 外，还需要为构成新的微生物细胞质提供能量的碳源。一般 C/N 控制在 25~35。如果 C/N 过大，微生物增殖时由于氮的不足而受限制，有机物分解速度变得缓慢，堆肥需要更长的时间。C/N 过低，氮过量，堆肥过程产生的 NH_3，不仅影响环境，而且造成肥效成分氮的损失。因此堆肥的物料应合理地控制 C/N。C/N 高的物料中应掺和一些 C/N 低的物料，使其碳氮比在最佳范围之内。

（2）含水率。水分是微生物细胞的重要组成部分。微生物只能吸收、利用溶解性养料，因此水是有机物堆肥化所不可缺少的。在理论上，微生物的代谢活动是水分越高越好，但是水分过多，发酵物料的空隙间都充满水，使空隙率大大减少，空气不能渗透到物料堆积层内部。供氧量减少，甚至发生厌氧状态，使发酵速度和温度降低。相反，水分过少，也会妨碍微生物的活性及增殖，使分解速度变低，堆肥原料的适当含水率一般为 50%~60%。

（3）供气。堆肥需要大量的氧气，氧的消耗量与有机物的氧化量成正比。堆肥的不同阶段，供气的目的不同。堆肥初期易分解的有机物含量高，有机物氧化分解激烈，因此必须大量供气，供气目的主要是提供微生物所需的氧。但通风量过大，水分散失过快，温度、水分过低反而使生物降解速度下降。当有机物分解激烈时，堆层温度可上升到 70℃ 以上，为保持生物良好的生存环境，此时可加大通气量，带走更多的热量，使堆层温度不致升得太高。当有机物基本被分解后，通风主要是为了减少堆肥产品的水分，使产品便于贮存。

（4）空隙率。空隙率的大小影响氧气的供应量。若堆肥物料的空隙率很低，失去透气性，好氧微生物就得不到足够的氧，以致成为厌氧发酵，同时产生恶臭。为此在这类物料中添加木屑、稻壳等一类称为分散剂的添加物，以保证堆层有一定的空隙率和透气性。

（5）温度。每一种微生物都有对自己适宜的温度范围，温度直接影响微生物分解有机物的速度。堆肥最适宜温度为 55~60℃，温度愈低微生物的活性愈低，40℃ 左右的活性只有最适温度活性的 2/3 左右，而 70℃ 以上微生物的活性则急速降低。

堆肥需要维持较高温度的另一目的是杀灭物料中的致病菌、寄生虫卵及杂草的种子。如果堆肥过程能维持在 60℃ 以上一昼夜时间，将杀灭所有的致病菌等，达到无害化。

（6）pH 值。堆肥有机物原料的 pH 值一般在 5~8，不会对堆肥过程产生影响。在堆肥过程中，堆肥物料的 pH 值会随发酵阶段的不同而变化，但其自身有调整 pH 的能力。因此堆肥物料一般不需调节 pH 值。堆肥结束时的 pH 值一般在 8.5 左右，所以 pH 值也作为堆肥完成与否的指标。

［拓展知识］

堆肥技术的发展史

人类利用有机固体废弃物生产堆肥的历史已延续两千余年，我国公元六世纪就出现了"踏粪法"，即厌氧厩肥的生产应用。最早的堆肥工程技术始于 1925 年的印度，被称为印多尔法（Indore）。1932 年，荷兰 VAM 公司建立了欧洲第一个改良印多尔法的规模化堆肥厂，其工艺称为范曼奈法（Van Mannen），是将垃圾用水调节后，在室外堆积 4~8 个月（厌氧分解），然后破碎、分选得到堆肥产品。1933 年，丹麦出现了丹诺（Dano）堆肥工艺，这是一种运用滚筒进行好氧发酵的方法，特点是发酵温度高、发酵周期短，一般只需 3~4d 即可以基本实现无害化。

20 世纪 70 年代以后，许多堆肥工艺不断得到完善，一些新的工艺也被开发出来，如 1972~1973 年间美国农业部马里兰州农业研究中心开发的通气静态堆工艺，也称贝特斯维勒（BELTSVILLE）工艺。该工艺在美国得到了广泛应用，1990 年已有超过 76 座设备在运行。其他堆肥的工艺还有垂直通风搅拌床托马斯（EARP-THOMAS）工艺，日本的立式多层搅拌床式工艺（即塔式工艺），爱温森（EWESON）转鼓式反应器系统以及比尔德（Beard）筒仓工艺等。

据古籍记载，早在公元 1149 年南宋时期我国就有了好氧堆肥方法的记录。现代堆肥技术在我国起始于 20 世纪 50 年代，这一时期的堆肥多为露天的堆垛，一般为厌氧或者兼性好氧堆肥；70~80 年代，采用二次发酵工艺，但堆肥方式仍然为静态堆肥，此时已开始大量引进与开发堆肥专用机械设备；1987 年开始了配合翻堆的动态堆肥工艺的研究；90 年代开始，国内已掌握了堆肥基本技术，主要堆肥工艺趋向成熟，具备了产业化发展的条件。

第三节　厌氧消化法

厌氧消化是有机物在厌氧条件下，通过微生物的代谢活动而被稳定，同时伴有甲烷和二氧化碳等气体产生的过程。厌氧消化因能回收利用沼气，所以又称沼气发酵。厌氧处理过程中不需要供氧，动力消耗低，一般仅为好氧处理的 1/10，有机物大部分转变为沼气可作为生物能源，更易于实现处理过程的能量平衡，同时也减少了温室气体的排放。

一、厌氧消化的原理

厌氧消化（或称厌氧发酵）是一种普遍存在于自然界的微生物过程。厌氧发酵主要依靠各种厌氧菌和兼性菌的共同作用，进行有机物的降解，是一个极其复杂的过程。一般可以分为水解阶段、产氢产乙酸阶段和产甲烷阶段。有机物分解三阶段过程如图 9-3 所示。

（1）水解阶段。发酵的第一阶段是由一个十分复杂的混合发酵细菌群，将各类复杂的

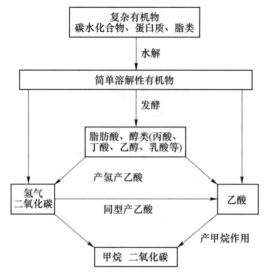

图 9-3　厌氧消化三阶段

有机质首先进行水解，因此该细菌群也称水解性细菌群。水解性细菌主要属于兼性厌氧细菌，包括梭菌属、拟杆菌属、丁酸弧菌属、真细菌属、双歧杆菌属等。水解性细菌将纤维素、淀粉等碳水化合物水解成单糖类，蛋白质水解成氨基酸再形成有机酸和氨，脂肪水解后形成甘油和脂肪酸，并降解形成各种低级的有机酸，如丙酸、乙酸、丁酸和乙醇等。

（2）产氢、产乙酸阶段。产氢、产乙酸细菌群利用第一阶段产生的各种有机酸，即丙酸和长链脂肪酸、醇类等分解成乙酸和氢气，有时还有 CO_2 形成。

（3）产甲院阶段。产甲烷菌将第二阶段的产物转化成甲烷。产甲烷细菌可利用不同的基质，但主要利用二氧化碳、氢气和乙酸形成甲烷，其中 72% 的甲烷来自乙酸，因此乙酸降解形成甲烷，是甲烷形成过程中一个很重要的途径。

二、厌氧消化微生物

厌氧消化微生物是由不同类型微生物组成的复合生物菌群。在厌氧生物处理过程中，微生物的种类主要以厌氧菌和兼性厌氧菌为主。参与有机物逐级厌氧降解的微生物主要有水解酸化菌、产氢产乙酸菌和产甲烷菌三大类；同型乙酸化细菌和共生乙酸化菌，也可以在一定条件下参与厌氧消化过程。

（1）水解酸化菌。水解酸化菌也称为发酵细菌，它是一个相当复杂而庞大的细菌群，包括如梭状芽孢杆菌属、瘤胃球菌属、拟杆菌属、丁酸弧菌属、优杆菌属和双歧杆菌属等专性厌氧细菌；兼性厌氧菌包括链球菌和一些肠道菌等。兼性厌氧菌的存在能降低厌氧反应器内的氧气分压水平，从而避免专性厌氧微生物受氧的损害与抑制。

（2）产氢产乙酸。产氢产乙酸菌负责完成乙酸化步骤，容易受氢分压的影响，通常需要与氢营养型甲烷菌共生时才能生存。氢营养型甲烷菌利用了分子氢，从而可以减轻环境中 的氢分压，为产氢产乙酸菌提供必要的热力学条件。

（3）产甲烷菌。产甲烷菌是严格的厌氧菌，只能利用一碳化合物形成甲烷，生长的基质包括 H_2/CO_2、H_2/CO、甲酸、乙酸、甲醇、甲醇/H_2、甲胺或二甲硫醚。有些种类的厌氧菌可以利用伯醇或者仲醇作为电子供体。乙酸营养型产甲烷菌仅有甲烷八叠球菌目（methanosarcinales）中的甲烷八叠球菌科（methanosarcinaceae）和甲烷鬃毛菌菌科（methanosaetaceae），前者可以利用包括乙酸、氢、甲醇等的多种底物，而后者仅可利用乙酸作为唯一可利用的底物。其他产甲烷菌大多为专性氢营养型，少数是甲基营养型。

（4）同型乙酸化细菌和共生乙酸化菌。在厌氧条件下，既能利用有机基质产生乙酸，也能利用电和 CO_2 产生乙酸的混合营养型厌氧细菌称为同型乙酸化菌。同型乙酸化菌有伍德乙酸杆菌、威林格乙酸杆菌和乙酸梭菌等。一小部分同型乙酸化菌还具有双向的代谢功能，不仅能利用 H_2 和 CO_2 产生乙酸，而且也能降解乙酸形成 H_2 和 CO_2，故称为共生乙酸氧化菌。

三、影响厌氧发酵细菌的因素

在厌氧发酵中，甲烷发酵阶段是厌氧消化过程的控制因素，因此影响厌氧消化过程的各项因素也以对甲烷菌的影响因素为准。影响发酵过程的主要因素有原料配比、温度、pH、混合均匀程度、有毒物质等。

（1）原料配比。碳是微生物细胞构成和能量的供给源，氨、磷是微生物体的氨基酸、蛋白质、核酸的构成元素，也是最重要的营养源。合成细胞所需的碳源担负着双重的任务，其一是作为反应过程的能源，其二是合成新细胞。合成细胞的 C/N 约为 5∶1，此外还需要作为能源的碳。因此要求 C/N 达到 10∶1～20∶1 为宜。如 C/N 太高，细胞的氨量不足，系统的缓冲能力低，pH 值容易降低；C/N 太低，氨量过多，pH 值可能上升，氨盐容易积累，会抑制发酵进程。

（2）温度。温度影响有机物的分解速度，通常在一定温度范围内，温度高时，微生物活跃，分解速度快，使产气量增加。根据温度的不同，可把发酵过程分为中温发酵（30～36℃）和高温发酵（50～53℃）。利用中温甲烷菌进行厌氧发酵反应的系统叫中温发酵，利用高温发酵菌进行发酵反应的系统叫高温发酵。中温或高温厌氧发酵允许的温度变化范围为±2℃以内。当有±3℃的变化时，就会抑制发酵速率，有±5℃的急剧变化时，就会突然停止产气，使有机酸大量积累而破坏厌氧发酵。

（3）pH 值。厌氧发酵经历产酸和产气两个阶段，酸性发酵和产气发酵分别有最适的 pH 值。酸性发酵最适 pH 值是 5.8，而甲烷发酵是 7.8。酸性发酵对基质的分解是多种兼性厌氧菌的菌群，pH 值的允许范围较宽，即使在低 pH 范围，产酸菌增殖仍是活跃的。而甲烷发酵过程中仅是产甲烷单一菌群，易受 pH 值的影响，产甲烷菌绝对需要碱性环境，最适 pH 值范围是 7.3～8。产酸菌和产甲烷菌共存的发酵槽最适 pH 值范围是 6.5～7.5。

（4）搅拌。搅拌的目的是：1）使槽内温度均匀；2）使进入的原料与槽内熟料完全混合，让原料与厌氧微生物密切接触；3）防止局部出现酸积累；4）使生物反应生成的硫化氢、甲烷等对厌氧菌活动有阻害的气体迅速排出；5）使产生的浮渣被充分破碎。因此搅拌是促进厌氧发酵所不可缺少的。

（5）抑制物。厌氧发酵过程中，当原料中含氮化合物多，蛋白质、氨基酸、尿酸、尿素被分解成铵盐，氨浓度达到 5000～8000mg/L 时，甲烷发酵就受到阻害。有研究报道，禽畜粪便氨浓度从 3000mg/L 开始就发生阻害作用。因此当原料中氮化合物比较高的时候应适当添加碳源。调节 C/N 在 20～30，能够避免阻害的发生。铜、锌、铬、镍、锡等重金属及氰化物、酚、甲醛、强酸、强碱、各种杀菌剂、强氧化剂、还原剂、硫酸盐、硫化物、氯化物等都能成为阻害物质。厌氧发酵时应尽量避免这些物质的混入。

四、厌氧消化工艺

按照发酵温度划分厌氧消化工艺类型，可以分为高温发酵工艺、中温发酵工艺和自然温度发酵工艺三种类型。

（1）高温发酵工艺。高温发酵的最佳温度范围是47~55℃，该工艺的特点是微生物生长活跃，有机物分解速度快，产气率高，滞留时间短。采用高温发酵可以有效地杀灭粪便中各种致病菌和寄生虫卵，具有较好的卫生效果，从除害灭病和发酵剩余物肥料利用的角度来看，选用高温发酵是较为实用的。

维持发酵温度的办法有很多种，最常见的是锅炉加温。锅炉加温有两种方法：一种是蒸汽加温，就是将蒸汽通入安装于池内的盘旋管中加温发酵料液，但管内温度很高，管外很容易结壳，影响热的扩散；也可以将蒸汽直接通入沼气池中，但会对局部微生物菌群造成伤害。二是用70℃的热水在盘管内循环，效果比较好。不论采用哪种加温方式，都应该注意要尽量减少运行中热量的散失，特别是在冬季，要提高新鲜原料进料的温度，因此原料的预热和沼气池的保温都是非常重要的。

高温发酵对原料的消化速度很快，一般都采取连续进料和连续出料。高温厌氧消化必须进行搅拌，对于蒸汽管道加温的沼气池，搅拌可使管道附近的高温区迅速消失，使池内消化温度均匀一致。

（2）中温发酵工艺。高温发酵消耗的热能太多，发酵残余物的肥效较低，氨态氮损失较大，这使中温发酵工艺得到了比较普遍的应用。中温发酵工艺的发酵料液温度维持在（35±2）℃范围内。与高温发酵相比，这种工艺消化速度稍微慢一些，产气率低一些，但维持中温发酵的能耗较少，沼气发酵能总体维持在一个较高的水平，产气速率比较快，料液基本不结壳，可保证常年稳定运行。这种工艺因料液温度稳定，产气量也比较均衡。

（3）自然温度发酵工艺。自然温度发酵是指在自然界温度下，发酵温度发生变化的厌氧发酵。这种工艺的发酵池结构简单、成本低廉、施工容易、便于推广。但该工艺的发酵温度不受人为控制，基本是随温度变化而变化，通常是夏季产气率较高，冬季产气率较低。图9-4为自然温度半批量投料沼气发酵工艺流程。

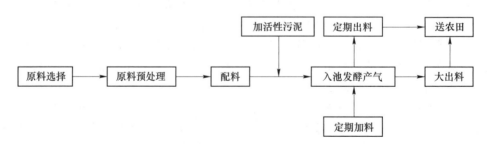

图9-4　自然温度半批量投料沼气发酵工艺流程

第四节　卫生填埋法

垃圾卫生填埋法是运用各种天然屏障和工程屏障，尽可能将垃圾与生态环境相隔绝而实现填埋体内垃圾无害化。在填埋体内，通过微生物的活动实现垃圾中有机物降解并产生沼气，同时产生垃圾渗滤液，直至垃圾达到稳定。卫生填埋场从垃圾分区分单元填埋、覆土、封场直至达到稳定，其时间长短主要取决于垃圾成分和水文气象特征，一般需要15年以上。

一、卫生填埋场内微生物学原理与过程

填埋场内微生物活动，概括分为4个阶段。

（1）好氧分解阶段。垃圾进入填埋场后，虽经覆土并压实，但随新鲜垃圾倾倒仍带入大量空气。在初起阶段中，有机物主要经好氧微生物作用，复杂的多聚化学物水解为单体，然后经好氧呼吸作用转化为 CO_2，NO_3^-，SO_4^{2-}，H_2O 以及一些较简单有机物。当堆体内氧气大部分耗尽，微生物过程进入厌氧阶段。

（2）厌氧分解不产甲烷阶段。这一阶段主要是兼性及专性厌氧微生物活动。一部分菌进行厌氧发酵，将上段生成的有机物发酵转化为另一些简单有机物；一部分菌进行无氧呼吸，如反硝化菌与反硫化菌，可分别以 NO_3^- 及 SO_4^{2-} 为电子受体生成还原态物质如 NH_3，N_2，H_2S 等。本阶段最重要的两类菌，即产氢产乙酸菌与同型产乙酸菌；前者可将丙酸等三碳以上有机酸、长链脂肪酸和醇类等氧化，生成乙酸和分子态氢，后者可利用不同基质，唯一产生乙酸。CH_2COOH 和 H_2 同是下阶段产甲烷菌的主要基质。

（3）厌氧分解产甲烷阶段。产甲烷菌是一类专性厌氧的古细菌。沼气发酵中主要的两类，即氧化氢的产甲烷菌和裂解乙酸的产甲烷菌，它们将上阶段生成的乙酸、H_2、CO_2转化为 CH_4。

（4）稳定产气阶段。此阶段稳定地产生沼气。填埋场释出的沼气中，CH_4 一般占60%~70%，CO_2 占30%~40%，其余为少量的 NH_3、H_2S 等气体。

以上仅为卫生填埋厌氧发酵的简单概括，事实上填埋中微生物学过程错综复杂。如在厌氧环境中，产甲烷菌与产氢产乙酸菌是一种彼此有利的互养关系，对产甲烷有利；又如，当脱硫弧菌与产甲烷菌共存时，既存在着能量协同作用，还存在着对分子态氢的竞争关系。当硫酸盐含量高时，脱硫弧菌繁殖速度快，利用氢的能力强，可使产甲烷菌因缺少可利用的氢气而活力下降；在此情况下，堆体内反硫化作用生成 H_2S 活动增强，致使气体成分中 H_2S 增多。

二、影响填埋场垃圾降解的主要因素

垃圾填埋场可以看作是一个庞大的厌氧生物反应器，影响这个反应器效率的因素很多，除了污泥厌氧发酵的影响因素外，还涉及垃圾组成与特性、填埋方式以及场地的地质情况与水文气象特征等环境因素。这些影响因素中有一些往往是不可控制或难以控制的。因此填埋场中垃圾的降解速率是较难预测的。对一般垃圾填埋场而言，从提高产气总量和缩短稳定时间方面考虑，通常有以下两种影响因素可以控制。

（1）垃圾组成与特性。厨房类垃圾的降解速度快，人工合成的高分子类垃圾的降解速度非常慢，而垃圾中的重金属离子则抑制微生物对垃圾的降解。污泥及粪便的加入在短时间内可提高垃圾降解速度，但填埋后期这种调节 C/N 的效应就不明显了。垃圾的含水率和颗粒尺寸可以在某种程度上控制垃圾的降解速度，具有高含水率和小颗粒尺寸特性的垃圾可以提高沼气产量。

（2）水分。垃圾卫生填埋过程中能产生沼气的含水率范围为 25%~70%，过高的含水率会使易降解垃圾形成大量高浓度的渗滤液而导致沼气产生量减少，产沼气最佳含水率为 50%~60%。

三、工艺流程与类型

（一）工艺流程

卫生填埋法的典型工艺流程如图 9-5 所示。

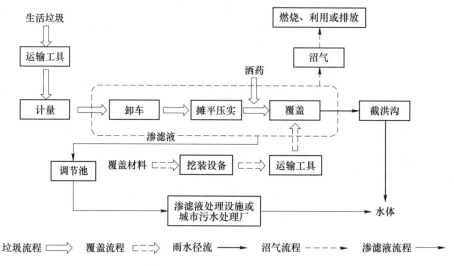

图 9-5　卫生填埋法典型工艺流程

（二）工艺类型

卫生填埋工艺主要有沟槽法、平面法和斜面法。沟槽法是将垃圾填埋在挖掘的沟槽中，然后压实，挖掘土作为覆盖材料，再压实形成填埋单元结构。

平面法是直接将垃圾填埋在地面上，压实后用土覆盖，再压实形成填埋单元结构。

平面法主要在峡谷、盆地、采石场露天废矿或其他类似的洼地，也可在坡度平缓的地面采用，但要建造一个垃圾坝作为初始填埋单元的屏障。

斜面法是直接将垃圾填埋在斜坡上，压实后从工作面前面挖取覆盖土，再压实形成填埋单元结构。斜面法实质上是沟槽法和平面法的结合填埋方式。

填埋场产生渗滤液的水质，主要取决于所填垃圾的种类和填埋的时间。渗滤液的水质变化范围相当广，主要特点是有机物浓度高，氨氮浓度随填埋时间逐年增高。如果有大量剧毒、有毒物质与生活垃圾一起混合填埋，则渗滤液中更会集中多种有害成分，严重污染土壤和地下水。

　　为了防止渗滤液对地下水的污染，除需要在建场时严格防渗、排水措施外，更主要的是对其进行无害化处理。渗滤液的处理我国目前具体采用的方案有以下几种：（1）直接排入城市污水处理厂进行合并处理；（2）经必要的预处理后汇入城市污水处理厂合并处理；（3）渗滤液向填埋场循环喷洒处理；（4）在填埋场建设污水处理站（厂）进行独立处理。对新产生的渗滤液，目前主要处理方法为厌氧-缺氧-好氧联合生物处理；而对已稳定的填埋场渗滤液，由于已在填埋体中与垃圾一道经历了厌氧过程，其可生物降解物的含量已不多，一般多采用物理化学处理方法。

思　考　题

9-1　简述好氧堆肥的机理。

9-2　好氧堆肥的运行条件有哪些？

9-3　简述生物法净化有机废气的机理。

9-4　为什么城市生活垃圾要处理，说明垃圾"三化"的意义与关系。

9-5　微生物学与生活垃圾处理的关系是什么？

9-6　堆肥为什么能杀灭病原体，工艺上满足无害化的条件有哪些？

9-7　试述堆肥与填埋可能引起的二次污染及生物学防治对策。

9-8　介绍填埋场渗滤液的特点、危害及处理措施。

第十章　废气的生物处理

第一节　概　　述

废气主要来自燃料燃烧和工厂的各种排气。燃料锅炉和某些生产过程产生的废气量非常大，如锅炉燃煤或燃油可产生 SO_2 $15\sim20kg/t$，生产纸浆可产生总还原硫 $1.0\sim3.0kg/t$。废气大部分为无机气体，种类很多，常见的有 H_2S、SO_2、NH_3 等；还有一些为有机化合物，如醛、醚、醇、烷烃、芳香烃等。

目前的废气处理技术主要分物化法和生物法。生物法因具有工艺设备简单、运行费用低、能耗少、易操作、效果较好以及形成二次污染小等优点，已逐步受到人们的重视并正在成为研究的热点。

一、废气生物处理的原理

目前适合于用生物处理的废气主要是含有乙醇、硫醇、酚、甲酚、吲哚、脂肪酸、乙醛、酮、二氧化硫、氨和胺等污染组分的废气。

生物法净化废气过程的实质是利用微生物的代谢作用将废气分解为简单的无机物。由于这一过程在气相中很难进行，废气必须首先经历由气相转移到液相或固相表面液膜中的传质过程，然后污染物才能在液相或固相表面被微生物吸附降解。

传质过程可用下式表达：

$$F = K \cdot a \cdot (c' - c)$$
$$c' = cg/H$$

式中，F 为质量传递速率，$mol/(m^3 \cdot s)$；K 为整个界面的质量传递系数，m/s；a 为单位体积的界面积，m^2/m^3；c' 为与气相平衡时液相中的浓度，mol/m^3；c 为液相中的浓度，mol/m^3；H 为气体的亨利系数。

传质速率取决于填料表面的物理性质、挥发性物质的性质及其浓度。微生物的降解是一个自然的过程，人们所进行的技术开发主要是强化传质和控制有利于转化的反应过程。

二、废气生物处理反应器中的微生物相

同废水的生物处理一样，特定的待处理成分都有适宜处理的微生物群落。当处理挥发性有机污染物时，大多数生物反应器中的微生物种类以异养型细菌为主，霉菌为次，极少有酵母菌。大部分细菌是杆菌和内生孢子菌，此外还常见有假单胞菌。放线菌中主要以链霉菌为代表。真菌中有毛霉、根霉、曲霉、青霉和交链孢霉等。

当废气中只含无机成分时，微生物是以 CO_2 为碳源的化能自养型菌为主。废气生物处理反应器属开放系统，微生物种群随环境改变而变化。在某些情况下，起净化作用的多种

微生物在正常情况下均可繁殖，因此，在一个装置里有可能同时处理含多种成分的废气。

三、主要影响因素

（一）湿度

在生物滤池中，填料/生物固体水分的最佳含量为 40%~60%（质量分数）。当反应器过湿时，水分充满了滤料孔隙，减少了气体的停留时间，同时也会增加阻力。由于单位容积的气/液界面减少，降低了氧的传递、增加了厌氧区从而产生臭味。当湿度太低时，滤层会发生老化现象，使微生物活性降低，填料干燥、开裂使气体极易短流，处理效率下降。在生物滤池上方装喷水器进行间歇喷洒是一种保持湿度的好方法，也可在进气中喷水以增加废气的湿度。

（二）温度

生物反应器的运行温度一般在 20~40℃为宜，35℃是生物滤池好氧微生物生长的最佳温度。高温气体应预先冷却。随温度的升高，扩散速率和生化反应速率都会增加。但水溶性物质在水相膜中的浓度降低，会影响污染物的去除。

（三）pH 值

生物反应器的水相 pH 值为 6~9，但在降解一些含氧、氮、硫的化合物时，会有酸的积累，可以通过在液相中投加碱或加缓冲物质来调节 pH 值，亦可通过定期冲洗和排放的方法避免酸的积累。但如果生物滤池是用于处理 H_2S，微生物主要是嗜酸性硫杆菌属，在 pH 值低到 2.5~3.5 的条件下仍可正常运行。

（四）其他因素

影响生物反应器处理废气效率的因素还有污泥的 MLSS 浓度、溶解氧等，此外还与污泥的驯化与否、营养盐的投加量及投加时间等因素有关。

［拓展知识］

微生物"点气成金"

如果将工业废气和微生物联系在一起，你能想到什么？1990 年，研究人员利用一种从兔子粪便中富集的细菌 *Clostridium autoethanogenum* 从氢气和一氧化碳（CO）中产生乙醇并在之后不断地提高乙醇产量并将该工艺商业化。但是这种菌生长缓慢且对氧气敏感，造成其转化效率极为低下。为了进一步提高该微生物的转化效率，研究人员利用合成生物学对其进行改造，并重新设计了代谢通路，使其成为第三代固碳生物炼制的良好宿主之一。除了乙醇之外，利用梭菌合成的常见产物还有乙烯、丁醇、丁酸、2-氧代丁酸酯和 2，3-丁二醇等。

第二节　废气生物处理的工艺

按微生物在废气处理过程中存在的形式不同可将处理工艺分为附着生长系统和悬浮生长系统。附着生长系统中微生物是附着在固体介质上，废气通过固定床时被吸附、吸收，最终被微生物所降解，典型的方式是生物过滤法。悬浮生长系统中微生物存在于液体中，废气通过传质进入液相中，从而被微生物降解，典型的方式是生物吸收法。同时具有两种生长系统特性的典型方式是生物滴滤法。

一、生物过滤法

生物滤池是研究最早且技术较成熟的处理方式，其处理废气的典型工艺流程如图 10-1 所示。

废气在增湿后，通过反应器的生物活性填料层，污染物从气相转移到生物滤料层并被附着的微生物氧化分解，废气得到净化。滤池进气浓度受污染物是否有毒有害或可生物降解性大小影响，污染物负荷的大小各不相同。例如可承受达 $15g/m^3$ 浓度的乙醇，而甲硫醇浓度仅 $0.04g/m^3$ 即对微生物活性产生抑制。

二、生物吸收法

生物吸收法的工艺一般由废气吸收段和悬浮液再生段两部分组成，相应的装置为吸收设备和再生反应器，如图 10-2 所示。废气吸收段的工艺过程为废气从吸收设备下部进入，向上流动与由吸收设备顶部喷淋而下的生物悬浮液在填料层接触，使废气中的污染物和氧转入液相并被微生物所吸收。净化后的气体从上部排出。吸收设备常采用喷淋塔和鼓泡塔，一般气相阻力较大时可用喷淋法，反之则采用鼓泡法。

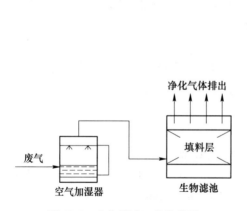

图 10-1　生物滤池工艺流程图

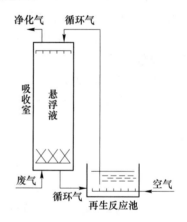

图 10-2　生物吸收法工艺流程图

悬浮液再生段的工艺过程为吸收了废气污染物的生物悬浮液从再生反应器底部流入，通入空气充氧，污染物通过微生物的氧化作用从液相中除去，再生后的悬浮液又从吸收设备顶部喷淋，反复循环进行。再生反应器常采用活性污泥法或生物膜法。

吸收过程进行很快，停留时间仅几秒钟，而再生过程较慢，停留时间为几分钟至十几小时，因此工艺是在两个独立单元中进行，达到各自的最佳运行状态。

三、生物滴滤法

生物滴滤法工艺集生物吸收和生物氧化于一体。其处理废气的典型工艺流程如图 10-3 所示。

传质方向是废气向固液混合相传输，即经历以下步骤：

（1）废气与固相、水相接触，溶于水，从而从气相转移至液相；

（2）溶解在水中的污染物被微生物吸收；

（3）进入微生物的污染物，在微生物体内代谢过程中作为能源和营养物质被分解为 CO_2、H_2O 和中性盐等。

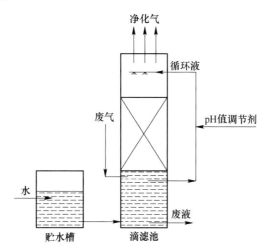

图 10-3　生物滴滤塔流程图

气体从生物滴滤器的底部进入填料层，然后与回流水接触，便于最大限度地吸收进入液相，进行生物处理。滴滤床开始运行时，只在循环液中接种微生物，但很快在进料表层形成生物膜层。循环液的 pH 值很容易被监测并通过自动酸碱添加设施进行调节。而生物床的 pH 值则由固体缓冲剂进行调节。

3 种废气生物处理工艺的比较见表 10-1。

表 10-1　有机废气生物处理技术方法比较

生物技术	优　点	缺　点
生物洗涤床	中等投资 能处理含颗粒的废气 相对小的占地面积 能适应各种负荷 技术非常成熟	运行费用昂贵 大量沉淀时性能下降 复杂的化学进料系统 不能去除大部分 VOC 需要有毒或危险的化学物质
生物过滤床	简单、成本低 投资和运行费用低 有效去除低浓度废气 低压降 有较强的冲击负荷能力	占地面积大 每隔 1~2.5 年需要更换填料 不适用高浓度的废气 有时湿度和 pH 值难以控制 颗粒物质会堵塞滤床
生物滴滤床	简单、成本低 中等投资、运行费用低 去除率高 有效去除酸的污染物 低压降	建造和操作比生物过滤床复杂 营养物添加过量会产生大量微生物造成堵塞 适宜处理产酸或碱的有害物质

四、应用与进展

生物净化废气最初用于脱臭，以后逐步用于化工厂排气及其他污染物的净化。

生物过滤法大多用于气态无机污染物如氨、一氧化碳、硫化氢、氮氧化物等和挥发性或气态有机污染物如苯、甲苯、乙苯、二甲苯、甲醇、乙醇、丁醇、异丙醇、2-乙基己醇、甲硫醇、甲酸、醋酸丁酯、二乙基胶、甲烷、乙烷、戊烷、硫酸二甲酯、丁醛、己醛、吲哚和噻酚等。

生物吸收法大多用于有机废气的处理和在液相中溶解度较大的废气。如目前已广泛用于屠宰场、食品加工厂、禽畜饲养场、堆肥厂、污水处理厂及一些化工厂的废气脱臭处理，大多数可达到 99% 的脱臭效果。

在德国、日本及荷兰等国，运用生物法脱臭及处理有机废气已经有了许多成功的范例。我国在废气生物处理方面还处于起步阶段，并且大多研究处理有机废气，在无机大气污染物方面研究甚少。

由于生物反应器涉及到气、液、固传质及生化降解过程，影响因素多而复杂，许多问题还需要进一步研究，特别是与微生物学有关的如生物反应动力、微生物降解菌种等的研究。

思 考 题

10-1 简述生物法净化有机废气的机理。

10-2 废气的生物处理与废水的生物处理有何异同与联系?

10-3 试比较几种废气生物处理技术的优点和缺点。

第四篇

微生物实验技术

第十一章　微生物基础实验技术

实验一　玻璃器皿的清洁与灭菌

一、玻璃器皿的清洗

微生物实验常用玻璃器皿有试管、吸管、烧瓶、量筒、培养皿、锥形瓶、载玻片和盖玻片等。器皿不清洁直接影响实验质量，因此，必须重视器皿的清洗工作。

（1）新购玻璃器皿的洗涤。新购玻璃器皿一般都含有游离碱，应先用 12mol/L 的 HNO_3 浸泡 24h，再用清水冲洗干净。

（2）一般玻璃器皿的洗涤。一般玻璃器皿用去污粉、热肥皂水或洗衣粉水溶液洗刷，然后用自来水洗刷干净。要求较高的器皿可先放在铬酸洗涤液中浸泡 10min，再用自来水冲洗，最后用蒸馏水淋洗 2~3 次。

（3）载玻片和盖玻片的洗涤。用清水洗净后，放入铬酸洗涤液中浸泡数小时，取出用清水洗数次，然后用清洁而柔软的布擦干或放入滴有少量浓 HCl 的 95% 乙醇中，使用时在火焰上烧去酒精即可。玻片上如沾有油脂时，可用肥皂水煮沸后再清洗。

（4）吸管和滴管的洗涤。吸过菌液的吸管和滴管，分别拔去棉塞和橡皮头后，先放入 5% 石炭酸水溶液中浸数小时，再放入铬酸洗涤液中浸数小时，然后用自来水冲洗，最后用蒸馏水冲洗一次。

（5）带有致病菌的玻璃器皿应经加压灭菌后再洗涤。

二、玻璃器皿的包装

（1）吸管的包装。在吸管吸口的一端塞上小段非脱脂棉，松紧要适当，塞进棉花的长度 2cm。每支吸管用宽 4~5cm，长约 55cm 的纸条，自尖端开始（此处用两层纸），以螺旋形式包裹，最后多余的纸打一个结，以防松脱（见图 11-1）或将吸管一起放入金属筒内。

（2）培养皿的包装。清洗干燥的培养皿以 10~12 只为一包，用旧报纸包装，或将培养皿装入金属筒内。

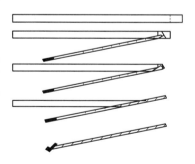

图 11-1　吸管包扎示意图

（3）清洗干净的试管、锥形瓶在灭菌前要用棉塞塞住瓶口或管口，棉塞要塞得松紧适宜，吸时既能通气，又不致使棉花滑入管内。棉塞的制作方法：先撕下一块棉花（按试管口或锥形瓶口大小估计用棉量），在桌面上铺成约 $10cm^2$ 左右的正方块，上面再放一小块棉花，将一个角向上折，然后拿起，拇指将棉花压紧用力卷搓即成，如图 11-2 所示。棉塞的大小要依试管或锥形瓶的规格进行调整，不宜过松或过紧，用手提棉塞，以管、瓶不掉下为准。棉塞四周应紧贴管壁和瓶壁，不能有皱折，以防空气微生物沿棉塞皱折侵入。棉塞插2/3，其余留在管口（或瓶口）外，便于拔塞。

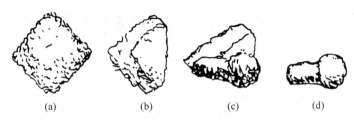

（a）　　　　　　（b）　　　　　　（c）　　　　　　（d）

图 11-2　棉塞的制作

（a）~（d）为棉塞的制作顺序

三、干热灭菌

实验室通常使用恒温控制的电热干燥箱作为干热灭菌器。电热干燥箱具有双层金属壁，中有隔热石棉板，顶端有调气阀及插温度计的小孔，下底夹层装有供通电加热的电炉丝。干热灭菌的适用范围：空的玻璃器皿（如培养皿、锥形瓶、试管、离心管、移液管等）、金属用具（如牛津杯、镊子、手术刀等）和其他耐高温的物品（如陶瓷培养皿盖、菌种保藏采用的砂土管、石蜡油、碳酸钙）等灭菌。其优点是灭菌器皿保持干燥。但带有胶皮、塑料的物品、液体及固体培养基不能用干热灭菌。

干热灭菌具体操作过程如下：

（1）灭菌前先将玻璃器皿、金属用具用牛皮纸包好（不能用油纸包扎，以防着火），培养皿装入金属盒中（或用报纸包好），然后均匀放入电热干燥箱内。用纸包扎的待灭菌物品不要紧靠电热干燥箱壁，物品不能摆得过挤，以免妨碍热空气流通，致使干燥箱内温度不均匀。

（2）接通电源，按下开关，黄灯亮；旋转干燥箱顶部调气阀，打开通气孔，排除箱内冷空气和水汽；旋转恒温调节器直到红灯亮，逐渐升温，待干燥箱内温度上升至100~105℃时，旋转调气阀，关闭通气孔。

（3）继续加热，把电热干燥箱温度调节到160℃；灭菌物品用纸包扎或带有棉塞时不能超过170℃，当达到所需温度时，借助恒温调节器的自动控制，保持恒温2h。如灭菌材料体积过大，物品堆积过挤，影响传热时应适当延长灭菌时间。

（4）灭菌完毕，切断电源。在电热干燥箱温度还没有降到60~70℃以前，不要打开电热干燥箱，以免玻璃器皿破裂。待冷却至60℃，将电热干燥箱门打开，取出灭菌物品。灭菌后的器皿、金属用具等，使用时才从纸包和金属盒中取出来。

四、高压蒸汽灭菌锅灭菌

高压蒸汽灭菌锅灭菌步骤如下。

（1）加水。立式锅是直接加水至锅内底部隔板以下1/3处。或由加水口处加水至止水线处。

（2）装锅。把需灭菌的器物放入锅内（请注意：器物不要装得太满，否则灭菌不彻底），关严锅盖（对角式均匀拧紧螺旋），打开排气阀，并加温。

（3）排气。待锅内水沸腾后，水蒸气和空气一起从排气孔排出。一般认为，当排出的气流很强并有嘘声时，表明锅内空气已排净，此时可关排气阀。

（4）升压、升温。关闭排气阀以后，锅内成为密闭系统，蒸汽不断增多，压力计和温度计的指针上升，当压力达到 $1.05kg/cm^2$（温度为121℃）灭菌即开始。这时调整火力大小使压力维持在 $1.05kg/cm^2$ 15~30min。除含糖培养基用 $0.56kg/cm^2$ 压力外，一般都用 $1.05kg/cm^2$ 压力。

（5）中断热源。达到灭菌时间后停止加热，让压力自然下降到零，打开排气阀放净余下的蒸汽。

（6）揭开锅盖，取出器物，排掉锅内剩余水。

（7）待培养基冷却后置于37℃恒温箱内培养24h，若无菌生长则放入冰箱或阴凉处保存备用。

五、注意事项

（1）灭菌过程中温度不能上升或下降过急，万一干燥箱内有焦煳味，应立即切断电源，温度60℃以上时勿随意打开箱门。取出灭菌物品时，小心不要碰破电热干燥箱顶部放置的温度计，万一温度计打破，立即切断电源，用硫黄铺洒在水银污染的地面和仪器上，清除水银，以防水银蒸发中毒。

（2）终了时，切勿立即将放气阀摘子推至垂直方位放气，以免因压力骤变引起瓶装溶液剧烈沸腾，溢出瓶外，甚至瓶子爆破。

（3）若需连续使用压力消毒器，应于每次灭菌后，补足主体内水量，以免干热而发生重大事故。使用完毕，倾去余水。

实验二　培养基的配制与灭菌

由于培养基的种类较多，成分各异，其配制方法也不尽相同，本实验以常用的细菌基础培养基——牛肉膏蛋白胨培养基的配制为例，介绍培养基的一般配制程序。

一、实验目的

（1）明确培养基的成分、作用及类型，掌握培养基制备的一般方法和步骤。

（2）掌握高压蒸汽灭菌的基本原理、方法和适用范围。

二、实验原理

牛肉膏蛋白胨培养基是广泛应用的细菌基础培养基，是一种天然培养基，主要成分有牛肉膏、蛋白胨和 NaCl，其中牛肉膏和蛋白胨主要为微生物提供碳源、氮源和生长因子，而 NaCl 为微生物提供无机盐。另外，在配制固体培养基时，添加琼脂作为凝固剂，制备成固相介质。

三、实验用品

（一）药品试剂
牛肉膏、蛋白胨、NaCl、琼脂粉、NaOH、pH 值试纸。

（二）实验器材
灭菌锅、天平、电炉、试管、锥形瓶、烧杯、量筒、分装器、牛皮纸、线绳等。

四、操作步骤

（一）称量
按培养基的配方比例依次称量除琼脂粉以外的其他成分溶于水中。一般用 1/100 的粗天平称量即可。

牛肉膏蛋白胨培养基配方：

牛肉膏	3.0g
蛋白胨	10.0g
NaCl	5.0g
琼脂粉	15~20g（不加琼脂粉为液体培养基）
水	1000mL
pH 值	7.4~7.6

另外，若有些培养基中含有某些难溶的成分，可先用少量的温水或少量的其他溶剂将其单独溶解后，再加入培养基中；若有些培养基成分需要量非常少，难以称量，可将这种成分单独配制成高浓度的溶液，再按比例取一定体积加入培养基中；若有些培养基成分不能高温高压灭菌，在配制时暂不加入该成分，需将其过滤除菌或通过其他方式除菌，待其他成分灭菌后，培养基使用前再按比例单独加入，混匀后使用。

（二）调节 pH 值
逐滴加入 1mol/L 的 NaOH，调节 pH 值至 7.4~7.6，要边加边搅拌，防止局部过酸或过碱，破坏培养基营养成分。要注意 pH 的调节不宜太过，以免影响培养基中各离子的浓度。另外，若在培养基各成分溶解过程中对培养基进行了加热，需待培养基温度降至室温后再调节 pH 值。

（三）琼脂溶化
如果要配制固体培养基，则需在液体培养基的基础上按比例加入琼脂作为凝固剂。首先需要将液体培养基加热至即将沸腾（底部有少量的气泡冒出时为宜），然后边搅拌边加入称量好的琼脂，控制好火力，不断搅拌至琼脂完全溶化，立即离开热源。

注意：琼脂的加入应控制好速度，若加入太快，大量的琼脂来不及溶解，易下沉发生糊底现象，甚至被烧焦；若加入速度太慢，先加入的琼脂溶解后，在加热及搅拌的作用下产生大量气泡，后加入的琼脂因气泡的影响形成琼脂团块，难以再溶解。

（四）分装
配好的培养基根据实验需要进行分装后灭菌。培养基分装过程中，要注意不能玷污管口或瓶口，否则容易造成培养基污染。主要包括以下几种分装情况。

1. 液体培养基分装

液体培养基一般可使用移液器、量筒等直接量取分装。

（1）将液体培养基分装到锥形瓶中，一般根据实验所需培养基的量选择合适的锥形瓶型号，分装量一般不超过锥形瓶容积的1/2。若分装量过多，高压灭菌时培养基容易溢出，造成污染和浪费。

（2）将液体培养基分装到试管中，分装量以不超过试管高度的1/4为宜。

2. 固体或半固体培养基分装

固体培养基或半固体培养基要趁热分装，以防琼脂凝固。分装试管时一般使用连有橡胶管并带夹子的玻璃漏斗或专用分装器进行（见图11-3），制作平板用的培养基可直接倒入可密封的玻璃容器中灭菌。

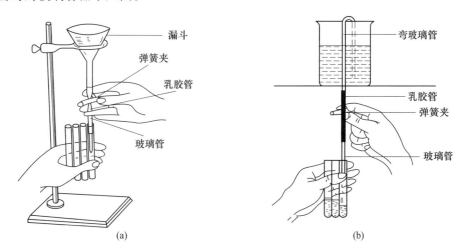

图 11-3　培养基分装示意图

（a）玻璃漏斗分装；（b）分装器分装

A　斜面培养基

若要制作斜面培养基，需将固体培养基分装到试管中，分装量可通过如下办法进行确定，如图11-4所示：先用试管量取一定量的水，倾斜试管，使水流的前端到达试管长度的1/2处，另一端在试管底部的中央位置时，表示液体量适宜，然后将试管直立，以试管中的水量为参照，分装培养基，灭菌后搁置成试管斜面。

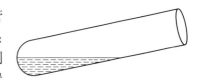

图 11-4　试管斜面分装量的
确定方法示意图

B　平板培养基

若要制作平板培养基，则需将固体培养基或半固体培养基倒入锥形瓶等灭菌用容器中，统一灭菌后再制作平板。

C　半固体试管培养基

若需将半固体培养基分装到试管中，分装量以试管高度的1/3左右为宜，灭菌后垂直待凝。

（五）灭菌

分装好培养基的试管或锥形瓶加盖或塞封口（不能完全密封，要留有排气孔），对于试管培养基，为了便于取放，待培养基凝固后用牛皮纸将若干支试管扎成一捆。分装好的培养基应立即灭菌，否则会因杂菌繁殖而导致培养基变质。若因特殊原因不能立即灭菌，应将培养基置冰箱中冷藏暂放，但时间不宜过久。培养基一般采用高压蒸汽灭菌，在0.103MPa、121.3℃，灭菌15~20min，含糖培养基为了避免糖的焦化，一般采用112.6℃灭菌20~30min。灭菌原理、操作及注意事项见微生物灭菌部分。

（六）搁置试管斜面

将灭菌的试管培养基冷却至50℃左右（以防斜面上冷凝水太多），将试管口端搁在合适高度的支撑物上，使培养基液面的后端位于试管底的中央，顶部不宜超过试管长度的1/2，如图11-5所示。随培养基温度的降低，培养基在试管内自然凝固形成斜面，待培养基完全凝固后，收取备用。

注意：在搁置斜面过程中应避免试管滚动，并避免移动试管，否则易形成扭曲的斜面，影响进一步细菌接种；或在试管壁上附着培养基，易造成污染。

（七）平板的制作

灭菌后的培养基如需倒平板，应将培养基冷却至50℃左右，然后倒入预先灭菌并烘干的培养皿中。其方法（见图11-6）是：

（1）点燃酒精灯，打开经灭菌并烘干的培养皿包装，每次取3个培养皿作为一组，正放到水平台架或其他培养皿上，其高度在酒精灯火焰附近。

（2）右手持盛培养基的锥形瓶，用手掌和小指夹住瓶塞，在火焰旁打开，将瓶口在火焰上灭菌。

（3）左手的无名指和大拇指捏住最下面一个培养皿的盖子，食指按住最上面一个培养皿盖，轻轻用力倾斜，使最下面一个培养皿在火焰附近打开一缝，迅速倒入培养基15~20mL，然后盖上皿盖，培养基逐渐在培养皿中均匀平铺。

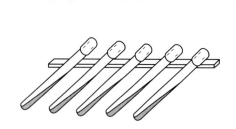

图 11-5　试管斜面的搁置示意图

图 11-6　倒平板示意图

（4）再将无名指和大拇指向上移动至第二个培养皿，以同样的方式继续打开第二个培养皿的盖，并倒入培养基，然后继续在最上面的培养皿中倒入培养基。

（5）将3个培养皿同时取下，平置于桌面上，再取空的培养皿（3个一组），按照以上方法倒入培养基。

（6）若培养基不能一次用完，可将剩余培养基密封后，冷藏待用。

（7）待培养皿中的培养基凝固后即成平板，然后将培养皿倒置，备用。

注意事项如下：

（1）在倒平板过程中，应避免将培养基滴落在培养皿的外部，以免造成污染。

（2）一般应将培养基冷却至50℃左右倒平板。如果温度过高，一方面培养皿盖上会产生较多的冷凝水，另一方面，容易造成烫伤；如果温度低于50℃，培养基易于凝固而不能制作均匀的平板。

（3）灭菌后的培养基要自然冷却，如果采用外部降温的方法可能造成瓶壁附近降温较快，培养基局部凝固，也无法制作均匀的平板。

（八）培养基检查

待培养基凝固后，要进行合格检查。看试管斜面培养基的长度是否合适，斜面是否扭曲，试管壁上是否有凝固的培养基；平板培养基是否均匀平整，培养皿外壁上是否沾染培养基。然后将培养基置37℃、24h，若无微生物生长即可使用。

五、实验报告

（一）实验结果

你制备的斜面培养基和平板培养基是否合格？若不合格，请分析原因。

（二）思考题

（1）要制作合格的培养基，应特别注意哪些操作步骤？

（2）培养基配好后为什么必须立即灭菌？

（3）采用高压蒸汽灭菌时，为确保灭菌效果，应注意哪些操作过程？

实验三　微生物的分离、培养及接种技术

一、实验目的

（1）学习并掌握微生物分离、纯化及接种技术。

（2）了解无菌操作的重要性。

二、实验原理

微生物的分离、纯化及接种技术是微生物学研究常用的，也是最重要的基本技术，技术的关键是要严格按照无菌操作规范进行。微生物的分离、纯化是指从混杂的微生物类群中获得某一种微生物的纯培养技术，主要包括稀释涂布平板法、稀释混合平板法、平板划线分离技术；微生物接种是指在无菌条件下，用接种环、接种针、接种铲、移液器等把微生物移植到培养基或其他基质上，主要包括斜面接种、平板接种、液体接种和穿刺接种等技术。

三、实验用品

（一）菌种

感兴趣的环境样品，如土壤、河水或湖水等，作为菌源。

（二）培养基

牛肉膏蛋白胨培养基。

（三）实验器材

接种环、接种针、玻璃涂棒、移液器、酒精灯、试管架、灭菌锅、培养箱、超净台、旋涡混合器、试管、培养皿等。

（四）其他

无菌生理盐水：配制 0.85%～0.90%的 NaCl 溶液，分装于试管中，每管 9mL；分装于带玻璃珠的锥形瓶中，每瓶 90mL。121℃灭菌备用。

四、细菌纯种分离的操作

细菌纯种分离的方法有三种：稀释涂布平板法、稀释混合平板法和平板划线分离法。

（一）稀释涂布平板法

1. 样品采集

采取感兴趣的环境样品，如土壤、河水或湖水等，作为分离纯化的菌源。

2. 样品稀释

A　取样

用无菌锥形瓶到现场取一定量的活性污泥、土壤或湖水，迅速带回实验室。

B　制备稀释液

用 10mL 的无菌移液管吸取 10mL 水样（或 10g 样品）加入到盛有 90mL 无菌水的锥形瓶（内含玻璃珠）中，振荡 20min，将团粒打碎，即制成 10^{-2} 的菌液。

C　稀释

将 5 管 9mL 的无菌水排列好，按 10^{-2}、10^{-3}、10^{-4}、10^{-5} 及 10^{-6} 依次编号。在无菌操作条件下，将移液管吹洗三次，取样品 1mL 转移至含有 9mL 无菌水的试管中，混合均匀，即为 10^{-1} 浓度的菌液。用 1mL 无菌移液管吸取 10^{-1} 浓度的菌液 1mL 于 9mL 无菌水中即为 10^{-2} 稀释液，如此重复，可依次制成 10^{-6}～10^{-2} 的稀释液，如图 11-7 所示。

注意：操作时移液管尖不能接触液面，为一个稀释度换一支移液管，每次吸入稀释液后，要将移液管插入液面，吹吸三次，每次吸上的液面要高于前一次，以减少稀释中的误差。

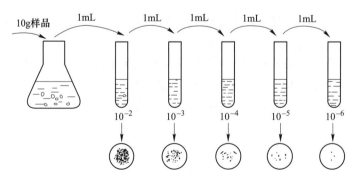

图 11-7　样品稀释过程

D　平板的制作

（1）点燃酒精灯，取平板培养基用支撑物踮起至酒精灯火焰的高度，如图 11-8 所示。

（2）分别取样品最后 3 个稀释度的菌悬液各 100μL，滴加到相应标记的平板培养基中央。

（3）右手持蘸有酒精的玻璃涂棒，在酒精灯火焰上将酒精烧掉，从而将玻璃涂棒灭菌。

（4）平板涂布，用左手的大拇指和中指将培养皿盖打开一条缝，将玻璃涂棒伸入培养皿中，待冷却后，用左手的无名指逆时针转动平板，右手持玻璃涂棒顺时针在平板表面涂布，使滴加的菌液均匀分布于整个平板上。

（5）最后，取出玻璃涂棒，火焰上轻微灼烧灭菌后，放置在酒精中。

（6）每一稀释度至少做 3 个培养皿。

（7）将平板倒置培养，观察菌落特征，并进行菌落计数。

（二）稀释混合平板法

稀释混合平板法与稀释涂布平板法相似，不同之处在于涂布法是将菌悬液直接滴加到已经凝固的平板培养基上，再将其涂布均匀；稀释混合平板法是将菌悬液先加到无菌的空培养皿中，然后再倒入 45℃ 左右的培养基，混合均匀，待培养基凝固后培养。

1. 样品采集和样品稀释

样品采集和样品稀释过程同稀释涂布平板法。

2. 平板接种

分别取样品最后 3 个稀释度的菌悬液各 0.5mL，滴加到相应标记的无菌培养皿中央（注：每次吸取前，用移液管在菌液中吹泡使菌液充分混匀）。然后取冷却至 45℃ 左右的培养基，分别倒入以上培养皿（培养基的量约为 15～20mL）中，迅速将培养皿平放在桌上，并轻轻转动平皿，使培养基和菌液流分混匀，但不沾湿培养皿的边缘，待冷凝后即成平板，使培养皿平置于桌面上，凝固后倒置培养，每一稀释度至少做三个平行。

注意：倒平板时要无菌操作，如图 11-9 所示。培养基温度要严格控制，温度太高，会造成部分菌体死亡，温度太低，培养基凝固，无法制成均匀的平板。

图 11-8　平板涂布　　　　　　　　　图 11-9　倒平板

（三）平板划线分离法

1. 灭菌

右手持接种环在火焰上灼烧灭菌。

2. 取菌

左手取长有混合菌落的培养皿，在火焰附近，用中指、无名指和小指托住皿底，大拇指和食指夹住皿盖，将培养皿稍倾斜，食指稍用力将皿盖掀开一缝，右手将接种环伸入培养皿内冷却，然后挑取实验所需的菌落。再将皿盖盖好，倒放在桌面上。

3. 划线

按照以上方法在火焰附近打开另一空白平板培养基，将带菌接种环伸入培养皿中，在平板上轻轻划线（切勿划破培养基），如图 11-10 所示。

图 11-10 平板划线操作示意图

划线的方式有很多，常用的有三区法和四区法，这里介绍分离效率最高的四区接种法（见图 11-11）。该法是将平板培养基分成四个不同面积的小区，依次为 A、B、C、D 区，为了充分利用整个平板培养基，各区之间的交角在 120° 左右，为了得到较多的单菌落，四区面积的分配应是 D>C>B>A。

划线操作步骤为：

（1）先在 A 区划折线，3~4 个来回。

（2）取出接种环，盖上皿盖，立即在酒精灯火焰上烧掉残留的细菌。

（3）用大拇指和食指捏住培养皿，让培养皿在重力作用下缓慢转动至手掌位置停止，转动角度应为 60°。手持方向与垂直方向的夹角一般为 45° 左右，具体部位根据个人手掌大小确定合适的位置，正好使培养皿转动 60°，如图 11-12 所示。手持力度要适宜，既能使培养皿缓慢转动，又不使其跌落下来。

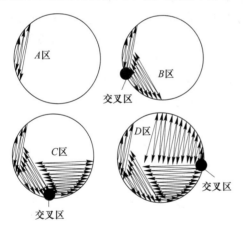

图 11-11 平板划线分离的四区法

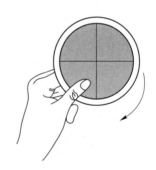

图 11-12 培养皿转动示意图

（4）按照以上方式再次打开平板，将接种环在培养皿内冷却后，通过 A 区划线至 B 区 1~2 个来回，然后在 B 区连续划折线，不能再与 A 区的线相交。

（5）再次灼烧接种环，按照以上方式转动培养皿，再通过 B 区划线至 C 区，再通过 C 区划线至 D 区，逐级稀释，但注意每区的线条除了开始的 1~2 个来回要交叉外，其他线条不能与其他区有接触，否则影响单菌落的形成。

（6）最后将接种环上残余的菌烧掉，以免污染环境。

（7）盖好皿盖，倒置培养。观察分离的单菌落。

五、几种接种技术操作

由于实验的目的、所研究的微生物种类、所用的培养基及容器的不同，因此，接种方法也有多种。常用的接种用具有接种环、接种针、接种钩、玻璃刮刀、铲、移液管、滴管等。接种环和接种针等总长约 25cm，环、针、钩的长为 4.5cm，可用白金、电炉丝或镍丝制成。上述材料以白金丝最为理想，其优点是：在火焰上灼烧红得快，离火焰后冷得快，不易氧化且无毒。但价格昂贵，一般用电炉丝和镍丝。接种环的柄为金属的，其后端套上绝热材料套。柄也可用玻璃棒制作。

微生物的分离培养、接种等操作需在经紫外线灯灭菌的无菌操作室、无菌操作箱或生物超净台等环境下进行。教学实验由于人多，无菌室小，无法一次容纳所有实验者。所以，在一般实验室内进行时要特别注意无菌操作。也可多组分批进行。

（一）试管斜面接种

1. 单试管接种法（平板→斜面，见图 11-13）

（1）取菌，按照以上方法从平板上挑取单菌落。

（2）划线，左手从试管架上取一支试管斜面，用左手的拇指和食指压住试管，使试管稍倾斜，在火焰附近，用右手小指和手掌夹住试管帽，拔出（注意：试管帽要一直要夹在手中）。

（3）试管口在火焰上微烧一周，除掉可能沾染的微生物。

（4）将带菌的接种环伸入试管底部，如果底部有冷凝水，注意不要接触冷凝水，然后在斜面上由底部向上划蛇形线，划至斜面的顶端，拔出接种环，扣上试管帽。

（5）灼烧接种环，以免污染环境，并将试管放在试管架上，准备培养。

（6）培养后观察斜面上生长的细菌情况。

2. 双试管接种法（斜面→斜面，见图 11-14）

（1）取一支斜面菌种和一支待接种的斜面培养基，用左手的拇指和食指压住两支试管，中指将两支试管稍稍分开，面向斜面。

图 11-13　单试管接种操作示意图　　　　图 11-14　双试管接种操作示意图

（2）右手取接种环，在火焰上灼烧，对所有可能进入试管的部分灭菌。

（3）在火焰附近，用右手小指、无名指和手掌同时夹住两个试管帽，将其拔出（注意：试管帽要一直夹在手中）。

（4）将两个试管的口部在火焰上微烧除菌，将接种环伸入菌种管内冷却后，挑取少许菌种。迅速伸入另一试管底部，按照单试管接种法在斜面上由底部向上划蛇形线。

（5）最后，将两个试管帽同时盖好，并灼烧接种环。

（6）培养观察。

（二）液体接种

1. 斜面→液体

（1）左手取一斜面培养基，按照单试管接种的操作方法，用拇指和食指夹住，使试管稍倾斜；右手持接种环，并灼烧灭菌；然后用右手小指和手掌夹住试管帽，并拔出将接种环伸入试管中，挑取少许菌种。

（2）盖上试管帽，将试管置试管架上，再打开液体培养基管塞或瓶塞。

（3）将接种环伸入液体培养基中，并使接种环在培养基中与管壁轻轻摩擦，让菌体分散于培养基中。

（4）盖上管塞或瓶塞，灼烧接种环上残余的细菌。

（5）培养观察。

2. 液体→液体

（1）点燃酒精灯，取移液器，在火焰附近打开枪头盒，装在移液器上。

（2）在火焰附近打开菌液和新鲜培养液的瓶塞或管塞，用移液器取一定量的菌液，立即注入新鲜的培养液中。

（3）将移液器枪头卸下，置烧杯中，待灭菌、清洗处理。

（三）穿刺接种

（1）使用接种针进行取菌和接种，取菌方式同接种环。

（2）左手取半固体培养基，拿取方式同单试管接种。

（3）将接种针插入半固体培养基内部至培养基的 3/4 处，再沿原路退出，注意要使穿刺线整齐，如图 11-15 所示。

（4）盖上试管帽，灼烧接种针。

（5）培养观察，如图 11-16 所示。

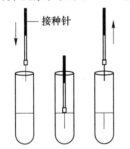

图 11-15　穿刺接种操作示意图

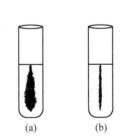

图 11-16　细菌培养特征示意图

（a）运动的细菌；（b）不运动的细菌

六、实验报告

（1）你对微生物的分离、纯化及接种技术掌握程度如何？实验结果存在什么问题？请分析问题存在的原因。

（2）在平板划线分离时，为什么要反复将接种环上的残余物烧掉？

（3）各种微生物的分离、纯化及接种操作技术获得成功的关键点有哪些？

实验四 环境样品中细菌菌落总数的测定

一、实验目的

应用无菌操作技术，学习并掌握平板菌落计数的基本原理和方法。

二、实验原理

平板菌落计数法是将待测样品适当稀释，使其中的微生物充分分散成单个细胞，将一定量的单细胞悬液接种到平板培养基上，经过培养，每个单细胞在固体培养基上生长繁殖而形成肉眼可见的菌落，也就是说，平板上的一个单菌落即代表接种样品中的一个单细胞。计数平板上的菌落数，根据样品的稀释倍数和接种量换算出原样品中的含菌数，以 CFU/mL 或 CFU/g 表示。

由于待测样品中的微生物可能未完全分散成单个细胞，因此，往往会使结果偏低；另外，并非样品中的所有单细胞都能在培养基上繁殖形成可见菌落，因此，平板菌落计数法只能计数那些能在接种培养基及培养条件下生长的可培养菌，由于环境中存在大量的不可培养菌，因此，该方法的应用具有一定的局限性，仅适用于了解样品中可培养微生物的信息。

三、实验用品

（一）培养基
牛肉膏蛋白胨平板培养基。

（二）实验器材
玻璃涂棒、移液器、酒精灯、灭菌锅、培养箱、超净台、旋涡混合器、培养皿等。

（三）其他
无菌生理盐水：配制 0.85%~0.90% 的 NaCl 溶液，分装于试管中，每管 9mL；分装于带玻璃珠的锥形瓶中，每瓶 90mL。121℃ 灭菌备用。

四、操作步骤

（一）样品采集、接种及培养
采取感兴趣的环境样品，如土壤、河水或湖水等，用无菌容器带回实验室。按照稀释涂布平板法接种牛肉膏蛋白胨平板培养基，将接种的培养皿倒置于 37℃ 恒温培养箱中培养 1~2d，观察记录结果。

（二）菌落计数
从培养箱中取出接种平板，分别进行菌落计数。平板计数及样品菌落总数的计算，应掌握以下原则：

（1）首先选择平均菌落数为 30~300 的稀释度计算样品的菌落总数。而且，同一稀释度的重复平板上的菌落数不能相差悬殊，如相差较大，则该稀释度不能用来计算样品的菌落总数。

（2）若平板上有大片的菌苔形成，不能用于计数；若菌苔位于平板的一侧，而且面积不到平板面积的一半，平板的其余部分菌落分布均匀时，可将平板面积平分为两部分，计数不含菌苔的那部分平板上的菌落数再乘以 2，表示该平板的菌落数。

（3）若所有稀释度的平板上的平均菌落数均不在 30~300 之间，则以最接近 30 或 300 的稀释度计算样品的菌落总数。

（4）若有两个不同稀释度的平均菌落数为 30~300，则按两个稀释度分别计算的样品菌落总数的比值来决定。若比值小于 2，以两个稀释度分别计算的样品菌落总数的平均值作为最终结果；若比值大于或等于 2，则取其中较小的稀释度计算样品菌落总数。稀释度选择及菌落总数报告方式见表 11-1。

表 11-1　稀释度选择及菌落总数报告方式

例次	不同稀释度的平均菌落数			两个稀释度菌落数之比	菌落总数 /CFU · mL^{-1}	报告方式 /CFU · mL^{-1}
	10^{-1}	10^{-2}	10^{-3}			
1	1365	164	20	—	16400	16000 或 $1.6×10^4$
2	2760	295	46	1.6	37750	38000 或 $3.8×10^4$
3	2890	271	60	2.2	27100	27000 或 $2.7×10^4$
4	无法计算	4650	513	—	513000	510000 或 $5.1×10^5$
5	27	11	5	—	270	270 或 $2.7×10^2$
6	无法计算	305	12	—	30500	31000 或 $3.1×10^4$
7	150	30	8	2	1500	1500 或 $1.5×10^3$

五、实验报告

（一）实验结果

将实验结果记录在表 11-2 内，并根据平板上的菌落数、样品稀释倍数和接种量计算样品中细菌的菌落总数。

表 11-2　记录表

（水样单位：CFU/mL；土样单位：CFU/g）

样品稀释度								
接种量								
菌落数								
平均菌落数								
样品中细菌菌落总数								

（二）思考题

（1）根据实验结果，请分析准确进行平板菌落计数应该注意哪些关键操作。

（2）根据我国饮用水水质标准，讨论这次检验结果。

实验五　显微镜的使用及细菌、放线菌和蓝细菌个体形态的观察

一、实验目的

（1）掌握光学显微镜的结构、原理，学习显微镜的操作方法和保养。
（2）观察细菌、放线菌和蓝细菌的个体形态，学会生物图的绘制。

二、显微镜的结构

显微镜的结构（见图 11-17）分机械装置和光学系统两部分。

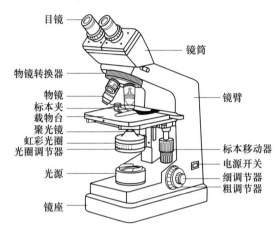

图 11-17　普通光学显微镜构造示意图

（一）机械装置

（1）镜筒。镜筒上端装目镜，下端接转换器。镜筒有单筒和双筒两种。单筒有直立式（长度为 160mm）和后倾斜式（倾斜 45°）。双筒全是倾斜式的，其中一个筒有屈光度调节装置，以备两眼视力不同者调节使用。两筒之间可调距离，以适应两眼宽度不同者调节使用。

（2）物镜转换器。转换器装在镜筒的下方，其上有 3 个孔，有的有 4 个或 5 个孔。不同规格的物镜分别安装在各孔上。

（3）载物台。载物台为方形（多数）和圆形的平台，中央有一光孔，孔的两侧各装 1 个夹片，载物台上还有移动器（其上有刻度标尺），可纵向和横向移动，移动器的作用是夹住和移动标本用。

（4）镜臂。镜臂支撑镜筒、载物台、聚光器和调节器。镜臂有固定式和活动式（可改变倾斜度）两种。

（5）镜座。镜座为马蹄形，支撑整台显微镜，其上有反光镜。

（6）调节器。（粗/细）调节器是调节载物台上下方向移动的装置，由粗调节器和细调节器组成。

1）粗调节器。移动时可使镜台做较大幅度的升降，粗调节器转动一圈可使载物台升降约 10mm，所以能快速调节物镜和标本之间的距离，通常在使用低倍镜寻找物像时使用。

2）细调节器。用粗调节器观察到视野中的物像后，再用细调节器进一步调节，使物像更清晰。细调节器转动一圈可使载物台升降约 0.1mm。

（二）光学系统

1. 目镜

每台显微镜备有 3 个不同规格的目镜，例如，5 倍（5×）、10 倍（10×）和 15 倍（15×），高级显微镜除了上述三种外，还有 20 倍（20×）的。

2. 物镜

装在镜筒下端的物镜转换器上，一般有 3~4 个，每个物镜由多块透镜组成，主要分为低倍镜、高倍镜和油镜三类，其作用是将标本第一次放大。物镜上通常标有数值孔径、放大倍数、镜筒长度、盖玻片厚度、工作距离等主要参数，"40/0.65　160/0.17"，表示放大倍数为 40 倍，数值孔径为 0.65，镜筒长度为 160mm，所需盖玻片的厚度等于或小于 0.17mm，有的物镜上还标有"WD25"等字样，表示物镜的工作距离为 25mm。物镜的性能取决于物镜的数值孔径，它反应物镜分辨力的大小，其数字越大，表示分辨率越高，物镜的性能越好。

物镜的性能由数值孔径决定，数值孔径 $=n\sin\alpha/2$，其意为玻片和物镜之间的折射率乘上光线投射到物镜上的最大夹角（称镜口角）正弦的一半。光线投射到物镜的角度越大，显微镜的效能越大，该角度的大小决定于物镜的直径和焦距。n 为介质折射率，也是影响数值孔径的因素。当物镜与装片之间的介质为空气时，由于空气（$n=1$）和玻璃（$n=1.52$）的折射率不同，光线会发生折射，不仅使进入物镜的光线减少，而且会减小镜口角；当以香柏油（$n=1.515$）为介质时，由于它的折射率与玻璃相近，光线经过载玻片后可直接通过香柏油进入物镜而不发生折射，增加了数值孔径，如图 11-18 所示。

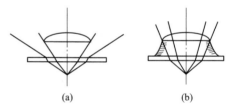

图 11-18　介质为空气（a）与香柏油
（b）时光线通过物镜的比较

显微镜的分辨率与数值孔径和入射波长有关。分辨率是指能分辨物体两点之间最小距离（D）的能力。D 值越小表明分辨率越高。D 值与光线的波长（λ）成正比，与物镜的数值孔径成反比，$D=\lambda/2NA$。增大数值孔径和缩短波长都可提高显微镜的分辨率，使目的物细微结构更清晰可见。可见光的波长平均为 0.55μm，当使用数值孔径为 0.65 的高倍镜时，它能分辨两点之间的距离为 0.42μm；而使用数值孔径为 1.25 的油镜时，则能分辨两点之间的距离为 0.22μm。

在低倍镜、高倍镜及油镜三种物镜中，油镜的放大倍数和数值孔径最大，而工作距离最短，如图 11-19 所示。

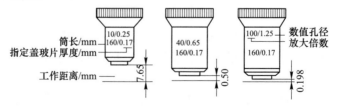

图 11-19　显微镜物镜参数示意图

三、显微镜的使用

显微镜使用时应遵守从低倍镜到高倍镜再到油镜的操作程序，因为低倍物镜视野和焦深相对较大，易发现目标并确定观察的位置。

（一）低倍镜观察

转动物镜转换器，使低倍镜对准载物台上的通光孔，将标本用标本夹固定好，转动粗调节器，提升载物台，使目镜接近标本。然后一边在目镜内观察，一边转动粗调节器，下降载物台，直至视野中出现物像，然后再用细调节器调节至物像清晰。如果视野内亮度不合适，可调节光圈以达到合适的光强。转动标本移动器（注意玻片的移动方向与视野中物像移动的方向相反），观察标本的全貌，找到合适的观察点后，将它移至视野中央。

（二）高倍镜观察

转动物镜转换器将高倍镜移至工作位置，调节细调节器使物像清晰，必要时可适当调节视野亮度，通过标本移动器移动标本进行观察。由于显微镜的设计是物镜共焦点的，所以，当转换使用不同放大倍数的物镜时，物像将保持基本准焦的状态，仅使用细调节器即可对物像清晰聚焦。

（三）油镜观察

将高倍镜下找到的观察点移至视野中央，转动转换器，使高倍镜离开工作位置，在待观察的标本区域滴加香柏油，再将油镜转到工作位置，使油镜浸在镜油中，调节视野的亮度，并用细调节器小心使物像清晰聚焦。标本观察完毕，转动粗调节器，下降载物台，取出标本片。用擦镜纸拭去油镜镜头上的香柏油，然后用擦镜纸蘸少许二甲苯擦去残留镜头的香柏油，最后再用干净的擦镜纸擦去残留的二甲苯。

（四）显微镜用毕后的处理

（1）转动粗调节器上升镜筒，取下载玻片。

（2）用擦镜纸拭去镜头上的镜油，然后用擦镜纸蘸少许镜头擦拭液，擦去镜头上残留的油迹，最后再用干净的擦镜纸擦去残留的液体。

（3）用擦镜纸清洁其他物镜及目镜；用绸布清洁显微镜的金属部件。

（4）将各部分还原，将物镜转成"八"字形，再向下旋。同时把聚光镜降下，以免物镜与聚光镜发生碰撞危险。套上镜罩后放入显微镜柜中。

四、显微镜的保养

显微镜的光学系统是显微镜的主要部分，尤其是物镜和目镜。一架显微镜的机械装置虽好，但光学系统不好，这架显微镜是不会起好作用的。因此，对显微镜要妥善保管。

（1）避免直接在阳光下曝晒，因为透镜与透镜之间，透镜与金属之间都是用树脂或亚麻仁油粘合起来的。金属与透镜膨胀系数不同，受高热因膨胀不均，透镜可能脱落或破裂，树脂受高热溶化，透镜也会脱落。

（2）避免和挥发性药品或腐蚀性酸类一起存放，碘片、酒精、醋酸、盐酸和硫酸等对显微镜金属质机械装置和光学系统都是有害的。

（3）透镜要用擦镜纸擦拭，若仅用擦镜纸擦不净，可用擦镜纸蘸二甲苯拭擦，但用量不宜过多，拭擦时间也不宜过长，以免粘合透镜的树脂被溶化，而使透镜脱落。

（4）不能随意拆卸显微镜，尤其是物镜、目镜、镜筒不能随意拆卸，因拆卸后空气中的灰尘落入里面引起生霉。机械装置经常加润滑油，以减少因摩擦而受损。

（5）避免用手指沾抹镜面，否则会影响观察，沾有有机物的镜片，时间长了会生霉，因此，每使用一次，有的目镜和物镜都得用擦镜纸擦净。

（6）显微镜放在干燥处，镜箱内要放硅胶吸收潮气。目镜、物镜放在盒内并存于干燥器中，以免受潮生霉。

五、细菌、放线菌及蓝细菌的个体形态观察

（一）仪器和材料

（1）显微镜、擦镜纸、香柏油、二甲苯。

（2）示范片：大肠杆菌（杆状）、小球菌（球形）、硫酸盐还原菌（弧形）、浮游球衣菌（丝状）、枯草芽孢杆菌、细菌鞭毛及细菌荚膜。放线菌、颤藻、鱼腥藻或念珠藻。

（二）实验内容和操作方法

严格按光学显微镜的操作方法，先低倍、再高倍、最后用油镜观察各种原核微生物的形态，并绘出其形态图。

（三）思考题

（1）怎样使用油镜？有哪些注意事项？

（2）使用油镜时为何加香柏油？

（3）观察标本时为什么按低倍→高倍→油镜的顺序进行？

实验六　细菌的染色及形态观察

细菌细胞小且无色透明，直接用显微镜观察时，菌体和背景之间没有显著的色差，难以清楚地观察其形态，更不易识别其结构。因而，用普通光学显微镜观察细菌时，往往需要先对细菌进行染色，使菌体与背景形成鲜明的对比，借助于颜色的反衬作用，鉴别细菌并观察细菌的形态特征及某些细胞结构。细菌染色主要分为简单染色法和复染色法。其中，简单染色法是使用一种染液使菌体着色，从而能够观察菌体的形态、大小等一般特征，常用的染料有美蓝、结晶紫、碱性复红等。复染色法使用两种或两种以上的染液使细菌细胞着色，不仅能够观察菌体的形态特征，而且能够进行细菌鉴别及特殊结构观察。根据不同的实验目的，常用的复染色法有革兰氏染色法、芽孢染色法、鞭毛染色法、荚膜染色法等，其中，革兰氏染色法是细菌学中最重要的分类和鉴别染色法，下面以革兰氏染色法为例介绍细菌染色的一般过程及操作技术。

一、实验目的

（1）了解细菌的染色方法，掌握革兰氏染色法的原理及操作技术。

（2）初步认识细菌的形态特征。

二、染色原理

微生物细胞是由蛋白质、核酸等两性电解质及其他化合物组成。所以，微生物细胞表

现出两性电解质的性质。两性电解质兼有碱性基和酸性基，在酸性溶液中离解出碱性基呈碱性带正电。在碱性溶液中离解出酸性基呈酸性带负电。经测定，细菌等电点在 pH 值为 2~5 之间，故细菌在中性（pH 值为 7）、碱性（pH >7）或偏酸性（pH 值为 6~7）的溶液中，细菌的等电点均低于上述溶液的 pH 值，所以细菌带负电荷，容易与带正电荷的碱性染料结合，故用碱性染料染色的为多。碱性染料有美蓝、甲基紫、结晶紫、龙胆紫、碱性品红、中性红、孔雀绿和番红等。微生物体内各结构与染料结合力不同，故可用各种染料分别染微生物的各结构以便观察。此处介绍革兰氏染色法。

革兰氏染色法是细菌学中很重要的一种鉴别染色法。它可将细菌区别为革兰氏阳性菌和革兰氏阴性菌两大类。它的染色步骤如下：先用草酸铵结晶紫染色，经鲁哥氏碘液（媒染剂）处理后用乙醇脱色，最后用番红液复染。如果细菌能保持草酸铵结晶紫与碘的复合物而不被乙醇脱色，用番红液复染后仍呈紫色者叫革兰氏阳性菌。被乙醇脱色用番红液复染后呈红色者为革兰氏阴性菌。

三、实验用品

（一）菌种

标准菌株：革兰氏阴性菌——大肠杆菌（*Escherichia coli*）或革兰氏阳性菌——金黄色葡萄球菌（*Staphylococcus aureus*）。

待测菌株：从环境样品中分离的优势菌。

（二）染色液

1. 草酸铵结晶紫溶液

A 液：将 2g 结晶紫溶于 20mL 95% 的乙醇中。

B 液：将 0.8g 草酸铵溶于 80mL 蒸馏水中。

将 A、B 两液混合，静置 24h，过滤使用。

2. 鲁哥氏碘液

将 2g 碘化钾溶于 5~10mL 蒸馏水中，再加入 1g 碘，待碘溶解后，加水至 300mL。

3. 0.5% 的番红溶液

将 0.5g 番红溶于 20mL 乙醇中，待番红溶解后，加入 80mL 蒸馏水。

（三）实验器材

显微镜、载玻片、接种环、酒精灯、废液缸、搁架、吸水纸、镜油等。

（四）其他

蒸馏水或生理盐水。

四、操作步骤

（一）细菌的简单染色

1. 涂片

取干净的载玻片于实验台上，在正面边角作个记号并滴一滴无菌蒸馏水于载玻片的中央，将接种环在火焰上烧红，待冷却后从斜面挑取少量菌种（大肠杆菌或枯草杆菌）与玻片上的水滴混匀后，在载玻片上涂布成一均匀的薄层，涂布面不宜过大，如图 11-20 所示。

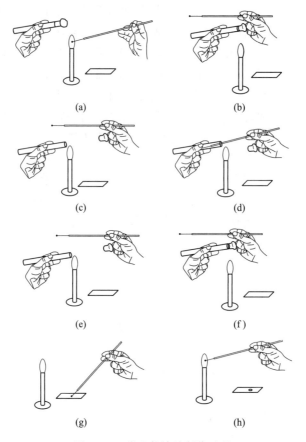

图 11-20　微生物涂片制作过程

（a）接种环灭菌；（b）拔出试管塞；（c）试管口灭菌；（d）蘸取菌液；

（e）再次试管口灭菌；（f）盖上试管塞；（g）涂片；（h）接种环灭菌

2. 干燥

最好在空气中自然晾干，为了加速干燥，可在微小火焰上方烘干。但不宜在高温下长时间烤干，否则急速失水会使菌体变形。

3. 固定

将已干燥的涂片正面向上，在微小的火焰上通过 2~3 次，由于加热使蛋白质凝固而固着在载玻片上。

4. 染色

在载玻片上滴加染色液（草酸铵结晶紫、石炭酸品红或美蓝（配置方法见附录 1）任选一种），使染液铺盖涂有细菌的部位约 2min。

5. 水洗

倾去染液，斜置载玻片，在自来水龙头下用小股水流冲洗，直至水呈无色为止。

6. 吸干

将载玻片倾斜，用吸水纸吸去涂片边缘的水珠（注意勿将细菌擦掉），放到显微镜下观察。

（二）革兰氏染色

1. 制片

取一干净的载玻片，平放在桌面上，在载玻片两端分别加一小滴蒸馏水或生理盐水，如图 11-21（a）所示，将接种环灭菌后，从试管斜面或液体培养液中分别取少量已知的标准菌和待测菌，然后在玻片上的蒸馏水中涂布，形成一层均匀的菌膜，如图 11-21（b）所示，待菌膜自然干燥后，手持玻片，带有菌膜的一面朝上，通过火焰 3~4 次，将菌体固定在玻片上，如图 11-21（c）所示。

注意：

（1）待测菌和已知的标准菌都要使用对数生长期的培养物进行革兰氏染色。若阳性菌培养时间过长，由于菌体死亡或自溶，常呈阴性反应，因此，要严格控制菌龄。

（2）在一个载玻片上同时进行标准菌株和待测菌株的染色，可以通过标准菌株的染色结果来判断染色操作是否正确，待测菌株的染色结果是否可靠。

（3）取菌量不宜太多，否则菌膜过厚，脱色不完全会造成假阳性。

（4）火焰固定目的是使细菌蛋白质凝固，从而固定细胞形态，并使细胞牢固附着在载玻片上，因此，固定时玻片不宜过热（以玻片不烫手为宜），否则会破坏细胞形态，甚至造成菌体焦化。

2. 初染

将载玻片平放在废液缸的搁架上，使带有菌膜的一面朝上，在菌膜上滴加结晶紫，将菌膜覆盖，如图 11-21（d）所示，染色 1~2min，倾斜玻片，弃去结晶紫，然后用蒸馏水冲洗残余的染液，如图 11-21（e）所示。

注意：水洗时不能直接冲洗菌膜位置，要使水从载玻片的一端向另一端缓缓流下，以免造成菌膜脱落。

3. 媒染

再用碘液冲去玻片上的残水，将载玻片平放在搁架上，滴加碘液覆盖菌膜 1min，倾斜玻片，弃去碘液，然后用蒸馏水冲洗。

4. 脱色

用滤纸吸去玻片边缘的残水，将玻片倾斜，然后滴加 95% 的乙醇脱色，当流下的乙醇刚刚不出现紫色时，立即停止滴加乙醇，水洗。

注意：乙醇脱色是革兰氏染色的重要环节。脱色不足，阴性菌被误认为阳性菌；脱色过度，阳性菌被误认为阴性菌。所以，脱色时乙醇的滴加速度不宜过快，要仔细观察流下的乙醇颜色。为便于观察，可用手指夹住一张洁净的白色滤纸作为白色背景衬托在玻片下方，为避免玻片下端残留的带紫色的乙醇对结果观察造成的影响，当流下的乙醇颜色变淡时，可先用吸水纸擦去玻片下端的残留液体，再继续滴加乙醇。

5. 复染

再将玻片平放在废液缸的搁架上，滴加番红覆盖菌膜约 2min，水洗。

6. 镜检

将玻片边缘及背面的残水用吸水纸擦干，待玻片自然干燥，置显微镜下用高倍镜或油

镜观察。菌体被染成蓝紫色的为革兰氏阳性菌，菌体被染成红色的为革兰氏阴性菌。要先
观察已知的标准菌株的染色结果，若结果正确，再将待测菌株调至视野中，观察并记录染
色结果及菌体形态。

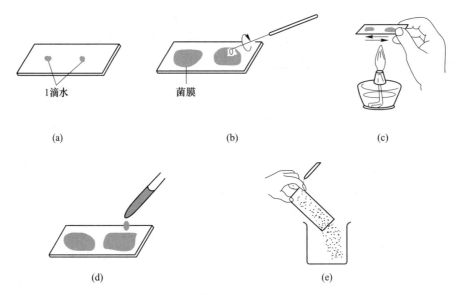

图 11-21　革兰氏染色操作示意图

（a）加水；（b）涂片；（c）火焰固定；（d）滴加染液；（e）水洗或脱色

五、实验报告

（一）实验结果

（1）根据镜检结果，分别绘制被测菌株的细胞形态图。

（2）标准菌株和待测菌株分别是革兰氏阳性菌还是革兰氏阴性菌？染色结果是否
可靠？

（二）思考题

（1）微生物的染色原理是什么？

（2）要使革兰氏染色结果正确可靠，必须注意哪些操作过程，为什么？

（3）革兰氏染色过程中为什么要进行火焰固定，被固定死亡的菌体和自然死亡的菌体
的革兰氏染色结果有什么不同？

（4）革兰氏阳性菌和革兰氏阴性菌最终分别是什么颜色，为什么？

实验七　微生物细胞大小的测定

一、实验目的

（1）了解显微镜测微尺的结构及使用原理。

（2）掌握目镜测微尺的标定方法。

（3）掌握微生物细胞大小的测量方法。

二、实验原理

微生物细胞大小是微生物重要的形态特征。同种菌体的细胞直径差异不大，特别是处于指数生长期的细胞均匀一致，因此，细胞大小可作为微生物分类鉴定的依据之一。由于微生物个体微小，因此微生物细胞的大小只能在显微镜下测量，用于测量微生物细胞大小的工具是显微镜测微尺，它包括镜台测微尺和目镜测微尺。

镜台测微尺（见图 11-22）是一块特殊的载玻片，在中央有一个长 1mm 或 2mm 的精确的刻度尺，被等分成 100 或 200 小格，每小格实际长度为 0.01mm（即 $10\mu m$）。其作用是用于标定目镜测微尺。

目镜测微尺（见图 11-23）是一块带有精确刻度尺的圆形玻片，刻度尺长 5mm 或 10mm，被等分成 50 或 100 个小格。用于微生物细胞测量时，应预先将其安装在目镜中的隔板上。由于不同目镜、物镜组合的放大倍数不同，目镜测微尺每格代表的实际长度也就不同，因此，目镜测微尺不能直接用来测量细胞大小，必须预先用镜台测微尺进行标定，计算出在一定放大倍数下每小格所代表的实际长度。然后，根据微生物细胞所占目镜测微尺的格数，计算出细胞的实际大小。

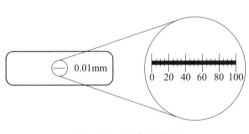

图 11-22 镜台测微尺

图 11-23 目镜测微尺

三、实验用品

（一）菌种
指数生长期的酵母菌菌悬液。

（二）实验器材
显微镜、目镜测微尺、镜台测微尺、载玻片、盖玻片等。

四、操作步骤

（一）目镜测微尺的标定

（1）取下一侧目镜，旋开上透镜，将目镜测微尺刻度朝下装在目镜隔板上，然后旋紧目镜，插入镜筒内，如图 11-24 所示。

（2）将镜台测微尺刻度朝上放置在载物台上。

（3）先用低倍镜观察镜台测微尺，然后转至菌体测量需要的高倍镜下，调节至测微尺刻度清晰（必要时可调节光强），转动目镜，使目镜测微尺与镜台测微尺平行靠近，并移动镜台测微尺，使两尺左边的一条刻度线相重合，然后由左向右找出两尺第二个完全重合的刻度线，如图 11-25 所示。

图 11-24　目镜测微尺的安装

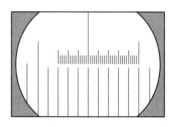

图 11-25　镜台测微尺校正目镜测微尺的视野

（4）记数两条重合的刻度线之间目镜测微尺和镜台测微尺的格数，然后用下式计算出在一定放大倍数下目镜测微尺每格所代表的实际长度。

$$目镜测微尺每格长度（\mu m）= \frac{两线重合线间镜台测微尺的格数×10\mu m}{两重合线间目镜测微尺的格数}$$

（二）微生物细胞大小的测定

（1）取下镜台测微尺，将指数生长期的酵母菌菌悬液的水浸片放置载物台上。

注意：由于微生物细胞经过干燥、固定、染色，细胞将缩小 10%～20%，因此，若测量微生物细胞的实际大小，必须用湿涂片或水浸片。

（2）先用低倍镜观察，然后转到高倍镜下，调至视野清晰。通过转动目镜测微尺并移动待测样品，分别测量球菌的直径、杆菌的长、宽各占目镜测微尺的几个格（不足一格的部分要估计到小数点后一位）。

（3）将标定的目镜测微尺每格长度乘以菌体所占的格数，即为菌体的直径或长和宽，单位是微米。

（4）移动待测样品，转至其他视野。一般应镜检 3～5 个视野，每个视野测量 3～5 个菌体，求出待测菌直径或长宽的平均值。

五、实验报告

（一）实验结果

请将不同放大倍数下目镜测微尺的标定结果记录在表 11-3 内。

表 11-3　目镜测微尺标定记录表

目镜倍数	物镜倍数	重合线间目镜测微尺格数	重合线间镜台测微尺格数	目镜测微尺每格长度/μm

测量结果记录表见表11-4。

表 11-4 测量结果记录表

菌体号	所占格数		平均格数		菌体大小/μm	
	直径或长	宽	直径或长	宽	直径或长	宽
1						
2						
3						
4						
5						
6						
7						
8						
9						
10						

（二）思考题

（1）在更换不同放大倍数的目镜和物镜后，必须重新用镜台测微尺对目镜测微尺进行标定，为什么？

（2）为提高测量结果的准确度，应注意哪些问题？

实验八　微生物细胞的计数

一、实验目的

（1）了解计数板的构造及其计数原理。

（2）掌握使用计数板直接进行微生物计数的方法。

二、实验原理

用于微生物细胞直接计数的计数板有两种，分别是细菌计数板和血球计数板。细菌计数板用于计数细菌等较小的微生物，血球计数板可用于计数酵母菌、霉菌孢子等菌体较大的微生物。细菌计数板和血球计数板的结构和计数原理基本相同，其区别在于计数室的高度，细菌计数板计数室的高度为 0.02mm，可使用油镜观察，血球计数板计数室的高度为 0.1mm，不能使用油镜进行计数。

每个计数板（见图11-26）上有两个计数室（见图11-27），计数室的刻度一般有两种规格：一种是16×25的计数室，将计数室的大方格分成16个中方格，再将每个中方格分成25个小方格，计数室共计400个小方格；另一种是25×16的计数室，将计数室的大方格分成25个中方格，再将每个中方格分成16个小方格，计数室的小方格数同样也是400个。计数室大方格的边长为1mm，高度为0.02mm（细菌计数板）或0.1mm（血球计数板），所以计数室的体积为 0.02mm^3 或 0.1mm^3。

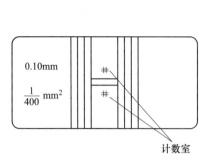

图 11-26　计数板示意图

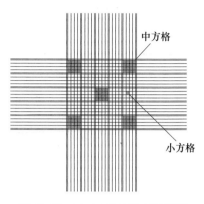

图 11-27　25×16 型计数室示意图
（图中阴影标注的中方格表示计数区）

　　使用计数板计数时，通常选取四个或五个中方格（16×25 型选四个角的中方格，25×16 型选择四个角及中央一个中方格，如图 11-27 所示），计数其中的总菌数，然后按照下式换算出 1mL 菌液中的总菌数。

　　25×16 型血球计数板：

$$C = \frac{A \times 25}{5 \times 0.1} \times 10^3$$

式中，C 为菌液浓度，个/mL；A 为五个中方格中的总菌数，个。

　　16×25 型血球计数板：

$$C' = \frac{A' \times 16}{4 \times 0.1} \times 10^3$$

式中，C' 为菌液浓度，个/mL；A' 为四个中方格中的总菌数，个。

　　注：若使用细菌计数板进行计数，计算时需将上两式中计数室的体积值 $0.1mm^3$ 换为 $0.02mm^3$。

　　使用计数板进行微生物计数时，将一定稀释度的菌悬液加入计数室中，置显微镜下即可直接计数，该方法简单、直观、快速，是目前常用的一种微生物计数方法。由于该方法计得的是活菌和死菌的总和，故又称为总菌计数法，与常用的平板计数法相比，其区别是，平板计数法需将微生物培养后计数菌落数，因此计得的是可培养的活菌数。

　　另外，由于此法是在显微镜下直接对细菌细胞进行计数，因此，要求样品中菌体分散均匀，而且颗粒物杂质的含量要少，以免造成计数误差。

三、实验用品

（一）菌种

　　大肠杆菌（*Escherichia coli*）、金黄色葡萄球菌（*Staphylococcus aureus*）、酵母菌（*Saccharomyces cerevisiae*）等菌悬液。

（二）实验器材

　　显微镜、计数板、吸管、盖玻片等。

四、操作步骤

（一）制片

取一洁净、干燥的计数板，平放在桌面上，再取一张洁净的盖玻片，盖在计数室上。用无菌的细口滴管取少许均匀的菌液，在盖玻片的边缘滴加一小滴，菌液即沿盖玻片和计数板之间的缝隙靠毛细渗透作用自行充满计数室。

注意：

（1）滴加的菌液不宜过多。若盖玻片被浮起或有菌液流入沟槽中，说明菌液滴加量过多，需重新制片。

（2）菌液不能滴加到盖玻片上。

（3）计数室内不能有气泡产生，影响结果的准确性。

（二）显微镜计数

计数板静止片刻，先在显微镜低倍镜下找到计数室，然后换成高倍镜进行计数（必要时可调节光强）。一般以每个小格内有 5~10 个菌体为宜，若菌液浓度太高，需预先稀释。每个计数室选取 4 个或 5 个中格进行计数。位于格线上的菌体一般只计数底线和右侧线上的菌体。每个样品需要计数 2~4 次，取平均值来计算样品菌悬液的浓度。

（三）清洗计数板

计数完毕，取下盖玻片，将计数板用自来水冲洗，切勿用硬物洗刷，以免损坏计数室网格，影响计数室的体积。洗完后自然晾干或用吹风机吹干。

五、实验报告

（一）实验结果

将计数板直接计数的结果记录在表 11-5 中。

表 11-5 计数结果记录表

计数次数	中方格中的菌数						平均总菌数	菌液浓度 /个·mL⁻¹
	1	2	3	4	5	总菌数		

（二）思考题

（1）为什么计数室内不可有气泡？请分析产生气泡的可能原因及避免气泡产生的有效措施？

（2）为确保计数板计数结果的准确性，需要注意哪些问题？

实验九 总大肠菌群的测定

一、实验目的

（1）了解总大肠菌群的测定方法及原理。

（2）了解总大肠菌群检测的意义。

二、实验原理

总大肠菌群测定常用的传统方法有多管发酵法和滤膜法，多管发酵法沿用已久，是通过初发酵和复发酵两个步骤，以证实水样中是否存在大肠菌群并测定其数目，广泛适用于各种样品的检测，而滤膜法仅适用于杂质较少的样品。这两种方法都存在着检测周期长、操作过程烦琐等缺点。

多管发酵法所使用的培养基含有乳糖，乳糖对大肠菌群起选择作用，很多细菌不能发酵乳糖，而大肠菌群能发酵乳糖产酸产气。在多管发酵法中为便于观察细菌的产酸情况，在培养基中加入溴甲酚紫作为 pH 值指示剂，细菌发酵乳糖产酸后，培养基即由原来的紫色变为黄色；溴甲酚紫还有抑制其他细菌如芽孢细菌生长的作用。为了便于观察细菌的产气情况，在发酵管内加入一杜氏小管，发酵产气后，杜氏小管内有气泡出现；为了进一步证实大肠菌群的存在，一般使用伊红美蓝琼脂培养基（EMB），该培养基含有乳糖和伊红、美蓝两种染料（指示剂），大肠菌群发酵乳糖造成酸性环境时，两种染料即结合成深紫色复合物，使大肠菌群产生典型的菌落特征。

该实验以广泛应用的多管发酵法为例，介绍地表水或饮用水中总大肠菌群的检测方法。

三、实验用品

（一）实验器材

高压蒸汽灭菌锅、恒温培养箱、超净工作台、接种环、天平、试管、发酵倒管、移液管、采样瓶、锥形瓶等。

（二）试剂

（1）溴甲酚紫乙醇溶液（16g/L）：先将溴甲酚紫溶于少量乙醇中，然后加入蒸馏水至终浓度。

（2）碳酸钠溶液（1mol/L）：称取 10.6g 碳酸钠溶于 100mL 蒸馏水中。

（3）伊红水溶液（20g/L）：伊红又叫曙红 Y。称取 2.0g 伊红溶于 100mL 无菌蒸馏水中，使用前过滤除菌。

（4）美蓝水溶液（5g/L）：碱性美蓝又叫亚甲基兰。称取 0.5g 美蓝溶于 100mL 无菌蒸馏水中，使用前过滤除菌。

（5）革兰氏染色试剂：草酸铵结晶紫、鲁哥氏碘液、95%乙醇、番红染液。

（三）培养基

1. 乳糖蛋白胨培养液（1×）

乳糖蛋白胨培养液（1×）组成为：

蛋白胨	10.0g
牛肉膏	3.0g
乳糖	5.0g
NaCl	5.0g
溴甲酚紫乙醇溶液	1mL

| 蒸馏水 | 1000mL |
| pH 值 | 7.2~7.4（用碳酸钠调整） |

将溴甲酚紫乙醇溶液以外的其他成分溶于蒸馏水中，调 pH 值为 7.2~7.4，再加入 1mL 溴甲酚紫乙醇溶液，充分混匀，分装于装有杜氏小管的发酵管中，每管 10mL，塞好棉塞、包扎，置于高压灭菌锅内 115℃高压灭菌 20min，备用。

2. 三倍浓缩乳糖蛋白胨培养液（3×）

按上述乳糖蛋白胨培养液浓缩三倍配制，分装于试管中，小试管 5mL。然后在每管内倒放杜氏小管，塞棉塞、包扎，置高压灭菌锅内 115℃高压灭菌 20min，取出置于阴冷处备用。

3. 伊红美蓝培养基（EMB）

伊红美蓝培养基（EMB）组成为：

蛋白胨	10g
K_2HPO_4	2g
乳糖	10g
伊红水溶液（20g/L）	20mL
美蓝水溶液（5g/L）	13mL
琼脂	15~20g
蒸馏水	1000mL

先将蛋白胨、K_2HPO_4 溶解后，调 pH 值至 7.2，再加入乳糖和琼脂，加热溶解后分装，115℃高压灭菌 20min。冷却至 50~55℃，再加入无菌的伊红、美蓝溶液，混匀，立即制成平板，备用。

四、操作步骤

（一）水样的采集

1. 自来水水样的采集

先冲洗水龙头，用酒精灯灼烧龙头，放水 5~10min，在酒精灯旁打开水样瓶盖（或棉花塞），取所需的水量后盖上瓶盖（或棉塞），迅速送回实验室。

经氯处理的水中含余氯，会减少水中细菌的数目，采样瓶在灭菌前加入硫代硫酸钠，以便取样时消除氯的作用。硫代硫酸钠的用量视采样瓶的大小而定。若是 500mL 的采样瓶，加入 1.5%的硫代硫酸钠溶液 1.5mL（可消除余氯量为 2mg/L 的 450mL 水样中全部氯量）。

2. 河流、湖库的采集

采集河流、湖库等地表水样品时，可握住瓶子下部直接将带塞采样瓶插入水中，约距水面 10~15cm 处，瓶口朝水流方向，拔瓶塞，使样品灌入瓶内然后盖上瓶塞，将采样瓶从水中取出。如果没有水流，可握住瓶子水平往前推。采样量一般为采样瓶容量的 80%左右。样品采集完毕后，迅速扎上无菌包装纸。

3. 水样的处置

采样后应在 2h 内检测，否则，应 10℃以下冷藏但不得超过 6h。实验室接样后，不能立即开展检测的，将样品于 4℃ 以下冷藏并在 2h 内检测。

（二）初发酵

按表 11-6 接种水样，进行初发酵。

表 11-6　初发酵水样接种程序

序号	接种量/mL	接种培养液	接种管数
1	10	三倍乳糖蛋白胨培养液（3×，5mL）	5
2	1	乳糖蛋白胨培养液（1×，10mL）	5
3	0.1	乳糖蛋白胨培养液（1×，10mL）	5

于各装有 5mL 三倍乳糖蛋白胨培养液的 5 个试管中，各加 10mL 水样。于装有 10mL 乳糖蛋白胨培养液的 5 个试管中，各加 1mL 水样。于装有 10mL 乳糖蛋白胨培养液的 5 个试管中，各加 1mL 10^{-1} 的稀释水样。三个稀释度，共计 15 管。将各管充分混匀，置于 37℃ 恒温箱中培养 24h。

注意：若样品水质较好，可只接种 5 管 10mL 的乳糖蛋白胨培养液（2×），每管接种样品 10mL。若样品水质较差，污染严重，应将样品进行 10 倍系列梯度稀释，选择适宜的稀释度，按照表 11-6 进行接种，最终结果应乘以稀释倍数。

将以上接种管置 37℃ 培养 24h 后，观察培养情况：

（1）若杜氏小管中有气泡形成，并且培养基浑浊，颜色改变（紫色→黄色），则为阳性结果。由于除大肠菌群以外，可能存在其他类型的细菌在培养过程中也会出现产酸产气的阳性结果，所以需对阳性结果继续进行以下实验，以确定是否是大肠菌群。

（2）若培养液颜色未改变，或仅表现为紫色变淡，杜氏小管中也无气泡形成，则为阴性结果。

（3）若培养液仅产酸不产气，可能因为菌量较少，需继续培养至 48h，48h 后仍不产气的则为阴性结果。

（4）若小倒管有气体，培养基红色不变，也不浑浊，操作技术上有问题，应重作检验。

（三）平板培养及染色镜检

将经培养 24h 后产酸、产气或只产酸不产气的发酵管取出，以无菌操作，用接种环挑取一环发酵液于伊红或美蓝培养基平板上划线分离，共三个平板。置于 37℃ 恒温箱内培养 18～24h，观察菌落特征。如果平板上长有如下特征的菌落并经涂片进行革兰氏染色，结果为革兰氏阴性，则表明有大肠菌群存在。

（1）深紫黑色、有金属光泽的菌落——典型的大肠杆菌菌落。

（2）紫黑色，不带或略带金属光泽的菌落。

（3）淡紫红色、中心紫色的菌落——可能是大肠杆菌科中其他属的细菌，因产酸较弱，出现上菌落特征。

（四）复发酵

经革兰氏染色阴性的无芽孢杆菌，重新接种于乳糖蛋白胨培养液（1×）中，置 37℃ 培养 24h，结果若产酸又产气，即为大肠菌群阳性。

（五）结果计算

根据复发酵实验的阳性管数，查大肠杆菌 MPN 检索表，计算水样中总大肠菌群数。

五、实验报告

（一）实验结果

请将不同接种量各发酵管的阳性情况记录在表 11-7 内，依据阳性管数查大肠杆菌 MPN 检索表，并计算水样中总大肠菌群数。

表 11-7　样品中总大肠菌群测定结果记录表

样品号	稀释倍数	接种量 /mL	阳性管数	MPN 值	原水样总大肠菌群数 /个·mL^{-1}
1		10			
		1			
		0.1			
2		10			
		1			
		0.1			

（二）思考题

（1）所测定的水样中总大肠菌群污染情况如何，是否符合生活饮用水卫生标准？

（2）请分析水样中总大肠菌群检测的意义。

（3）请分析多管发酵法检测样品中总大肠菌群的优缺点。

实验十　自然沉降法检测空气中的细菌

一、实验目的

（1）了解自然沉降法检测空气中细菌的原理和方法。

（2）初步了解实验室空气中细菌的大致浓度。

二、实验原理

自然沉降法是德国细菌学家 Koch 在 1881 年建立的，它是利用空气微生物粒子的重力作用，使空气中的带菌粒子自由沉降到带有培养介质的平皿上，经适宜温度培养后，进行菌落观察和计数。它是一种经典又非常简单、方便的空气微生物检测方法。但是，由于悬浮在空气中的颗粒物的沉降并不仅仅受重力的作用，还会受到气流的运动、阻力、浮力、人群活动等其他外力因素的影响，所收集的实际上只是空气中受重力作用强而沉降下来的一部分较大的微生物粒子，可用于空气微生物的初步调查，特别适用于检测物体表面被空气中沉降微生物污染情况，如医药食品厂房、医院手术室、烧伤病房等特定环境中的微生物数量测定。

三、实验用品

（一）实验器材

灭菌锅、超净台、培养箱、灭菌培养皿等。

（二）培养基

牛肉膏蛋白胨固体平板培养基。

四、操作步骤

（一）采样点的布设

选择不同功能的实验室作为空气微生物的检测对象，分别在实验室的四角和中央各放置 3~5 个（平行样）带采样介质的培养皿，如果房间较大，如车间、厂房等，可根据情况适当增设采样点，采样点要距墙 30cm 以上，通常距地面 1m 左右，而且气流扰动极小。

（二）样品采集

将平板培养基布设在采样点后，在计时的同时打开皿盖，在空气中暴露 30min，立即盖上皿盖。暴露时间的长短取决于空气的清洁程度，如果空气污染较重，为使计数方便、准确，可适当减少暴露时间；如果空气较洁净，如洁净室，可适当延长暴露时间。

（三）培养和观察计数

将采集样品的平板倒置于恒温培养箱内 37℃ 培养 48~72h，观察细菌菌落特征，计数细菌菌落数。

五、结果计算

目前比较公认的是根据奥梅梁斯基（Omeilianski）公式计算空气中微生物的浓度。他认为在 100cm² 的培养基表面 5min 内能降落上约 10L 空气所含的菌数，计算公式为：

$$C = 100 \div \left(\frac{A}{100} \times t \times \frac{5}{10} \right) \times N = \frac{50000N}{At}$$

式中，C 为微生物浓度，CFU/m^3；A 为捕获面积，cm^2；t 为暴露时间，min；N 为培养皿上的菌落数。

虽然，空气中微生物的沉降量与空气微生物的含量存在正相关关系，但是，还与微生物粒子的粒径、密度、形状、环境因素等密切相关，而该公式没有考虑这些因素。研究表明，奥梅梁斯基公式只有在空气微生物粒径均一为 2.5μm 的静态场合下才能成立。因而，要比较准确地计算空气中微生物的数量，就要针对不同的环境条件进行数值校正。

六、实验报告

（一）实验结果

请将各培养皿中沉降菌落数记录在表 11-8 内，并根据奥梅梁斯基公式计算空气中微生物的大概浓度。

表 11-8　空气微生物测定结果记录表

采样点	菌落数			平均菌落数	微生物浓度 /CFU·m^{-3}
	培养皿 1	培养皿 2	培养皿 3		
1					
2					
3					
4					
5					

根据空气微生物评价标准判断所检测的空气污染等级。

（二）思考题

（1）请分析不同功能实验室细菌浓度差异的主要原因。

（2）试述自然沉降法检测空气中微生物浓度的优缺点及适用范围。

参 考 文 献

［1］ 王国惠. 环境工程微生物学 ［M］. 北京：科学出版社，2018.

［2］ 高冬梅，洪波，李锋民. 环境微生物实验 ［M］. 青岛：中国海洋大学出版社，2014.

［3］ 周少奇. 环境生物技术 ［M］. 北京：科学出版社，2019.

［4］ 吴庆余. 基础生命科学 ［M］. 北京：高等教育出版社，2006.

［5］ 王建龙，文湘华. 现代环境生物技术 ［M］. 北京：清华大学出版社，2021.

［6］ 肖琳. 环境微生物实验 ［M］. 北京：中国环境科学出版社，2004.

［7］ 陈坚. 环境微生物实验技术 ［M］. 北京：化学工业出版社，2008.

［8］ 陈倩，刘思彤. 环境微生物实验教程 ［M］. 北京：北京大学出版社，2022.

［9］ 张洪渊. 生物化学教程 ［M］. 4 版. 成都：四川大学出版社，2017.

［10］ 辛明秀，黄秀梨. 微生物学 ［M］. 4 版. 北京：高等教育出版社，2020.

［11］ 张小凡，袁海平. 环境微生物学实验 ［M］. 北京：化学工业出版社，2021.

［12］ 高红武. 水污染治理技术 ［M］. 北京：中国环境科学出版社，2015.

［13］ 袭著革. 室内空气污染与健康 ［M］. 北京：化学工业出版社，2013.

［14］ 夏北成. 环境污染物生物降解 ［M］. 北京：化学工业出版社，2002.

［15］ （美）哈雷. 图解微生物实验指南 ［M］. 谢建平，译. 北京：科学出版社，2012.

［16］ 沈萍. 微生物学 ［M］. 8 版. 北京：高等教育出版社，2016.

［17］ M·T·马迪根，J·M 马丁克，J·帕克，等. 微生物生物学 ［M］. 杨文博，译. 北京：科学出版社，2007.

［18］ 周群英，王士芬. 环境工程微生物学 ［M］. 4 版. 北京：高等教育出版社，2015.

［19］ 陈欢林. 环境生物工程 ［M］. 北京：化学工业出版社，2019.

［20］ 周德庆. 微生物学教程 ［M］. 北京：高等教育出版社，2022.

［21］ 王焕校. 污染生态学 ［M］. 北京：高等教育出版社，2012.

［22］ 蔡信之，黄君红. 微生物学实验 ［M］. 4 版. 北京：科学出版社，2019.

［23］ 李博，张大勇，王德华. 生态学 ［M］. 北京：高等教育出版社，2016.

［24］ 陈坚，堵国成. 环境友好材料的生产与应用 ［M］. 北京：化学工业出版社，2002.

［25］ 徐亚同，史家栋，张明. 污染控制微生物工程 ［M］. 北京：化学工业出版社，2001.

［26］ P·C·温特，G·I·希基，H·L·弗莱特，等. 遗传学 ［M］. 谢雍，译. 北京：科学出版社，2010.

［27］ A·N·格拉泽，二介堂弘. 微生物生物技术 ［M］. 陈守文，喻子牛，译. 北京：科学出版社，2002.

［28］ 孔繁翔. 环境生物学 ［M］. 北京：高等教育出版社，2010.

［29］ 黄秀梨. 微生物学实验指导 ［M］. 3 版. 北京：高等教育出版社，2020.

［30］ 杨丽芳. 大气污染治理技术 ［M］. 北京：中国环境科学出版社，2011.

［31］ 顾夏声，胡洪营，文湘华. 水处理微生物学 ［M］. 6 版. 北京：中国建筑工业出版社，2018.

［32］ J·尼克林，K·格雷米　库克，R·基林顿，等. 微生物学 ［M］. 林稚兰，译. 北京：科学出版社，2000.

［33］ B·D·黑姆斯，N·M·胡珀，J·D·霍顿，等. 生物化学 ［M］. 王镜岩，译. 北京：科学出版社，2001.

［34］ 任月明，刘婧媛，陈蓉蓉. 环境保护与可持续发展 ［M］. 北京：化学工业出版社，2021.

［35］ 须藤隆一. 水环境净化及废水处理微生物学 ［M］. 俞辉群，全浩，译. 北京：中国建筑工业出版社，1988.

［36］ 王家玲．环境微生物学［M］．2 版．北京：高等教育出版社，2004.

［37］ 诸葛健，李华钟．微生物学［M］．北京：科学出版社，2016.

［38］ 李阜棣，胡正嘉．微生物学［M］．北京：中国农业出版社，2010.

［39］ 杨传平，姜颖，郑国香，等．环境生物技术原理与应用［M］．哈尔滨：哈尔滨工业大学出版社，2010.

［40］ 赵斌，何绍江．微生物学实验［M］．北京：科学出版社，2002.

［41］ 国家环保局《水和废水监测分析方法》编委会．水和废水监测分析方法［M］．3 版．北京：中国环境科学出版社，2010.

附　　录

附录1　教学用染色液的配制

一、普通染色液

(一) 吕氏 (Loeffler) 美蓝染色液

溶液 A：美蓝 (Methylene blue) 0.6g、95%乙醇 30mL。

溶液 B：KOH 0.01g、蒸馏水 100mL。

分别配制溶液 A 和 B，配好后混合即可。

(二) 齐氏 (Zehl) 石炭酸品红染色液

溶液 A：碱性品红 (Basic fuchsin) 0.3g、95%乙醇 10mL。

溶液 B：石炭酸 5g、蒸馏水 95mL。

将碱性品红在研钵中研磨后，逐渐加入体积分数95%乙醇，继续研磨使之溶解，配成溶液 A。将石炭酸溶解于水中配成溶液 B。将溶液 A 和溶液 B 混合即成石炭酸品红染色液。使用时将混合液稀释5~10倍，稀释液易变质失效，一次不宜多配。

二、革兰氏 (Gram) 染色液

(一) 草酸铵结晶紫染色液

溶液 A：结晶紫 (Crystal) 2.5g、95%乙醇 25mL。

溶液 B：草酸铵 (Ammonium Oxalate) 1g、蒸馏水 100mL。

溶液 A 和溶液 B 混合后便成为草酸铵结晶紫染色液。

(二) 鲁哥 (Lugol) 氏碘液

碘 1g、碘化钾 2g、蒸馏水 300mL。

先将碘化钾溶于少量蒸馏水，再将碘溶解在碘化钾溶液中，然后加入其余的水即成。

(三) 番红复染液

番红 2.5g，体积分数95%乙醇 100mL，取 20mL 番红乙醇溶液与 80mL 蒸馏水混匀成番红稀释液。

三、芽孢染色液

(一) 孔雀绿染色液

孔雀绿 (Malachachite green) 5g、蒸馏水 100mL。

(二) 番红水溶液

番红 0.5g、蒸馏水 100mL。

四、荚膜染色液

（一）石炭酸品红
配法同普通染色液 2。

（二）黑色素水溶液
黑色素 5g、蒸馏水 100mL、福尔马林（40%甲醛）0.5mL。

将黑色素在蒸馏水中煮沸 5min，然后加入福尔马林作防腐剂。

五、鞭毛染色液

（一）方法之一
溶液 A：钾明矾（Potassium alum）饱和水溶液 20mL、20%丹宁酸（Tannic acid）10mL、95%乙醇 15mL、碱性乙醇饱和液 3mL、蒸馏水 100mL。

将上述各液混合，静置 1d 后使用，可保存一星期。

溶液 B：美蓝 0.1g、硼砂钠 1g、蒸馏水 100mL。

附注：染色液配制后必须用滤纸过滤。

（二）方法之二
溶液 A：丹宁酸（即鞣酸）5g、甲醛（15%）2mL、FeCl 31.5g、1% NaOH 1mL、蒸馏水 100mL。

配好后当日使用，次日效果差，第三日不可使用。

溶液 B：$AgNO_3$ 2g、蒸馏水 100mL。

待 $AgNO_3$ 溶解后，取出 10mL 备用，向其余的 90mL $AgNO_3$ 溶液中滴入浓 NH_4OH 形成很浓厚的悬浮液，再继续滴加 NH_4OH，直到新形成的沉淀又刚刚重新溶解为止。再将备用的 10mL $AgNO_3$ 慢慢滴入，则出现薄雾，轻轻摇动后薄雾状沉淀又消失，再滴入 $AgNO_3$ 直到摇动后仍呈现轻微而稳定的薄雾状沉淀为止。如果雾不重，此染剂可使用一周。如果雾重则银盐沉淀出现，不宜使用。

六、乳酸石炭酸棉蓝染色液

石炭 10g、蒸馏水 10mL、乳酸（密度 1.21g/cm^3）10mL、甘油 20mL、棉蓝（Cotton blue）0.02g。

将石炭酸加在蒸馏水中加热，直到溶解后加入乳酸和甘油，最后加入棉蓝使之溶解即成。

七、聚-β-羟基丁酸染色液

（一）3g/L 苏丹黑
苏丹黑 B（Sudan black B）0.3g、70%乙醇 100mL，混合后用力振荡，放置过夜备用，用前最好过滤。

（二）脱色剂
二甲苯。

（三）复染液

50g/L 番红水溶液。

八、异染颗粒染色液

甲液：95%乙醇 2mL、甲苯胺蓝（Toluidine blue）0.15g、冰醋酸 1mL、孔雀绿 0.2g、蒸馏水 100mL。先将染料溶于乙醇中，向染料液中加入事先混合的冰醋酸和水，放置 24h 后过滤备用。

乙液：先将碘化钾 3g 溶于蒸馏水 10mL 中，再加碘 2g，待溶解后加蒸馏水 300mL。

附录 2　教学用培养基

一、牛肉膏蛋白胨培养基

牛肉 3g（或 5g）、琼脂 15~20g、蛋白胨 10g、蒸馏水 1000mL、NaCl 5g、pH = 7.4~7.6。

灭菌：$1.05kg/cm^2$，20min。

若不加琼脂为液体培养基，若琼脂量 3.5~5g 为半固体培养基。

二、查氏培养基

$NaNO_3$ 2g、$MgSO_4$ 0.5g、琼脂 15~20g、K_2HPO_4 1g、$FeSO_4$ 0.01g、蒸馏水 1000mL、KCl 0.5g、蔗糖 30g。

灭菌：$0.7kg/cm^2$，20min。

三、马铃薯培养基

马铃薯 200g、蔗糖（葡萄糖）20g、琼脂 15~20g、蒸馏水 1000mL。

制法：马铃薯去皮，切块煮沸半小时，然后用纱布过滤，再加糖及琼脂，溶化后补充水至 1000mL。

四、淀粉琼脂培养基（高氏一号）

可溶性淀粉 20g、$FeSO_4$ 0.5g、KNO_3 1g、琼脂 20g、NaCl 0.5g、K_2HPO_4 0.5g、$MgSO_4$ 0.5g、蒸馏水 1000mL、pH 值为 7.0~7.2。

灭菌：$1.05kg/cm^2$，20min。

制法：配制时先用少量冷水将淀粉调成糊状，在火上加热，然后加水及其他药品，加热溶化并补足水分至 1000mL。

五、麦芽汁培养基

制法：

（1）取大麦或小麦若干，用水洗净，浸水 6~24h，置 15℃阴暗处发芽，盖上纱布一块，每日早、中、晚淋水一次，麦根伸长至麦粒的两倍时，即停止发芽，摊开晒干或烘干，贮存备用。

（2）将干麦芽磨碎，1 份麦芽加 4 份水，在 65℃ 水浴锅中糖化 3~4h（糖化程度可用碘滴定之）。

（3）将糖化液用 4~6 层纱布过滤，滤液如混浊不清，可用鸡蛋清法处理，用一个鸡蛋的蛋白加 20mL 水，调匀至生泡沫，倒入糖化液中搅拌煮涨后再过滤。

（4）将滤液稀释到 5~6 波美度，pH 值约 6.4，加入 20g/L 琼脂即成。

灭菌：经 $1.05kg/cm^2$，20min。

六、蛋白胨培养基

蛋白胨 10g、NaCl 5g、蒸馏水 1000mL、pH = 7.6。

灭菌：$1.05kg/cm^2$，20min。

七、肉膏胨淀粉培养基

牛肉膏 3g、NaCl 5g、蛋白胨 10g、琼脂 15~20g、淀粉 2g、蒸馏水 1000mL、pH = 7.4~7.8。

灭菌：$1.05kg/cm^2$，20min。

八、亚硝化细菌培养基

$(NH_4)_2SO_4$ 2g、$MgSO_4 \cdot 7H_2O$ 0.03g、NaH_2PO_4 0.25g、$CaCO_3$ 5g、K_2HPO_4 0.75g、$MnSO_4 \cdot 4H_2O$ 0.01g、蒸馏水 1000mL、pH = 7.2。

灭菌：$1.05kg/cm^2$，20min。

培养亚硝化细菌 2 周后，取培养液于白瓷板上，加格利斯试剂甲、乙液 1 滴，呈红色证明有亚硝酸存在，有亚硝化作用。

九、硝化细菌培养基

$NaNO_2$ 1g、$MgSO_4 \cdot 7H_2O$ 0.03g、K_2HPO_4 0.75g、$MnSO_4 \cdot 4H_2O$ 0.01g、NaH_2PO_4 0.25g、$NaCO_3$ 1g、蒸馏水 1000mL。

灭菌：$1.05kg/cm^2$，20min。

培养硝化细菌 2 周后，先用格利斯试剂测定，不呈红色时再用二苯胺试剂测试，若呈蓝色表明有硝化作用。

十、反硝化细菌（硝酸还原细菌）培养基

（1）蛋白胨 10g、KNO_3 1g、蒸馏水 1000mL、pH = 7.6。

（2）柠檬酸钠（或葡萄糖）5g、KH_2PO_4 1g、KNO_3 2g、K_2HPO_4 1g、$MgSO_4 \cdot 7H_2O$ 0.2g、蒸馏水 1000mL、pH = 7.2~7.5。

灭菌：$1.05kg/cm^2$，20min。

用奈氏试剂及格利斯试剂测定有无 NH_3 和 NO_2^- 存在。若其中之一或二者均呈正反应，均表示有反硝化作用。若格利斯试剂为负反应，再用二苯胺测试，亦为负反应时，表示有较强的反硝化作用。

十一、反硫化（硫酸还原）细菌培养基

乳酸钠（可改用酒石酸钾钠）5g、$MgSO_4 \cdot 7H_2O$ 2g、K_2HPO_4 1g、天门冬素 2g、$FeSO_4 \cdot 7H_2O$ 0.01g、蒸馏水 1000mL。

培养 2 周后，滴 50g/L 柠檬酸铁 1~2 滴，观察是否有黑色沉淀，如有沉淀，证明有反硫化作用。或在试管中吊一条浸过醋酸铅的滤纸条，若有 H_2S 生成则与醋酸铅反应生成 PbS 沉淀（黑色），使滤纸变黑。

十二、无机盐含酚培养基（四种不同酚浓度）

K_2HPO_4 0.5g、KH_2PO_4 0.5g、$MgSO_4 \cdot 7H_2O$ 0.2g、$CaCl_2$ 0.1g、NaCl 0.2g、$MnSO_4 \cdot H_2O$ 痕量、$FeCl_2$ 10% 溶液 1 滴、NH_4NO_3 1g，苯酚 0.5g、1g、1.5g、2g，蒸馏水 1000mL。

附录 3　大肠菌群检验表（MPN 法）

大肠菌群相关的数据见附表 3-1~附表 3-4。

附表 3-1　大肠菌群检索表 1　　　　　　　　（个/L）

10mL 水量的阳性管数	100mL 水量的阳性管数			10mL 水量的阳性管数	100mL 水量的阳性管数		
	0	1	2		0	1	2
0	<3	4	11	6	22	36	92
1	5	8	18	7	27	43	120
2	7	13	27	8	31	51	161
3	11	18	38	9	36	60	230
4	14	24	52	10	40	69	>230
5	18	30	70				

注：水样总量 300mL（100mL 2 份、10mL 10 份）。

附表 3-2　大肠菌群检索表 2　　　　　　　　（个/L）

接种水样量/mL				水中大肠菌群数/L	接种水样量/mL				水中大肠菌群数/L
100	10	1	0.1		100	10	1	0.1	
−	−	−	−	<9	−	+	+	−	28
−	−	−	+	9	+	−	−	+	92
−	−	+	−	9	+	−	+	−	94
−	+	−	−	9.5	+	−	+	+	180
−	−	+	+	18	+	+	−	−	230
−	+	−	+	19	+	+	−	+	960
−	+	+	−	22	+	+	+	−	2380
+	−	−	−	23	+	+	+	+	>2380

注：水样总量 111.1mL（100mL、10mL、1mL、0.1mL 各 1 份）。

+表示发酵阳性，−表示发酵阴性。

附表 3-3　大肠菌群检索表 　（个/L）

接种水样量/mL				水中大肠菌群数/L	接种水样量/mL				水中大肠菌群数/L
10	1	0.1	0.01		10	1	0.1	0.01	
−	−	−	−	<90	−	+	+	−	280
−	−	−	+	90	+	−	−	+	920
−	−	+	−	90	+	−	+	−	940
−	+	−	−	95	+	−	+	+	1800
−	−	+	+	180	+	+	−	−	2300
−	+	−	+	190	+	+	−	+	9600
−	+	+	−	220	+	+	+	−	23800
+	−	−	−	230	+	+	+	+	>23800

注：水样总量 11.11mL（10mL、1mL、0.1mL、0.01mL 各 1 份）。

附表 3-4　大肠菌群的最可能数 　（MPN 单位：个/100mL）

出现阳性份数			每100mL水样中细菌的MPN	95%可信限值		出现阳性份数			每100mL水样中细菌的MPN	95%可信限值	
10m管	1mL管	0.1mL管		上限	下限	10m管	1mL管	0.1mL管		上限	下限
0	0	0	<2			4	2	1	26	9	78
0	0	1	2	<0.5	7	4	3	0	27	9	80
0	1	0	2	<0.5	7	4	3	1	33	11	93
0	2	0	4	<0.5	11	4	4	0	34	12	93
1	0	0	2	<0.5	7	5	0	0	23	7	70
1	0	1	4	<0.5	11	5	0	1	34	11	89
1	1	0	4	<0.5	11	5	0	2	43	15	110
1	1	1	6	<0.5	15	5	1	0	33	11	93
1	2	0	6	<0.5	15	5	1	1	46	16	120
2	0	0	5	<0.5	13	5	1	2	63	21	150
2	0	1	7	1	17	5	2	0	49	17	130
2	1	0	7	1	17	5	2	1	70	23	170
2	1	1	9	2	21	5	2	2	94	28	220
2	2	0	9	2	21	5	3	0	79	25	190
2	3	0	12	3	28	5	3	1	110	31	250
3	0	0	8	1	19	5	3	2	140	37	310
3	0	1	11	2	25	5	3	3	180	44	500
3	1	0	11	2	25	5	4	0	130	35	300
3	1	1	14	4	34	5	4	1	170	43	190
3	2	0	14	4	34	5	4	2	220	57	700
3	2	1	17	5	46	5	4	3	280	90	850
3	3	0	17	5	46	5	4	4	350	120	1000
4	0	0	13	3	31	5	5	0	240	68	750
4	0	1	17	5	46	5	5	1	350	120	1000
4	1	0	17	5	46	5	5	2	540	180	1400
4	1	1	21	7	63	5	5	3	920	300	3200
4	1	2	26	9	78	5	5	4	1600	640	5800
4	2	0	22	7	67	5	5	5	≥2400		

注：水样总量 55.5mL，其中 5 份 10mL，5 份 1mL，5 份 0.1mL。

冶金工业出版社部分图书推荐

书　名	作　者	定价(元)
稀土冶金学	廖春发	35.00
计算机在现代化工中的应用	李立清　等	29.00
化工原理简明教程	张廷安	68.00
传递现象相似原理及其应用	冯权莉　等	49.00
化工原理实验	辛志玲　等	33.00
化工原理课程设计（上册）	朱　晟　等	45.00
化工设计课程设计	郭文瑶　等	39.00
化工原理课程设计（下册）	朱　晟　等	45.00
水处理系统运行与控制综合训练指导	赵晓丹　等	35.00
化工安全与实践	李立清　等	36.00
现代表面镀覆科学与技术基础	孟　昭　等	60.00
耐火材料学（第2版）	李　楠　等	65.00
耐火材料与燃料燃烧（第2版）	陈　敏　等	49.00
生物技术制药实验指南	董　彬	28.00
涂装车间课程设计教程	曹献龙	49.00
湿法冶金——浸出技术（高职高专）	刘洪萍　等	18.00
冶金概论	宫　娜	59.00
烧结生产与操作	刘燕霞　等	48.00
钢铁厂实用安全技术	吕国成　等	43.00
金属材料生产技术	刘玉英　等	33.00
炉外精炼技术	张志超	56.00
炉外精炼技术（第2版）	张士宪　等	56.00
湿法冶金设备	黄　卉　等	31.00
炼钢设备维护（第2版）	时彦林	39.00
镍及镍铁冶炼	张凤霞　等	38.00
炼钢生产技术	韩立浩　等	42.00
炼钢生产技术	李秀娟	49.00
电弧炉炼钢技术	杨桂生　等	39.00
矿热炉控制与操作（第2版）	石　富　等	39.00
有色冶金技术专业技能考核标准与题库	贾菁华	20.00
富钛料制备及加工	李永佳　等	29.00
钛生产及成型工艺	黄　卉　等	38.00
制药工艺学	王　菲　等	39.00